高等职业教育机电类专业系列教材

机电传动与控制

第2版

黄　鹏　张忠夫　黄志昌　编

李　斌　主审

机械工业出版社

全书共分七章，第一章绪论；第二章机电传动系统的驱动电动机，集中介绍了机电传动系统中的各种电动机的结构、工作原理及运行特性；第三章机电传动系统中的传感技术，介绍了位移、位置、速度、压力、温度等传感器和典型应用；第四章可编程序控制器，介绍了可编程序控制器的工作原理、程序编写方法及应用系统设计基本知识；第五章单片机，介绍了单片机系统组成原理和系统扩展技术；第六章气动与液压传动基础知识，气动部分介绍了气源产生、净化处理、控制元件、执行元件及气路分析，液压部分介绍了传动原理、流体力学基础、液压泵与液压马达及常见液压回路分析；第七章机电传动控制系统，结合实例着重分析了直流传动、交流传动控制系统和步进电动机驱动系统。本书每章后附有思考题与习题。

本书适用于机电类相关专业，也可作为工程技术和维修人员的参考用书。

图书在版编目（CIP）数据

机电传动与控制/黄鹏，张忠夫，黄志昌编. —2 版. —北京：机械工业出版社，2018. 11 （2025.1 重印）

高等职业教育机电类专业系列教材

ISBN 978-7-111-61374-9

Ⅰ. ①机…　Ⅱ. ①黄…　②张…　③黄…　Ⅲ. ①电力传动控制设备-高等职业教育-教材　Ⅳ. ①TM921. 5

中国版本图书馆 CIP 数据核字（2018）第 259840 号

机械工业出版社（北京市百万庄大街 22 号　邮政编码 100037）
策划编辑：薛　礼　责任编辑：薛　礼
责任校对：刘志文　封面设计：鞠　杨
责任印制：单爱军
北京虎彩文化传播有限公司印刷
2025 年 1 月第 2 版第 4 次印刷
184mm×260mm · 24. 25 印张 · 596 千字
标准书号：ISBN 978-7-111-61374-9
定价：69. 00 元

电话服务　　　　　　　　网络服务
客服电话：010-88361066　机 工 官 网：www.cmpbook.com
　　　　　010-88379833　机 工 官 博：weibo. com/cmp1952
　　　　　010-68326294　金 书 网：www. golden-book. com
封底无防伪标均为盗版　机工教育服务网：www.cmpedu.com

第2版前言 PREFACE

自 2001 年编写本书第 1 版以来，已经历了 17 年。在此期间，机电传动与控制技术得到了空前的发展。在数字控制技术的驱动下，新的机电传动与控制技术层出不穷，许多昔日认为复杂的控制，现在已显得较为简单。在 AI、IoT 及云计算等技术推动及国家两化融合政策的促进下，机电传动与控制技术通过与各领域的专业技术相融合，已成为国家现代化建设的重要技术支撑。随着教学内容与体系的变革，为适应社会发展需求，本教材进行了再版修订。

与第 1 版比较，本教材做了如下调整与更新：

1）对第二章、第三章部分内容进行了更新。

2）更新了第四章 PLC 的相关内容。

3）对第五章单片机的内容进行了大幅修改与更新。

4）对第七章中的单片机控制部分的内容进行了更新。

本书由黄鹏（深圳职业技术学院）、张忠夫（广东工业大学）和黄志昌（深圳职业技术学院）共同编写。全书由黄鹏统稿。全书由华中科技大学李斌教授审阅并提出了宝贵的意见和修改建议。本书第 1 版编者在编写过程中付出了辛勤努力。在此一并表示衷心的感谢！

由于编者的知识水平有限，书中难免有不当和疏漏之处，敬请读者、同行专家提出批评和修改意见。

编　者

第1版前言 PREFACE

高等职业技术教育是现代教育的重要组成部分，随着社会经济和科学技术的发展，特别是广东技术、经济的发展，迫切要求发展高等职业技术教育，为适应这一需要，在广东省高教厅的领导组织下，组织了华南理工大学、广东工业大学等十几所大专院校编写符合高等职业技术教育特点的机电工程类系列教材。

为适应高等职业技术教育需要，以培养高等技术应用性专门人才为目标，在《机电传动与控制》编写中注重内容和体系的改革，以机电装置原动机驱动系统为主线，着重于机电结合、机电控制，把"电机与电机驱动""机电传动系统传感技术""自动控制器件""单片机"和"气动与液压控制系统"等多门课程的内容用一种新的体系组织起来，用不太长的篇幅编写成七章。在这七章中讲述机电传动系统驱动电动机、机电传动系统中的传感技术、可编程序控制器、单片机、气动与液压控制系统的原理、机电传动控制系统的基础上，力图以掌握基本概念，强化实际应用为重点，叙述上尽可能注意深入浅出、循序渐进、通俗易懂，使学生能在规定的学时内掌握机电传动与控制所需要的最基本、最适用的理论知识，以利于培养学生专业实践的适应能力和应变能力。

本书是高等职业技术教育类型院校的教学用书，适用于机电类相关专业，也可作为工程技术和维修人员的参考用书。

本教材由广东工业大学张忠夫主编，五邑大学钟江生副主编。参加编写的有广东工业大学张忠夫（第2、3章），五邑大学钟江生（第1、7章的1~5节），深圳职业技术学院黄志昌（第4、6章），深圳职业技术学院朱仕学（第5、7章的第六节）。

本教材由华南理工大学陈统坚教授主审，提出了许多宝贵的修改意见，在此表示由衷地感谢！

由于编者的知识水平有限，书中内容难免有不当和疏漏之处，甚至错误。敬请读者，特别是同行专家提出批评和修改意见。

编　者

目录 CONTENTS

第一章 绪论
CHAPTER 1

第一节　机电传动控制系统概论

一、机电传动与控制基本概念

1. 机电传动与控制

机电传动（又称电力传动或电力拖动）就是指以电动机为原动机驱动生产机械的系统之总称，它的目的是将电能转变为机械能，实现生产机械的起动、停止以及速度调节，满足各种生产工艺过程的要求，保证生产过程的正常进行。

早期的机械设备由工作机构、传动机构和原动机组成，其控制方式由工作机构和传动机构的机械配合实现。随着液压、气动系统的不断发展，以及自动控制系统、网络控制系统的应用，设备的性能不断提高，工作机构、传动机构的结构大为简化。

在现代工业中，为了实现生产过程自动化的要求，机电传动不仅包括拖动生产机械的电动机，而且包含控制电动机的一整套控制系统，也就是说，现代机电传动是和由各种控制元件组成的自动控制系统紧密地联系在一起的，所以称为机电传动与控制。

2. 机电控制系统的定义

系统是由相互作用着的若干环节组成的整体。它指我们所研究的对象，以及这个对象与外部环境之间、对象内部各部分之间的各种相互作用，系统是它们的总称。

在机电传动与控制中，将与控制设备的运动、动作等参数有关的部分组成的具有控制功能的整体称为系统。对于用控制信号（输入量）通过系统诸环节来控制被控变量（输出量），使其按规定的方式和要求变化，这样的系统称为控制系统。

一切相互作用的事物都可被看作系统。但控制理论并不研究一切系统，而只研究"控制系统"，即一类在控制作用下能够改变系统中的某些运动并使之进入各种状态的系统。

机电系统是机械电子系统的简称，是由机械系统和电气系统组成的，其核心是控制系统，因此，常将机电系统称为机电控制系统。机电系统强调机械技术与电子技术的有机结合，强调系统各个环节之间的协调与匹配，以便达到系统整体最佳的目标。当今的机电控制技术是微电子、电力电子、计算机、信息处理、通信、检测、过程控制、伺服传动、精密机械及自动控制等多种技术相互交叉、相互渗透、有机结合而成的一种综合性技术。

机电控制技术所应用的制造工业，已由最初的离散型制造工业，拓宽到连续型流程工业和混合型制造工业。应用机电控制技术可开发出各式各样的机电系统。机电系统遍及各个领域。

3. 机电控制系统的基本结构与原理

机电控制系统的组成框图如图 1-1 所示，各个部分的功能和作用如下。

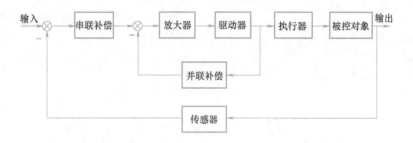

图 1-1 机电控制系统的组成框图

（1）传感器 传感器用来检测被控制的物理量，如执行机构的运动参数、加工状况等。这些参数通常有位移、速度、加速度、转角、压力、流量和温度等。如果这个物理量是非电量，一般再转换为电量。

输入和反馈之间进行比较，是把测量元件检测的被控量实际值与给定元件的输入量进行比较，求出它们之间的偏差。常用的比较元件有差动放大器、机械差动装置及电桥电路等。

（2）补偿装置 补偿装置也叫校正器，是结构或参数便于调整的器件，用前置（串联补偿）或反馈（并联补偿）的方式连接在系统中，协调机械系统各部分的运动，具有分析、运算和实时处理功能，可改善系统的性能。最简单的校正元件是由电阻、电容组成的无源或有源网络，复杂的则由 STD 总线工业控制机、工业计算机（IPC）和单片机等组成。

（3）放大器 放大器是将比较得出的偏差信号进行放大，用来推动执行器去控制被控对象。电压偏差信号可用电子管、晶体管、集成电路、晶闸管组成的电压放大级和功率放大级加以放大。

（4）驱动器 驱动器与执行器相连接，给执行器提供动力，并控制执行器起动、停止和换向。驱动器的作用是完成能量的供给和转换。

（5）执行器 执行器直接推动被控对象，使其被控量发生变化，完成规定的加工任务，如零件的加工或物料的输送。执行器直接与被加工对象接触。根据不同的用途，执行器具有不同的工作原理、运动规律、性能参数和结构形状，如车床、铣床及送料机械手等，结构千差万别。

机电控制系统的执行器也称为执行元件或执行装置，是各类工业机器人、CNC 机床、各种自动机械、信息处理计算机外围设备、办公设备、各种光学装置等机电系统或产品必不可少的驱动部件，该部件是机电控制系统中的能量转换部分，即在控制装置的指令下，将输入的各种形式的能量转换为机械能，并完成所要求的动作，如数控机床的主轴转动、工作台的进给运动，以及工业机器人手臂升降、回转和伸缩运动等都要用到驱动部件。

（6）被控对象　被控对象是控制系统要操纵的对象，它的输出量即为系统的被调量（或被控量），如机床、工作台、设备或生产线等。

机电控制系统的基本工作原理是，操作人员将加工信息（如尺寸、形状、精度等）输入到控制计算机，计算机发出命令，起动驱动器运转，带动执行器进行加工。传感器实时检测加工状态，将信息反馈到计算机，经计算机分析、处理后，发出相应的控制指令，实时地控制执行器运动，如此反复进行，自动地将工件按输入的加工信息完成加工。

二、机电传动控制的执行装置

根据使用能量的不同，可以将执行装置大体分为电气式、液压式和气动式三大类。

1. 电气式执行装置

电气式执行装置是将电能转变成电磁力，并利用该电磁力驱动运行机构运动。常用的电气式执行元件包括控制用电动机（步进电动机、直流和交流伺服电动机）、静电电动机、磁滞伸缩器件、压电元件、超声波电动机及电磁铁等。对控制用电动机的性能除了要求稳速运转性能之外，还要求具有良好的加速、减速性能和伺服性能等动态性能，以及频繁使用时的适应性能和便于维修性能。

2. 液压式执行装置

液压式执行装置是先将电能变换为液压能并用电磁阀改变液压油的流向，从而使液压执行元件驱动运行机构运动。液压执行机构的功率-重量比和转矩-惯量比越大，加速性能越好，结构越紧凑，尺寸越小，在同样的输出功率下，液压驱动装置具有重量轻、惯量小、快速性好等优点。液压式执行元件主要包括往复运动的液压缸、回转液压缸、液压马达等，其中液压缸占绝大多数。目前，世界上已开发各种数字式液压式执行元件，如电-液伺服电动机和电-液步进电动机，电-液式电动机的最大优点是：具有比普通电动机更大的转矩，可以直接驱动运行机构，过载能力强，适合于重载的高加、减速驱动，而且使用方便。

液压系统也有其固有的一些缺点，如液压元件易漏油，会污染环境，也有可能引起火灾，液压系统易受环境温度变化的影响。因此对液压系统管道的安装、调整，以及整个油路防止污染及维护等都要求较高。另外，液压能源的获得、存储和输送不如电能方便。因此，一般中、小规模的机电系统更多地使用电动驱动装置。

3. 气动式执行装置

气动式执行装置与液压式的原理相同，只是将工作介质由液压油改为气体而已。由于气动控制系统的工作介质是空气，来源方便，不需回气管道，不污染环境，因此在近些年得到大量的应用。气动式执行装置的主要特点是：动作迅速、反应快、维护简单、成本低，同时由于空气黏度很小，压力损失小，节能高效，适用于远距离输送；工作环境适应性好，特别在易燃、易爆、多尘、强振、辐射等恶劣环境中工作更为安全可靠。但气动式执行装置由于空气可压缩性较大，负载变化时系统的动作稳定性较差，也不易获得较大的输出力或力矩，同时需要对气源中的杂质和水分进行处理，排气时噪声较大。

由于现代控制技术，电子、计算机技术与液压、气动技术的结合，使液压、气动控制技术也在不断发展，并大大提高了其综合技术指标。液压式、气动式执行装置和电气式执行装置一样，根据其各自的特点，在不同的行业和技术领域得到相应的应用。

第二节　机电控制系统的控制方式

　　机电控制系统控制方式的分类方法有很多种，按系统工作原理可分为开环控制、闭环控制和复合控制；按控制器件可分为 PLC 控制、单片机控制和计算机数字控制等；按执行装置可分为电气控制系统、液压控制系统和气动控制系统。电气控制系统又可分为继电器-接触器控制系统、直流调速系统以及交流调速系统。

一、按系统工作原理分类

1. 闭环（负反馈）控制系统

　　工业生产中的自动控制系统随控制对象、控制规律和所采用的控制器结构不同而有很大的差别。一般的自动控制系统中，为了获取控制信号，要将被控制量 y 与给定值 r 相比较，以构成误差信号 $e=r-y$。直接利用误差 e 进行控制，使系统趋向减小误差，以至使误差为零，从而达到使被控制量 y 趋于给定值 r 的控制目的。这种系统称为闭环控制系统。由于要检测被控量的变化情况，因此这种控制系统中包含有测试部分，使测试与控制成为一体，构成测控系统，如图 1-2a 所示。由图 1-2a 可知，该系统通过传感器对被控对象的被控参数（如温度、压力、流量、转速、位移等）进行测量，由变换发送单元将被测参数变换成一定形式的电信号，反馈给控制器。控制器将反馈回来的信号与给定信号进行比较，如有误差，控制器就产生控制信号驱动执行机构工作，直至消除误差，使被控参数的值与给定值保持一致。这种负反馈控制是自动控制的基本形式。

2. 开环控制系统

　　图 1-2b 是开环控制系统，它与闭环控制系统不同的是，不需要被控对象的反馈信号，它的控制器直接根据给定信号去控制被控对象工作。这种系统不能自动消除被控参数偏离给定值所带来的误差。控制系统中产生的误差全部反映在被控参数上。它与闭环控制系统相比，控制性能较差。

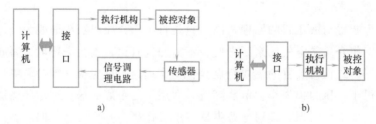

图 1-2　机电控制的闭环与开环系统框图

a）闭环系统框图　b）开环系统框图

3. 复合控制系统

　　复合控制方式是把按偏差控制与按扰动控制结合起来的控制方式。反馈控制在外扰影响出现之后才能进行修正工作，在外扰影响出现之前则不能进行修正工作。按扰动控制方式在技术上较按偏差控制方式简单，但它只适用于扰动是可测量的场合，而且一个补偿装置只能补偿一个扰动因素，对其余扰动均不起补偿作用。因此，比较合理的一种控制方式即复合控制，对于主要扰动采用适当的补偿装置实现按扰动控制，同时，再组成闭环反馈控制系统实现按偏差控制，以消除其余扰动产生的偏差，系统的主要扰动被补偿，闭环反馈控制系统就比较容易设计，控制效果也会更好。

二、按执行器分类

1. 按电机分类

（1）继电器-接触器控制系统　在传统的机电传动与控制系统中，由继电器、接触器、按钮、开关等元件组成的机械设备的电气控制系统称为继电器-接触器控制系统，其主要控制对象是三相交流异步电动机，对电动机的起动、制动、反转、调速和降压等进行控制。这种控制所用的电器一般不是"接通"就是"断开"，控制是断续的，所以从控制性质上看，这种继电器-接触器控制属断续控制或开关量控制。因其简单、易掌握、价格低、易维修，有些通用机械设备至今仍采用这种控制系统。由于它存在功耗大、体积大、故障维修困难、控制方式死板等缺点，很难适应控制要求较复杂的系统，仅在那些控制要求简单的开关量控制系统中应用。

（2）直流电机调速控制系统　开关量控制不能满足对调速性能要求较高的生产机械，因此出现了直流发电机-电动机调速系统。直流电动机具有起动转矩大、容易进行无级调速的特点。但它需要直流电源，直流电源是由一台交流电动机拖动一台直流发电机所提供的。这种直流发电机-电动机调速系统中的电压和电流可以连续变化，属于连续控制。目前龙门刨床、轧钢机和造纸机等仍在应用这种控制方式。但是，由于这种方式存在所用的电机数量多、占地面积大、噪声大和效率低等缺点，20世纪60年代后出现了晶闸管控制的电动机自动调速系统。这种系统中的直流电源由晶闸管组成的可控整流电路提供，具有体积小、重量轻、效率高和控制灵敏等许多优点，目前仍在应用。

（3）交流电动机调速控制系统　20世纪80年代以后，由于半导体技术的应用与发展，交流电动机调速系统有了突破性进展。交流调速有许多优点，单机容量和转速可大大高于直流电动机，交流电动机无电刷与换向器，易于维护，可靠性高，能用于带有腐蚀性、易爆性、含尘气体等特殊环境中。与直流电动机相比，交流电动机还具有体积小、重量轻、制造简单、坚固耐用等优点。交流调速与控制技术已开始在一般企业大量采用。以笼型交流伺服电动机为对象的矢量控制技术是近年来新兴的控制技术，它能使交流调速具有直流调速的优越调速性能。交流变频调速器、矢量控制伺服单元及交流伺服电动机已日益广泛地应用于工业中。

（4）步进与伺服控制系统　随着数控技术的发展，步进电动机与伺服电动机得到广泛的应用。随着计算机的应用特别是微型计算机的广泛应用，又使控制系统发展到一个新阶段——采样控制。它虽然是一种断续控制，但是和最初的断续控制完全不同，它的控制间隔（采样周期）比控制对象的变化周期短得多，因此，在客观上完全等效于连续控制。

2. 按控制器分类

（1）PLC控制系统　可编程序逻辑控制器（Programmable Logic Controller，PLC）是一种数字运算操作的电子系统，是专门为在工业环境下应用而设计的。它采用一类可编程序的存储器，用来在其内部存储执行逻辑运算、顺序控制、定时和算术运算等面向用户的指令，并通过数字式或者模拟式的输入和输出，控制各种类型的机械或生产过程。经过近50年的发展与完善，PLC在工业过程自动化系统中的应用日益广泛。PLC从它一问世就是以最基层、第一线的工业自动化环境及任务为前提的，它具有硬件结构简单、安装维修方便、抗强电磁干扰、梯形图编程、工作可靠等优点，工程技术人员能很快地熟悉它、使用它。

（2）单片机控制系统　单片机（Single Chip Microcomputer）是一种典型的嵌入式微控制器（Microcontroller Unit），它把一个计算机系统集成到一个芯片上。单片机由运算器、控制器、存储器、输入输出设备构成，一块芯片就成了一台计算机（最小系统）。它体积小、重量轻、价格便宜，广泛应用于智能仪器、家用电器、医疗设备、网络与通信、汽车电子和工业控制领域。基于单片机的控制系统是目前使用量最大的、性价比很高的控制系统。

（3）计算机数控系统　计算机数控系统（简称CNC系统）是在硬件数控的基础上发展起来的，它用一台计算机代替先前的数控装置所完成的功能。所以，它是一种包含有计算机在内的数字控制系统，根据计算机存储的控制程序执行部分或全部数控功能。依照EIA所属的数控标准化委员会的定义，CNC是用一个存储程序的计算机，按照存储在计算机内的读写存储器中的控制程序去执行数控装置的一部分或全部功能，在计算机之外的唯一装置是接口。目前在计算机数控系统中所用的计算机已不再是小型计算机，而是微型计算机，用微型计算机控制的系统称为MNC系统，统称为CNC系统。

三、按执行装置分类

1. 液压控制系统

液压控制系统以电动机提供动力基础，使用液压泵将机械能转化为压力，推动液压油。通过控制各种阀门改变液压油的流向，从而推动液压缸做出不同行程、不同方向的动作，完成各种设备不同的动作需要。液压控制系统可分为纯液压控制系统、PLC控制的液压系统及液压伺服系统。

近些年来，许多工业部门和技术领域对高响应、高精度、高功率-重量比、大功率和低成本控制系统提出的要求，促使了液压、气动控制系统的迅速发展。液压、气动控制系统和电气控制系统一样，由于各自的特点，在不同的行业得到了相应的应用。

2. 气动控制系统

气动控制系统通过使用空气压缩机将机械能转化为气压能，通过控制各种阀门改变气压的流向，从而推动气缸做出不同行程、不同方向和不同速度的动作，完成各种设备不同的动作需要。它由气源的产生与处理、气源的使用两大部分组成。气动控制系统常用的控制方法有纯气动控制、继电器-接触器控制、PLC控制和伺服控制等。

3. 电气控制系统

电气控制系统的被控对象主要包括控制用电动机（步进电动机、直流和交流伺服电动机）、静电电动机、磁滞伸缩器件、压电元件、超声波电动机及各种电磁铁等。

第三节　本课程的性质与任务

机电传动与控制课程是一门实践性较强的专业课。机电传动与控制技术在生产过程、科学研究及其他各个领域的应用十分广泛。本课程的主要内容是以电动机或其他执行电器为控制对象，介绍电气控制的基本原理与电路、机电传动系统中的传感技术、构成机电控制系统的控制器、典型机电传动控制系统等。机电传动与控制技术涉及面很广，各种传动与控制设备种类繁多，功能各异。本课程从应用角度出发，讲授上述几方面内容，以培养对机电传动与控制系统的分析、应用和设计的基本能力。

本课程的基本任务如下：

1）熟悉常用电动机、控制电器、单片机和传感器的结构原理、用途及型号，达到能正确使用和选用的目的。

2）熟练掌握电气控制电路的基本环节，具有对一般电气控制电路的独立分析能力。

3）熟悉典型机电传动控制系统，具有从事机电传动设备的安装调试、运行和维护等技术工作能力。

4）具有设计和改进一般生产设备电气控制电路的基本能力。

5）掌握可编程序控制器的基本原理及操作，做到能根据工艺过程和一般开关量顺序控制要求正确选用可编程序控制器，编制用户程序，经调试应用于生产过程控制。

6）熟悉气动系统与液压系统的组成和传动原理。

第二章 机电传动系统的驱动电动机
CHAPTER 2

第一节 直流电动机

电动机可分为交流电动机和直流电动机两大类。直流电动机将直流电能转换为机械能。由于它具有良好的调速性能和起动转矩大等优点，广泛用于对调速要求较高、正反转和起动制动频繁或多单元同步协调运转的生产机械、运输起重机械和自动化武器中作为拖动电动机。轧钢机、落地龙门铣床、镗床、电力牵引设备和自动火炮传动等设备，多数仍采用直流电动机拖动。

本节在讨论直流电动机工作原理和基本结构的基础上，讨论直流电动机的机械特性及起动、反转、调速的基本原理。

一、直流电动机的工作原理

直流电动机的工作原理是基于电磁力定律。如图 2-1 所示，在 A、B 电刷上接入直流电源 U，电流从正电刷 A 经线圈 ab、cd，由负电刷 B 流出。根据电磁力定律，在载流导体与磁力线垂直的条件下，线圈每一个有效边将受到一电磁力的作用。电磁力方向可用左手定则判断，伸开左手，掌心向着 N 极，四指指向电流的方向，与四指垂直的拇指方向就是电磁力的方向。在图示瞬间，导线 ab 与 dc 中所受的电磁力为逆时针方向，在这个电磁力的作用下，转子将逆时针旋转，即图中 n 的方向。随着转子的转动，线圈边相对磁极的位置互换，这时要使转子连续转动，则应使线圈边中的电流方向也加以改变，即要进行换向。由于换向器与静止电刷的相互配合作用，线圈不论转到何处，电刷 A 始终与运动到 N 极下的线圈边相接触，而电刷 B 始终与运动到 S 极下的线圈边相接触，这就保证了电流总是由电刷 A 经 N 极下导体流入，再沿 S 极下导体经电刷 B 流出。因而电磁力和电磁转矩的方向始终保持不变，

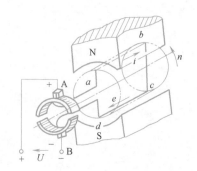

图 2-1 直流电动机工作原理

使电动机沿逆时针方向连续转动。

在图 2-1 所示的电动机中，转子线圈中流过电流时，受电磁力作用而产生的电磁转矩可表示为

$$T = K_T \Phi I_a$$

式中，T 为电磁转矩（N·m）；I_a 为电枢电流（A）；K_T 为与电动机结构有关的常数，称为转矩常数，$K_T = 9.55 K_E$。

当线圈在磁场中转动时，线圈的有效边也切割磁力线，根据电磁感应原理在有效边中产生感应电动势，它的方向用右手法则确定，总是与其中的电流方向相反，故该感应电动势又常称为电枢反电动势，可表示为

$$E_a = K_E \Phi n$$

式中，E_a 为电枢电动势（V）；Φ 为主磁通（Wb）；n 为电枢转速（r/min）；K_E 为与电动机结构有关的常数，称为电动势常数。

这时电动机将电能转换成了轴上输出的机械能，向外输出机械功率，电动机运行在电动状态。

二、直流电动机运行特性

从原理上讲，一台直流电机在某种条件下作为发电机运行，而在另一种条件下作为电动机运行，且两种运行状态可以相互转换，这就是所谓电机的可逆原理。直流电动机按励磁方式可分为他励、并励、串励和复励四类，其中他励电动机和复励电动机在传动控制系统中更为常用，所以下面以他励直流电动机为例介绍其运行特性。

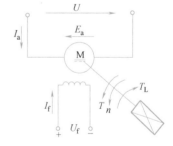

图 2-2 他励直流电动机

1. 他励直流电动机稳态运行

他励直流电动机稳态运行的基本方程是指电磁系统中的电动势平衡方程式、机械系统中的转矩平衡方程式以及能量转换过程中的功率平衡方程式。

（1）电动势平衡方程 按照图 2-2 所标注的电压、电流及电动势的正方向，根据基尔霍夫第二定律，电枢回路的电动势平衡方程式为

$$E_a = U - I_a R_a \qquad (2\text{-}1)$$

或

$$U = E_a + I_a R_a, \quad I_a = \frac{U - E_a}{R_a}, \quad E_a = K_E \Phi n \qquad (2\text{-}2)$$

励磁回路方程为

$$I_f = U_f / R_f$$

相关量

$$\Phi = f(I_f, I_a) \qquad (2\text{-}3)$$

式中，U 为电动机外加直流电压；E_a 为反电动势；I_a 为电枢电流；U_f 为励磁电压；I_f 为励磁电流；Φ 为主磁通。

（2）转矩平衡方程 直流电动机稳态运行时，作用于电动机轴上的转矩共有三个：起驱动作用的电磁转矩 T；生产机械的阻转矩 T_2（即电动机轴上输出转矩）和空载转矩 T_0，它也是阻转矩。按图 2-2 标注转矩与转速的正方向，根据牛顿定律，驱动转矩应与负载转矩 $T_L = T_2 + T_0$ 平衡，即

$$T = T_2 + T_0 = T_L \tag{2-4}$$

式中，$T = K_T \Phi I_a$

（3）功率平衡方程　将式（2-1）两边都乘以电枢电流 I_a 得到

$$UI_a = E_a I_a + I_a^2 R_a \tag{2-5}$$

可改写成
$$P_1 = P_e + P_{Cua}$$

式中，$P_1 = UI_a$ 为电源对电动机输入的功率；$P_e = E_a I_a$ 为电动机向机械负载转换的电功率，即电枢反电动势从电源吸收的电功率；$P_{Cua} = I_a^2 R_a$ 为电枢回路总的铜损耗。

将式（2-4）两边同乘以机械角速度 Ω，得

$$T\Omega = T_2\Omega + T_0\Omega$$

改写成
$$P_e = P_2 + P_0$$

式中，$P_e = T\Omega$ 为电磁功率；$P_2 = T_2\Omega$ 为转轴输出的机械功率；$P_0 = T_0\Omega$ 为包括机械摩擦损耗 P_m 和铁损耗 P_{Fe} 在内的空载损耗。

他励直流电动机稳态运行时的功率关系如图 2-3 的流程图所示，图中 P_{Cuf} 为励磁回路损耗，由同一直流电源供给。他励时总损耗 $P_\Sigma = P_{Cua} + P_0 + P_s = P_{Cua} + P_m + P_{Fe} + P_s$。如为并励电动机，总损耗中还应包括励磁损耗 P_{Cuf}，式中 P_s 为附加损耗。电动机效率为

$$\eta = 1 - \frac{P_\Sigma}{P_2 + P_\Sigma} \tag{2-6}$$

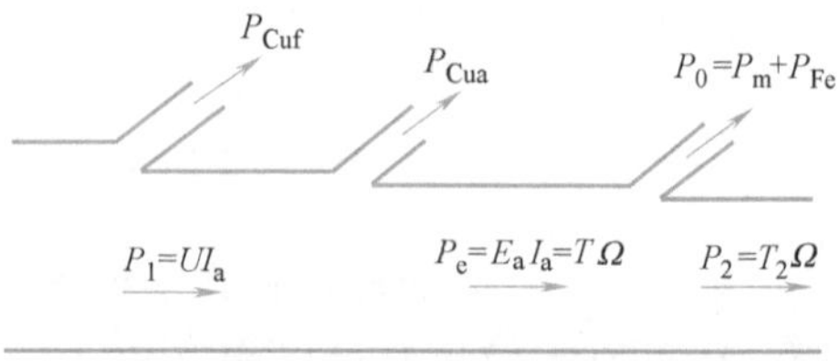

图 2-3　他励直流电动机的功率流程图

2. 直流电动机的工作特性

直流电动机的工作特性是指 $U = U_N = $ 常值，电枢回路不串入附加电阻，励磁电流 $I_f = I_{fN}$ 时，电动机的转速 n、电磁转矩 T 和效率 η 与输出功率 P_2 之间的关系，即 $n = f(P_2)$，$T = f(P_2)$，$\eta = f(P_2)$。在实际运行中由于 I_a 较易测到，且 I_a 随着 P_2 的增加而增大，故亦可将工作特性表示为 $n = f(I_a)$，$T = f(I_a)$，$\eta = f(I_a)$。

（1）转速特性　当 $U = U_N$、$I_f = I_{fN}$ 时，$n = f(I_a)$ 的关系曲线叫作转速特性。I_{fN} 的条件是：当电动机加额定电压 U_N，拖动额定负载，使 $I_a = I_{aN}$，转速也为 n_N 时的励磁电流。将式（2-2）代入式（2-1），整理后得

$$n = \frac{U_N}{K_E \Phi_N} - \frac{R_a}{K_E \Phi_N} I_a \tag{2-7}$$

式（2-7）即为他励直流电动机的转速特性公式。公式表明：当 I_a 增加时，转速 n 要下降，但因 R_a 较小，转速 n 下降不多。随着电枢电流的增加，由于电枢反应的去磁作用又将使每极下的气隙磁通减小，反而使转速增加。一般情况下，电枢电阻压降 $I_a R_a$ 的影响大于电枢反应的去磁作用的影响。因此，转速特性是一条略有下倾的直线，如图 2-4 中的曲线 1 所示。

（2）转矩特性　当 $U = U_N$、$I_f = I_{fN}$ 时，$T = f(I_a)$ 的关系曲线称转矩特性。转矩特性就是直流电动机的电磁转矩基本关系式，即

$$T = K_T \Phi I_a \tag{2-8}$$

当每极气隙磁通 $\Phi = \Phi_N$ 时，电磁转矩与电枢电流成正比。考虑到电枢反应的去磁作用，当 I_a 增大时，T 略有减小，如图 2-4 中曲线 2 所示。

（3）效率特性　当 $U = U_N$、$I_f = I_{fN}$ 时，$\eta = f(I_a)$ 的关系曲线称效率特性。电动机总损耗 P_Σ 中，大致可分为不变损耗和可变损耗两部分。不变损耗为 $P_{Fe} + P_m = P_0$（空载损耗），P_0 基本不随 I_a 变化；而可变损耗，主要是电枢回路的总损耗 $P_{Cu} = I_a^2 R_a$，它随 I_a^2 成正比地变化，所以 $\eta = f(I_a)$ 曲线如图 2-4 中的曲线 3 所示。当 I_a 从零开始增大时，效率 η 逐渐增大，但当 I_a 增大到一定程度后，效率 η 又逐渐减小。直流电动机效率在 $0.75 \sim 0.94$ 之间。电动机容量大，效率高。当电动机的可变损耗等于不变损耗时，其效率最高。

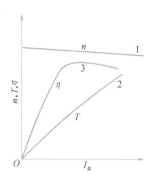

图 2-4　他励直流电动机的
工作特性

三、他励直流电动机的机械特性

机械特性是指当电源电压 $U =$ 常数，励磁电流 $I_f =$ 常数以及电动机电枢回路电阻也为常数时，电动机的电磁转矩 T 与转速 n 之间的关系，即 $n = f(T)$。机械特性是直流电动机的重要特性。它描述直流电动机有负载时的运行性能。

1. 固有机械特性

当 $U = U_N$、$\Phi = \Phi_N$、电枢回路没有串联电阻 R 时的机械特性，称为固有机械特性。其表达式为

$$n = \frac{U_N}{K_E \Phi_N} - \frac{R_a}{K_E K_T \Phi_N^2} T = n_0 - \beta_N T \qquad (2\text{-}9)$$

用图形表示如图 2-5 所示。

固有机械特性的特点如下：

1）$T = 0$ 时，$n = n_0 = U_N/(K_E \Phi_N)$ 为理想空载转速。此时 $I_a = 0$，$E_a = U_N$。

2）$T = T_N$ 时，$n = n_N = n_0 - \Delta n_N$ 为额定转速，其中 $\Delta n_N = R_a T_N/(K_E K_T \Phi_N^2)$ 为额定转速降，一般 n_N 约为 $0.95n_0$，那么 $\Delta n_N = 0.05n_0$。

3）特性斜率为 $\beta_N = R_a/(K_E K_T \Phi_N^2)$，由于 R_a 很小，因此 β_N 较小。特性较平，习惯上称为硬特性，转矩变化时，转速变化小。斜率 β_N 大时的特性则称为软特性。

4）电磁转矩 T 越大，转速 n 越小，其特性是一条向下倾斜的直线。

5）$n = 0$ 时，即电动机起动时，$E_a = K_E \Phi n = 0$，此时电枢电流 $I_a = U_N/R_a = I_{st}$，称为起动电流。起动时刻的电磁转矩 $T = K_T \Phi_N I_{st} = T_{st}$，称为起动转矩。由于电枢电阻 R_a 很小，所以 I_{st} 比额定值大得多。若 $\Delta n_N = 0.05n_0$，则起动电流 $I_{st} = 20I_N$，起动转矩 $T_{st} = 20T_N$。这样大的起动电流和起动转矩会烧坏换向器。因此，一般中、大功率直流电动机不能在额定电压和额定输出功率下直接起动。

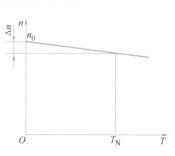

图 2-5　固有机械特性

固有机械特性是反映电动机本身能力的重要特性。在固有机械特性的基础上，很容易得到电动机的其他机械特性。

2. 人为机械特性

如果人为地改变电枢回路串入的电阻、电枢电压 U 和励磁电流 I_f 中的任意一个量的大小，而保持其余的量不变，这时得到的机械特性称为人为机械特性。

（1）电枢回路串接电阻 R 时的人为机械特性 保持 $U = U_N$、$\varPhi = \varPhi_N$、电枢回路串联电阻 R，此时电动机的人为机械特性方程式为

$$n = \frac{U_N}{K_E \varPhi_N} - \frac{R_a + R}{K_E K_T \varPhi_N^2} T \tag{2-10}$$

电枢回路串接电阻 R 时的人为机械特性与固有机械特性相比较，有如下特点：

1）理想空载转速 $n_0 = U_N / (K_E \varPhi_N)$ 保持不变。

2）机械特性斜率 $\beta = (R_a + R) / (K_E K_T \varPhi_N^2)$ 中增加了 R，则 β 随着 R 的增大而增大。不同的 R 值，可得到不同斜率的人为机械特性。它是一簇过 n_0 点的随 R 增加，斜率变大的直线。如图 2-6 所示。

3）当 $T = T_N$ 时，$n < n_N$，电动机随 R 增大，转速降 Δn 增大，机械特性变软。

（2）改变电枢电压时的人为机械特性 当励磁电流一定时，$I_f = I_{fN}$，即 $\varPhi = \varPhi_N$。电枢回路不串联电阻 R，改变电枢电压 U 时的人为机械特性方程为

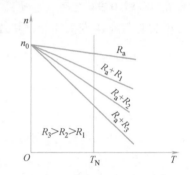

图 2-6 串接 R 的人为机械特性

$$n = \frac{U}{K_E \varPhi_N} - \frac{R_a}{K_E K_T \varPhi_N^2} T \tag{2-11}$$

电动机运行时，通常以额定工作电压 $U = U_N$ 为上限。因此，电枢电压 U 只能在 $U < U_N$ 的范围内改变。所以改变电枢电压 U 的人为机械特性与固有特性比较有如下特点：

1）理想空载转速 $n_0' = U / (K_E \varPhi_N)$ 与电枢电压成正比，且 $n_0' < n_0 = U_N / (K_E \varPhi_N)$。

2）特性斜率 $\beta = R_a / (K_E K_T \varPhi_N^2)$ 与固有特性相同，是一簇低于固有机械特性并与之平行的直线，如图 2-7 所示。

3）当负载转矩保持不变，降低电枢电压时，电动机的稳定转速随之降低。

（3）减小励磁磁通时的人为机械特性 保持电枢电压 $U = U_N$ 不变，电枢回路不串接电阻 R（$R = 0$），改变励磁电路中的电流 I_f（一般是增大励磁电路中的串联调节电阻 R_f 以减小 I_f，可使磁通 $\varPhi$ 减弱），并在 $I_f < I_{fN}$，也就是在 $\varPhi < \varPhi_N$ 范围内调节，这时人为机械特性方程式为

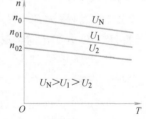

图 2-7 改变电枢电压的人为机械特性

$$n = \frac{U_N}{K_E \varPhi} - \frac{R_a}{K_E K_T \varPhi^2} T \tag{2-12}$$

与固有机械特性比较，减小 $\varPhi$ 时的人为机械特性的特点如下：

1）理想空载转速 $n_0 = U_N / (K_E \varPhi)$ 与 $\varPhi$ 成反比，$\varPhi$ 减小，n_0 升高。

2）特性斜率 $\beta = R_a / (K_E K_T \Phi^2)$ 与 Φ^2 成反比，Φ 减小，β 增大。

3）减小 Φ 的人为机械特性是一簇随 Φ 减小，理想空载转速升高，同时特性斜率也变大的直线，如图 2-8 所示。

应注意：在设计时，为了节省铁磁材料，电动机在正常运行时磁路已接近饱和，所以要改变磁通，只能是减弱磁通，因此对应的人为机械特性在固有特性的上方。当磁通过分削弱后，在输出转矩一定的条件下，电动机电流将大大增加而会严重过载。另外，若处于严重弱磁状态，则电动机的速度会上升到机械强度不允许的数值，俗称"飞车"。因此，他励直流电动机在起动和运行过程中，决不允许励磁电路断开或励磁电流为零，为此，他励直流电动机通常设有"失磁"保护。

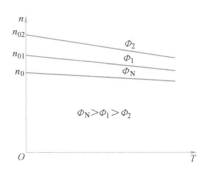

图 2-8 改变励磁磁通的人为机械特性

上面讨论了机械特性位于直角坐标系第一象限的情况（通常称该直角坐标系为 n-T 平面），它是指转速与电磁转矩均为正的情况，倘若电动机反转，电磁转矩也随 n 的方向一起变化，机械特性曲线的形状仍是相同的，只是位于 n-T 平面的第三象限，称为反转电动状态。

3. 机械特性的计算与绘制

在设计电动机及拖动系统时，首先应知道所选择的电动机的机械特性 $n = f(T)$。但电动机产品目录及铭牌中并没有直接给出机械特性的数据。利用电动机铭牌上提供的额定功率 P_N、额定电压 U_N、额定电流 I_N、额定转速 n_N 等来进行机械特性曲线的计算与绘制。从前面所述，固有机械特性是一条斜直线。如果能知道两个特殊点，即理想空载点 $(n_0, 0)$ 和额定工作点 (n_N, T_N)，将两点连成直线即为固有机械特性。

计算步骤：首先根据已知数据估算电枢回路等效电阻 R_a。估算的依据是，对于在额定条件下运行的电动机，其电枢铜耗等于全部损耗的 $1/2 \sim 2/3$，即

$$R_a = \left(\frac{1}{2} \sim \frac{2}{3} \right) \frac{U_N I_N - P_N}{I_N^2}$$

再计算 $K_E \Phi_N$，即

$$K_E \Phi_N = \frac{U_N - I_N R_a}{n_N}$$

求空载点 (n_0, T_0)，有

$$T_0 = 0, \quad n_0 = \frac{U_N}{K_E \Phi_N}$$

求额定点 (n_N, T_N)，有

$$n_N, \quad T_N = 9.55 K_E \Phi_N I_N$$

根据求出的 (n_0, T_0)，(n_N, T_N) 绘制固有特性。

应注意：直流电动机轴上输出转矩 $T_{2N} = 9550 P_N / n_N$ 与这里求得的 T_N 不相等，相差 T_0。式中 P_N 的单位为 kW，n_N 的单位为 r/min，T_N 的单位为 N·m。

四、他励直流电动机的起动、调速、制动运行特性

1. 他励直流电动机的起动特性

直流电动机从静止状态到稳定运行状态的过程称为直流电动机起动过程或起动。起动中最重要的是起动电流 I_{st} 和起动转矩 T_{st}。他励直流电动机起动方法有三种：直接起动、电枢串电阻起动和减压起动。

（1）直接起动　直接起动是在电动机电枢上直接加以额定电压的起动方式。起动前先接通励磁回路，然后接通电枢回路。起动开始瞬间，由于机械惯性，电动机转速 $n=0$，反电动势 $E_a=0$。起动电流 $I_{st}=U_N/R_a$，由于电枢电阻 R_a 的数值很小，I_{st} 很大，可达 $I_{st}=(10\sim20)I_N$，这样大的起动电流对电动机绕组的冲击和对电网的影响均很大。因而，除了小容量的直流电动机可采用直接起动外，中、大容量的电动机不能直接起动。他励和并励直流电动机直接起动电路如图2-9所示。

（2）减压起动　减压起动是在起动瞬间把加于电枢两端的电源电压降低，以减少起动电流 I_{st} 的起动方法。为了获得足够的起动转矩 T_{st}，一般将起动电流限制在 $(2\sim2.5)I_N$ 以内，因此在起动时，把电源电压降低到 $U=(2\sim2.5)I_N R_a$。随着转速 n 的上升，电枢电动势 E_a 逐渐增大，电枢电流 I_a 相应减小。此时，再将电源电压不断升高，直至电压升到 $U=U_N$，电动机进入稳定运行状态。减压起动特性如图2-10所示。其中负载阻转矩 T_L 作为已知，最后到达稳定运行点 A。平滑地增加电源电压，使电枢电流始终在最大值上，电动机将以最大加速度起动。故该起动方法可恒加速起动，使起动过程处于最优运行状态。但需要一套调节直流电源设备，故投资较大。

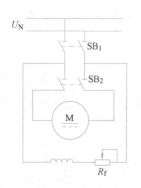

图 2-9　直接起动电路

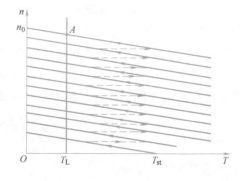

图 2-10　减压起动特性

（3）逐级切除电阻的起动方法　如果传动系统未采用调压调速，为了减少初期投资，保持起动过程的平稳性，可采用逐级切除电阻的起动方法来限制起动电流。起动时串接适当的电阻，将起动电流限制在容许范围内，随着起动过程的进行，逐级地切除电阻，以加快起动过程的完成。最后可在所需的转速上稳定运行。分段切除电阻可用手动及自动控制的方法。

以三段起动电阻为例。电阻的切除由接触器来控制，电动机带一恒定转矩的负载。电路原理图及起动过程的机械特性曲线如图2-11所示。

在起动的初始瞬间，为了限制起动电流，又要求系统有较高的加速度，应将所有电阻均串入，即 $R_1=R_{\Omega1}+R_{\Omega2}+R_{\Omega3}+R_a$，最大起动转矩 T_1 或起动电流应选择为电动机的最大允许

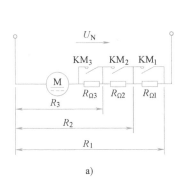
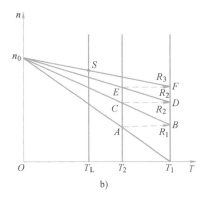

图 2-11 逐级切除电阻起动的电路原理图及特性曲线

a）原理图 b）机械特性

值，一般为额定电流的 $1.8 \sim 2.5$ 倍，如果从其他工艺条件出发，主要是加速度的要求，最大值 T_1 或 I_1 应按工艺要求来选。要求平滑起动时，最大值可选小一些，但最大电阻应满足：$I_1 = U_N / R_1 = U_N / (R_{\Omega1} + R_{\Omega2} + R_{\Omega3} + R_a)$。

随着转速的升高，反电动势增加，电枢电流减小，电动机输出转矩减小，到了 A 点，电动机的动态加速度转矩已经很小，速度上升缓慢，为此可切除起动电阻 $R_{\Omega1}$，使电枢电流增加，加快起动过程的完成。以加快起动为前提，同时兼顾电动机最大允许电流，一般 $R_{\Omega1}$ 的大小应选为切除瞬间电枢电流或转矩仍为最大值。由于机械惯性，切除瞬间转速来不及变化，则有 $I_1 = (U_N - E_A) / R_2$，其中 $R_2 = R_{\Omega2} + R_{\Omega3} + R_a$。机械特性曲线将跳到由 R_2 这个参数所决定的人为特性上。

切换转矩或电流的大小将决定 A 点转速的高低，如果 T_2 过小，则动态电流小，起动过程缓慢；如果 T_2 过大，虽然动态平均电流增加，起动所需时间短，但起动电阻段数增加，起动设备将变得复杂。一般无特殊要求时，转矩切换值在快速值与经济值之间进行折中，通常 $T_2 = (1.1 \sim 1.3) T_L$。

每一级电阻都在最大值与切换值之间变化。切除全部电阻后，电动机可在固有特性上加速到稳定运行速度 n_s，整个起动过程完成。

2. 他励直流电动机的调速特性

在现代工业生产中，有大量的生产机械，要求在不同的生产条件及工艺过程中用不同的工作速度，以确保产品的质量和提高生产效率。以直流电动机为原动机的电力拖动系统是当前实现生产机械调速运行要求的主要系统。通过人为地改变电动机的参数，使电力拖动系统运行于不同的机械特性上，从而在相同负载下，得到不同的运行速度，即称为调速；但是电气传动系统由于负载变化等其他因素引起的速度变化，不属于调速范畴。因此调速与速度变化是两个不同的概念。

他励直流电动机随着电气参数的变化有三种不同的人为特性，对应有下列三种基本的电气调速方法。

（1）电枢回路串接电阻的调速方法 保持电枢电压 $U = U_N$ 和 $\Phi = \Phi_N$ 不变。当改变电枢回路串联的电阻 R 时，电动机将运行于不同的转速。当负载转矩恒定为 T_L 时，改变 R 调速的特性曲线如图 2-12 所示。

当 $R=0$（没串电阻 R）时，电动机稳定运行于固有机械特性与负载特性的交点 A，此时转速为 n_1；当串入 $R=R_1$ 后，因电动机惯性使转速不能跃变，仍为 n_1，但工作点却从 A 点移到人为机械特性的 B 点。此时，电枢电流 I_a 和电磁转矩 T 减小。当 $T<T_L$ 时，系统将减速，n 下降，E_a 下降，I_a 随之增加，T 又增加，直到 C 点，使 $T=T_L$ 稳定运行于 n_2，此时 $n_2<n_1$。若串联电阻 R 改变为 R_2（$R_2>R_1$），过程同上，只是工作点稳定于 D 点，对应转速为 n_3。

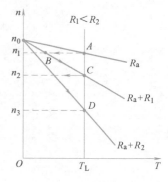

图 2-12　电枢回路串接
电阻调速特性曲线

由上述串电阻调速分析可知：

1）$R=0$ 时，电动机运行于固有机械特性的"基速"上，所谓"基速"是运行于固有机械特性上的转速。随着串入电阻 R 值增大，转速降低。但这种调速方法是从"基速"往下调。

2）串电阻调速时，如果负载为恒转矩的，电动机运行于不同的转速 n_1、n_2 和 n_3 时，电动机的电枢电流 I_a 是不变的。这是因为电磁转矩为 $T=K_T\Phi_N I_a$。稳定运行时，$T=T_L$，则电枢电流为

$$I_a=\frac{T}{K_T\Phi_N}=\frac{T_L}{K_T\Phi_N}$$

因此，当 T_L＝常数时，I_a 为常数。如果 $T_L=T_N$，$I_a=I_N$，I_a 与转速 n 无关。

3）串电阻调速时，由于 R 上流过很大的电枢电流 I_a，R 上将有较大的损耗，转速 n 越低，损耗越大。

4）串电阻调速，电动机工作于一组机械特性上，各条特性经过相同的理想空载点 n_0，而斜率不同。R 越大，斜率越大，特性越软，转速降 Δn 越大，电动机在低速运行时稳定性变差。串电阻调速多采用分级式，一般最大为六级。只适用于对调速性能要求不高的中、小电动机，大容量电动机不宜采用。

（2）降低电源电压调速　保持他励直流电动机励磁磁通为额定值不变，电枢回路不串电阻 R，降低电枢电压 U 为不同值，可得到一簇与固有特性平行的且低于固有机械特性的人为机械特性，如图 2-13 所示。如果负载为恒转矩 T_L，当电源电压为额定值 U_N 时，电动机运行于固有机械特性的 A 点，对应的转速为 n_1。当电压降到 U_1 后，工作点变到 A_1，转速为 n_2。电压降至 U_2，工作点为 A_2，转速为 n_3……随着电枢电压降低，转速也相应降低，调速方向也是从基速向下调。

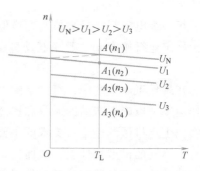

图 2-13　降低电源电压
调速特性曲线

从图 2-13 可见，降低电源电压，电动机的机械特性斜率不变，即硬度不变。与串电阻调速比较，降低电源电压调速在低速范围运行时转速稳定性要好得多，调速范围相应地也大一些。降低电源电压调速时，对于恒转矩负载，电动机运行于不同转速时，电动机的电枢电流 I_a 仍是不变的。这是因为电磁转矩 $T=K_T\Phi_N I_a$，而稳定运行时 $T=T_L$，电枢电流 $I_a=T_L/(K_N\Phi_N)$，I_a 同样与 n 无关。

另外，当电源电压连续变化时，转速也连续变化，是属于无级调速的情况，与电枢串电阻调速比较，调速的平滑性要好得多。因此，在直流电力拖动自动控制系统中，降低电源电压从基速下调的调速方法，得到了广泛的应用。

（3）改变励磁磁通的弱磁调速　保持电源电压不变，电枢回路不串电阻，降低他励直流电动机的励磁磁通，可使电动机的转速升高。图 2-14 所示为弱磁调速特性曲线。若负载转矩为 T_L，当 $\Phi = \Phi_N$ 时，电动机运行于固有机械特性（直线 1）与 T_L 的交点 A（$T = T_L$，$n = n_1$）。调节励磁回路串联电阻 R_f，使 I_f 突然减小，相应 Φ 减小，但转速 n 不能突变，电枢电动势 $E_a = K_E \Phi n$ 随 Φ 减小而减小，电枢电流 I_a 增大。一般 I_a 的增大比 I_f 减小的数量级要大，所以电磁转矩增大，当 $T > T_L$ 时，电动机加速，转速从 n_1 开始上升，随着 n 的上升，E_a 跟着上升，I_a 和 T 由开始的上升，经某一最大值逐渐下降，直至 $T = T_L$，电动机转速升至 n_2。此时电动机运行于人为机械特性 2 与 T_L 的交点 B。

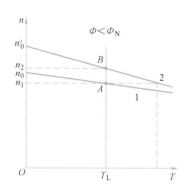

图 2-14　弱磁调速特性曲线

弱磁调速有如下特点：

1）他励（或并励）直流电动机在正常运行情况下，励磁电流 I_f 远小于电枢电流 I_a。因此，励磁回路所串的调节电阻的损耗要小得多，而且由于励磁回路电阻的容量很小，控制方便，可借助于连续调节 R_f 值，实现基速上调的无级调速。这种调速方法常与调压调速配合使用，扩大系统的调速范围。

2）弱磁升速的转速调节，由于电动机转速最大值受换向能力和机械强度的限制，转速不能过高。一般按（1.2~1.5）n_N 设计，特殊电动机设计可达（3~4）n_N。

3）弱磁调速，不论电动机在什么转速上运行，电动机的转速与转矩必须服从

$$n = \frac{U_N}{K_E \Phi} - \frac{R_a}{K_E \Phi} I_a$$

$$T = K_T \Phi I_a = 9.55 K_E \Phi I_a$$

因此，电动机的电磁功率为

$$P_e = T\Omega = 9.55 K_E \Phi I_a \times \frac{2\pi}{60} \left(\frac{U_N}{K_E \Phi} - \frac{R_a}{K_E \Phi} I_a \right) = U_N I_a - I_a^2 R_a$$

如果电动机拖动恒功率负载，即 $P_e = T_L \Omega = $ 常数，则 $I_a = $ 常数。

（4）他励直流电动机调速时的功率与转矩问题　电动机的输出功率决定电动机的发热程度，而电动机发热主要决定于电枢电流的大小。在电动机调速过程中，如果电枢电流 I_a 不超过额定电流 I_N，则电动机可长期稳定运行。如果在不同转速下都能保持电枢电流 $I_a = I_N$，则电动机在运行安全条件下得到充分利用。他励直流电动机电力拖动系统中广泛采用降低电源电压基速下调和减弱磁通的基速上调的双向调速方案。这样可得到很宽的调速范围，而且调速损耗小，运行效率高。

1）电枢串电阻和降低电枢电压调速时允许输出转矩不变，称恒转矩调速方式。在降低电枢电压调速时，磁通 $\Phi = \Phi_N$ 不变，因此电动机允许输出转矩为 $T_{al} = K_T \Phi_N I_N = T_N = $ 常数，称恒转矩输出，此时允许输出的功率为

$$P_{\text{al}} = T_{\text{N}} \Omega = T_{\text{N}} \frac{2\pi n}{60} = \frac{1}{9.55} T_{\text{N}} n \tag{2-13}$$

可见，对于恒转矩调速，其电动机的允许输出功率与转速 n 成正比。

2）减弱磁通调速时允许输出功率不变，称恒功率调速方式。在弱磁调速时，$U = U_{\text{N}}$，$I_{\text{a}} = I_{\text{N}}$，则磁通 Φ 与转速 n 的关系为

$$\Phi = \frac{U_{\text{N}} - I_{\text{N}} R_{\text{a}}}{K_{\text{E}} n}$$

将该式代入 $T = K_{\text{T}} \Phi I_{\text{a}}$，则有

$$T = K_{\text{T}} \Phi I_{\text{a}} = K_{\text{T}} \frac{U_{\text{N}} - I_{\text{N}} R_{\text{a}}}{K_{\text{E}} n} I_{\text{a}} \tag{2-14}$$

将式（2-14）代入 $P = nT/9.55$，得 $P =$ 常数。

可见，在弱磁调速时，若为恒功率负载，调速前后电枢电流保持为额定值，则允许输出转矩 T_{al} 与转速 n 成反比。恒转矩调速和恒功率调速，是在保持电枢电流为额定值的情况下，对电动机的输出转矩和输出功率而言的。在稳定运行的情况下，电动机的电枢电流的大小是由负载所决定的。所以实现恒转矩调速或恒功率调速的条件是电动机带恒转矩负载或恒功率负载。不能理解为降低电枢电压调速必定是恒转矩输出，减弱磁通调速必是恒功率输出。只有使某种调速方式与负载之间合理配合，才能使电动机得到充分的利用。理想的配合关系如图 2-15 所示。图中 T_{al} 为使电动机得到充分利用的允许转矩，T_{L} 为负载转矩。T_{al} 用虚线表示，T_{L} 用实线表示。

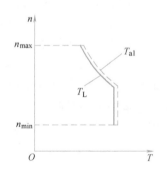

图 2-15 理想的配合关系

为使电动机得到充分利用，恒转矩调速方式适合拖动转矩为额定值的恒转矩负载；恒功率调速方式适合拖动功率为额定值的负载。有些生产机械的负载特性在较低转速范围内具有恒转矩特性，而在较高转速范围内具有恒功率特性。这时，可以选择在转速为额定转速 n_{N} 以下，采用降低电枢电压（或电枢回路串电阻）调速方式；在转速 n_{N} 以上，采用弱磁调速方式。从而获得较好的调速方式与负载的配合关系。

3. 他励直流电动机的反转特性

要使他励（或并励）直流电动机反转，就要改变电磁转矩 T 的方向。由式 $T = K_{\text{T}} \Phi I_{\text{a}}$ 可知，只要改变励磁磁通 Φ 的方向或改变电枢电流 I_{a} 的方向，就可以使转矩 T 改变方向，实现电动机反转。由此，改变电动机的转向有如下两种方法：

（1）改变励磁电流的方向　保持电枢电压极性不变，将励磁绕组反接，使励磁电流反向，励磁磁通 Φ 改变方向，如图 2-16 所示。

由于他励直流电动机励磁绕组匝数多，电感较大，电磁惯性较大，励磁电流从正向额定值到反向额定值的过程较长。因此，反向磁通所产生的反向转矩建立较慢，反转过程迟缓。另外，在励磁绕组接触器触点换接的瞬间，励磁绕组瞬间断开，绕组中产生很高的感应电动势，这可能引起绝缘击穿。因此在实际应用中，改变励磁电流方向实现反转的方法只适用于电动机容量较大，而励磁电流和励磁功率较小，对反转加速要求不高的场合。通常采用下面

介绍的改变电枢电压极性的方法实现电动机的反转。

（2）改变电枢电压极性 保持励磁绕组中电流方向不变，将电枢绕组反接，则电枢电流 I_a 改变方向，如图 2-17 所示。图中，KM_1 为正转接触器触点，KM_2 为反转接触器触点。

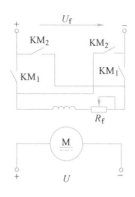

图 2-16 改变励磁电流
方向的接线图

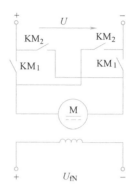

图 2-17 改变电枢电压
极性的接线图

4. 他励直流电动机的制动运行特性

当电动机发出的转矩克服负载转矩的作用，使生产机械朝着电磁转矩决定的方向旋转时，电动机处于电动状态。该状态的特点是：电动机电磁转矩 T 的方向与转速 n 的方向相同，电动机从电网输入电能并将其变为机械能带动负载，其机械特性曲线位于 $n\text{-}T$ 平面第一（正向电动）、三（反向电动）象限内。

在实际生产中，有时需要传动系统快速停车，或由高速状态迅速向低速状态过渡，为了吸收轴上多余的机械能，往往希望电动机产生一个与实际旋转方向相反的制动转矩，这时电动机是将轴上的机械能变成了电能，或是回馈电网，或是消耗在电动机内部，电动机的这种运行状态称为制动状态。该状态的特点是：电动机转矩 T 的方向与转速 n 的方向相反，电磁转矩不是拖动性的，而是制动性阻转矩，此时电动机吸收机械能并转化为电能。其机械特性曲线位于 $n\text{-}T$ 平面第二、四象限内。

常用的电气制动方法有三种：能耗制动、反接制动和回馈制动，下面分别进行分析讨论。

（1）能耗制动

1）能耗制动过程。一台原运行于正转电动状态的他励电动机，如图 2-18 所示。现将电动机从电源上拉开，开关 Q 接向电阻 R（此时 $U=0$）。由于机械惯性，电动机仍朝原方向旋转，电枢反电动势方向不变，但电枢电流 $I_a = (0-E_a)/(R_a+R) < 0$，方向发生了变化，则转矩的方向跟随着变化，电动机产生的转矩与实际旋转方向相反，为一制动转矩，这时电动机运行于能耗制动状态，由工作点 A 跳变到第二象限 B 点，如图 2-19 所示。若电动机带动一摩擦性恒转矩负载运行，则系统在负载转矩和电动机的制动转矩共同作用下，迅速减速，直至电动机的转速为零，反电动势、电枢电流、电磁转矩均为零，系统停止不动（图 2-19）；若系统拖动一位能性负载，如图 2-20 所示。在转速制动到零时，在负载转矩的作用下，电动机反向起动，但电枢电流也反向，对应的转矩仍为一制动转矩，至 C 点系统进入新的稳定运行状态。

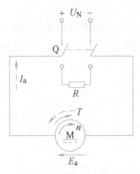

图 2-18 他励电动机
能耗制动原理图

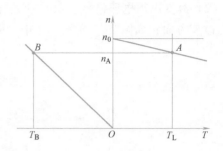

图 2-19 他励电动机带摩擦性恒转矩
负载时能耗制动机械特性

很显然，能耗制动过程中，电机变成了一台与电网无关的发电机，它把轴上多余的机械能变成了电能，消耗在电枢回路电阻上。

2）能耗制动状态的能量关系及机械特性。以正转电动状态电流方向为正方向，则在能耗制动状态下，电枢回路电压平衡方程式为

$$E_a = -I_a(R_a + R) \tag{2-15}$$

因能耗制动下电枢电流的方向与电动状态相反，将式（2-15）两边同时乘以 $-I_a$，得出能耗制动状态下的能量平衡关系为

$$-I_a E_a = I_a^2(R_a + R) \tag{2-16}$$

与电动状态相比较，$-I_a E_a$ 表示从轴上输入机械功率（即系统的动能），转换成电能后，消耗在电枢回路电阻上，使系统快速减速。我们称这种方法为能耗制动。

将 $E_a = K_E \Phi_N n$ 与 $I_a = T/(K_T \Phi)$ 代入式（2-15），得到能耗制动状态下的机械特性表达式为

$$n = -\frac{R_a + R}{K_E K_T \Phi^2} T \tag{2-17}$$

式（2-17）说明能耗制动状态的机械特性曲线，为一簇过原点的直线，随外串电阻 R 的增加，机械特性将变软，当 R 越小时，机械特性越平，电动机制动越快。但如果 R 过小，电枢电流 I_a 和转矩过大，可能越过允许值。所以 R 应受到限制，一般按最大制动电流不超过 $2I_N$ 来选择 R，即 $R_a + R \geq E_N/(2I_N) \approx U_N/(2I_N)$，则 $R \geq U_N/(2I_N) - R_a$，特性曲线位于 n-T 平面的第二、四象限，如图 2-20 所示。

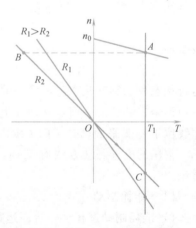

图 2-20 他励电动机带位能性恒
转矩负载时能耗制动机械特性

（2）反接制动 反接制动是指当他励电动机的电枢电压 U 或电枢反电动势 E_a 中的任一个在外部条件的作用下，改变了方向，即二者由方向相反变为顺极性串联，电动机即运行于反接制动状态。

1）电枢电压反接制动。电压反接制动电路如图 2-21 所示。如果电动机原拖动摩擦性恒转矩负载以某一速度稳定运行于 A 点，如图 2-22 所示，在某一时刻将电枢电压反向，由于机械惯性，转速来不及变化，反电动势 E_a 的方向瞬间不会改变，使 U 与 E_a 顺极性串联，

为了限制电流，需在电枢回路中串接一个较大的电阻 R，对应的电枢电流 $I_a=(-U-E_a)/(R_a+R)<0$，电磁转矩方向发生改变，系统由 A 点过渡到 B 点，电动机产生一制动转矩 T 与负载阻转矩共同作用下，使系统沿着由 R 所决定的人为特性快速减速，到了 C 点，$n=0$，但堵转矩并不为零，若要停车，应立即关断电源，否则在堵转矩 $T>T_L$ 时，电动机将反向起动。

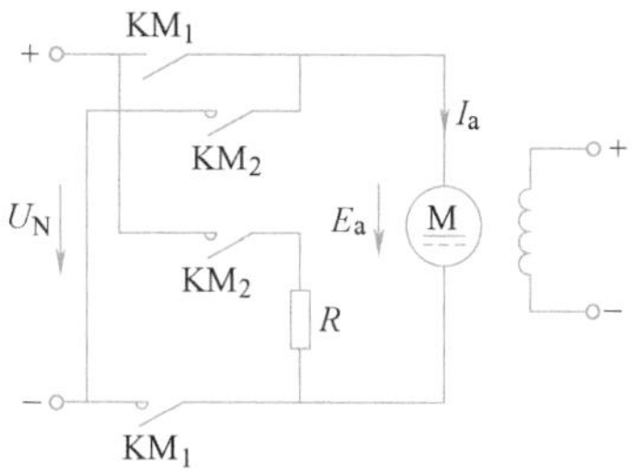

电压反接制动状态的能量关系以正转电动状态为正方向，电枢电压反接时，电枢回路的电压平衡方程式为

$$-U=E_a-I_a(R_a+R) \tag{2-18}$$

因为电流反向，两边同乘以 $-I_a$，得到电压反接制动状态下的能量平衡关系为

$$I_aU=-I_aE_a+I_a^2(R_a+R) \tag{2-19}$$

与电动状态相比较，在电压反接制动下，电动机仍从电网吸收电功率 UI_a，同时又将轴上多余的机械能变成了电能，这两部分电能全部消耗在电枢回路电阻上，因此该制动方式可产生较强的制动效果。

将 $E_a=K_E\varPhi n$ 及 $I_a=T/(K_T\varPhi)$ 代入式（2-18），整理后，可得到电压反接制动的机械特性方程式为

$$n=-\frac{U}{K_E\varPhi}-\frac{R_a+R}{K_EK_T\varPhi^2}T \tag{2-20}$$

由式（2-20）可知在电压反接制动状态下，因 $n_0=-U/(K_E\varPhi)$，故电压反接制动机械特性曲线应是反转电动状态下的机械特性向第二象限的延伸，也为电压反接制动段。

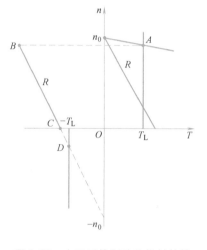

图 2-21 电压反接制动电路原理图

图 2-22 电压反接制动的机械特性

2）倒拉反接制动（电动势反接制动）。倒拉反接制动过程如图 2-23 所示。设电动机拖动一位能性负载运行，原工作于 A 点，现在电枢回路中串入一个较大的电阻，电枢电流 $I_a=(U-E_a)/(R_a+R)$ 减小，电磁转矩减小，到 T_C，系统沿着由 R 所决定的人为特性减速。当速度降至 $n=0$ 时，堵转矩 T_D 若小于负载转矩 T_L，则在负载转矩的作用下，电动机将强迫反转，并反向加速，电枢电流 $I_a=(U-(-E_a))/(R_a+R)>0$ 未反向，但随着转速升高而增加，制动性电磁转矩随之增加，至 B 点，系统进入稳定运行。这时电磁转矩与实际旋转方向相

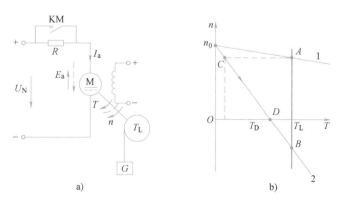

图 2-23 倒拉反接制动的原理图及机械特性
a）原理图 b）机械特性

反，U 与 E_a 同向，故这种制动为反接制动（或称电动势反接制动）。

倒拉反接制动状态的能量平衡关系与正转电动状态相比较，在电枢回路中仅有反电动势 E_a 的方向发生了改变，故电压平衡关系为

$$U = -E_a + I_a(R_a + R) \qquad (2\text{-}21)$$

电流方向与正转电动状态的相同，两边同乘以 I_a，对应的能量平衡关系为

$$I_a U = -I_a E_a + I_a^2(R_a + R) \qquad (2\text{-}22)$$

由式（2-22）可知，倒拉反接制动的能量平衡关系与电压反接制动完全相同。对于倒拉反接制动的机械特性方程式应与电动状态时一样，因为它仅是在电枢回路中串接了较大电阻 R，在位能负载的作用下，使电动机工作在正转电动状态下机械特性向第四象限的延伸段。这种制动方法常应用于起重设备低速下放重物的场合。

（3）回馈制动 回馈制动也叫发电反馈制动。当电动机转速高于其理想空载转速，即 $n > n_0$ 时电枢电动势 E_a 大于电枢电压 U，电动机向电源回馈电能，且电磁转矩 T 与转速 n 方向相反，T 为制动性质，此时电动机的运行状态称回馈制动。回馈制动可能出现下列两种情况：

1）正向回馈制动。他励直流电动机，如果原来运行于固有机械特性的 A 点，电枢电压为 U_N，当电压降为 U_1 后（$U_1 < U_N$），则电动机运行从机械特性 $A \rightarrow B \rightarrow C \rightarrow D$，最后稳定运行于 D 点，如图 2-24 所示。

在降速过程中，从 $B \rightarrow C$ 阶段，电动机转速 n 仍大于零，而电磁转矩 $T < 0$，T 与 n 方向相反。这时 T 为制动转矩，属于正向回馈制动状态。从能量转换的观点，机械功率的输入是系统从高速向低速降速过程中释放出来的动能所提供，电功率的送出，不是给用电设备，而是回馈到直流电源。回馈制动过程是从转速高于 n_D' 的速

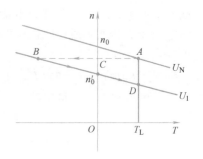

图 2-24　正向回馈制动特性曲线

度减到 n_D' 的减速过程，而不是像能耗制动和反接制动那样从高速到 $n = 0$ 的停车过程。

如果电动机拖动负载（如一台电车）平路前进，转速为 n。设电磁转矩 T 与 n 同方向为正值，负载转矩 T_{L1} 与 n 反方向也为正值，平路前进时，负载转矩为摩擦阻转矩，$T_{L1} > 0$。当电车在下坡路上前进时，负载转矩就为摩擦阻转矩与位能性拖动转矩的合成转矩。而后者数值比前者大时，二者方向相反。因此，电车下坡时的总负载转矩为 T_{L2}，且 $T_{L2} < 0$，如图 2-25 所示。电车平路前进时，电动机为电动运行状态，工作点为固有机械特性与 T_{L1} 的交点 A；电车下坡时，电动机则运行于正向回馈制动状态，工作点为固有机械特性在第二象限与 T_{L2} 的交点 B。从图中看到，回馈制动时的电磁转矩 T 与转速 n 相反。当 $T = T_{L2}$ 时，电车能够恒速下坡行驶。这也是一种正向回馈制动运行情况。这种稳定运行时的能量关系与上面回

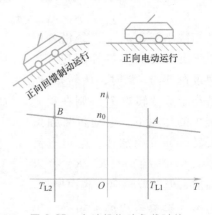

图 2-25　电动机拖动负载时的
正向回馈制动

馈制动过程时是一样的，区别仅仅是机械功率不是由负载减少动能来提供，而是由电车减少位能储存来提供。

2）反向回馈制动。如果他励直流电动机拖动位能性负载，电动机原先在 A 点提升重物，当电源电压反接，同时接入一大电阻时，特性曲线如图 2-26 所示。电动机拖动位能负载进行反接制动，运行点从 A 点过渡到 B 点，电动机进入反接制动状态，当转速 n 下降到 $n=0$ 时，如果不及时切断电源，也不采取机械制动措施。由于电磁转矩和负载转矩共同作用下，经反向电动状态到 $n=-n_0$，反向电动状态结束。这时 $T=0$，电动机在 T_L 的作用下，继续加速，使 $|n|>|-n_0|$，电枢电流 I_a 与电枢电动势 E_a 同方向，T 与 n 反方向，电动机运行在回馈制动状态，直到 C 点才能稳定。电动机在 C 点也是反向回馈制动运行状态。

他励直流电动机的四个象限运行的机械特性如图 2-27 所示，其中第一、三象限内，T 与 n 同方向是正向和反向电动运行状态，第二、四象限内，T 与 n 反方向，是制动运行状态，图中也标出能耗制动、反接制动和回馈制动的过程曲线和稳定运行的交点。

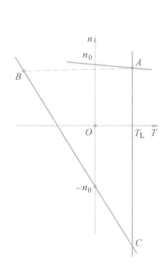

图 2-26　反向回馈制动特性曲线

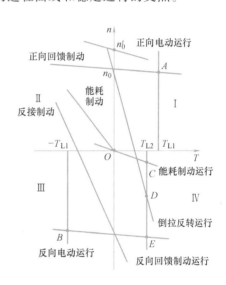

图 2-27　他励直流电动机各种运行状态

例 2-1　某他励直流电动机数据如下：$P_N=22kW$，$U_N=220V$，$I_N=115A$，$n_N=1500r/min$，$R_a=0.1\Omega$，忽略空载转矩 T_0，要求 $I_{amax}<2I_N$。若电动机正向电动运行，$T_L=0.9T_N$，试求：

（1）若采用反接制动停车，电枢回路应串入的制动电阻 R 的最小值。

（2）若电动机运行在 $n=1000r/min$ 匀速下放重物，采用倒拉反接制动运行，电枢回路应串入的电阻值 R 为多少？该电阻上功耗为多少？

（3）采用反向回馈制动运行，电枢回路不串电阻，电动机转速为多少？

解　$K_E\Phi_N=\dfrac{U_N-I_N R_a}{n_N}=\dfrac{220V-115A\times0.1\Omega}{1500r/min}=0.139V/(r/min)$

$$n_0=\frac{U_N}{K_E\Phi_N}=\frac{220V}{0.139V/(r/min)}=1582.7r/min$$

$$\Delta n_N=n_0-n_N=1582.7r/min-1500r/min=82.7r/min$$

$$E_{aN} = K_E \Phi_N n_N = 0.139 \times 1500\text{r/min} = 208.5\text{V}$$

$T_L = 0.9T_N$ 时的转速降为

$$\Delta n = \Delta n_N \times 0.9T_N/T_N = 82.7 \times 0.9\text{r/min} = 74.4\text{r/min}$$

$T_L = 0.9T_N$ 时的转速为

$$n = n_0 - \Delta n = 1582.7\text{r/min} - 74.4\text{r/min} = 1508.3\text{r/min}$$

制动时的电枢电动势为

$$E_a = E_{aN} n/n_N = 208.5\text{V} \times 1508.3\text{r/min} \div 1500\text{r/min} = 209.7\text{V}$$

（1）反接制动停车，电枢回路串入电阻最小值为

$$R_{min} = \frac{U_N + E_a}{I_{amax}} - R_a = \frac{220\text{V} + 209.7\text{V}}{2 \times 115\text{A}} - 0.1\Omega = 1.768\Omega$$

（2）倒拉反接制动时电枢回路串入电阻值及功耗。转速为 -1000r/min 时，电枢电动势为

$$E_a' = \frac{n}{n_N} E_{aN} = \frac{-1000\text{r/min}}{1500\text{r/min}} \times 208.5\text{V} = -139\text{V}$$

反转时负载转矩为

$$T_L' = T_L - 2\Delta T = 0.9T_N - 2 \times 0.1T_N = 0.7T_N$$

负载电流为

$$I_a' = \frac{T_L'}{T_N} I_N = 0.7I_N = 0.7 \times 115\text{A} = 80.5\text{A}$$

应串入电阻值为

$$R = \frac{U_N - E_a'}{I_a'} - R_a = \frac{220\text{V} + 139\text{V}}{80.5\text{A}} - 0.1\Omega = 4.36\Omega$$

R 上的功耗为

$$P_R = I_a'^2 R = (80.5\text{A})^2 \times 4.36\Omega = 28.25\text{kW}$$

（3）位能性恒转矩负载，反向回馈制动运行，电枢不串电阻，电动机转速为

$$n = \frac{-U_N}{K_E \Phi_N} - \frac{I_a' R_a}{K_E \Phi_N} = -n_0 - \frac{I_a'}{I_N} \Delta n_N = -1582.7\text{r/min} - \frac{80.5\text{A}}{115\text{A}} \times 82.7\text{r/min} = -1640.6\text{r/min}$$

第二节　交流异步电动机

交流异步电动机是将交流电能转换为机械能做功的最常用的重要旋转设备。它是工业中使用得最为广泛的一种电动机，这是由它的结构简单、运行可靠、坚固耐用、维护容易、价格便宜、具有较好的稳态和动态特性等一系列优点所决定的。

异步电动机按定子绕组的相数分为单相异步电动机和三相异步电动机。本节主要介绍三相异步电动机的工作原理、起动、制动、调速的特性和方法。

一、三相异步电动机的工作原理

三相异步电动机的工作原理，是基于定子旋转磁场和转子电流的相互作用，如图 2-28a

所示，当定子的对称三相绕组接到三相电源上时，绕组内将通过对称三相电流，并在空间产生旋转磁场。该磁场沿定子内圆周切线方向旋转。图 2-28b 所示为具有一对磁极的旋转磁场，可假想磁极位于图示的定子铁心内画阴影线的部分。

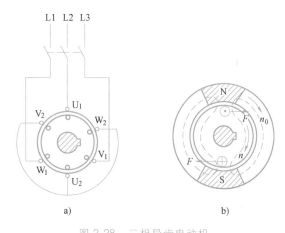

当磁场旋转时，转子绕组的导体切割磁通，将产生感应电动势 e_2，假设旋转磁场向顺时针方向旋转，则相当于转子导体逆时针方向旋转切割磁通，根据右手定则，在 N 极面下，转子导体中感应电动势的方向由图面指向读者，而在 S 极面下转子导体感应电动势方向则由读者指向图面。

图 2-28　三相异步电动机

a）定子绕组与电源的连接　b）工作原理

由于电动势 e_2 的存在，转子绕组中将产生转子电流 i_2。根据安培电磁力定律，转子电流与旋转磁场相互作用，将产生电磁力 F（其方向由左手定则决定，这里假设 i_2 和 e_2 同相），该力在转子的轴上形成电磁转矩，且转矩的作用方向与旋转磁场的旋转方向相同，转子受此转矩作用，便按旋转磁场的旋转方向旋转起来。但是，转子的旋转速度 n（即电动机的转速）恒比旋转磁场的旋转速度 n_0（称同步转速）小，因为如果两种转速相等，转子和旋转磁场没有相对运动，转子导体不切割磁力线便不能产生感应电动势 e_2 和电流 i_2，也就是没有电磁转矩，转子将不会继续旋转。因此，转子和旋转磁场之间的转速差是保证转子旋转的主要因素。

由于转子转速不等于同步转速，所以把这种电动机称为异步电动机，而把转速差（n_0-n）与同步转速 n_0 的比值称为异步电动机的转差率，用 s 表示为

$$s=\frac{n_0-n}{n_0} \tag{2-23}$$

转差率 s 是分析异步电动机运行情况的主要参数。

当转子旋转时，如果在轴上加机械负载，则电动机就可以输出机械能。从物理本质上来分析，异步电动机的运行和变压器的相似，即电能从电源输入定子绕组（一次绕组），通过电磁感应的形式，以旋转磁场作媒介，传送到转子绕组（二次绕组），而转子中的电能通过电磁力的作用变换成机械能输出。由于在这种电动机中，转子电流的产生和电能的传递是基于电磁感应现象，所以异步电动机又称为感应电动机。

通常异步电动机在额定负载时，n 接近于 n_0，转差率 s 很小，为 $0.015\sim0.06$。

二、三相异步电动机的电磁转矩与机械特性

1. 三相异步电动机的电磁转矩

电磁转矩 T（以下简称转矩）是三相异步电动机的最重要的物理量之一，它表征一台电动机拖动生产机械能力的大小。机械特性是它的主要特性。

从异步电动机的工作原理知道，异步电动机的电磁转矩是由于具有转子电流 I_2 的转子

导体在磁场中受到电磁力 F 作用而产生的，因此电磁转矩的大小与转子电流 I_2 以及旋转磁场的每极磁通 Φ 成正比。从转子电路分析知道，转子电路是一个交流电路，它不但有电阻，而且还有漏磁感抗存在，所以转子电流 I_2 与转子感应电动势 E_2 之间有一相位差，用 φ_2 表示。于是转子电流 I_2 可分解为有功分量 $I_2\cos\varphi_2$ 和无功分量 $I_2\sin\varphi_2$ 两部分，只有转子电流的有功分量 $I_2\cos\varphi_2$ 能与旋转磁场相互作用而产生电磁转矩。也就是说，电动机的电磁转矩实际上与转子电流的有功分量 $I_2\cos\varphi_2$ 成正比。综上所述，异步电动机的电磁转矩表达式为

$$T = K_T \Phi I_2 \cos\varphi_2 \tag{2-24}$$

式中，K_T 是仅与电动机结构有关的常数；Φ 为旋转磁场每极磁通；I_2 为转子电流；$\cos\varphi_2$ 为转子回路的功率因数。

从电工技术中知 I_2 和 $\cos\varphi_2$ 为

$$I_2 = \frac{4.44 s f_1 N_2 \Phi}{\sqrt{R_2^2 + (s X_{20})^2}} \tag{2-25}$$

$$\cos\varphi_2 = \frac{R_2}{\sqrt{R_2^2 + (s X_{20})^2}} \tag{2-26}$$

将式（2-25）和式（2-26）代入式（2-24），并考虑到式 $E_1 = 4.44 f_1 N_1 \Phi$ 和忽略定子电阻 R_1 和漏感抗 X_1 上的压降，即 $U_1 \approx E_1$，则得出转矩的另一个表达式为

$$T = K \frac{s R_2 U_1^2}{R_2^2 + (s X_{20})^2} = K \frac{s R_2 U^2}{R_2^2 + (s X_{20})^2} \tag{2-27}$$

式中，K 为与电动机结构参数、电源频率有关的一个常数；U_1、U 分别为定子绕组相电压、电源电压；R_2 为转子每相绕组的电阻；X_{20} 为电动机转子堵住不动（$n=0$）时，转子每相绕组的漏感抗。

式（2-27）所表示的电磁转矩 T 与转差率 s 的关系 $T=f(s)$ 曲线，通常叫作 T-s 曲线。电磁转矩 T 与每相电压有效值 U_1 的二次方成正比。由此可见，当电源电压变化时，对电磁转矩影响很大，当电压 U_1 一定，转子参数 R_2 和 X_{20} 一定时，电磁转矩与转差率 s 有关。

2. 三相异步电动机的机械特性

异步电动机的机械特性曲线是指定子电压 U_1、频率 f_1 和参数一定的条件下，转子转速 n 随着电磁转矩 T 变化的关系曲线，即 $n=f(T)$。它有固有机械特性和人为机械特性之分。

（1）固有机械特性 异步电动机在额定电压和额定频率下，用规定的接线方式，定子和转子电路中不串联任何电阻或电抗时的机械特性称为固有（自然）机械特性。根据式（2-27）和异步电动机转速 $n=(1-s)n_0$ 的关系可将 T-s 曲线换成转速与转矩的关系曲线，即 $n=f(T)$。这也就是三相异步电动机的固有机械特性曲线，如图 2-29 所示。研究机械特性的目的是为了分析和测定电动机的运行特性，并为以该电动机为执行元件的控制电路提供参量。从特性曲线上可以看出，其上有四个特殊点可以决定特性曲线的基本形状和异步电动机的运行性能，这四个特殊点如下：

1）$T=0$，$n=n_0$（$s=0$），电动机处于空载工作点，此时电动机的转速为理想空载转速 n_0。

2）$T=T_N$，$n=n_N$（$s=s_N$）为电动机额定工作点。此时额定转矩和额定转差率为

$$T_N = 9.55 \frac{P_N}{n_N} \tag{2-28}$$

$$s_N = \frac{n_0 - n_N}{n_0} \tag{2-29}$$

式中，P_N 为电动机的额定功率（W）；n_N 为电动机的额定转速，一般 $n_N = (0.94 \sim 0.95) \, n_0$（r/min）；$s_N$ 为电动机的额定转差率，一般 $s_N = 0.015 \sim 0.06$；T_N 为电动机的额定转矩（N·m）。

3）$T = T_{st}$，$n = 0$（$s = 1$），为电动机的起动工作点。此时的转矩称为起动转矩。它是衡量电动机运行性能的重要指标之一。因为起动转矩的大小将影响到电动机拖动系统加速度的大小和加速时间的长短。如果起动转矩太小，在一定负载下电动机有可能起动不起来。

将 $s = 1$ 代入式（2-29），可得

$$T_{st} = K \frac{R_2 U^2}{R_2^2 + X_{20}^2} \tag{2-30}$$

可见异步电动机的起动转矩 T_{st} 与定子每相绕组上所加电压的二次方成正比，当施加在定子每相绕组上的电压降低时，起动转矩下降明显；当转子电阻适当增大时，起动转矩会增大，这是因为转子电路电阻增加后，提高了转子回路的功率因数，转子电流的有功分量增大（此时 E_{20} 一定），因而起动转矩增大；若增大转子电抗，则起动转矩会大为减小，这是我们所不需要的。通常把在固有机械特性上起动转矩与额定转矩之比 $\lambda_{st} = T_{st}/T_N$ 作为衡量异步电动机起动能力的一个重要数据。一般 $\lambda_{st} = 1.0 \sim 2.2$。

4）$T = T_{max}$，$n = n_m$（$s = s_m$），为电动机的临界工作点。此时的转矩称为最大转矩（T_{max}），也是表征电动机运行性能的重要参数之一。转矩的最大值，可由式（2-27）令 $dT/ds = 0$，而得临界转差率为

$$s_m = R_2/X_{20} \tag{2-31}$$

再将 s_m 代入式（2-27），即可得

$$T_{max} = K \frac{U^2}{2X_{20}} \tag{2-32}$$

从式（2-32）和式（2-31）可看出，最大转矩 T_{max} 的大小与定子每相绕组上所加电压 U 的二次方成正比。这说明异步电动机对电源电压的波动是很敏感的。电源电压过低，会使轴上输出转矩明显降低，甚至小于负载转矩，而造成电动机停转；最大转矩 T_{max} 的大小与转子电阻 R_2 的大小无关，但临界转差率 s_m 却正比于 R_2，这对线绕转子异步电动机而言，若在转子电路中串接附加电阻，则 s_m 增大，而 T_{max} 不变。

异步电动机在运行中经常会遇到短时冲击负载，冲击负载转矩小于最大电磁转矩时，电动机仍然能够运行，而且电动机短时过载也不会引起剧烈发热。通常把在固有机械特性上最大电磁转矩与额定转矩之比为

$$\lambda_m = T_{max}/T_N \tag{2-33}$$

称为电动机的过载能力系数，它表征了电动机能够承受冲击负载的能力大小，一般三相异步电动机的 $\lambda_m = 1.6 \sim 2.2$。供起重机械和冶金机械用的绕线转子异步电动机的 $\lambda_m = 2.5 \sim 2.8$。

在实际应用中，用式（2-27）计算机械特性非常麻烦，如把它化成用 T_{max} 和 s_m 表示的形式，则方便多了。为此，用式（2-27）除以式（2-32），并代入式（2-31），经整理后就可得到

$$T = 2T_{\max} \Big/ \left(\frac{s}{s_{\mathrm{m}}} + \frac{s_{\mathrm{m}}}{s} \right) \qquad (2\text{-}34)$$

此式为转矩-转差率特性的实用表达式，也叫规格化转矩-转差率特性。根据该式，当转差率 s 很小，即 $s < s_{\mathrm{m}}$ 时，则 $s/s_{\mathrm{m}} \ll s_{\mathrm{m}}/s$，若忽略 s/s_{m}，则有

$$T = \frac{2T_{\max}}{s_{\mathrm{m}}} s$$

此式表示转矩 T 与转差率 s 成正比的直线关系，即异步电动机的机械特性呈线性关系，工程上常把这一段特性曲线作为直线来处理，这一段曲线叫作机械特性曲线的线性段。一般三相异步电动机在运行中，负载会变化（如车床切削进给量的大小，起重重物的改变等），使电动机的转速 n 随负载转矩的变化而变化。从图 2-29 可见，当转矩 T 增大，其转速 n 会下降，随着转速 n 的下降，转差率 s 增加，又使转子电流 I_2 增加，同时也使 $\cos\varphi_2$ 减小，使转矩不断增大。当转矩等于变动后的负载转矩时，电动机将在较低的转速 n 下稳定运行。所以电动机有负载运行时，一般工作在如图 2-29 所示的线性段。

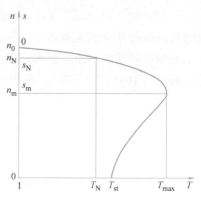

图 2-29　异步电动机的固有机械特性

（2）人为机械特性　由式（2-27）知，电动机的机械特性与电动机的参数，外加电源电压、电源频率有关，因此人为地改变这些参数而获得的机械特性称为异步电动机的人为机械特性。在机电传动系统中，人们可以通过合理地利用人为机械特性对异步电动机进行调速或者起动。下面简单介绍几种人为机械特性。

1）降低电动机电源电压时的人为特性。当电源电压降低时，由 $n_0 = 60f/p$ 和式（2-31）、式（2-32）可以看出，理想空载转速 n_0 和临界转差率 s_{m} 与电源电压无关，而最大转矩 $T_{\max}$ 却与定子电压的二次方成正比，当降低定子电压时，n_0 和 s_{m} 不变，而 $T_{\max}$ 大大减小。在同一转差率情况下，人为特性与固有特性的转矩之比等于二者的电压二次方之比。因此，在绘制降低电压的人为特性时，是以固有特性为基础，在不同的 s 处，取固有特性上对应的转矩乘降低电压与额定电压比值的二次方，即可作出人为特性曲线，如图 2-30 所示。降低电压后电动机的机械特性是通过 n_0 点的曲线簇，其线段的斜率增大。例如当 $U_{\mathrm{a}} = U_{\mathrm{N}}$ 时，$T_{\mathrm{a}} = T_{\max}$；当 $U_{\mathrm{b}} = 0.8U_{\mathrm{N}}$ 时，$T_{\mathrm{b}} = 0.64T_{\max}$；当 $U_{\mathrm{c}} = 0.5U_{\mathrm{N}}$ 时，$T_{\mathrm{c}} = 0.25T_{\max}$。可见，电压越低，人为特性曲线越往右移。由式（2-30）可知，起动转矩 T_{st} 也随 U^2 成比例降低。故异步电动机对电源电压的波动非常敏感，运行时，如电压降得太多，会大大降低它的过载能力与起动转矩，甚至电动机会发生带不动负载或根本不能起动的现象。例如，电动机运行在额定负载 T_{N} 下，即使 $\lambda_{\mathrm{m}} = 2$，若电网电压下降到 $70\%U_{\mathrm{N}}$，由于这时 $T_{\max} = \lambda_{\mathrm{m}} T_{\mathrm{N}}$ $(U/U_{\mathrm{N}})^2 = 2 \times 0.7^2 T_{\mathrm{N}} = 0.98T_{\mathrm{N}}$，电动机就会停转，此

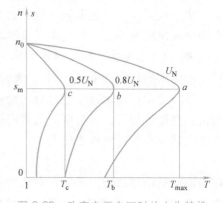

图 2-30　改变电源电压时的人为特性

外，电网电压下降，在负载不变的条件下，将使电动机转速下降，转差率 s 增大，电流增

加，引起电动机发热，甚至烧坏。

2）定子电路接入电阻或电抗时的人为特性。在电动机定子电路中外串电阻或电抗后，电动机端电压为电源电压减去定子外串电阻上或电抗上的压降，因此，定子绕组相电压降低，这种情况下的人为特性与降低电源电压时的相似，如图 2-31 所示。图中实线 1 为降低电源电压的人为特性，虚线 2 为定子电路串入电阻 R_{1s} 或电抗 X_{1s} 的人为特性。从图中可看出，所不同的是定子串入 R_{1s} 或 X_{1s} 后的最大转矩要比直接降低电源电压时的最大转矩大一些，因为随着转速的上升和起动电流的减小，在 R_{1s} 或 X_{1s} 上的压降减小，加到电动机定子绕组上的端电压自动增大，致使最大转矩大些。而降低电源电压的人为特性在整个起动过程中，定子绕组的端电压是恒定不变的。

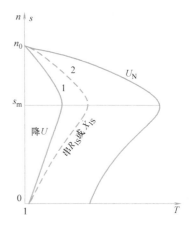

图 2-31　定子电路接入电阻或
电抗时的人为特性

3）改变定子电源频率时的人为特性。改变定子电源频率 f 对三相异步电动机机械特性的影响是比较复杂的，下面仅定性地分析一下 $n = f(T)$ 的近似关系，根据 $n_0 = 60f/p$ 和式（2-30）~式（2-32），并注意到上列式中 $X_{20} \propto f$，$K \propto 1/f$，且一般变频调速采用恒转矩调速，即希望最大转矩 T_{max} 保持为恒值，为此在改变频率 f 的同时，电源电压 U 也要做相应的变化，使 $U/f =$ 常数，这在实质上是使电动机气隙磁通保持不变。在上述条件下就存在有 $n_0 \propto f$，$s_m \propto 1/f$，$T_{st} \propto 1/f$，T_{max} 不变的关系，即随着频率的降低，理想空载转速 n_0 减小，临界转差率要增大，起动转矩要增大，而最大转矩基本维持不变，如图 2-32 所示。

4）转子电路串电阻时的人为特性。在绕线转子异步电动机的转子电路内串接对称的电阻 R_{2r}，如图 2-33a 所示，此时转子电路中的电阻为 $R_2 + R_{2r}$，由 $n_0 = 60f/p$ 和式（2-31）、式（2-32）可看出，R_{2r} 的串入对理想空载转速 n_0，最大转矩 T_{max} 没有影响，但临界转差率 s_m 则随着 R_{2r} 的增加而增大，人为特性的线性部分斜率也随着 R_{2r} 的增加而增大，也就是说其特性变软，如图 2-33b 所示。很明显，串入的电阻越大，临界转差率亦越大，可选择适当的电阻 R_{2r} 接入转子电路，使 T_{max} 发生在 $s_m = 1$ 的瞬间，即使最大转矩发生在起动瞬间，以改善电动机的起动性能。

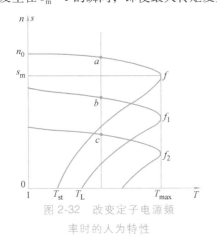

图 2-32　改变定子电源频
率时的人为特性

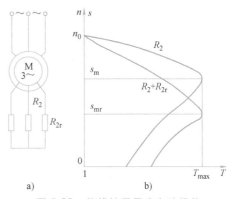

图 2-33　绕线转子异步电动机的
转子电路串接电阻
a）原理接线图　b）机械特性

三、三相异步电动机的工作特性

异步电动机的工作特性是指当外加电源电压 U_1 为常数，电源频率 f_1 为常数时，异步电动的转速 n、转矩 T、定子绕组电流 I_1、定子功率因数 $\cos\varphi_1$ 及效率 η 与该电动机输出功率 P_2 的关系曲线。这些曲线可用实验方法测得。从异步电动机的工作特性曲线可以判断它的工作性能好坏，从而达到正确选用电动机，以满足不同工作要求的目的。异步电动机的不同工作特性曲线示于图 2-34 中。

1. 转速特性 $n = f(P_2)$

异步电动机的转速 n 在电动机正常运行的范围内随负载 P_2 的变化不大，所以 $n = f(P_2)$ 曲线是一条稍许下倾的近似直线。如果略去电动机的机械损耗，则输出功率

$$P_2 \approx T\frac{2\pi n}{60}$$

则

$$T = \frac{30}{\pi n}P_2$$

式中，P_2 的单位为 kW；n 的单位为 r/min；T 的单位为 N·m。

2. 定子电流特性 $I_1 = f(P_2)$

随着负载增加，转速下降，转子电流增大，定子电流也随着增大，定子电流几乎随 P_2 按比例增加，如图 2-34 所示。

3. 功率因数特性 $\cos\varphi_1 = f(P_2)$

异步电动机在空载时功率因数很低，随着负载 P_2 增加，开始时 $\cos\varphi_1$ 增加较快，通常在额定负载 P_{2N} 时达最大值，当负载再增加时，由于转差率 s 增大，使转子漏感抗 $X_2 = sX_{20}$ 变大，因而使 $\cos\varphi_2$ 反而降低，转子电流的无功分量增加，因而定子电流的无功分量随之增加，使电动机定子功率因数又重新开始下降，如图 2-34 所示。

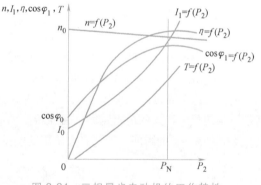

图 2-34　三相异步电动机的工作特性

4. 电磁转矩特性 $T = f(P_2)$

由于电动机在正常运行范围内，转速 $n = f(P_2)$ 曲线变化不大，近似为直线，故 $T = f(P_2)$ 也近似为一直线。由于 $T = T_2 + T_0$，在转速不变情况下，T_0 为一常数，所以 T 是在 T_2 的基础上叠加 T_0，因此，异步电动机的转矩特性是一条不通过原点的近似直线，如图 2-34 所示。

5. 效率特性 $\eta = f(P_2)$

电动机的效率 η 随着负载 P_2 的增大，开始时增加较快，通常也在额定负载时达到最大值，此后随 P_2 的增加效率 η 反而略有下降，因为效率达最大值后，如果负载继续增大，由于定、转子铜损耗增加很快，效率反而降低。对于中、小型异步电动机，最大效率通常出现在 $0.7P_N \sim 1.0P_N$ 范围内。一般来说，电动机的容量越大，效率越高。

四、三相异步电动机的起动、正反转、制动和调速运行控制

1. 三相异步电动机的起动

评价异步电动机起动性能时，主要是看它的起动转矩和起动电流，一般希望在起动电流比较小的情况下，能得到较大的起动转矩。但异步电动机直接接入电网起动的瞬时，由于转子处于静止状态，定子旋转磁场以最快的相对速度（即同步转速）切割转子导体，在转子绕组中感应出很大的转子电动势。在刚起动时，$n=0$，转差率 $s=1$，若设异步电动机在额定转速 n_N 转动时的转差率 $s_N=0.05$，由 $E_{2N}=sE_{20}$ 可知，刚起动时转子电动势 E_{20} 是额定转速时转子电动势 E_{2N} 的 20 倍。但考虑到起动时转子漏抗 X_{20} 也较大，因此实际上起动时转子电流为额定转子电流的 5~8 倍，而起动时定子电流 I_{1st} 为额定定子电流 I_{1N} 的 4~7 倍。但因起动时 $s=1$，$f_2=f_1$，转子漏磁感抗 X_{20} 远大于转子电阻，转子功率因数 $\cos\varphi_2$ 很低，使其有功分量 $I_{2st}\cos\varphi_{2st}$ 并不大，故起动转矩 $T_{st}=K_T\Phi I_{2st}\cos\varphi_{2st}$ 却不大，一般 $T_{st}=(1.0~2.2)T_N$。固有起动特性如图 2-35 所示。显然异步电动机的这种起动性能和生产机械的要求是相矛盾的。为了解决这些矛盾，必须根据具体情况，采取不同的起动方法限制起动电流，增大起动转矩，从而改善电动机的起动性能。

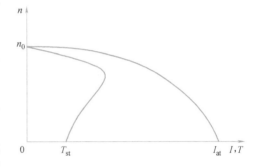

图 2-35　异步电动机的固有起动特性

（1）笼型异步电动机的起动方法　笼型异步电动机有直接起动和减压起动两种方法。

1）直接起动（全压起动）。直接起动就是利用刀开关或接触器将定子绕组直接接入额定电压的电源上起动，如图 7-6、图 7-7 所示。由于直接起动的起动电流很大，因此，在什么情况下才允许采用直接起动，有关供电、动力部门都有规定，主要取决于电动机的功率与供电变压器的容量之比值。一般在有独立变压器供电（即变压器供动力用电）的情况下，若电动机起动频繁，电动机功率小于变压器容量的 20%，则允许直接起动；若电动机不经常起动，电动机功率小于变压器容量的 30%，也允许直接起动。如果没有独立的变压器（即与照明共用电源），电动机起动又比较频繁，则常按经验公式来估算，满足下列关系则可直接起动：

$$\frac{I_{st}}{I_N}\leqslant\frac{3}{4}+\frac{\text{电源总容量}}{4\times\text{电动机功率}} \tag{2-35}$$

直接起动无需附加起动设备，操作和控制简单，可靠，所以在条件允许的情况下应尽量采用，考虑到目前在大中型厂矿企业中，变压器容量已足够大，因此，一般对于 20~30kW 以下异步电动机都可以采用直接起动。

2）减压起动。不允许直接起动时，就必须采用减压起动，即在起动时利用某些设备降低加在电动机定子绕组上的电压，减小起动电流。笼型异步电动机减压起动常用下面几种方法：

① 定子串电阻或电抗器减压起动。异步电动机采用定子串入电阻或电抗器的减压起动原理接线如图 7-15 所示。

这种起动方法的优点是起动平稳，运行可靠，设备简单，但其缺点是：起动转矩随定子

电压的二次方关系下降，只适用于空载或轻载起动的场合；不经济，在起动过程中，电阻器上消耗能量大；不适用于经常起动的电动机。若采用电抗器代替电阻器，则所需设备费较高，且体积大。

② 星形-三角形减压起动。星形-三角形减压起动的方法只适用正常运行时定子绕组接成三角形的电动机。原理接线如图7-14所示。

设 U_1 为电源线电压，I_{stY} 及 $I_{st\triangle}$ 为定子绕组分别接成星形及三角形的起动电流（线电流），Z 为电动机在起动时每相绕组的等效阻抗，则有

$$I_{stY}=U_1/(\sqrt{3}Z) \quad I_{st\triangle}=\sqrt{3}U_1/Z$$

所以，$I_{stY}=I_{st\triangle}/3$ 即定子接成星形时的起动电流等于接成三角形时起动电流的1/3，而接成星形时的起动转矩为

$$T_{stY}\propto(U_1/\sqrt{3})^2=U_1^2/3$$

接成三角形时的起动转矩 $T_{st\triangle}\propto U_1^2$，所以 $T_{stY}=T_{st\triangle}/3$，即星形联结减压起动时的起动转矩只有三角形联结直接起动时的1/3。

此种起动方法的优点是设备简单，经济，运行比较可靠，维修方便，起动电流小；缺点是起动转矩小，且起动电压不能按实际要求调节，故只适用于空载或轻载起动的场合。由于这种方法应用广泛，我国已专门生产有能采用星形-三角形换接起动的三相异步电动机，其定子额定电压为380V，此即电源线电压，连接方法为三角形。

③自耦变压器减压起动。这种起动方法是利用一台降压的自耦变压器又称起动补偿器，使施加在定子绕组上的电压降低，待起动完毕后，再把电动机直接接到电源，原理接线如图7-16所示。

图2-36所示为自耦变压器起动时的一相电路，由变压器的工作原理可知，此时二次电压与一次电压之比 K 为

$$K=\frac{U_2}{U_1}=\frac{N_2}{N_1}<1$$

起动时，加在电动机定子每相绕组的电压 $U_2=KU_1$，只有全压起动时的 K 倍，因而电流 I_2 也只有全压起动时的 K 倍，即 $I_2=KI_{st}$（注意：I_2 是自耦变压器二次电流）。但变压器一次电流 $I_1=KI_2=K^2I_{st}$，即此时从电网吸取的电流 I_1 只有直接起动时的 K_2 倍。这种起动方法的优点是：在降压比 K 一定，起动转矩一定的条件下，采用自耦变压器减压起动，比前述的各种减压起动的电流减小，即对电网的冲击电流减小，或者说在起动电流一定的情况下，起动转矩增大了，起动不受电动机定子绕组接法的限制，并且电压比 K 可以改变，即起动时电压可调。

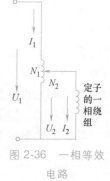

图 2-36 一相等效电路

其缺点是变压器的体积大、质量大、价格高、维修麻烦；况且起动用自耦变压器的设计是按短时工作考虑的，起动时自耦变压器处于过电流（超过额定电流）状态下运行，因此不适于起动频繁的电动机，每小时内允许连续起动的次数和每次起动的时间，在产品说明书上都有明确的规定，选配时应充分注意。它在起动不太频繁、要求起动转矩较大、容量较大的异步电动机上应用较为广泛。通常自耦变压器的输出端有固定抽头（一般有 $K=80\%$、65%和50%三种电压，可根据需要进行选择）。

为了便于根据实际要求选择合理的起动方法，现将上述几种常用起动方法的起动电压、起动电流和起动转矩的相对值列于表 2-1。表中 U_N、I_{st} 和 T_{st} 为电动机的额定电压、全压起动时的起动电流和起动转矩，其数值可从电动机的产品目录中查到，U_{st}、I'_{st} 和 T'_{st} 为按各种方法起动时实际加在电动机上的线电压、实际起动电流（对电网的冲击电流）和实际的起动转矩。

表 2-1　笼型异步电动机几种常用起动方法的比较

起动方法	起动电压相对值 $K_U = U_{st}/U_N$	起动电流相对值 $K_I = I'_{st}/I_{st}$	起动转矩相对值 $K_T = T'_{st}/T_{st}$
直接（全压）起动	1	1	1
定子电路串电阻或电抗器减压起动	0.8	0.8	0.64
	0.65	0.65	0.42
	0.5	0.5	0.25
丫-△减压起动	0.57	0.33	0.33
自耦变压器减压起动	0.8	0.64	0.64
	0.65	0.42	0.42
	0.5	0.25	0.25

例 2-2　有台拖动空气压缩机的笼型异步电动机，$P_N = 40kW$，$n_N = 1465r/min$，起动电流 $I_{st} = 5.5I_N$，起动转矩 $T_{st} = 1.6T_N$，运行条件要求起动转矩必须为 $T'_{st} = (0.9 \sim 1.0)T_N$，电网允许电动机的起动电流不得超过 $3.5I_N$，试问应选用何种起动方法。

解　按要求，起动转矩的相对值应保证为

$$K_T = \frac{T'_{st}}{T_{st}} \geq \frac{0.9T_N}{1.6T_N} = 0.56$$

起动电流的相对值应保证为

$$K_I = \frac{I'_{st}}{I_{st}} \leq \frac{3.5I_N}{5.5I_N} = 0.64$$

查表 2-1 可知，只有当自耦变压器降压比为 0.8 时，才可满足 $K_T \geq 0.56$ 和 $K_I \leq 0.64$ 的条件。故选用自耦变压器减压起动方法，变压器的降压比为 0.8。

（2）绕线转子异步电动机的起动方法　笼型异步电动机的起动转矩小，起动电流大，因此不能满足某些生产机械需要高起动转矩、低起动电流的要求。而绕线转子异步电动机由于能在转子电路中串入电阻，因此具有较大的起动转矩和较小的起动电流，即具有较好的起动特性。

在转子电路中串入电阻起动，常用的方法有两种：逐级切除起动电阻法和频敏变阻器起动法。

1）逐级切除起动电阻法。采用逐级切除起动电阻的方法，主要是为了使整个起动过程中电动机能保持较大的加速转矩，缩短起动时间。起动过程如图 2-37 所示。

起动开始时，触点 KM_1、KM_2、KM_3 均断开，起动电阻全部接入，KM 闭合，将电动机接入电网。电动机的机械特性如图 2-37b 中的曲线Ⅲ，初始起动转矩为 T_A，加速转矩 $T_{a1} =$

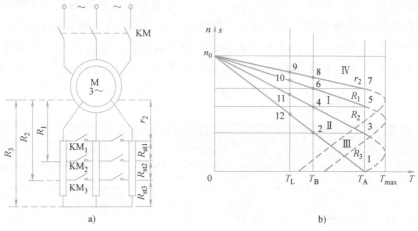

图 2-37　逐级切除起动电阻的起动过程

a）原理接线图　b）起动特性

$T_A - T_L$，这里 T_L 为负载转矩，在加速转矩作用下，转速沿曲线Ⅲ上升，轴上输出转矩相应下降，当转矩下降到 T_B 时，加速转矩下降到 $T_{a2} = T_B - T_L$，这时，为了保持系统较大的加速度，让 KM_3 闭合，使各相电阻中的 R_{st3} 被短接（或切除），起动电阻由 R_3 减为 R_2，电动机的机械特性由曲线Ⅲ变化到曲线Ⅱ，由于机械惯性，电动机转速不能突变，在此瞬间，n 维持不变，即从 2 点切换到 3 点，只要 R_2 的大小选择合适，并掌握好切除时间，就能保证在电阻刚被切除的瞬间，电动机轴上输出转矩重新回升到 T_A，即使电动机重新获得最大的加速转矩。以后各级电阻的切除过程与上述相似，直到转子电阻全部被切除，电动机稳定运行在固有机械特性上，即图中曲线Ⅳ上，相应于负载转矩 T_L 的点 9，起动过程结束。

小容量线绕转子异步电动机的起动电阻常用高电阻率的金属丝制成，大容量的电动机则用铸铁电阻片制成。

2）频敏变阻器起动。采用逐级切除起动电阻的方法来起动绕线转子异步电动机时，由于转矩的突变会引起机械上的冲击，为了克服这一缺点，采用频敏变阻器作为起动电阻，其特点是：它的电阻值会随转速的上升而自动减小，既能做到自动变阻，使电动机平稳地完成起动，又不需要控制电器。

频敏变阻器的结构如图 2-38a 所示，实质上是一个铁心损耗很大的三相电抗器，铁心由一定厚度的几块铁板或钢板叠成，涡流损耗很大，做成三柱式，每柱上绕有一个线圈，三个线圈连成星形，然后接到绕线转子异步电动机的转子电路中，如图 2-38b 所示。

频敏变阻器为什么能取代电阻呢？因在频敏变阻器的线圈中通过转子电流，它在铁心中产生交变磁通，在交变磁通的作用下，铁心中就会产生涡流，涡流使铁心发热，从电能损失的观点来看，和电流通过电阻发热而损失电能一样，所以可以把涡流的存在看成是一个电阻 R。另外，铁心中交变的磁通又在线圈中产生感应电动势，阻碍电流流通，因而有感抗 X（即电抗）存在。所以频敏变阻器相当于电阻 R 和电抗 X 的并联电路，如图 2-38c 所示。起动过程中频敏变阻器内的实际电磁过程如下：起动开始时，$n = 0$，$s = 1$，转子电流的频率高，铁损大（铁损与 f_2^2 成正比），相当于 R 大，且 $X \propto f_2^2$，所以 X 也很大，迫使转子电流主要从电阻 R 中流过从而限制了起动电流，提高了转子电路的功率因数，增大了起动转矩。随着转速的逐步上升，转子电流的频率 f_2 逐渐下降，铁损逐渐减少，感应电动势也减少，

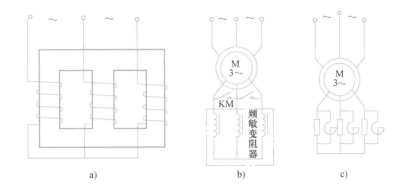

图 2-38 频敏变阻器

a）结构示意图　b）接线图　c）等效电路图

即由 R 和 X 组成的等效阻抗逐渐减小，这就相当于起动过程中，自动逐渐切除电阻。当转速 $n=n_N$ 时，f_2 很小，R 和 X 近似为零，相当于转子三相绕组被短路，起动完毕，进入正常运行。这种电阻和电抗对频率的"敏感"作用，就是"频敏"变阻器名称的由来。

和逐级切除起动电阻的起动方法相比，采用频敏变阻器的主要优点：具有自动平滑调节起动电流和起动转矩的良好起动特性，且结构简单、运行可靠、无需经常维修。它的缺点是：功率因数低（一般为 0.3～0.8），因而起动转矩的增大受到限制，且不能用作调速电阻。频敏变阻器用于对调速没有什么要求、起动转矩要求不大、经常正反向运转的绕线转子异步电动机的起动是比较合适的，它广泛应用于冶金、化工等传动设备上。

我国生产的频敏变阻器系列产品，有不经常起动和重复短时工作制起动两类，前者在起动完毕后要用接触器 KM 短接，如图 2-38b 所示，后者则不需。

频敏变阻器的铁心与铁轭间设有气隙，在绕组上留有几组抽头，改变气隙大小和绕组匝数，可调整电动机的起动电流和起动转矩。当匝数少、气隙大时，起动电流和起动转矩都大。

为了使单台频敏变阻器的体积、质量不要过大，当电动机容量较大时，可以采用多台频敏变阻器串联使用。

（3）特殊笼型异步电动机　前面已指出，普通笼型异步电动机的最大优点是结构简单、运行可靠，缺点是起动转矩小、起动电流大。虽然有几种减压起动的方法可改善其起动性能，但仍然存在着转矩显著下降的问题。很难适应起动次数频繁且需要起动转矩大的生产机械（主要是起重运输机械和冶金企业中的各种辅助机械）的要求。为了既保持笼型异步电动机结构简单的优点，又能获得较好的起动性能，可从电动机结构上采取适当的措施设计出许多特殊结构的笼型异步电动机。

1）高转差率笼型异步电动机。这种电动机的结构和普通笼型异步电动机完全相同，只是其转子导条与同容量的笼型异步电动机相比，截面积要小一些，并且用电阻率较高的铝合金做成，因而转子电阻大。由于转子电阻增大，既限制了起动电流，又增大了起动转矩，改善了异步电动机的起动性能。但电动机在正常运行时，其转差率较普通笼型异步电动机高，因而称为"高转差率笼型异步电动机"。

高转差率笼型异步电动机起动转矩较大、起动电流小，故适用于起动频繁，具有较大飞轮惯量和不均匀冲击负载及逆转次数较多的机械上。这类电动机的缺点是：由于转子电阻较大，电动机正常运行时损耗增大，效率降低。

2）深槽式电动机。由于高转差率电动机存在上述缺点，希望有一种起动时转子电阻较大，正常运行时转子电阻自动变小的电动机，这就是设计制造深槽式异步电动机的指导思想。深槽式电动机的转子槽形设计得深而窄，通常槽深与槽宽之比为 10~12 以上，以增强趋肤效应。趋肤效应可使得起动时转子电阻变大，而正常运行时又会自动减小，从而可改善电动机的起动性能。

当转子导条中流过电流时，槽漏磁的分布如图 2-39a 所示，可以认为它沿其高度分成许多层（如图 a 中分成 6 层），各层所交链漏磁通的数量不同，底部一层最多，而顶上一层最少，因此，与漏磁通相应的漏电抗，也都是底层最大而上层最小。起动时 $s=1$，$f_2 = f_1$，如前所述，此时电流的分布主要决定于电抗，所以导体中电流密度的分布沿槽深不同，底层电抗最大，电流密度最小，上层电抗最小，电流密度最大，如图 2-39b 所示，趋肤效应使电流集中于导体的上部通过，结果是相当于导体有效截面积减小，转子有效电阻增加，使起动电流减小，而起动转矩增大，转子槽越深，这种作用就越强。基于这个道理，现代的笼型异步电动机转子槽形都向着加深的方向发展。

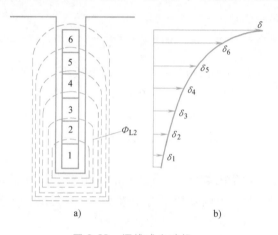

图 2-39　深槽式电动机

a）转子漏磁通　b）转子电流的分布

正常运行时，s 极小，转子电流频率 f_2 甚小（1~3Hz），因此转子电抗变得比转子电阻小得多，趋肤效应不显著。电流在导体中的分布差不多是均匀的，这使转子绕组的电阻自动减小，此时的情况与普通笼型异步电动机的几乎无差别。

3）双笼型异步电动机。双笼型异步电动机的特点是转子有两套笼型绕组，分别称为外层绕组（外笼）和内层绕组（内笼），在外、内层绕组之间通常留有一道狭窄的缝隙，如图 2-40 所示。外层绕组导条截面积较小，常用电阻率较大的导体（黄铜、锰铜、铝青铜）制成，故电阻 R 较大；而内层绕组的导条截面积较大，用电阻率较小的导体（纯铜）制成，故电阻较小。缝隙的存在，使外笼的漏磁通也经过内笼底部闭合，故内笼交链的漏磁通比外笼的多，内层绕组的漏电抗比外层绕组的大。

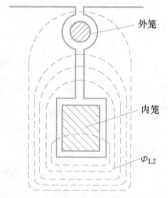

图 2-40　双笼型异步电动机的
转子槽和漏磁通分布

在起动时 $s=1$、$f_2 = f_1$，转子内外两层绕组的电抗都大大超过它们的电阻，因此，这时的转子电流主要决定转子电抗。因外层绕组的漏电抗 $X_{2\mathrm{ex}}$ 小于内层绕组的漏电抗 $X_{2\mathrm{i}}$，所以 $I_{2\mathrm{ex}} > I_{2\mathrm{i}}$。外笼产生的起动转矩 T_{stex} 大，而内笼产生的起动转矩 T_{sti} 小。起动时起主要作用的是外笼，外笼又称为起动笼。

电动机正常工作时，s 很小，f_2 也很小，转子内外两层绕组的电抗都远小于它们的电阻，因此，此时的转子电流主要决定于转子电阻，而 $R_{2\text{ex}}>R_{2i}$，此时 $I_{2\text{ex}}<I_{2i}$，在 s 很小时，外笼产生的转矩小于内笼产生的转矩，即正常运行时的转矩主要由内笼产生，故内笼又称为工作笼。

双笼型异步电动机比同容量的笼型异步电动机具有较大的起动转矩和较小的起动电流。同时改变外笼的几何尺寸和导条材料以及内、外笼之间的缝隙大小，就可以灵活地改变内、外笼的参数，从而得到不同的起动和运行的转矩特性，以满足各种不同负载的需要，这是双笼型异步电动机优于深槽电动机之处。

深槽式异步电动机正常运行时，虽然趋肤效应较弱，但由于转子槽形较深，其转子漏电抗比普通笼型转子要大一些，电动机的额定功率因数和最大转矩比普通笼型的电动机稍低。双笼型异步电动机转子漏抗同样要比普通笼型异步电动机转子的漏抗要大些，因此功率因数和最大转矩也稍低些。但是它们都具有较好的起动性能。因此，在工业上得到了广泛的应用，实际上，功率大于 100kW 的笼型异步电动机大部分做成深槽式或双笼型。

2. 三相异步电动机的调速方法

在同一负载下，用人为的方法来改变电动机的速度，称为调速。从异步电动机的转速公式可见异步电动机的调速方法有三种，即改变电动机定子绕组的极对数 p、供电电源频率 f 及电动机的转差率 s。当恒转矩调速时，从电磁转矩关系式可知，改变转差率 s 又可通过改变定子绕组相电压 U 及转子电路串电阻等方法来实现。

（1）调压调速　改变异步电动机定子电压时的机械特性如图 2-41 所示。从图可见 n_0，s_m 不变，$T_{\max}$ 随电压降低成二次方比例下降，对于恒转矩性负载 T_L，由负载特性曲线 1 与不同电压下电动机的机械特性的交点，可以有 a、b、c 点所决定的速度，其调速范围很小；离心式通风机型负载曲线 2 与不同电压下机械特性的交点为 d、e、f 可以看出调速范围稍大，但要注意，电动机有可能出现过电流问题。

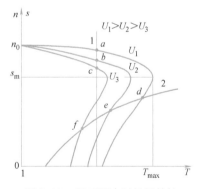

图 2-41　调压调速时机械特性

这种调速方法的优点是能够无级平滑调速，缺点是降低电压时，从式（2-39）可知，转矩也按电压的二次方比例减小，机械特性变软，调速范围不大。

在定子电路中串电阻（或电抗）和用晶闸管调压调速都是属于这种调速方法。

（2）转子电路串电阻调速　这种调速方法只适用于绕线转子异步电动机，原理接线图和机械特性如图 2-42 所示，其特点是：转子电路串不同的电阻时，其 n_0 和 $T_{\max}$ 不变，但 s_m 随外加电阻的增大而增大，机械特性变软。对于恒转矩负载 T_L，由负载特性曲线与不同外加电阻下电动机机械特性的交点为 9、10、11、12 等，可知，随着外加电阻的增大，电动机的转速降低。

绕线转子异步电动机的起动电阻可兼作调速电阻用，不过此时要考虑稳定运行时的发热，应适当增大电阻的容量。

这种调速方法的优点是简单可靠。缺点是有级调速、随转速降低特性变软、转子电路电阻损耗与转差率成正比、低速时损耗大，所以此种调速方法大多用在重复短期运转的生产机

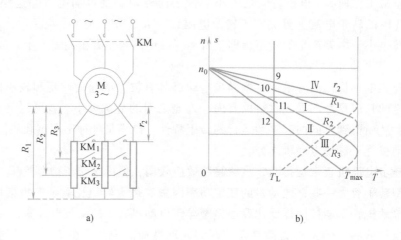

图 2-42 转子电路串电阻调速

a) 原理接线 b) 机械特性

械中, 在起重运输设备中应用非常广泛。

(3) 改变极对数调速 改变极对数调速, 通常用改变定子绕组接线的方式实现。一般

应用于笼型异步电动机, 因其转子极对数能自动地与定子极对数对应。根据 $n_0 = 60f/p$, 同步转速与极对数 p 成反比, 改变极对数 p 即可改变电动机的转速。以单绕组双速电动机为例, 对变极调速的原理进行分析, 如图 2-43 所示。为简便起见, 将一个极相组的线圈组集中起来用一个线圈代表。单绕组双速电动机的定子每相绕组由两个相等圈数的 "半绕组" 组成。图 2-43a 中两个 "半绕组" 串联, 其电流方向相同, 图 2-43b 中两个 "半绕组" 并联,

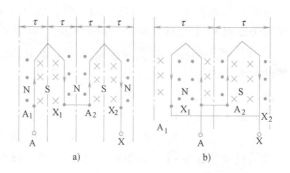

图 2-43 改变极对数调速的原理

a) 串联 $2p=4$ b) 并联 $2p=2$

其电流方向相反。它们分别代表两种极对数, 即 $2p=4$, 与 $2p=2$, 可见, 改变极对数的关键在于使每相定子绕组中一半绕组内的电流改变方向, 这可用改变定子绕组的接线方式来实现。若在定子上装两套独立绕组, 各自具有所需的极对数, 两套独立绕组中每套又可以有不同的连接。这样就可以分别得到双速、三速或四速等电动机, 通称为多速电动机。

应该注意的是, 多速电动机的调速性质也与连接方式有关, 如将定子绕组由Y改接成YY, 如图 2-44a 所示, 即每相绕组由串联改成并联, 则极对数减少了一半, 故 $n_{YY}=2n_Y$, 可以证明此时转矩维持不变, 而功率增加了 1 倍, 即属于恒转矩调速性质; 而当定子绕组由△改接成YY时, 如图 2-44b 所示, 极对数也减少了一半, 即 $n_{YY}=2n_\triangle$, 也可以证明, 此时功率基本维持不变, 而转矩约减小了一半, 即属于恒功率调速性质。

另外, 极对数改变, 不仅使转速发生了改变, 而且三相定子绕组中电流的相序也改变了, 为了改变极对数后仍维持原来的转向不变, 就必须在改变极对数的同时, 改变三相绕组接线的相序, 如图 2-44 所示。将 B 相和 C 相换一下, 这是设计变极调速电动机控制电路时

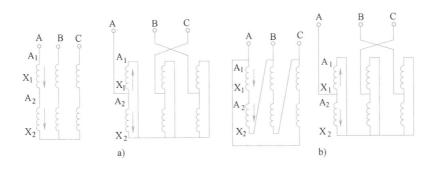

图 2-44 单绕组双速电动机的极对数变换

a) Y-YY b) △-YY

应注意的一个问题。

多速电动机起动时宜先接成低速，然后再换接为高速，这样可获得较大的起动转矩。

变极调速的优点是操作简单方便、机械特性较硬（因为是一种改变同步转速，而不改变临界转差率的调速方法）、效率较高，既适用于恒转矩调速，也适用于恒功率调速。其主要缺点是多速电动机体积稍大、价格稍高，调速是有级的，而且调速的级数不可能多，因此仅适用于不要求平滑调速的场合。各种中、小型机床上用得极多。而且在某些机床上，采用变极调速与齿轮箱机械调速相配合，就可以较好地满足生产机械对调速的要求。

（4）变频调速 异步电动机的变频调速是一种很好的调速方法。从转速 $n_0 = 60f/p$ 可见，异步电动机的转速正比于定子电源的频率 f，若连续地调节定子电源频率 f，即可实现连续地改变电动机的转速。因为异步电动机的外加电压近似与频率和磁通的乘积成正比，即 $U_1 \propto E_1 = Cf_1\Phi$，由于 C 为常数，则 $\Phi \propto U_1/f_1$，即在外加电压不变时气隙磁通与供电电源频率 f_1 成反比，减小 f_1 以降低电动机运行速度时，将会导致 Φ 的增大。反之，增大 f_1 以提高运行速度时，会引起 Φ 的下降。Φ 增大会造成电动机磁路的过分饱和，定子电流中的励磁分量增大，导致电动机的功率因数下降和负载能力降低、铁心过热。Φ 减小会造成电动机的输出转矩减小，过载能力下降。这些对电动机的正常运行都是不利的，为了解决这一问题，变频调速系统在降频的同时最好能降压，即频率与电压能协调控制，U_1 必须与 f_1 成正比例地变化，即 U_1/f_1 = 常数。

3. 三相异步电动机的制动

为提高工作效率，尽量缩短辅助时间，有些生产机械从安全考虑，往往需要电动机断电后迅速停车或反转，这就需要对电动机进行制动，也就是加与转子转动方向相反的转矩，称制动转矩。故异步电动机除有电动运转状态外，亦有三种制动方式，即反馈制动（发电制动）、反接制动与能耗制动。无论哪一种制动，其共同的特点都是电动机的转矩 T 与转速 n 的方向相反，此时电磁转矩起制动作用，电动机从轴上吸取机械能并转换为电能。

（1）反馈制动 当异步电动机由于某种原因，例如，位能负载的作用使其转速 $n > n_0$（n_0 为理想空载转速）时，转差率 $s = (n_0 - n)/n_0 < 0$，异步电机就进入发电状态，显然这时转导体切割旋转磁场的方向与电动状态时的方向相反，电流 I_2 改变了方向，电磁转矩 T 也随之改变方向，即 T 与 n 的方向相反，T 起制动作用，反馈制动时，电机从轴上吸取机械功

率转换为电磁功率后，一部分转换为转子铜耗，大部分则通过空气隙进入定子，并在供给定子铜耗和铁耗后，反馈给电网，所以反馈制动又称发电制动，这时异步电机实际上是一台与电网并联运行的异步发电机。由于 T 为负，$s<0$，所以反馈制动的机械特性是电动状态机械特性向第二象限的延伸，如图 2-45 所示。

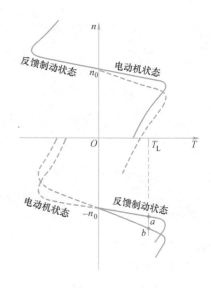

图 2-45　反馈制动状态异步电动机的机械特性

异步电动机的反馈制动运行状态有两种情况。

1）起重机械下放重物时，负载转矩为位能性转矩。例如在桥式起重机上，电动机反转（在第三象限）下放重物，开始在反转电动状态下工作，电磁转矩和负载转矩方向相同，系统加速，重物快速下降，直到 $|-n|>|-n_0|$，电动机被负载转矩拖入到反馈制动运行状态（特性曲线进入第四象限），即电动机的实际转速超过同步转速，电磁转矩改变方向成为制动转矩，并随着转速的上升而增大，当 $T=T_L$ 时，达到稳定状态，重物匀速下降，如图 2-45 中的 a 点，此时，重物将储藏的位能释放出来，由电动机转换成电能反馈到电网。改变转子电路内的串入电阻，可以调节重物下降的稳定运行速度，如图 2-45 中的 b 点，转子电阻越大，电动机转速就越高，但为了不致因电动机转速太高而造成运行事故，转子附加电阻的值不允许太大。

2）电动机在变极调速或变频调速过程中，极对数突然增多或供电频率突然降低使同步转速 n_0 突然降低时，转子转速将超过同步速度，这时 $s<0$，异步电动机运行在反馈制动状态。例如某生产机械采用双速电动机传动，高速运行时为 4 极（$2p=4$），$n_{01}=1500\text{r/min}$，低速运行时为 8 极（$2p=8$），$n_{02}=750\text{r/min}$，如图 2-46 所示，当电动机由高速档切换到低速档时，由于转速不能突变，在降速开始一段时间内，电动机将运行到机械特性的发电区域内（b 点），此时，电枢所产生的电磁转矩为负，和负载转矩一起，迫使电动机降速。在降速过程中，电动机将运动系统中的动能转换成电能反馈到电网，当电动机在高速档所储存的动能消耗完后，电动机就进入 $2p=8$ 的电动状态，一直到电动机的电磁转矩又重新与负载转矩相平衡，电动机稳定运行在 c 点。

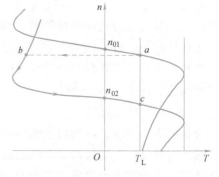

图 2-46　变极或变频调速时反馈制动的机械特性

（2）反接制动。异步电动机的反接制动有电源反接制动（两相反接）和倒拉反接制动（转速反接）两种。

1）电源反接制动。若异步电动机原在电动状态下稳定运行时，将其定子两相反接，即将三相电源的相序突然改变，也就是改变旋转磁场的方向，因而也就是改变电动机的旋转方向，那么电动状态下的机械特性曲线就将由第一象限的曲线 1 变成第三象限的曲线 2，如图

2-47 所示。但此时由于机械惯性，转速不能突变，系统运行点 a 只能平移到特性曲线 2 之 b 点，电磁转矩由正变负，转子将在电磁转矩和负载转矩共同作用下其转速将迅速从 b 点降到 c 点，电磁转矩 T 和转速 n 的方向相反，电动机进入反接制动状态。待 $n=0$（c 点）时应将电源切断，否则，电动机将反向起动运行。

电源反接制动状态下，电动机的转差率 $s=(-n_0-n)/(-n_0)>1$，故转子中的感应电动势 sE_{20} 比起动时的转子电动势 E_{20} 要高，电源反接制动时的电流比起动电流要大得多。为了限制制动电流，常在笼型异步电动机定子电路中串接电阻，对于绕线转子异步电动机，则在转子回路中串接电阻，这时的人为机械特性如图 2-47 所示的曲线 3，制动工作点由 a 点转换到 d 点，然后沿特性曲线 3 减速，至 $n=0$（e 点），切断电源。

在电源反接制动状态下，电动机不仅从电源吸取电能，而且从机械轴上吸收机械能（由系统降速时释放出的动能转换而来），将这两部分能量转换成电能后，消耗在转子电阻上。

该制动方法的优点是制动强度大；缺点是能量损耗大，对电动机和机械的冲击都比较大。适用于要求迅速停车与迅速反向的生产机械。如某些中型车床和铣床的主轴电动机制动和某些起重电动机制动。

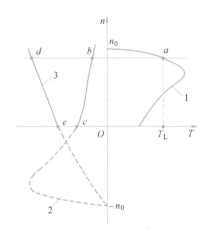

图 2-47 电源反接制动时的机械特性

2）倒拉反接制动。当异步电动机的负载为位能转矩时，例如起重机械下放重物，异步电动机电源相序不变，而速度反向，进入倒拉反接制动状态。起重机提升重物时电动机则运行在电动状态的固有机械特性曲线 1 的 a 点上，如图 2-48 所示。电磁转矩 T 与位能转矩 T_L 相平衡。欲使重物下降，就要在转子电路内串入较大的附加电阻，此时系统运行点将从机械特性曲线 1 之 a 点移至特性曲线 2 之 b 点，负载转矩 T_L 将大于电动机的电磁转矩 T，电动机减速到 c 点（即 $n=0$），这时由于电磁转矩 T 仍小于负载转矩，重物迫使电动机反向旋转，重物开始下放，电动机转速 n 也就由正变负（转速反向），$s>1$，机械特性由第一象限延伸到第四象限，电动机进入倒拉反接制动状态。负载转矩成为拖动转矩，电动机电磁转矩起制动作用，随着下放速度的增大，s 增大，转子电流 I_2 和电磁转矩随之增大，直至 $T=T_L$，系统达到相对平衡状态，重物以 $-n_s$ 匀速下放。可见，这与电源反接的过渡制动状态不同，是一种能稳定运转的制动状态。下放重物的速度不要太快，这样比较安全。改变串入电阻值的大小，可获得不同的下放速度。在倒拉制动状态下，转子轴上输入的机械功率（重物的位能减少）转变成电功率后，连同定子输送来的电磁功率一起，消耗在转子电路的电阻上。

（3）能耗制动 要用异步电动机反接制动方法来准

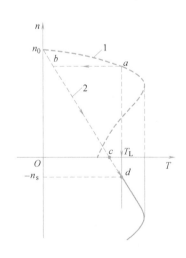

图 2-48 倒拉反接制动时的机械特性

确地停车有一定的困难，因为它容易造成反转，而且电能损耗也比较大；反馈制动虽是比较经济的制动方法，但它只能在高于同步转速下使用；而能耗制动却是比较常用的能准确停车的方法。

异步电动机的能耗制动是这样实现的：把处于电动运转状态下的电动机的定子绕组，从三组交流电源上断开，而接到直流电源上，即可实现能耗制动。原理电路图一般如图 2-49a 所示。进行能耗制动时，首先将定子绕组从三相交流电源断开（打开 KM_1），接着立即将一低压直流电源与定子绕组接通（闭合 KM_2）。直流电流通过定子绕组后，在电动机内部建立一个固定不变的磁场，而转子在运动系统储存的机械能作用下旋转，旋转转子切割磁力线，导体内就产生感应电动势和电流，该电流与恒定磁场相互作用，产生作用方向与转子实际旋转方向相反的制动转矩。在它的作用下，电动机转速迅速下降，此时运动系统储存的机械能被电动机转换成电能后消耗在转子电路的电阻中。

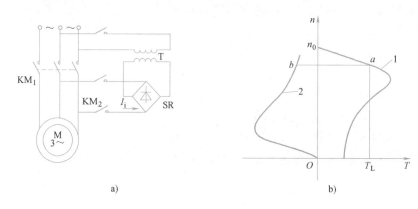

图 2-49 能耗制动时的原理电路图及机械特性

a）原理电路图 b）机械特性

能耗制动时的机械特性如图 2-49b 所示，制动时系统运行点从特性曲线 1 之 a 点，平移至特性曲线 2 之 b 点，在制动转矩和负载转矩共同作用下，沿特性曲线 2 迅速减速，直到 $n=0$。当 $n=0$ 时，$T=0$，所以能耗制动能准确停车。不过当电动机停止后，不应再接通直流电源，因为那样时会烧坏定子绕组。另外制动的后阶段，随着转速的降低，能耗制动转矩也很快减少，所以制动比较平稳，但制动效果则比反接制动差。制动转矩的大小，一方面取决于定子直流励磁电流的大小（即恒定磁场的强弱）；另一方面取决于转子电流的大小，即取决于转子转速和转子电阻。因此，笼型异步电动机，可通过改变直流电压 U，励磁电流 I_f 的大小，而绕线转子电动机则可通过改变 I_f 和转子回路电阻来控制制动转矩的强弱。由于制动时间很短，所以通过定子的直流电流可以大于电动机的定子额定电流，一般取 $I_f=(2\sim3)I_{1N}$。由于能耗制动可以使生产机械准确地停车，故广泛应用于矿井提升、起重运输及机床等生产机械上。

五、三相交流电动机的选择

三相异步电动机是拖动生产机械运行的最为广泛的设备。正确选择它的功率、种类和型号是很重要的。选择太大，容量未得到充分利用，既增加投资，也增加运行费用。如选得过小，又使电动机温升过高，降低其使用寿命。一般情况是，当电动机负载为 $100\%P_N$ 时，温度为100℃，可使用10～20年；而当电动机负载为$125\%P_N$时，温度为145℃，只使用一个半月。

1. 功率的选择

对长期负荷运行时的异步电动机，可按其额定功率P_N等于或略大于生产机械所需要的功率来选择。

如某些加工时间长的切削机床，可按长期负荷选择功率，其电动机功率P（kW）为

$$P \geqslant \frac{Fv}{10.4 \times 60 \times \eta}$$

式中，F为切削力（kg）；v为切削速度（m/min）；η为传动机构效率。

选择系列产品电动机的额定功率$P_N > P$。

通常在没有确定的计算公式和资料的情况下，可按生产机械的转矩随时间变化的曲线（可统计测试得到）计算不同时间间隔t_1，t_2，…的等效转矩，按等效转矩公式选择电动机功率。即

$$T_{eq} = \sqrt{\frac{T_1^2 t_1 + T_1^2 t_2 + \cdots}{t_1 + t_2 + \cdots}} \ , \quad P_N \geqslant \frac{T_{eq} n}{975}$$

式中，n为生产机械所要求的电动机的速度（r/min）；T_{eq}为生产机械的等效转矩（N·m）。

同时还应按转矩过载能力进行校验：$\lambda \geqslant T_{max}/T_N$。也可用等效功率法计算等效功率来选择电动机，即

$$P_N \geqslant P_{eq} = \sqrt{\frac{P_1^2 t_1 + P_2^2 t_2 + \cdots}{t_1 + t_2 + \cdots}}$$

对短时工作制电动机功率的选择，如果不需要专用短时运行的特殊设计电动机，可按连续运行的电动机进行选择，由于工作时间较短，惯性温升较慢，因而允许短时过载。故可根据过载系数λ选择电动机功率，这时电动机功率按生产机械所要求的功率的$1/\lambda$来计算。

例如机床刀架快速移动电动机的功率为

$$P_N \geqslant P = \frac{G\mu v}{102 \times 60 \eta \lambda}$$

式中，G为被移动元件质量（kg）；v为移动速度（m/min）；μ为摩擦系数，通常为0.1～0.2；η为传动机构效率，通常为0.1～0.2；λ为所选电动机的过载系数。

对重复短时工作制的电动机功率的选择：短时工作制和重复短时工作制的区别如图2-50所示。图中τ为电动机温升时间常数，t_0为工作时间，t_1为休息时间，对重复短时工作制的电动机，其最终温升比同样负荷下长期运行时的温升要低，但比短时工作的要高，则电动机功率选择可比生产机械所要求的功率小一些，重复短时工作制的电动机常用运转相对持续系数表示运行工作情况。在供电系统中用负载持续率ε表示运行工作情况，即

$$\varepsilon = \frac{t_0}{t_0 + t_1} \times 100\%$$

则电动机的等效持续功率可表示为

$$P_{eq} = P_\varepsilon \sqrt{\varepsilon}$$

式中，P_ε为相对持续率为ε时的电动机功率。

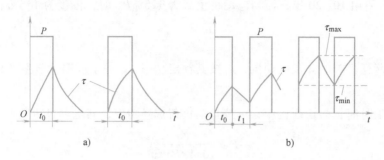

图 2-50 工作制负载图
a）短时 b）重复短时

由于电动机制造厂家给出的是标准 ε 的值，如 $\varepsilon_N = 15\%$、25%、40%、60%、100%等，所以计算重复短时工作制电动机容量通常使用

$$P_N \geq P_\varepsilon \sqrt{\frac{\varepsilon}{\varepsilon_N}}$$

如果 $\varepsilon < 10\%$，表示工作时间很短，则可按短时工作制选择电动机功率，如果 $\varepsilon > 60\%$，一般就按长期运行选择。

2. 三相交流电动机类型选择

交流电动机主要有笼型异步电动机、线绕转子异步电动机和同步电动机等。

笼型异步电动机的结构简单、价格便宜、牢固、运行可靠，从而得到最广泛的应用。在通风机、水泵、运输传送带上，机床的辅助用电动机及一些小型机床的主轴传动均可采用。笼型异步电动机的主要缺点是起动性能不太好，起动转矩较小，而起动电流大。

线绕转子异步电动机，由于转子绕组可串接电阻，一方面限制起动电流，同时增加起动转矩，也有一定的调速范围，在一些地方有其应用，如起重机等。缺点是转子上装有集电环和电刷，使其制造和运行较为麻烦。

同步电动机的转子采用直流励磁，可通过转子励磁电流的调节而改变定子电流和电压之间的相位差，直至使定子电流超前电压，而成电容性，从而改善电网的功率因数。因此凡是大容量不调速的生产机械尽可能采用同步电动机驱动。如大型空气压缩机、大型水泵等。

第三节 伺服电动机

伺服电动机又称为执行电动机，在自动控制系统中作为执行元件，其任务是将输入的电信号转换为轴上的转角或转速，以带动控制对象。按电流种类不同，伺服电动机可分为交流和直流两种，它们的最大特点是转矩和转速受信号电压控制。当信号电压的大小和极性（或相位）发生变化时，电动机的转动方向将非常灵敏和准确地跟着变化。因此，它与普通电动机相比具有如下特点：

1）调速范围宽广，即要求伺服电动机的转速随着控制电压改变，能在宽广范围内连续调节。

2）转子的惯性小、响应快速，随控制电压改变反应很灵敏，即能实现迅速起动、停转。

3）控制功率小、过载能力强、可靠性好。

一、直流伺服电动机

一般式直流伺服电动机的基本结构和工作原理与普通直流电动机相同，不同点只是它做成比较细长一些，以满足快速响应的要求。按励磁方式之不同可分为电磁式和永磁式两种。电磁式又分为他励式、并励式和串励式，但一般多用他励式。永磁式的磁场由永久磁铁产生，如图 2-51 所示，图 2-51a 所示的为电磁式，图 2-51b 所示的为永磁式。除一般式外，还有低惯量式直流伺服电动机，它有无槽、杯形、圆盘、无刷电枢几种，它们的特点及应用范围见表 2-2。

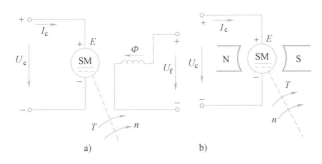

图 2-51　直流伺服电动机的接线图

a）电磁式（他励式）　b）永磁式

表 2-2　直流伺服电动机的特点和应用范围

名称	励磁方式	产品型号	结构特点	性能特点	适用范围
一般直流伺服电动机	电磁或永磁	SZ 或 SY	与普通直流电动机相同，但电枢铁心长度与直径之比大一些，气隙较小	具有下垂的机械特性和线性的调节特性，对控制信号响应快速	一般直流伺服系统
无槽电枢直流伺服电动机	电磁或永磁	SWC	电枢铁心为光滑圆柱体，电枢绕组用环氧树脂粘在电枢铁心表面，气隙较大	具有一般直流伺服电动机的特点，而且转动惯量和机电时间常数小、换向良好	需要快速动作、功率较大的直流伺服系统
空心杯形电枢直流伺服电动机	永磁	SYK	电枢绕组用环氧树脂浇注成杯形，置于内、外定子之间，内、外定子分别用软磁材料和永磁材料做成	具有一般直流伺服电动机的特点，且转动惯量和机电时间常数小、低速运转平滑、换向好	需要快速动作的直流伺服系统
印制绕组直流伺服电动机	永磁	SN	在圆盘形绝缘薄板上印制裸露的绕组构成电枢，磁极轴向安装	转动惯量小、机电时间常数小、低速运行性能好	低速和起动、反转频繁的控制系统
无刷直流伺服电动机	永磁	SW	由晶体管开关电路和位置传感器代替电刷和换向器，转子用永久磁铁做成，电枢绕组在定子上且做成多相式	既保持了一般直流伺服电动机的优点，又克服了换向器和电刷带来的缺点。寿命长、噪声低	要求噪声低、对无线电不产生干扰的控制系统

他励直流伺服电动机的机械特性公式与他励直流电动机机械特性公式相同，即

$$n = \frac{U_c}{K_E \Phi} - \frac{R}{K_E K_T \Phi^2} \qquad (2\text{-}36)$$

式中，U_c 为电枢控制电压；R 为电枢回路电阻；Φ 为每极磁通；K_E、K_T 为电动机结构常数。

由式（2-36）看出，改变控制电压 U_c 或改变磁通 Φ 都可以控制直流伺服电动机的转速和转向，前者称为电枢控制，后者称为磁场控制。由于电枢控制具有响应迅速、机械特性硬、调速特性线性度好的优点，在实际生产中大都采用电枢控制方式（永磁式伺服电动机，只能采用电枢控制）。

图 2-52 所示为直流伺服电动机机械特性。从图中可以看出，机械特性是一组平行的直线，理想空载转速与控制电压成正比，起动转矩（堵转转矩）也与控制电压成正比，机械特性是下垂的直线，故起动转矩也是最大转矩。在一定负载转矩下，当磁通 Φ 不变时，如果升高电枢电压 U_c，电动机的转速就上升；反之，转速下降；当 $U_c = 0$ 时，电动机立即停止，因此无自转现象。

二、交流伺服电动机

两相交流伺服电动机的结构与单相电容式异步电动机的结构相似，定子上装有两个绕组，一个是励磁绕组，另一个是控制绕组，它们在空间相隔 90°，两个绕组通常是分别接在两个不同的交流电源（二者频率相同）上，此点与单相电容式异步电动机不同，如图 2-53 所示。

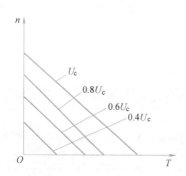

图 2-52　直流伺服电动机 $n = f(T)$
机械特性（U_f = 常数）

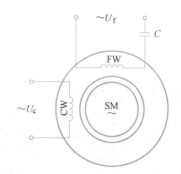

图 2-53　交流伺服电动机
的接线图

交流伺服电动机的转子分两种：笼型转子和杯形转子。笼型转子和三相笼型异步电动机的转子结构相似，只是为了减小转动惯量而做得细长一些。杯形转子伺服电动机的结构如图 2-54 所示。为了减小转动惯量，杯形转子通常用高电阻率的非铁磁材料的铝合金或铜合金制成空心薄壁圆筒，在空心杯形转子内放置固定的内定子，起闭合磁路的作用，以减小磁路的磁阻。杯形转子可以把铝杯看作无数根笼型导条并联组成，因此，它的原理与笼型转子相同。这种形式的伺服

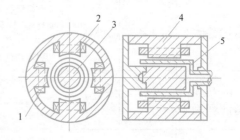

图 2-54　杯形转子伺服电动机的结构图
1—励磁绕组　2—控制绕组　3—内定子
4—外定子　5—转子

电动机由于转子质量小、惯性小、起动电压低、对信号反应快、调速范围宽，多用于运行平滑的系统。

目前用得最多的是笼型转子的交流伺服电动机，交流伺服电动机的特性和应用范围见表2-3。

表 2-3　交流伺服电动机的特点和应用范围

种类	产品型号	结 构 特 点	性 能 特 点	应用范围
笼型转子	SL	与一般笼型异步电动机结构相同，但转子做得细而长，转子导体采用高电阻率的材料	励磁电流较小，体积较小，机械强度高，但是低速运行不够平稳，有时快时慢的抖动现象	小功率的自动控制系统
空心杯形转子	SK	转子做成薄壁圆筒形，放在内、外定子之间	转动惯量小，运行平滑，无抖动现象，但是励磁电流较大，体积也较大	要求运行平滑的系统

1. 工作原理

两相交流伺服电动机是以单相异步电动机原理为基础的，从图 2-53 看出，励磁绕组接到电压一定的交流电网上，控制绕组接到控制电压 U_c 上，当有控制信号输入时，两相绕组便产生旋转磁场。该磁场与转子中的感应电流相互作用产生转矩，使转子跟着旋转磁场以一定的转差率转动起来，其同步转速 n_0（r/min）为

$$n_0 = 60f/p$$

转向与旋转磁场的方向相同，把控制电压的相位改变 180°，则可改变伺服电动机的旋转方向。

对伺服电动机的要求是控制电压一旦取消，电动机必须立即停转，但根据单相异步电动机的原理，若电动机一旦转动以后，再取消控制电压，仅励磁电压单相供电，则它将继续转动，即存在"自转"现象，这意味着失去控制作用，这是不允许的，如何解决这个矛盾呢？

2. 消除自转现象的措施

其解决办法就是使转子导条具有较大电阻，从三相异步电动机的机械特性可知，转子电阻对电动机的转速、转矩特性影响很大（见图2-55），转子电阻越大，达到最大转矩的转速越低，转子电阻增大到一定程度（例如图中 r_{23}）时，最大转矩出现在 $s=1$ 附近。为此目的，一般把伺服电动机的转子电阻 r_2 设计得很大，这可使电动机在失去控制信号，即成单相运行时，正转矩或负转矩的最大值处均出现在 $s_m>1$ 的地方，这样就可得出图 2-56 所示的机械特性曲线。

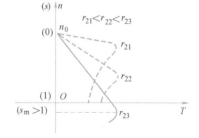

图 2-55　对应不同转子电阻 r_2 的 $n=f(T)$ 曲线

图 2-56 中曲线 1 为有控制电压时伺服电动机的机械特性曲线，曲线 T^+ 和 T^- 为去掉控制电压后，脉动磁场分解为正、反两个旋转磁场对应产生的转矩曲线。曲线 T 为 T^+ 和 T^- 合成的转矩曲线。由图看出，与异步电动机的机械特性曲线不同，它是在第二和第四象限内。当速度 n 为正时，电磁转矩 T 为负；当 n 为负时，T 为正，即去掉控制电压后，电磁转矩的方向总是与转子转向相反，是一个制动转矩。制动转矩的存在，可使转子迅速停止转动，保证了不会存

在"自转"现象。停转所需要的时间，比两相电压 U_c 和 U_f 同时取消，单靠摩擦等制动方法所需的时间要短得多。这正是两相交流伺服电动机工作时，励磁绕组始终接在电源上的原因。

综上所述，增大转子电阻 r_2，可使单相供电时合成电磁转矩在第二和第四象限，成为制动转矩，有利于消除"自转"。同时 r_2 的增大，还使稳定运行段加宽、起动转矩增大，有利于调速和起动。这就是两相交流伺服电动机的笼型导条通常都用高电阻材料制成，杯形转子的壁做得很薄（一般只有 $0.2 \sim 0.8$mm）的缘故。

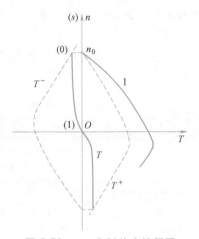

图 2-56　$u_c = 0$ 时的交流伺服电动机的 $n = f(T)$ 曲线

3. 特性和应用

交流伺服电动机运行时，若改变控制电压的大小或改变它与激励电压之间的相位角，则旋转磁场都将发生变化，从而影响到电磁转矩。当负载转矩一定时，可以通过调节控制电压的大小或相位来达到改变转速的目的。因此，两相交流伺服电动机的控制方法有如下 3 种：

1）幅值控制，即保持 U_c 与 U_f 相位差为90°条件下，改变 U_c 幅值大小。

2）相位控制，即保持 U_c 的幅值不变条件下，改变 U_c 与 U_f 之间的相位差。

3）幅相控制，即同时改变 U_c 的幅值和相位。

幅值控制的控制电路比较简单，生产中应用最多，下面只讨论幅值控制法。图 2-57 所示为幅值控制的一种接线图，从图中看出，两相绕组接于同一单相电源，适当选择电容 C，使 U_f 与 U_c 相位差90°，改变 R 的大小，即改变控制电压 U_c 的大小，可以得到图 2-58 所示的不同控制电压下的机械特性曲线族。由图可见，在一定负载转矩下，控制电压越高，转差率越小，电动机的转速就越高，不同的控制电压对应着不同的转速。

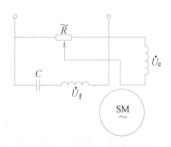

图 2-57　幅值控制接线图

交流伺服电动机可以方便地利用控制电压 U_c 的有无来进行起动、停止控制；利用改变电压的幅值（或相位）大小来调节转速的高低；利用改变 U_c 的极性来改变电动机的转向，它是控制系统中的原动机。例如雷达系统中扫描天线的旋转，流量和温度控制中阀门的开度，数控机床中刀具运动，甚至连船舶的方向舵与飞机驾驶盘的控制都是用伺服电动机来带动的。图 2-59 所示的为交流伺服电动机在自动控制系统中的典型应用框图。

由此看出，伺服电动机的性能，直接影响着整个系统的性能。因此，系统对伺服电动机的静态特性、动态特性都有相应的要求，在选择电动机时应该注意。

直流伺服电动机和交流伺服电动机被广泛应用于自动控制系统中，各有其特点。就机械特性和调节特性相比，前者的堵转矩大、特性曲线线性度好、机械特性硬；后者特性曲线为非线性的，这将影响到系统的动态精度，一般说来，特性的非线性度越大，系统的动态精度越低。

交流伺服电动机中负序磁场的存在会产生制动转矩，使得电动机的损耗增大、电磁转矩减小。当输出功率相同时，交流伺服电动机的体积大、质量大、效率低，只适用于小功率系统，其输出功率为 0.1~100W，电源频率有 50Hz、400Hz 等几种，其中最常用的在 30W 以下。而对于功率较大的控制系统则普遍采用直流伺服电动机，其输出功率为 1~600W，但也有的可达数千瓦。

直流伺服电动机由于有电刷和换向器，因而结构复杂、制造麻烦、维护困难；换向器还能引起无线电干扰。而交流伺服电动机结构简单、运行可靠、维护方便。故在确定系统中采用何种电动机时，要综合考虑各种电动机的特点。

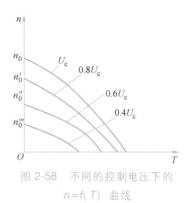

图 2-58　不同的控制电压下的 $n=f(T)$ 曲线

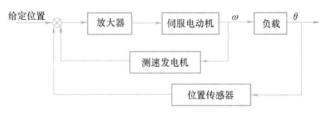

图 2-59　交流伺服电动机典型应用框图

第四节　力矩电动机

力矩电动机是一种能够长期处于堵转（起动）状态下工作、低转速、高转矩的特殊电动机。它不经过齿轮等减速机构而直接驱动负载，避免了因采用减速装置闭环控制系统产生的自激振荡，从而提高了系统运行性能。

力矩电动机分交流和直流两大类。交流力矩电动机可分为异步型和同步型两种类型，异步型交流力矩电动机的工作原理与交流伺服电动机的工作原理相同，但为了产生低转速和大转矩，电动机做成径向尺寸大、轴向尺寸小的多极扁平形，虽然它结构简单、工作可靠，但在低速性能方面还有待进一步完善。直流力矩电动机具有良好的低速平稳性和线性的机械特性及调节特性，在生产中应用最广泛。

一、永磁式直流力矩电动机的结构特点

直流力矩电动机的工作原理和传统式直流伺服电动机相同，只是在结构和外形上有所不同。一般直流伺服电动机为了减小其转动惯量，大部分做成细长圆柱形，而直流力矩电动机为了在相同体积和电枢电压的前提下，产生比较大的转矩及较低的转速，一般都做成扁平状，采用永磁式电枢控制方式，其结构如图 2-60 所示。

直流力矩电动机转矩大、转速低的原因有如下两种。

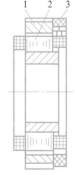

图 2-60　永磁式直流力矩电动机的结构示意图
1—定子　2—电枢
3—刷架

1. 转矩大的原因

从直流电动机基本工作原理可知，设直流电动机每个磁极下磁感应强度平均值为 B、电枢绕组导体上的电流为 I_a、导体的有效长度（即电枢铁心厚度）为 l，则每根导体所受的电磁力为

$$F = BI_a l$$

电磁转矩为

$$T = NF \frac{D}{2} = NBI_a l \frac{D}{2} = \frac{BI_a Nl}{2} D \qquad (2-37)$$

式中，N 为电枢绕组总匝数；D 为电枢铁心直径。

式（2-37）表明了电磁转矩与电动机结构参数 l 和 D 的关系。电枢体积大小在一定程度上反映了整个电动机的体积。因此，在电枢体积相同条件下，即保持 $\pi D^2 l$ 不变，当 D 增大时，铁心长度 l 就减小；其次，在相同电流 I_a 以及相同用铜量的条件下，电枢绕组的导线粗细不变，则总匝数 N 应随 l 的减小而增加，以保持 Nl 不变，满足上述条件，则式（2-37）中 $BI_a Nl/2$ 近似为常数，故转矩 T 与直径 D 近似成正比关系。

2. 转速低的原因

导体在磁场中运动切割磁力线所产生的感应电动势为

$$e_a = Blv$$

式中，v 为导体运动的线速度，$v = \dfrac{\pi D n}{60}$。

设一对电刷之间的并联支路数为 2，则一对电刷间，$N/2$ 根导体串联后总的感应电动势为 E_a，且在理想空载条件下，外加电压 U_a 应与 E_a 相平衡，所以

$$U_a = E_a = \frac{NBl\pi D n_0}{120}$$

即

$$n_0 = \frac{120}{\pi} \frac{U_a}{NBlD} \qquad (2-38)$$

式（2-38）说明，在保持 Nl 不变的情况下，理想空载转速 n_0 和电枢铁心直径 D 近似成反比，D 越大，电动机理想空载转速 n_0 就越低。

由以上分析可知，在其他条件相同的情况下，增大电动机直径，减小轴向长度，有利于增加电动机的转矩和降低空载转速，故力矩电动机都做成扁平圆盘结构。

二、直流力矩电动机的特点和应用

已考虑到力矩电动机在低速或堵转运行情况下能产生足够大的力矩而不损坏，能直接驱动负载，这提高了传动精度及转动惯量比。因此，它的特点是电气时间常数小、动态响应迅速、线性度好、精度高、振动小、机械噪声小、结构紧凑、运行可靠，能获得很好的精度和动态性能。在无爬行的平稳低速运行时，这些特点尤为显著。由于上述特点，直流力矩电动机常用在低速、需要力矩调节、力矩反馈和保持一定张力的随动系统中作执行元件。例如，雷达天线、X-Y 记录仪、人造卫星天线、潜艇定向仪和天文望远镜的驱动等。将它与直流测速发电机配合，可以组成高精度的宽调速系统，调速范围可达 0.00017r/min（即 1r/4 天）到 25r/min。

第五节 步进电动机

步进电动机又称脉冲电动机，是将电脉冲信号转换为线位移或角位移的电动机，是数字控制系统中的一种执行元件，广泛应用于数控机床和现有普通机床的数控化技术改造。例如，在数控机床中或在数控平面绘图机中，将被加工的零件图形或仿形的图样的尺寸和工艺要求编制成加工指令或仿形指令输入计算机或数控装置，根据给定的数据要求和程序进行运算，而后不断发出电脉冲信号，驱动步进电动机转动，带动工作台或刀架，达到自动加工和仿形绘图的目的。

一、步进电动机的基本结构与工作原理

步进电动机每当输入一个电脉冲，电动机就转动一个角度前进一步。脉冲一个一个地输入，电动机便一步一步地转动。它的输入既不是正弦交流电，又不是恒定直流电，而是电脉冲，所以又称它为脉冲电动机。它输出的角位移与输入的脉冲数成正比，转数与脉冲频率成正比，控制输入脉冲数量、频率及电动机各相绕组的通电顺序，就可以得到各种需要的运行特性。

1. 步进电动机的基本结构

步进电动机种类繁多，通常使用的有永磁式、感应永磁式和反应式步进电动机。应用最多的一种，是反应式步进电动机。下面以六极反应式步进电动机为例，分析其基本结构和工作原理。

六极反应式步进电动机的结构示意图如图 2-61 所示。它分为定子和转子两部分。它的定子具有分布均匀的 6 个磁极，磁极上装有绕组。两个相对的磁极组成一相。绕组的连接如图所示。转子具有均匀分布的四个齿。

反应式步进电动机定子相数用 m 表示，一般定子相数可以有 $m = 2$，3，4，5，6，则定子磁极的个数就为 $2m$，每两个相对的磁极套着该相绕组。转子齿数用 Z_r 表示。图 2-64 中转子齿数为 $Z_r = 4$。

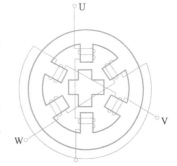

图 2-61 六极反应式步进电动机的结构示意图

2. 步进电动机的工作原理

（1）矩角特性和稳定平衡点 三相六极和转子四齿反应式步进电动机，当 U 相绕组通入直流电流 I 时，由电磁力作用原理，电动机中产生反应转矩，如图 2-62 所示。该反应转矩 T 称为静转矩。设逆时针方向为正。

定子磁极 A 的轴线方向与转子齿 1 的轴线方向的夹角称为失调角。设转子齿 1 领先定子磁极 A 的轴线的为正，大小用弧度表示。当控制绕组匝数一定，忽略磁路饱和的影响时，则静转矩 T 与失调角 θ 的关系为

$$T = -T_c \sin\theta \tag{2-39}$$

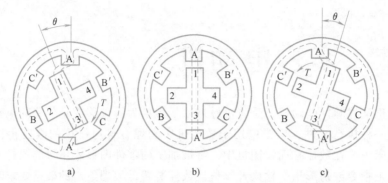

图 2-62　三相反应式步进电动机 U 相通入电流时的静转矩和失调角的示意图

a) $0°<\theta<180°$　b) $\theta=0°$　c) $-180°<\theta<0°$

式中，T_c 是与控制绕组电流 I 的大小和匝数及气隙磁阻有关的常数。

式（2-39）称为步进电动机的矩角特性。

当电动机空载时，转子位置只要在 $-\pi<\theta<\pi$ 区域，对 U 相绕组通电，在 $-\pi<\theta<0$ 范围转子的静转矩 $T>0$，在 T 作用下，转子必将逆时针加速转动然后减速，到达 $\theta=0$，此时，$T=0$；同样在 $0<\theta<\pi$ 范围内，$T<0$，转子将顺时针反向加速，然后减速也到达 $\theta=0$，此时 $T=0$。如果考虑到转子的惯性，有可能经多次振荡，最后衰减到 $\theta=0$ 位而静止下来。称 $\theta=0$ 为 U 相的稳定平衡点。我们将 $-\pi<\theta<\pi$ 的区域称为静稳定区。

同理，V 相控制绕组通入直流电流 I，情况与 U 相通电一样，其转矩-失调角特性与 U 相形状相同，只是右移 $2\pi/3$，其稳定平衡点为（$\theta=2\pi/3$，$T=0$）。转子齿 2 与磁极 B 对齐，静稳定区域是（$-\pi+2\pi/3$）$<\theta<$（$\pi+2\pi/3$）。W 相通入直流电流 I，其矩角特性又右移了 $2\pi/3$，稳定平衡点为（$\theta=4\pi/3$，$T=0$），转子齿 3 与磁极 C 对齐，静稳定区域是（$-\pi+4\pi/3$）$<\theta<$（$\pi+4\pi/3$）。

图 2-63 画出了步进电动机的三相矩角特性及静稳定区域。

（2）步进电动机通电运行方式

反应式步进电动机，按其相电流通电的顺序不同使它做旋转运行，有 3 种工作方式，即单三拍、单双六拍和双三拍工作方式。

1）单三拍通电方式。单三拍通电方式是每次只有一相绕组通电，而每一个循环只有 3 次通电。设三相步进电动机 U 相首先通电，V、W 相不通电。则产生 A-A′轴线方向磁通，并通过转子形成闭合回路，

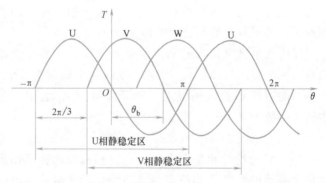

图 2-63　步进电动机的三相矩角特性及静稳定区域

形成 AA′极的电磁铁。在磁场作用下，由矩角特性，转子力图使 θ 角为零，即转到转子齿与 AA′轴线对齐的位置。接着 V 相通电，U、W 两相不通电，转子便顺时针转过 30°，使 2、4 齿与 B-B′极对齐。随后 W 相通电，U、V 相不通电，转子又顺时针转过 30°又使齿 3、1 与 C-C′极对齐。如果电脉冲信号以一定频率按 U-V-W-U 的顺序轮流通电，不难理解，电动

机转子便顺时针方向一步一步地转动起来。每步的转角为30°，（称为步距角 θ_b），相电流换接3次，磁场旋转1周，转子前进了1个齿距角，即 $3×30°=90°$。

如果三相电流脉冲的通电顺序改为 U-W-V-U，则电动机转子便逆时针方向转动。单三拍顺时针转动的示意图，如图2-64所示。单三拍通电方式每次只有一相控制绕组通电吸引转子，容易使转子在平衡位置附近产生振荡，运行稳定性较差。另外，在切换时一相控制绕组断电而另一相控制绕组开始通电，容易造成失步，因而实际上很少采用这种通电方式。

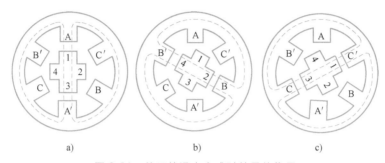

图2-64　单三拍通电方式时转子的位置

a）U相通电　b）V相通电　c）W相通电

2）双三拍方式。上面讨论的是三相六极步进电动机单三拍方式。所谓"一拍"是每改变1次通电方式叫一拍，三拍是指改变3次通电方式为1个通电循环，为三拍。"单"是每拍只有一相定子绕组通电。双三拍方式是每两相绕组通电，即顺序为 UV-VW-WU-UV，或 UW-WV-VU-UW。三拍为1个通电循环。双三拍工作方式转子步进位置如图2-65所示。

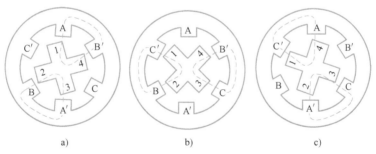

图2-65　三相双三拍工作方式转子运行位置

a）U、V相通电　b）V、W相通电　c）W、U相通电

双三拍方式步距角 $\theta_b=180°×1/6=30°$，与单三相拍方式相同。但是，双三拍的每一步的平衡点，转子受到两个相反方向的转矩而平衡，因而稳定性优于单三拍方式，不易失步。

3）三相单、双六拍工作方式。单、双六拍工作方式也称六拍方式。如图2-66所示。设U相首先通通电，转子齿1、3稳定于 A-A'磁极轴线，如图2-66a所示，然后在 U相继续通电的情况下，接通 V相。这时定子 B-B'磁极对转子齿2、4产生拉力，使转子顺时针转动，但此时 A-A'极继续拉住齿1、3。转子转到两磁拉力平衡为止，转子位置如图2-66b所示。从图中看到，转子从 A 位置顺时针转过了15°。接着，U相断电，V相继续通电，这时转子齿2、4又和 B-B'磁极对齐而平衡，转子从图2-66b位置又转过15°，如图2-66c所示。在 V相通电下，而后 W相又通电。这时 B-B'和 C-C'共同作用使转子又转过了15°，其位置如图2-66d所示。依此规律，按 U-UV-V-VW-W-WU-U 的顺序循环通电，则转子便顺时针一步一步地转动。电流换接 6 次，磁场旋转 1 周，转子前进的齿距角为 $15° \times 6 = 90°$，其步距角 $\theta_b = 15°$。如果按 $U - UW - W - WV - V - VU - U$ 的顺序通电，则电动机逆时针方向转动。六拍方式的步距角 $\theta_b = 15°$，其运行稳定性比前两种方式更好。

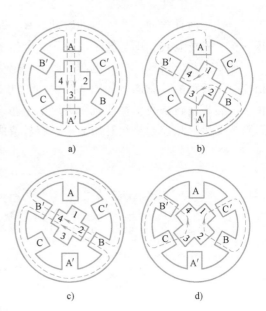

图 2-66　三相单、双六拍工作方式转子运行位置

a）U 相通电　b）U、V 相通电　c）V 相通电

d）V、W 相通电

4）步进电动机的转速及实际小步距角步进电动机。设步进电动机的拍数为 N，通常拍数即为相数或相数的 2 倍。即 $N = m$，或 $N = 2m$，设步距角为 θ_b，则

$$\theta_b = \frac{360°}{Z_r N} = \frac{360°}{Z_r m} \text{或} \theta_b = \frac{360°}{Z_r 2m} \qquad (2\text{-}40)$$

式中，Z_r 为转子齿数。

定子一相绕组通电时形成的磁极个数为 $2p = 2$，如 $A - A'$、$B - B'$、$C - C'$，则步进电动机的转速 n（r/min）为

$$n = \frac{60 f \theta_b}{360} = \frac{60 f}{Z_r m} \qquad (2\text{-}41)$$

式中，f 为电脉冲的频率。

步进电动机的定子磁极数与转子齿数之间是有一定关系的，一般每个磁极下的转子齿数不是整数关系，而是差 $1/m$ 个齿。这样每极下的转子齿数为

$$\frac{Z_r}{2mp} = K \pm \frac{1}{m} \qquad (2\text{-}42)$$

式中，p 为磁极对数；K 为正整数；上述的三相六极电动机，$2mp = 6$，$K = 1$。

三相六拍步距角 $15°$，步距角较大，不适合一般用途的要求，实际的步进电动机，步距角做得很小。国内常见的反应式步进电动机步距角有 $1.2°/0.6°$、$1.5°/0.75°$、$1.8°/0.9°$、$2°/1°$、$3°/1.5°$、$4.5°/2.25°$ 等。从式（2-40）可见增加步进电动机相数和转子数，可减小步距角，但相数越多，驱动电源越复杂，成本越高，一般步进电动机做成二相、三相、四相、五相和六相等。因此减小步距角主要是增加转子齿数 Z_r。图 2-67 所示为一台三相六极，转子为 40 齿的反应式步进电动机截面图。为使转子和定子齿一样大小，所以定子每磁极上也做成齿。显然，每极下的齿数为

$$\frac{Z_r}{2mp} = \frac{40}{2 \times 3 \times 1} = 6\frac{2}{3} = 7 - \frac{1}{3}$$

$K = 7$ 时，差 $1/3$，当相数为 $m = 3$ 时，步距角为

$$\theta_r = \frac{360°}{Z_r m} = \frac{360°}{40 \times 3} = 3°$$

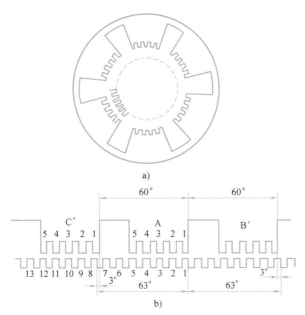

图 2-67　小步距角三相反应式步进电动机

a）截面结构示意图　b）展开图

二、步进电动机的起动和高频运行

1. 步进电动机的起动和起动频率

设步进电动机原来处于某一相的平衡位置，当一定频率的控制脉冲加入时，电动机开始起动。但其转速不是一下就能达到稳定数值，其间有一暂态过程，即为起动过程。电动机不失步起动时，所能加的最高控制脉冲频率，称为起动频率。实际起动时，起动频率比连续运行频率低得多。这是因为，电动机刚起动时的转速为零。在起动过程中，电磁转矩除了克服负载阻转矩外，还要克服转子和负载的惯性矩。所以起动时的负载要比连续运行时重。如果起动时施加脉冲频率过高，则转子转速跟不上磁场转速，以至于第一步完成的位置落后于平衡位置较远，造成以后各步转子转速增加不多，而定子磁场转速仍正比于脉冲频率而旋转，使转子与平衡位置的偏差越来越大。最后，因转子位置落后到动稳定区以外而出现失步，使电动机不能起动。

当电动机带负载起动时，作用在电动机转子上的加速转矩为电磁转矩与负载转矩之差。因而负载转矩越大，加速转矩越小，电动机就不容易起动。只有脉冲频率较低时，使电动机每一步长有较长的加速时间，电动机才能起动。所以随着负载加重，起动频率降低，起动频率 f 与负载转矩的变化关系曲线称为起动频率特性，如图 2-68 所示。

从上述分析可以看出，提高步进电动机起动频率的途径有 3 个方面：①增加电动机动态转矩；②减小电动机和负载的惯性；③增加运行拍数，使矩角特性，即定子旋转磁场速度减慢。

2. 高频恒频运行特性

当对步进电动机施加高频且恒频脉冲时，步进电动机已不是一步一步地转动，而是连续匀速旋转，称这种运行状态为高频恒频运行状态。电动机在连续运行状态时产生的转矩称为动态转矩。实验表明，步进电动机最大动态转矩小于最大静态转矩，并随频率的升高而降低。因此在高频恒频运行状态下，步进电动机动态转矩与频率的关系曲线 $T=f(f)$，称为动态转矩—频率特性，如图 2-69 所示。

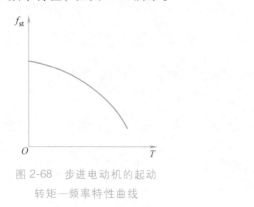

图 2-68　步进电动机的起动
转矩—频率特性曲线

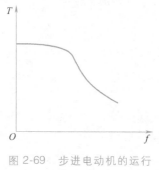

图 2-69　步进电动机的运行
转矩—频率特性曲线

动态转矩随频率增高而降低的原因，是因为步进电动机控制绕组存在电感，使控制绕组中的电流在接通和断开过程中不能瞬间完成，而是按指数规律上升或下降。因此，当电脉冲频率很高时，电流的峰值随频率的增加而减小。励磁磁通亦随之减小，造成动态转矩减小，负载能力变差。

由式（2-41）可知，步进电动机脉冲频率越高，转速就越高。但由于上述原因，电动机正常连续不失步运行所施加的最高控制脉冲频率称为步进电动机的最高运行频率或最大跟踪频率。它是步进电动机的重要参数之一，因此，最大连续运行频率是限制步进电动机高速运行的极限条件，超过这个条件运行，电动机动态转矩下降，负载能力变差，电动机内部损耗增加，寿命降低；另外超过这个极限，转子受到转动惯量的影响，使转子位置超出稳定区而造成失步。为了提高步进电动机的转矩—频率特性，必须设法减小控制绕组的电气时间常数（$T=L/R$），为此要尽量减小它的电感，使控制绕组匝数减小，所以步进电动机控制绕组的电流一般都比较大。另一方面可以采用双电源供电，即在控制绕组电流上升阶段由高压电源供电，以缩短达到预定稳定值的时间，然后再改为低压电源供电以维持其电流值。

第六节　其他型式的电动机

直线电动机是一种能直接将电能转换为直线运动的伺服驱动元件。在交通运输、机械工业和仪器仪表工业中，直线电动机已得到推广和应用。在自动控制系统中，采用直线电动机作为驱动、指示和信号元件也更加广泛。它为实现高精度、响应快和高稳定的机电传动和控制开辟了新的领域。

直线电动机有多种型式，原则上对每一种旋转电动机都有其相应的直线电动机。一般地，按照工作原理来分，可分为直线感应电动机、直线直流电动机和直线同步电动机（包括直线步进电动机）三种。在伺服系统中，和传统元件相应，也可制成直线运动形式的信号和执行元件。直线电动机工作原理与旋转电动机基本相同。

直流电动机都有电刷和换向器，其间形成的滑动机械接触严重地影响了电动机的精度、性能和可靠性，所产生的火花会引起无线电干扰，缩短电动机寿命，换向器、电刷装置又使直流电动机结构复杂、噪声大、维护困难，因此长期以来人们都在寻求可以不用电刷和换向器装置的直流电动机。无刷直流电动机将电子线路与电动机融为一体，利用电子开关线路和位置传感器来代替电刷和换向器，使这种电动机既具有直流电动机的特性，又具有交流电动机结构简单、运行可靠、维护方便等优点；它的转速不再受机械换向器的限制，若采用高速轴承，还可以在高达每分钟几十万转的转速中运行。因此，无刷直流电动机用途非常广泛，可作为一般直流电动机、伺服电动机和力矩电动机等使用，尤其适用于高级电子设备、机器人、航天技术、数控装置、医疗化工等高新技术领域。

思考题与习题

2-1 他励直流电动机的机械特性为什么是下垂的？

2-2 一台他励直流电动机所拖动的负载转矩 T_L =常数，当电枢电压或电枢附加电阻改变时，能否改变其稳定运行状态下电枢电流的大小？为什么？这时拖动系统中哪些量必然发生变化？

2-3 一台他励直流电动机在稳态运行时，电枢反电动势 $E=E_1$ ，如负载转矩 T_L =常数，外加电压和电枢电路的电阻均不变，问减弱励磁使转速上升到新的稳态值后，电枢反电动势将如何变化？是大于、小于还是等于 E_1 ？

2-4 如何判断一台他励直流电动机是运行于发电机状态，还是电动机状态？它的能量关系有何不同？

2-5 他励直流电动机一般为什么不允许直接起动？如直接起动会发生什么问题？应采用什么方法起动比较好？

2-6 他励直流电动机改变磁通的人为特性为什么在固有特性的上方？改变电枢电压的人为特性为什么在固有特性的下方？

2-7 他励直流电动机反馈制动和能耗制动各有什么特点？

2-8 他励直流电动机电压反接制动过程与倒拉反接制动过程有何异同点？

2-9 他励直流电动机在运行时若励磁绕组断线，会出现什么现象？

2-10 三相异步电动机初始起动瞬间，即 $s=1$ ，转子电流 I_2 大而功率因数低，原因何在？

2-11 三相异步电动机在一定负载转矩下运行时，如果电源电压降低，电动机的转矩、定子电流和转速 n 有何变化？

2-12 某三相异步电动机的额定转速 $n_N=1460r/min$ ，当负载转矩只为额定转矩的 1/2 时，电动机的转速如何变化？

2-13 有一台四极三相异步电动机，电源电压频率为 50Hz，满载时电动机的转差率为 0.022，求电动机的同步转速、转子转速和转子电流频率。

2-14 三相异步电动机正在运行时，转子突然被卡住，这时电动机的电流会如何变化？对电动机有何影响？

2-15 三相异步电动机断了一根电源线后，为什么不能起动？而运行时断了一根电源线后，为什么能继续转动？这两种情况对电动机将产生什么影响？

2-16 三相异步电动机在相同的电源电压下，满载和空载起动时，起动电流是否相同？起动转矩是否相同？

2-17 双笼型、深槽式异步电动机为什么可以改善起动性能？高转差率笼型异步电动机又是如何改善起动性能的？

2-18 绕线转子异步电动机采用转子串电阻起动时，所串电阻越大起动转矩是否越大？

2-19 异步电动机有哪几种调速方法？各种调速方法有何优缺点？

2-20 什么叫恒功率调速？什么叫恒转矩调速？

2-21 异步电动机有哪几种制动状态？各有何特点？

2-22 三相反应式步进电动机按 A→B→C→A 通电方式运行时，电动机顺时针方向旋转，步距角为 1.5°，那么：

（1）顺时针方向旋转，步距角为 0.75° 时，应该采用什么样的通电方式？

（2）逆时针方向旋转，步距角为 1.5° 时，应该采用什么样的通电方式？

（3）逆时针方向旋转，步距角为 0.75° 时，应该采用什么样的通电方式？

2-23 一台五相反应式步进电动机采用五相十拍运行方式时，步距角为 1.5°，当控制信号脉冲频率为 3kHz 时，求该步进电动机的转速。

2-24 改变交流伺服电动机的转向方法有哪些？

2-25 有一台直流电动机，其额定功率 $P_N = 40kW$，额定电压 $U_N = 220V$，额定转速 $n_N = 1500r/min$，额定效率 $\eta_N = 87.5\%$，求该电动机的额定电流。

2-26 有一台并励直流电动机，$P_N = 17kW$，$U_N = 220V$，$I_N = 88.9A$，电枢回路总电阻 $R_a = 0.087\Omega$，励磁回路电阻 $R_f = 181.5\Omega$。求：

（1）额定负载时的电枢电动势；

（2）固有特性方程式；

（3）设轴上负载转矩为 $0.9T_N$ 时，电动机在固有机械特性上的转速。

2-27 有一台他励直流电动机，$P_N = 10kW$，$U_N = 220V$，$I_N = 53.8A$，$n_N = 1500r/min$，$R_a = 0.29\Omega$，试计算：

（1）直接起动瞬间的电流 T_{st}；

（2）若限制起动电流不超过 $2I_N$，采用电枢串电阻起动时，应串入起动电阻的最小值是多少？若用减压起动，最低电压应为多少？

2-28 有一台三相异步电动机，电源电压频率 $f_1 = 50Hz$，额定负载时的转差率为 0.025，该电动机的同步转速 n_0 为 1500r/min。试求该电动机的极对数和额定转速。

2-29 有一台三相异步电动机，电源电压频率 $f_1 = 50Hz$，额定转速 $n_N = 1425r/min$，转子电路每相电抗 $X_{20} = 0.08\Omega$，电阻 $R_2 = 0.02\Omega$，则当定子每相电动势 $E_1 = 200V$ 时，转子电动势 $E_{20} = 20V$，磁极对数 $p = 2$。求：

（1）转子不动时，转子线圈每相的电流 I_2 和 $\cos\varphi_2$；

（2）在额定转速下，转子线圈每相的感应电动势 E_2、电流 I_2 及功率因数 $\cos\varphi_2$。

2-30 有一台三相笼型异步电动机，其额定技术参数为：$P_N = 300kW$，$U_N = 380V$，$n_N = 1475r/min$，$I_N = 527A$，$I_{st}/I_N = 6.7$，$T_{st}/T_N = 1.5$，$T_{max}/T_N = 2.5$。定子星形联结，车间变电站允许最大冲击电流为 1800A，生产机械要求起动转矩不小于 $1000N \cdot m$，试选择适当的起动方法。

第三章 CHAPTER 3 机电传动系统中的传感技术

机电传动系统中有各种不同的物理量（如位移、位置、速度、加速度、压力、温度等）需要监测和控制，而控制系统一般只能识别电量，因此能把各种不同的非电量转换成电量的传感器便成为机电传动系统中不可缺少的组成部分。当前传感技术发展很快，传感器类型很多，但在机电传动系统中常用的主要有以下几种：位移传感器、位置传感器、速度传感器、加速度传感器、压力传感器和温度传感器等。

第一节 位移传感器

位移分角位移和直线位移两种，因此与其对应的传感器也有两种形式。

直线位移传感器主要有：电感传感器、差动变压器传感器、电容传感器和感应同步器等。

角位移传感器主要有：电容传感器、旋转变压器传感器和回转编码器等。

一、电感传感器

电感传感器是利用电磁感应把被测位移转换成自感系数 L 的变化，再由测量电路转换成电压或电流的变化量输出，实现非电量到电量的转换。它的优点是：线性度和重复性好，灵敏度和分辨率高，能测出 $0.01\mu m$ 的位移变化。传感器的输出信号强，适用于远距离传输。

图 3-1 是变磁阻式自感传感器的结构图。它由线圈、铁心和衔铁所组成。铁心和衔铁均由导磁材料如硅钢片或坡莫合金制成。在铁心和衔铁之间有气隙，空气隙厚度为 δ，传感器运动部分与衔铁相连。当运动部分产生位移时，空气隙厚度 δ 变化，导致电感值的变化，从而判断被测位移量的大小。

线圈的电感值可按下式计算，即

$$L = \frac{N^2 A}{\delta}\mu_0$$

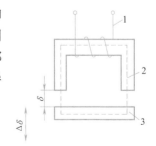

图 3-1 变磁阻式自感传感器
1—线圈 2—铁心 3—衔铁

式中，N 为线圈匝数；δ 为空气隙厚度；A 为铁心截面积；μ_0 为空气磁导率，$\mu_0 = 4\pi \times 10^{-7}\,\mathrm{H/m}$；$\Delta\delta$ 为衔铁的位移量。

因此，可以用改变 δ 来反映位移的变化，根据这一点可构成气隙型传感器，也可根据气隙截面积变化引起电感 L 变化的原理构成截面型传感器，这两种自感传感器结构简单，存在严重非线性，故在实际中应用较少，而利用两个全对称的单个自感传感器合用一个活动衔铁构成差动式自感传感器。

差动式自感传感器的原理如图 3-2 所示。两个磁体的几何尺寸、材料、电气参数完全一致。线圈 1 和 2 对称放置，连成差动形式。这样提高了灵敏度和线性度，增强抗干扰能力。由图 3-2 可以看出，当磁心 3 由测杆 4 带动在由线圈 1、2 组成的管中上下移动时，必然使线圈 1 和 2 的电感量发生变化，并且当线圈 1 中的电感量增加时，则线圈 2 中的电感量就减少，反之亦然，利用图 3-3 所示的桥式电路将电感变化转化为电压输出。

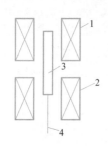

图 3-2 差动式自感传感
器的结构原理图
1、2—线圈 3—磁心 4—测杆

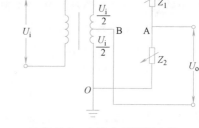

图 3-3 交流电桥测量电路

电桥两臂 Z_1 和 Z_2 为传感器的线圈阻抗，另两臂为电源变压器二次线圈的两半。假定 O 点电位为零，则 A 点的电位为

$$\dot{V}_A = \frac{Z_1}{Z_1 + Z_2}\dot{V}_i$$

而 B 点的电位为

$$\dot{V}_B = \frac{\dot{V}_i}{2}$$

所以

$$\dot{U}_o = \dot{V}_A - \dot{V}_B = \left(\frac{Z_1}{Z_1 + Z_2} - \frac{1}{2}\right)\dot{V}_i = \frac{\dot{V}_i}{2} \times \frac{Z_1 - Z_2}{Z_1 + Z_2}$$

当传感器的衔铁处于中间位置时，两线圈的电感相等，即 $Z_1 = Z_2 = Z$，所以电桥输出为零。

当衔铁上升时，$Z_1 = Z + \Delta Z$，$Z_2 = Z - \Delta Z$，因此电桥输出 U_o 为

$$\dot{U}_o = \frac{\dot{V}_i}{2} \times \frac{\Delta Z}{Z}$$

反之，当衔铁下降时 $Z_1 = Z - \Delta Z$，$Z_2 = Z + \Delta Z$，因此电桥输出 U_o 为

$$\dot{U}_o = \frac{-\dot{V}_i}{2} \times \frac{\Delta Z}{Z}$$

当 Q 值较高时，U_o 为

$$\dot{U}_o = \frac{\dot{V}_i}{2} \times \frac{\Delta\delta}{\delta_0}$$

由上述分析可见，根据电桥的输出就可判断衔铁的位移及方向。若采用相敏检波器就可根据输出电压的极性鉴别位移方向的变化。

图 3-4 为带有相敏整流的电桥电路。

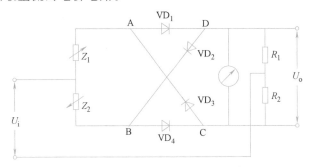

图 3-4   带有相敏整流的电桥电路

$VD_1 \sim VD_4$ 构成相敏整流器。当差动传感器的衔铁处于中间位置时，$Z_1 = Z_2$，电桥输出为零。当衔铁偏离中间位置而使 $Z_1 = Z + \Delta Z$，$Z_2 = Z - \Delta Z$ 时，假设此时 U_i 的上端为正，下端为负，此时 $U_D > U_C$；如 U_i 的上端为负，下端为正，仍为 $U_D > U_C$，这时电压表有输出，并且上端为正，下端为负。若衔铁的移动使 $Z_1 = Z - \Delta Z$，$Z_2 = Z + \Delta Z$，则电压表的输出为上端为负，下端为正，通过带有相敏整流的电桥，可以由输出电压的极性判断衔铁的移动方向。

二、差动变压器传感器

1. 工作原理

差动变压器传感器是将被测位移转换为两个线圈之间的互感变化再由测量电路转换成电压或电流的变化量输出，其结构原理如图 3-5 所示。

差动变压器传感器由一次侧线圈 L_1，两个二次侧线圈 L_2、L_3 和插入线圈中央的铁心组成。一次侧线圈 L_1 由交流电源励磁、二次侧线圈 L_2、L_3 反极性串联接成差动式。当铁心位于线圈中心位置时，线圈 L_1 和线圈 L_2、L_3 之间的互感 M_1、M_2 相等，产生的感应电动势 U_1 和 U_2 也相等，输出电压 $U_o = U_1 - U_2 = 0$。当铁心上移动时，$M_1 > M_2$，则 $U_1 > U_2$；当铁心向下移动时，$M_2 > M_1$，则 $U_2 > U_1$。故 U_o 随铁心偏离中点的距离增大而增大。

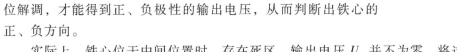

图 3-5   差动变压器
传感器原理图

由于输出电压 $U_o = U_1 - U_2$ 是交流信号，必须经过放大和相位解调，才能得到正、负极性的输出电压，从而判断出铁心的正、负方向。

实际上，铁心位于中间位置时，存在死区，输出电压 U_o 并不为零，将这个电压称为零点残余电压。一般是由于变压器的制作工艺和导磁体安装等问题所引起的。

2. 测量电路

差动变压器的输出是交流信号，若直接使用电压表测量，只能反映位移的大小，不能反映方向，为了达到消除零点残余电压及辨别方向的目的，常采用差动整流电路和相敏检波电路。

（1）差动整流电路 如图 3-6 所示，将差动变压器的两个二次侧线圈分别整流，然后将整流后的电压或电流差值输出。从图 3-6a 可见，无论两个二次侧线圈的输出瞬时电压极性如何，流经两个电阻 R 的电流总是从 a 到 b，从 d 到 c，故整流电路的输出电压为

$$U_o = U_{ab} - U_{cd}$$

其波形如图 3-6b 所示。

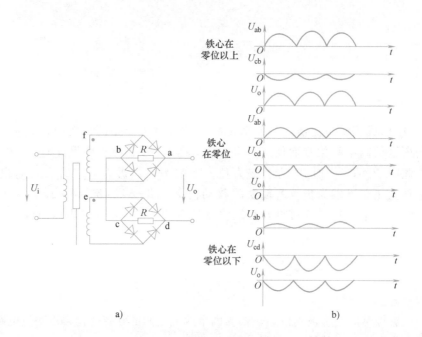

a)   b)

图 3-6 差动整流电路

a）电路图 b）波形图

当铁心位于中间位置时 $U_o = 0$；当铁心在零位以上或以下时，输出电压的极性相反，从而能够判断铁心的移动方向并消除零点残余电压。

（2）相敏检波电路 如图 3-7 所示，二极管相敏检波电路中 U_1 为差动变压器的输出电压，为了检测通过电流表的电流的大小和方向来判别差动变压器的位移大小和方向，工作原理是引入与 U_1 同频的参考电压 U_2，使 $U_2 > U_1$。

若 $U_1 = 0$，从图 3-7a 可见，由于 U_2 的作用，在正半周时 VD_3 和 VD_4 处于正向偏置，电流 i_3 和 i_4 以不同的方向流过电流表 PA，只要

$$U_2' = U_2''$$

且 VD_3 和 VD_4 的性能相同，则流过电流表的电流为 0，同理在负半周波时，输出也为 0。

若 $U_1 \neq 0$，要分两种情况加以讨论，第一种情况，若 U_1 和 U_2 同相位，在正半周时，电

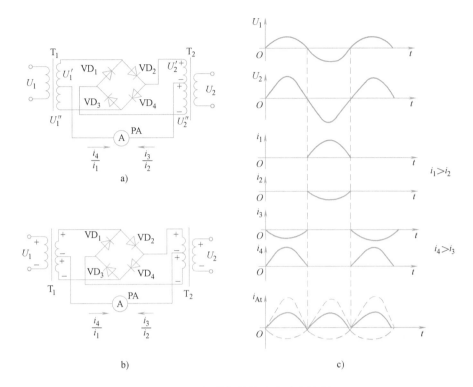

图 3-7　二极管相敏检波电路和波形

a）、b）电路　c）U_1、U_2 同相时的波形

路中电压的极性如图 3-7b 所示。由于 $U_2>U_1$，VD$_3$ 和 VD$_4$ 导通，作用于 VD$_4$ 两端的电压是

$$U_2'+U_1''$$

而作用于 VD$_3$ 两端的电压是

$$U_2'-U_2''$$

所以 i_4 较大，而 i_3 较小，各电流波形如图 3-7c 所示。在负半周时 VD$_1$ 和 VD$_2$ 导通，i_1 比 i_2 大。因此在 U_1 和 U_2 同相位时，通过电流表的电流从左到右。第二种情况，U_1 和 U_2 反相位时，若 U_2 在正半周时，U_1 在负半周，仍为 VD$_3$ 和 VD$_4$ 导通，但 i_3 的电流比 i_4 大。同理若 U_2 在负半周时，U_1 在正半周，仍是 $i_2>i_1$，故通过电流表的电流从右到左。

　　除上述检测电路外，目前出现了各种性能的集成电路相敏检波器，如 LZX$_1$ 单片相敏检波电路。LZX$_1$ 为全波相敏检波放大器，它与差动变压器的连接如图 3-8 所示。相敏检波电路要求参考电压和差动变压器二次侧输出同频率，相位相同或相反，因此要在线路中接入移相电路。通过 LZX$_1$ 输出的信号还要经过低通滤波器，滤去调制时引入的高频信号，最后输出结果与位移呈线性关系，并可通过正、负判位移方向。

三、电容传感器

　　电容传感器由两块平行的金属板构成，一般通过改变板间距离、相对面积或介质特性所引起的电容量变化来反映相应的位移量的变化。它具有结构简单、体积小、分辨率高、可非接触式测量等优点。又因为这种传感器不需要采用有机材料或磁性材料，在高温、低温或强

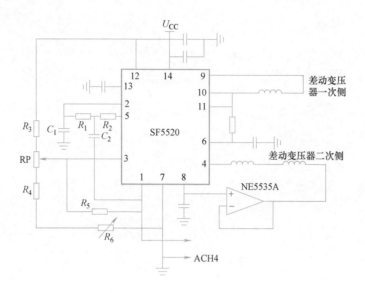

图 3-8 LZX₁ 单片相敏检波电路

磁辐射等恶劣环境下都能正常工作。这种传感器作用能量和质量较小，固有频率较高，同时它的介质损失非常小，故可工作在兆赫级的频率范围内，响应速度快。但是它也存在着非线性和泄漏等缺点。

工作原理基于

$$C = \frac{\varepsilon A}{d}$$

式中，ε 为电容极板间介质的介电常数；A 为两平行板的面积；d 为两平行板之间的距离；C 为电容量。

ε、A 和 d 三个参数中任一个发生变化，均会引起电容量的变化，因此电容传感器分面积变化型、极距变化型和介质变化型三种，它们都可用于测量直线位移和角位移。一般以改变间距 d 来测量位移，因为它的灵敏度高于改变其他参数的灵敏度。改变平行板间距 d 的电容传感器可以测量微米级的位移，而改变面积 A 只适用于测量厘米数量级的位移。同样，为了提高灵敏度和扩大线性范围，电容传感器也常常做成差动形式。

电容检测电路有桥型电路、调频电路、谐振电路、二极管 T 形网络和运算放大器电路等几种。

1. 电桥型电路

如图 3-9 所示，电桥型测量电路中将传感器接在电桥内，用稳频、稳幅和固定波形的低阻信号源去激励，电桥输出电压经放大、相敏整流后得到直流的输出信号。

交流电桥平衡时，有

$$\frac{Z_1}{Z_2} = \frac{C_2}{C_1} = \frac{d_1}{d_2}$$

式中，C_1、C_2 为传感器中的差动电容；d_1、d_2 为差动电容中的间隙。

当差动电容中的动极移动 Δd 时，交流电桥的输出电压为

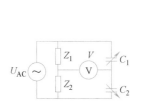
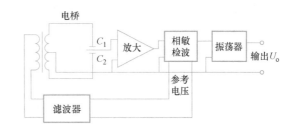

图 3-9 电桥型测量电路

$$\dot{U}_\mathrm{o} = \frac{\dot{U}_\mathrm{AC}}{2}\ \frac{\dfrac{1}{\mathrm{j}\omega\Delta C}}{R_0 + \dfrac{1}{\mathrm{j}\omega C_0}} = \frac{\dot{U}_\mathrm{AC}}{2}\ \frac{\Delta Z}{Z}$$

式中，R_0 为电容损耗电阻；C_0 为 $C_1 = C_2$ 时的电容量；ΔC 为差动电容变化量；Z 为 C_0 和 R_0 等效阻抗。

2. 调频电路

在这种电路中，电容传感器作为谐振电路的一部分，当位移发生变化时，传感器的电容量便发生变化，从而谐振器的输出频率也随之发生变化。将频率的变化在鉴频器中把它转换成电压信号，经放大后用仪表指示或记录下来，也可直接测量频率。这种电路有抗干扰能力强和稳定性好等优点，其原理框图如图 3-10 所示。

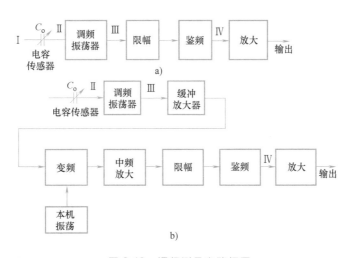

图 3-10 调频测量电路框图

a）直放式调频电路　b）外差式调频电路

调频接收系统可以分为直放式和外差式调频。图 3-10a 为直放式调频电路，图 3-10b 为外差式调频电路。外差式调频的性能较直放式的要好，但其电路复杂。

调频振荡器的振荡频率 f 为

$$f = 1/\left(2\pi\sqrt{LC}\right)$$

$$C = C_1 + C_0 \pm \Delta C + C_2$$

式中，L 为谐振回路的电感；C 为总电容；C_1 为谐振回路的固有电容；C_2 为传感器引线分布电容；$C_0 \pm \Delta C$ 为传感器的电容。

当被测信号为零时，振荡器有一个固有频率。当被测信号不为零时，振荡器的频率发生变化。经鉴频器处理后，频率信号转换为振幅的变化，波形如图3-11所示。

3. 谐振回路

如图3-12所示，谐振测量电路中振荡器输出高频电源，经变压器给由 L_2、C_2 和 C_3 构成的谐振回路供电，谐振回路电压经整流器、放大后，再由仪表测出。

图3-12a中电容 C_3 为传感器中电容，当值发生变化时，谐振回路的阻抗发生相应的变化，引起整流器电流的变化，将该电流放大后输出，即可反映位移的变化。为了获得较好的线性，一般将谐振电路的工作点选在谐振曲线的一边，即最大振幅70%附近的地方。如图3-12b所示，工作范围选在 BC 段，这样就保证输出与输入的单值关系，灵敏度很高。

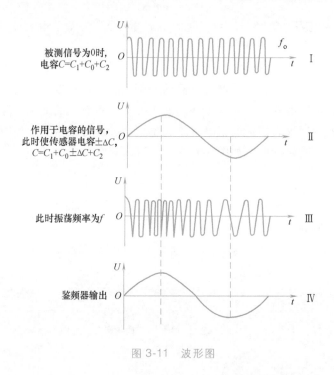

图3-11 波形图

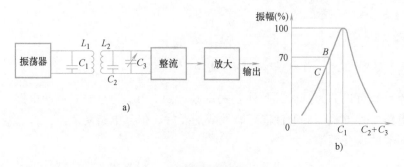

图3-12 谐振测量电路

a）原理框图 b）工作特性

4. 二极管 T 形网络

二极管 T 形网络是由二极管、电阻以及电容组成的两个相互并联的 T 形电路，如图 3-13 所示。图中 U_i 是高频对称方波电源。当电源 U_i 为正半周时，二极管 VD_1 导通，VD_2 截止，于是对电容 C_1 充电；当电源为负半周时，二极管 VD_1 截止，VD_2 导通，于是对电容 C_2 充电；C_2 充电时，电容 C_1 上的电流经 R_1、R_L 放电。在下一个半周，C_2 经 R_2、R_L 放电。若 $C_1 = C_2$，$R_1 = R_2$，且二极管 VD_1 和 VD_2 的特性相同，则在一个周期内，经过 R_L 的平均电流为零。若 $C_1 \neq C_2$，则经 R_L 输出的平均电压为

$$\left.\begin{aligned} U_o = I_L R_L &= \left[\frac{1}{T}\int_0^T |\, i_1(t) - i_2(t)\,|\ \mathrm{d}t\right] R_L \approx \frac{R(R + 2R)}{(R + R_L)^2} R_L U_i f(C_1 - C_2) \\ &\approx U_i f M(C_1 - C_2) \end{aligned}\right\} \tag{3-1}$$

式中，$R = R_1 = R_2$；f 为电源频率；M 为与电路有关的常数。

由式（3-1）可知：当电源电压 U_i 确定后，输出电压是（$C_1 - C_2$）的函数。该电路输出电压高，输出阻抗小，它的输出电流可以直接驱动毫安表或微安表，测量的非线性误差很小，适用于高速机械运动量的测量。对于 1kΩ 的负载电阻，其输出信号的上升时间为微秒级，因此可用提高激励方波频率的办法来提高传感器的频率响应。

5. 运算放大器电路

如图 3-14 所示，运算放大器测量电路中 C_x 为电容传感器，将运算放大器看成理想运算放大器，可得出

$$\dot{U}_i = \frac{\dot{I}_i}{\mathrm{j}\omega C_i}$$

$$\dot{U}_o = \frac{\dot{I}_x}{\mathrm{j}\omega C_x}$$

$$\dot{I}_i = -\dot{I}_x$$

所以

$$\dot{U}_o = -\dot{U}_i \frac{C_i}{C_x}$$

若 $C_x = \dfrac{\varepsilon A}{d}$，则

$$\dot{U}_o = -\dot{U}_i \frac{C_i}{\varepsilon A} d$$

由此可见，运算放大器的输出与电容器的间距 d 成线性关系。

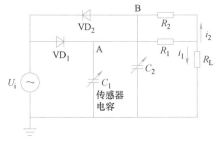

图 3-13　二极管 T 形网络

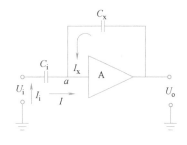

图 3-14　运算放大器测量电路

实际使用的运算放大器并非一个完全理想的运算放大器，它的开环放大倍数和输入阻抗也并非无限大，而总是一个有限值，所以上述测量电路存在一定的误差。

四、自整角机

自整角机按用途分为力矩式和控制式（变压器式）两种。自整角机是一种感应式角度传感元件，其作用是将机械转角变成电信号。在随动系统中，自整角机广泛用作角度的传输、变换和指示，在系统中通常是两台或多台组合使用的，用来实现两个或两个以上机械不相连接的转轴同时偏转或同步旋转。

根据在随动系统中的作用，自整角机分为自整角发送机（产生信号）和自整角接收机（接收信号）。

根据使用要求不同，自整角机分为力矩式和控制式自整角机，前者具有自整步机转矩，主要用于指示系统，后者的整步转矩靠伺服系统来产生，主要用于随动系统。

根据相数不同，自整角机分三相和单相自整角机，前者用于电轴系统，后者用于角传递系统，常用的电源频率有400Hz和50Hz两种。下面主要介绍单相自整角机。

根据结构型式的不同，自整角机可分为无接触式和接触式两大类。无接触式没有电刷、集电环的滑动接触，因此具有可靠性高、寿命长、不产生无线电干扰等优点；其缺点是结构复杂，电气性能差。接触式自整角机结构比较简单、性能较好，所以使用较为广泛，下面主要介绍接触式自整角机的结构。

1. 结构特点

图3-15所示为单相自整角机结构示意图。力矩式自整角机大多数采用两极的凸极结构，只有频率较高、尺寸较大的力矩式自整角机才采用隐极结构。选用两极电动机是为了保证在整个圆周范围内只有唯一的转子对应位置，从而能准确指示；选用凸极式结构是为了能获得较好的参数配合关系，以提高其运行性能。在控制式接收机中，为了提高电气精度，降低零位电压，其转子均采用隐极式结构。自整角机也分为定子和转子两大部分。定、转子铁心由高磁导率、低损耗的薄硅钢片冲制后经涂漆叠装而成，单相绕组 Z_1Z_2 为励磁绕组，三相对称绕组 D_1D_4、D_2D_5、D_3D_6 称为整步绕组，接成星形，放在定子铁心的槽内，各相绕组的匝数相等，阻抗一样，空间互差120°电角度。

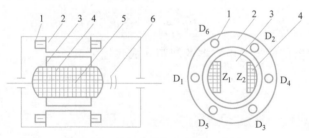

图3-15 单相自整角机结构示意图

1—三相整步绕组 2—定子铁心 3—转子铁心
4—转子励磁绕组 5—转轴 6—集电环

从作用原理看，励磁绕组在定子上，整步绕组在转子上，或整步绕组在定子上，励磁绕组在转子上，二者没有本质的区别，但它们的运行性能是不一样的。三相绕组放在转子上，转子质量大，集电环多，摩擦转矩大，因而精度低，但转子集电环和电刷仅在转子转动时，才有电流通过，集电环的工作条件较好；单相励磁绕组放在转子上，转子质量小，集电环少，因而摩擦转矩小，精度高，同时由于集电环少，可靠性也相应提高。然而，单相励磁绕组长期经电刷和集电环通入励磁电流，接触处长期发热，容易烧集电环，故它只适用小容量角传递系统。

2. 控制式自整角机

图 3-16 所示是控制式自整角机的接线图，左边的是发送机，右边的是接收机，二者结构完全一样。三相绕组放在定子上，两对三相绕组用三根导线对应地连接起来。发送机的单相绕组作为励磁绕组，接在交流电源上，其电压 U_1 为定值。接收机的单相绕组作为输出绕组，其输出电压 U_2 由定子磁通感应产生。此时，接收机是在变压器状态下工作，故在控制式自整角机系统中的接收机又称为自整角变压器。

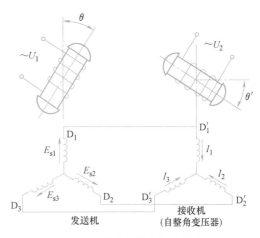

图 3-16 控制式自整角机的接线图

发送机的转子励磁绕组轴线与定子 D_1 相绕组轴线相重合的位置作为它的基准电气零位，其转子的偏转角 θ 即为该两轴线间的夹角。自整角变压器的基准电气零位是转子输出绕组轴线与定子 D_1' 相绕组轴线相垂直的位置，其转子的偏转角为 θ'，如图 3-17 所示。

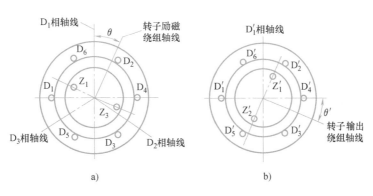

a) b)

图 3-17 自整角机工作原理示意图

a）发送机 b）自整角变压器

（1）基本工作原理 当发送机的励磁绕组通入励磁电流后，产生交变脉动磁通，其幅值为 Φ_m。设转子偏转角为 θ，则通过 D_1 相绕组的磁通幅值为

$$\Phi_{m1} = \Phi_m \cos\theta \tag{3-2}$$

因为定子三相绕组是对称的，励磁绕组轴线和 D_2 相绕组轴线的夹角为 $\theta+240°$，和 D_3 相绕组轴线的夹角为 $\theta+120°$，于是通过 D_2 相绕组和 D_3 相绕组的磁通幅值分别为

$$\left.\begin{array}{l}\Phi_{m2} = \Phi_m \cos(\theta+240°) = \Phi_m \cos(\theta-120°) \\ \Phi_{m3} = \Phi_m \cos(\theta+120°)\end{array}\right\}$$

因此，在定子每相绕组中感应出电动势，其有效值分别为

$$\left.\begin{array}{l}E_{S1} = 4.44fN_S\Phi_m \cos\theta \\ E_{S2} = 4.44fN_S\Phi_m \cos(\theta-120°) \\ E_{S3} = 4.44fN_S\Phi_m \cos(\theta+120°)\end{array}\right\} \tag{3-3}$$

式中，N_S 为定子每相绕组匝数。

若令 $E = 4.44fN_S\phi_m$，则

$$\left.\begin{array}{l}E_{S1} = E\cos\theta \\ E_{S2} = E\cos(\theta-120°) \\ E_{S3} = E\cos(\theta+120°)\end{array}\right\} \tag{3-4}$$

式中，E 为 $\theta=0$ 时 D_1 相绕组中电动势的有效值。

由上可见，在定子每相绕组中感应出的电动势在时间上是同相的，但是它们的有效值不相等。在这些电动势的作用下（假设两个星形联结的三相绕组有一中性线相连），自整角变压器的三相绕组中每个绕组经过的电流在时间上也是同相位的，分别为

$$\left.\begin{array}{l}I_1 = \dfrac{E_{S1}}{Z} = \dfrac{E}{Z}\cos\theta = I\cos\theta \\[2mm] I_2 = \dfrac{E_{S2}}{Z} = \dfrac{E}{Z}\cos(\theta-120°) = I\cos(\theta-120°) \\[2mm] I_3 = \dfrac{E_{S3}}{Z} = \dfrac{E}{Z}\cos(\theta+120°) = I\cos(\theta+120°)\end{array}\right\} \tag{3-5}$$

式中，Z 为发送机和自整角变压器每相定子电路的总阻抗。

由式（3-5）可知，$I_1+I_2+I_3=0$，所以实际上中性线不起作用，故图 3-16 所示的线路中不需要连中性线。

这些电流都产生脉动磁场，并分别在自整角变压器的单相输出绕组中感应出同相的电动势，其有效值为

$$\left.\begin{array}{l}E'_{r1} = KI_1\cos(\theta'+90°) = KI\cos\theta\cos(\theta'+90°) \\ E'_{r2} = KI_2\cos(\theta'+90°-120°) = KI\cos(\theta-120°)\cos(\theta'-30°) \\ E'_{r3} = KI_3\cos(\theta'+90°+120°) = KI\cos(\theta+120°)\cos(\theta'+210°)\end{array}\right\} \tag{3-6}$$

式中，K 为比例系数。

自整角变压器输出绕组两端电压的有效值 U_2 为式（3-6）中各电动势之和，即

$$U_2 = E'_{r1}+E'_{r2}+E'_{r3}$$

通过三角函数运算后，得出

$$U_2 = \frac{3}{2}KI\sin(\theta-\theta') = U_{2max}\sin\delta \tag{3-7}$$

式中，$U_{2max} = 3/2KI$ 为输出绕组的最大输出电压；$\delta = \theta-\theta'$ 为失调角。

由式（3-7）可见，自整角变压器输出电压与失调角的正弦成正比，当失调角增大时，U_2 随之增大；当 $\delta=90°$ 时，达到最大值 U_{2max}；当 $\delta=0$ 时，U_2 也等于零。输出电压还随发

送机转子转动方向的改变而改变极性。

控制式自整角机在系统中，特别是在随动系统中是作为比较元件应用的，自整角机本身的准确度直接影响系统的静动态准确度。影响控制式自整角机准确度的因素主要有：单相绕组和三相绕组的互感曲线非正弦性、三相绕组电磁不对称、齿谐波、定子和转子中心偏差、铁心磁导率不均匀等。

衡量控制式自整角机的一个重要指标是比输出电压。其定义为 $U_2 = U_{2\max}\sin\delta$，当 $\delta = 1°$ 时的输出电压有效值，即

$$\Delta U = U_{2\max}\sin 1° \approx 0.0175 U_{2\max}$$

ΔU 越大，表明控制式自整角机灵敏度越高。

控制式自整角机的准确度，一般按静态误差值分成三个等级，见表 3-1。

表 3-1　控制式自整角机准确度及失调角误差

准确度等级	I	II	III
最大失调角误差	$0° \sim \pm 0.25°$	$\pm 0.25° \sim \pm 0.5°$	$\pm 0.5° \sim \pm 0.75°$

（2）应用举例　图 3-18 所示是转角随动系统的示意图。自整角变压器的输出电压经交流放大器放大后去控制交流伺服电动机 SM，伺服电动机同时带动控制对象（负载）和自整角变压器的转子，它的转动总是要使失调角 δ 减小，直到 $\delta = 0$ 时为止。如果发送机转子的转角不断变化，伺服电动机也就不断转动，使 θ' 跟随 θ 的不同而变化，以保持 $\delta = 0$，达到转角随动的目的。

图中，伺服电动机还带动测速发电机 TG。测速发电机的输出电压加在放大器的输入端，起负反馈作用，以稳定系统的转速。

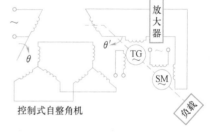

图 3-18　转角随动系统的示意图

3. 力矩式自整角机

在控制式自整角机中，转角的随动是通过伺服电动机来实现的，角度传递精度高，负载能力大，但系统较复杂，需要一套伺服机构。力矩式自整角机具有整步转矩，如果负载很轻（例如指示仪表的指针），就不需应用伺服电动机，而由力矩式自整角机直接来实现转角随动，虽然精度不如控制式的，但大大简化了系统，故在精度要求不高，负载转矩不大的情况下，被广泛采用。

图 3-19 所示是力矩式自整角机的接线图。和控制式不同的是右边的自整角机称为接收机，它的单相绕组和发送机的单相绕组一起接在交流电源上，都作励磁用，接收机的转子带动负载。

（1）基本工作原理　励磁电流通过每个自整角机的励磁绕组时，产生各自交变脉动磁通，此磁通在三相绕组中产生感应电动势，它们同相但是有效值不同。各相绕组电动势的大小和这个绕

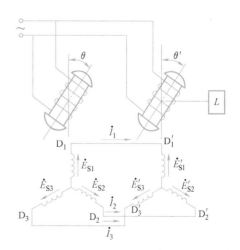

图 3-19　力矩式自整角机的接线图

组相对于励磁绕组的位置有关。若接收机转子和发送机转子相对于定子绕组的位置相同（在力矩式自整角机中，发送机与接收机的电气基准零位是一样的），如图3-19所示的两边的偏转角 $\theta = \theta'$ 或失调角 $\delta = 0$ 的情况，那么在两边对应的每相绕组的电动势 $\dot{E}_{S1} = \dot{E}'_{S1}$。从两边组成的每相回路来看，相应的两个电动势互相抵消，因此在两边的三相绕组中没有电流。若此时发送机转子转动一个角度，则 $\delta = \theta - \theta' \neq 0$，于是发送机和接收机相应的每相定子绕组中的电动势就不能互相抵消，定子绕组中就有电流，这个电流和接收机励磁磁通作用而产生转矩（称为整步转矩），而这转矩将使接收机的转子（带着负载）转动，使失调角减小，直到 $\delta = 0$ 时为止。以实现转角随动的要求。

同样，发送机的转子也受转矩的作用，它力图使发送机转子回到原先的位置，但由于发送机转子与主轴固定连接，故不能随动。

（2）应用举例 力矩式自整角机系统为开环系统，图3-20所示是力矩式自整角机在液位指示器中应用的一例。图中浮子随着液面而升降，通过滑轮和平衡锤使自整角发送机转动。因为自整角接收机是随动的，所以它带动的指针能准确地反映发送机所转动的角度，从而实现了液位的传递。

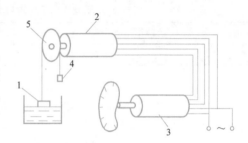

图3-20 液位指示器的示意图

1—浮子 2—自整角发送机 3—自整角
接收机 4—平衡锤 5—滑轮

4. 自整角机选用时应注意的问题

1）控制式自整角机和力矩式自整角机在使用上有不同的特点。控制式自整角机适用于精度高、负载较大的伺服系统；力矩式自整角机用于传递精度较低的指示系统。

2）自整角机的励磁电压和电流频率必须与供电电源符合。若电源任意时，应当选用电压较高，频率也较高的自整角机。这会使自整角机性能好、体积小。

3）互接使用的自整角机，对接绕组的额定电压和频率应相同。

4）在电源容量允许条件下，宜选用输出阻抗较低的发送机，以便获得较大的负载能力；控制式自整角机宜选用输入阻抗较高的接收机，以便减轻发送机的负载。

五、旋转变压器

旋转变压器是自动装置中的一类精密控制微电机，精度比自整角机高。它将转子转角变换成与之呈某一函数关系的电信号。在控制系统中用作解算元件、坐标变换、三角运算等，在随动系统中传输与转角变化相应的信号。

按照使用要求分为用于解算装置的旋转变压器和用于数据传输的旋转变压器。解算用旋转变压器按其电压与转子转角之间的函数关系，可分为正、余弦旋转变压器，线性旋转变压器等。

1. 结构特点

旋转变压器从原理上说，它相当于一个可以转动的变压器。从结构上说，它相当于一个两极两相绕线转子异步电动机。为了获得良好的电气对称性，以提高旋转变压器的精度，都设计成两极隐极式的四绕组旋转变压器。

旋转变压器的定、转子铁心是采用高磁导率的铁镍软磁合金片或高硅钢片经冲制、绝缘、叠装而成的。为了使旋转变压器的磁导性能各方面均匀一致，在定、转子铁心叠片时采用每片错过一齿槽的旋转形叠片法。在定子铁心的内圆周和转子铁心外圆周上都冲有槽，里面各放置两组结构完全相同而空间轴线互相垂直的绕组，以便在运行时使一次侧或二次侧对称。转子绕组可由集电环和电刷引出。

2. 正、余弦旋转变压器

（1）工作原理　正、余弦旋转变压器的结构示意图和原理图分别如图 3-21a 和 b 所示。D_1D_2 和 D_3D_4 是定子绕组，有效匝数为 N_D。Z_1Z_2 和 Z_3Z_4 是转子绕组，有效匝数为 N_Z。工作时，定子绕组 D_1D_2 加一个大小和频率一定的交流电压 $\dot{U}_D$，以产生需要的工作磁通，故称为励磁绕组。转子绕组用来输出电压信号，故称输出绕组。假定转子绕组开路，即不接负载，这时定子绕组 D_3D_4 也处于开路状态。

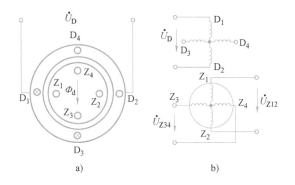

图 3-21　正、余弦旋转变压器的空载运行
a）结构示意图　b）工作原理图

交流励磁电流通过 D_1D_2 绕组时，将产生与 D_1D_2 绕组轴线方向一致的纵向脉振磁通 Φ_d。如果转子处于图中所示的 Z_1Z_2 与 D_1D_2 两绕组轴线重合的位置，则纵向脉振磁通 Φ_d 将全部通过 Z_1Z_2 绕组，于是与普通的静止变压器一样，Φ_d 将在 D_1D_2 和 Z_1Z_2 绕组中分别产生电动势 $\dot{E}_D$ 和 $\dot{E}_Z$，其有效值为

$$E_D = 4.44fN_D\Phi_{dm}, \quad E_Z = 4.44fN_Z\Phi_d$$

式中，Φ_{dm} 为脉振磁通 Φ_d 的最大值。

$$\frac{E_Z}{E_D} = \frac{N_Z}{N_D} = K \tag{3-8}$$

式中，K 称为旋转变压器的电压比。

如果忽略励磁绕组的电阻和漏电抗，则 $U_D = E_D$。

空载时，Z_1Z_2 绕组两端的电压用有效值表示为

$$U_{Z12} = E_Z$$

故
$$U_{Z12} = KU_D$$

由于 Φ_d 的方向与 Z_3Z_4 绕组轴线垂直，不会在该绕组中产生感应电动势。因而 $U_{Z34} = 0$。

把图 3-21 所示的定、转子相对位置规定为旋转变压器的基准电气零位。而把转子偏离基准电气零位的角度称为转子转角。

当转子转角不等于零，例如从基准电气零位顺时针方向偏转 θ 角（图 3-22）时，纵向脉振磁通 Φ_d 通过转子两绕组的磁通分别为

$$\Phi_{d12} = \Phi_d\cos\theta$$

$$\Phi_{d34} = \Phi_d\cos(90° - \theta) = \Phi_d\sin\theta$$

因而在转子绕组中产生的感应电动势分别为

$$E_{Z12} = E_Z \cos\theta = K E_D \cos\theta$$
$$E_{Z34} = E_Z \sin\theta = K E_D \sin\theta$$

(3-9)

输出电压则为

$$U_{Z12} = K U_D \cos\theta$$
$$U_{Z34} = K U_D \sin\theta$$

(3-10)

可见，只要励磁电压 U_D 的大小不变，转子绕组的输出电压就可以与转子转角保持准确的正、余弦函数关系。

（2）负载运行中的问题及解决方法　实际工作中输出绕组总是接一定的负载，如图3-23所示。转子绕组 $Z_1 Z_2$ 接有负载 Z_L，于是 $Z_1 Z_2$ 绕组中有电流 I_{Z12} 通过，并产生相应的磁通 Φ_{Z12}，将它分解成一个沿定子绕组 $D_1 D_2$ 的轴线方向的纵向磁通 Φ_{Zd}，另一个沿 $D_1 D_2$ 绕组轴线垂直的横向磁通 Φ_{Zq}。纵向磁通与励磁磁通共同产生磁通 Φ_d，只要励磁电压 U_D 的大小和频率不变，则共同作用产生的磁通 Φ_d 便与空载时的 Φ_d 基本相同，只不过使 $D_1 D_2$ 绕组中的电流相应地增加而已。由于横向磁通的影响，在转子绕组 $Z_1 Z_2$ 和 $Z_3 Z_4$ 中除具有由 Φ_d 产生的符合式（3-9）的电动势外，还附加了由 Φ_{Zq} 产生的电动势，从而破坏了输出电压与转子转角的正弦和余弦成正比关系，这种现象称为输出电压的畸变。负载电流越大，畸变越厉害。为了消除输出电压的畸变，必须在负载时设法对电机中的横向磁通予以补偿。通常可以采用绕组二次侧和一次侧两种补偿方法。

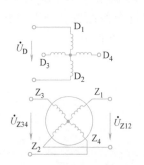

图 3-22　转子转角不等
于零时的工作情况

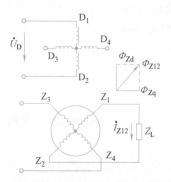

图 3-23　正、余弦旋转变
压器的负载运行

一次侧补偿如图3-23所示的定子绕组 $D_3 D_4$ 短路，这时由于 $D_3 D_4$ 绕组的轴线与横向磁通轴线一致，横向磁通在该绕组中产生电动势，并在闭合电路内产生电流 I_{D34}，根据楞次定律，I_{D34} 所产生的磁通是反对原来磁通的变化，即起着抵消转子横向磁通的作用，由于 $D_3 D_4$ 短路，产生了很强的去磁作用，致使横向磁通趋于零。从而消除了输出电压的畸变，这种补偿称为一次侧补偿，$D_3 D_4$ 称补偿绕组。

二次侧补偿如图3-24所示，两个转子绕组，一个作输出接负载 Z_L，另一个作补偿接一阻抗 Z_C，于是，转子两绕组中的电动势将分别在各自的回路内产生电流 $\dot{I}_{Z12}$ 和 $\dot{I}_{Z34}$。由它们产生的横向磁通分量方向相反，互相抵消。若选择 $Z_C = Z_L$，便可完全补偿横向磁通，这种方法称为二次侧补偿。显然，当负载阻抗 Z_L 变化时，为了能获得全补偿，阻抗 Z_C 也要同样变化，这在实际使用中往往不易达到。这是这种补偿方法的缺点。

在实际应用时，为了达到完善补偿的目的，通常采用一、二次侧同时补偿的方法。

3. 线性旋转变压器

线性旋转变压器在相当大的角度范围内，输出电压与转角保持着线性关系。接线方式如图 3-25 所示，定子绕组 D_1D_2 与转子余弦输出绕组 Z_1Z_2 串联后加上交流励磁电压 $\dot{U}_D$。转子正弦输出绕组 Z_3Z_4 接负载 Z_L，定子绕组 D_3D_4 短路作补偿用。

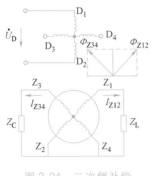

图 3-24　二次侧补偿

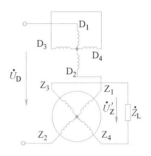

图 3-25　线性旋转变压器

由于采用了定子边补偿措施，可认为横向磁通不存在，纵向磁通 Φ_d 分别在 D_1D_2 绕组和 Z_1Z_2 及 Z_3Z_4 绕组中产生电动势 $\dot{E}_D$、$\dot{E}_{Z12}$、$\dot{E}_{Z34}$。相位相同，大小符合式（3-9），若忽略定、转子绕组的漏阻抗，则有

$$U_D = E_D + E_{Z12} = E_D + KE_D\cos\theta$$

$$U_Z = E_{Z34} = KE_D\sin\theta$$

因此，输出电压与励磁电压的有效值之比为

$$\frac{U_Z}{U_D} = \frac{K\sin\theta}{1+K\cos\theta} \qquad (3\text{-}11)$$

或

$$U_Z = \frac{K\sin\theta}{1+K\cos\theta}U_D \qquad (3\text{-}12)$$

在电压比 $K = 0.52$ 时，输出电压 U_Z 与转角 θ 的关系如图 3-26 所示。在 $\theta = \pm60°$ 范围内，U_Z 与 θ 近似为线性关系，而且误差不会超过 0.1%，上述结果是在忽略定、转子漏阻抗的情况下得到的。实际的线性旋转变压器，为了得到最佳的 U_Z 与 θ 之间的线性关系，一般取电压比 $K = 0.56 \sim 0.57$。

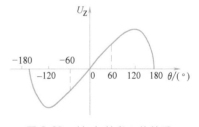

图 3-26　U_Z 与转角 θ 的关系

4. 数据传输用旋转变压器

其接线方式如图 3-27 所示。左为旋转发送机，右为旋转变压器，工作原理与控制式自整角机相同。定子绕组对应相接，发送机的转子绕组 Z_1Z_2 加上交流励磁电压 $\dot{U}_f$，旋转变压器的转子绕组 Z_3Z_4 作输出绕组。它们的另一转子绕组 Z_3Z_4 和 Z_1Z_2 短路作补偿用。

当旋转发送机和旋转变压器处在图示的基准电气零位时，旋转发送机的转子将沿 Z_1Z_2 轴线方向产生脉振磁通。它只与该电机定子绕

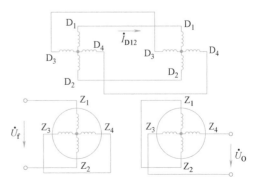

图 3-27　数据传输用旋转变压器的接线图

组 D_1D_2 交链，产生感应电动势 E_D，在两个 D_1D_2 绕组的闭合回路内产生电流 I_{D12}，该电流在旋转变压器中只产生沿 D_1D_2 轴线的交变磁通 Φ_d，与 Z_3Z_4 绕组轴线垂直，而且由于 Z_1Z_2 绕组短路，使得沿 D_1D_2 和 Z_1Z_2 轴线方向交变磁通等于零。所以输出绕组不会有电压输出。

当旋转发送机和旋转变压器如图 3-28 所示都沿同一方向偏离基准电气零位同一角度 θ 时，旋转发送机的转子励磁电流所产生的沿 Z_1Z_2 轴线的脉振磁通，在发送机的两定子绕组中分别产生感应电动势 E_{D12} 和 E_{D34}，而且

$$E_{D12} = E_D \cos\theta$$

$$E_{D34} = E_D \sin\theta$$

从而在定子的两个闭合回路内分别产生正比于 $\cos\theta$ 和 $\sin\theta$ 的电流 I_{D12} 和 I_{D34} 以及相应的磁通 $\Phi_{D12} = \Phi_d\cos\theta$ 和 $\Phi_{D34} = \Phi_d\sin\theta$。

定子合成磁通 Φ_d 与 Z_3Z_4 轴线垂直，而与 Z_1Z_2 轴线平行，如图 3-28 所示，在旋转变压器中由于 Z_1Z_2 绕组短路，使得旋转变压器中的定、转子总磁通近似等于零。所以，在这种情况下旋转变压器的输出绕组 Z_3Z_4 也不会有电压输出。

如果旋转发送机和旋转变压器的转角不等，例如前者的转角为 θ，后者的转角为零。则旋转变压器的定子合成磁通既不与 Z_1Z_2 绕组轴线平行，也不与 Z_3Z_4 绕组轴线垂直，合成磁通在 Z_1Z_2 轴线方向的分量，

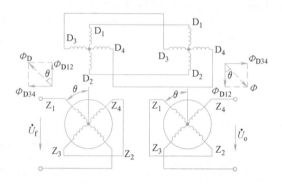

图 3-28　数据传输用旋转变压器的工作原理

将因 Z_1Z_2 绕组的短路补偿作用而不会产生沿该轴线方向交变的脉振磁通。而合成磁通在 Z_3Z_4 轴线方向的分量将产生沿轴方向的脉振磁通，并在 Z_3Z_4 绕组中产生感应电动势，输出绕组将有电压输出。与控制式自整角机一样，如果输出电压 $\dot{U}_o$ 经放大器加到伺服电动机的控制绕组上，则伺服电动机转子会带动旋转变压器的转子一起转动，直到后者的转角也等于 θ 为止。

正、余弦旋转变压器主要用在三角运算、坐标变换、移相器、角度数据传输和角度数字转换等方面。线性旋转变压器主要用作机械角度与电信号之间的线性变换。数据传输用旋转变压器则用来组成同步联结系统，进行数据传输和角位测量。由于它的精度比自整角机高，故一般多用在对精度要求较高的系统中。为了保证旋转变压器有良好的特性，在使用中必须注意以下几点：

1）一次侧只用一相绕组励磁时，另一相绕组应连接一个与电源内阻抗相同的阻抗或直接短接。

2）一次侧两相绕组同时励磁时，两个输出绕组的负载阻抗要尽可能相等。

3）使用中必须准确调整零位，以免引起旋转变压器性能变差。

六、感应同步器

感应同步器是利用电磁耦合原理，将位移或转角转变为电信号的测量元件。按其运动方

式和结构形式的不同，可分为圆盘式（或称旋转式）和直线式两种，前者用来检测转角位移，用于精密转台，各种回转伺服系统以及导弹制导，陀螺平台，射击控制，雷达天线的定位等，后者用来检测直线位移，用于大型和精密机床的自动定位，位移数字显示和数控系统中。

感应同步器一般由 1000～10000Hz，几伏到几十伏的交流电压励磁，输出电压一般不超过几毫伏。

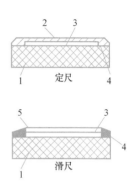

图 3-29 感应同步器结构
1—基尺 2—涂层 3—铜箔
4—绝缘黏结剂 5—铝箔

1. 结构特点

从结构上看与旋转变压器及一般其他控制微电机大不相同，它的可动部分和不动部分的绕组不是安装在圆筒形和圆柱形的铁心槽内，而是用绝缘黏合剂把铜箔粘牢在称为基板的金属或玻璃薄板上，利用印制腐蚀方法制成曲线形状的平面绕组，其制造工艺与印制电路相同，故称印制绕组。如图 3-29 所示，定尺和滑尺均用绝缘黏结剂 4 把铜箔 3 贴在基尺 1 上，用腐蚀方法，把铜箔做成印制线路绕组。定尺的表面还涂上一层耐切削液涂层 2，为了防止静电感应，在滑尺铜箔的绝缘黏结剂上面贴上一层铝箔 5。直线感应同步器的滑尺装在机床移动部件上时，铝箔与床身接触而接地，定尺一般做成 250mm 长，使用时可以根据测量长度的需要，将几段连接起来应用。

2. 工作原理

从工作原理上看，它与多极旋转变压器并无实质的区别，感应同步器的极对数很多，不是几十，而是几百，甚至上千，故精度要比旋转变压器高得多。

现以直线感应同步器为例简述其工作原理。直线感应同步器有定尺和滑尺两部分，如图 3-30 所示。定尺与滑尺平行安装，且保持一定间隙。定尺固定不动，当滑尺移动时，在定尺上产生感应电压，通过对感应电压测量，可以精确地测量出位移量。滑尺上有两个励磁绕组，即正弦绕组Ⅰ和余弦绕组Ⅱ，它们在空间位置上相差 1/4 节距，节距用 2τ 表示，其值一般为 2mm。定尺上的绕组是连续分布的。工作时，当滑尺的绕组上加上一定频率的交流电压后，根据电磁感应原理，在定尺上将感应出相同频率的感应电压。图 3-31 所示的为滑尺在不同位置时定尺上的感应电压。当定尺与滑尺绕组重合时，如图中 a 点，这时感应电压最大。当滑尺相对于定尺平行移动后，感应电压便逐渐减小，在错开 1/4 节距 b 点时，感应电压为零。再继续移动到 1/2 节距的 c 点时，得到的电压值与 a 点位置相同，但极性相反。感应电压在 3/4 节距位置 d 点时又变为零，在移动一个节距到 e 点时，电压幅值与 a 点位置相同。这样滑尺在移动一个节距的过程中，感应电压变化了一个余弦波形。由此可见，在励磁绕组中加上一定的交变励磁电压，感应绕组中就产生相同频率的感应电压，其幅值大小随着滑尺移动做余弦规律变化。滑尺移动一个节距，感应电压变化一个周期。感应同步器就是利用这个感应电压的变化来进行位置检测的。

圆盘感应同步器工作原理与直线感应同步器相同。只是圆盘感应同步器由定子和转子组成，如图 3-32 所示。图 a 所示的为转子示意图，图 b 所示的为定子示意图。圆盘感应同步器转子绕组为连续绕组与直线感应同步器的定尺相似，而定子绕组与滑尺上的绕组相似，分正、余弦绕组，一般每组都在一个扇形之内，相邻两组中心线的夹角应为节距的偶数倍再加减半个节距，相间隔的各组，即图中1、3、5、7和2、4、6、8各组彼此串联起来，分别作为正弦绕组和余弦绕组。

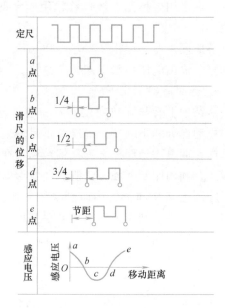

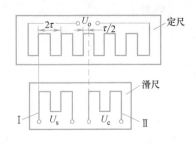

图3-30 直线感应同步
器的定尺和滑尺

Ⅰ—正弦励磁绕组 Ⅱ—余弦励磁绕组

图3-31 定尺上的感应电压与
滑尺的关系

直线感应同步器因基尺不同可分为：

（1）标准式 国内生产的标准式感应同步器，其基尺用优质碳素结构钢板制成。用绝缘黏结剂将导片粘在基尺上，根据设计要求用腐蚀方法将导片制成均匀分布的连续绕组，绕组允许通过的电流密度为$5A/mm^2$。标准式的精度高，用于精度要求比较高的机床。

（2）窄长式 其定尺的宽度是标准式的1/2，主要用于安装位置窄小的机床上。

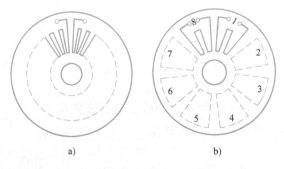

图3-32 圆盘感应同步器
a）转子 b）定子

（3）带式 采用钢带作为基尺，绕组可用腐蚀法印制在钢带上，两端用固定块固定在机床的床身上。滑尺通过导板夹持在带式定尺上，并与机床运动部件连接，属于普及型的感应同步器，由于它是组装式结构，所以对机床安装面的加工精度要求不高。安装简单，可做成几米长，测量长度较长，特别适用于通用机床数控改装。

欲想得到更高的精度，可用多层印制绕组感应同步器，它是通过金属真空镀膜和绝缘材料真空喷涂的方法获得很薄的电解薄膜而制成的。

3. 鉴相型系统的工作原理

根据对滑尺绕组供电方式的不同，以及对输出电压检测方式的不同，感应同步器的测量系统可分为鉴幅型和鉴相型两种，前者是通过检测感应电压的幅值来测量位移的，而后者是通过检测感应电压的相位来测量位移的。

鉴相型系统中，供给滑尺的正、余弦绕组的励磁信号是频率、幅值相同，相位差为90°的交流电压，并根据定尺上感应电压的相位来测定滑尺和定尺之间的相对位移量，即

$$\left.\begin{array}{l} U_s = U_{sm}\sin\omega t \\ U_c = U_{cm}\cos\omega t \end{array}\right\} \tag{3-13}$$

开始时，正弦励磁绕组与定尺绕组重合，此时 $\theta = 0$，即两绕组间的相位角为零。当滑尺移动时，两绕组不重合，此时在定尺上感应电压为

$$U_2' = KU_s\cos\theta = KU_{sm}\sin\omega t\cos\theta \tag{3-14}$$

同理，由于余弦励磁绕组与定尺绕组在空间相差1/4节距，在定尺上感应电压为

$$U_2'' = KU_c\cos\left(\theta + \frac{\pi}{2}\right) = -KU_{cm}\cos\omega t\sin\theta \tag{3-15}$$

式中，K 为电磁耦合系数；U_m 为最大瞬时电压，$U_m = U_{cm} = U_{sm}$；θ 为滑尺绕组相对定尺绕组的空间相位角。

由于感应同步器的磁路可视为线性，根据叠加原理，定尺上感应的总电压为

$$\begin{aligned} U_2 &= U_2' + U_2'' = KU_m\sin\omega t\cos\theta - KU_m\cos\omega t\sin\theta \\ &= KU_m\sin(\omega t - \theta) \end{aligned} \tag{3-16}$$

若感应同步器的节距为 2τ，测滑尺直线位移量 x 和 θ 之间的关系为

$$\theta = \frac{x}{2\tau}2\pi = \frac{x\pi}{\tau} \tag{3-17}$$

从式（3-17）可知，通过鉴别定尺上感应电压的相位，即可测得定尺和滑尺之间的相对位移。例如定尺感应电压与滑尺励磁电压之间的相角差 θ 为180°，在节距 $2\tau = 2mm$ 的情况下，表明滑尺直线移动了0.1mm。

4. 鉴幅型系统的工作原理

在这种系统中，供给滑尺的正、余弦绕组的励磁信号是频率和相位相同而幅值不同的交流电压，并根据定尺上感应电压的幅值变化来测定滑尺和定尺间的相对位移量。

加在滑尺正、余弦绕组上励磁电压幅值的大小，应分别与要求工作台移动的 x_1（与位移相应的电角度为 θ_1）成正、余弦关系，即

$$\left.\begin{array}{l} U_s = U_m\sin\theta_1\sin\omega t \\ U_c = U_m\cos\theta_1\sin\omega t \end{array}\right\} \tag{3-18}$$

当正弦绕组单独供电时

$$U_s = U_m\sin\theta_1\sin\omega t, \quad U_c = 0$$

当滑尺移动时，定尺上感应电压 U_2 随滑尺移动的距离 x（相应的位移角 θ）而变化。设滑尺正弦绕组与定尺绕组重合时 $x = 0$（即 $\theta = 0$），若滑尺从 $x = 0$ 开始移动，则在定尺上感应电压为

$$U_2' = KU_m\sin\theta_1\sin\omega t\cos\theta \tag{3-19}$$

当余弦绕组单独供电时

$$U_c = U_m\cos\theta_1\sin\omega t, \quad U_s = 0$$

若滑尺从 $x = 0$（即 $\theta = 0$）开始移动，则定尺上感应电压为

$$U_2'' = -KU_{\mathrm{m}}\cos\theta_1\sin\omega t\sin\theta \tag{3-20}$$

当正、余弦绕组同时供电时，根据叠加原理

$$U_2 = U_2' + U_2'' = KU_{\mathrm{m}}\sin\theta_1\sin\omega t\cos\theta - KU_{\mathrm{m}}\cos\theta_1\sin\omega t\sin\theta$$

$$= KU_{\mathrm{m}}\sin\omega t\sin(\theta_1 - \theta) \tag{3-21}$$

由式（3-21）可知，定尺上感应电压的幅值随指令给定的位移量 $x_1(\theta_1)$ 与工作台实际位移量 $x(\theta)$ 的差值的正弦规律变化。

5. 应用举例

1）鉴相型系统在数控机床闭环系统中的应用，其结构框图如图 3-33 所示。误差信号 $\pm\Delta\theta_2$ 用来控制数控机床的伺服驱动机构，使机床向消除误差的方向运动，构成位置反馈，指令信号 $U_{\mathrm{T}} = K''\sin(\omega t + \theta_1)$ 的相位角 θ_1 由数控装置发出。机床工作时，由于定尺和滑尺之间产生了相对移动，则定尺上感应电压 $U_2 = K\sin(\omega t + \theta)$ 的相位发生了变化，其值为 θ。当 $\theta \neq \theta_1$ 时，鉴相器有信号 $\pm\Delta\theta_2$ 输出，使机床伺服驱动机构带动机床工作台移动。当滑尺与定尺的相对位置达到指令要求值 θ_1，即 $\theta = \theta_1$ 时，鉴相器输出电压为零，工作台停止移动。

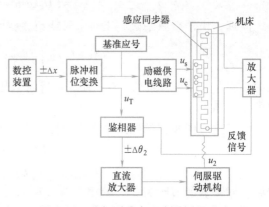

图 3-33 鉴相型感应同步器测量系统

2）鉴幅型系统用于数控机床闭环系统的结构框图如图 3-34 所示。当工作台位移值未达到指令要求值时，即 $x \neq x_1(\theta \neq \theta_1)$，定尺上感应电压 $U_2 \neq 0$。该电压经检波放大控制伺服驱动机构带动机床工作台移动。当工作台移动至 $x = x_1$（$\theta = \theta_1$）时，定尺上感应电压 $U_2 = 0$，误差信号消失，工作台停止移动。定尺上感应电压 U_2 同时输至相敏放大器，与来自相位补偿器的标准正弦信号进行比较，以控制工作台运动的方向。

感应同步器的特点及使用注意事项如下：

1）精度高，感应同步器直接对机床位移进行测量，测量精度只受本身精度限制。定尺与滑尺的平面绕组采用专门的工艺方法，制作精确，极对数多，定尺上感应电压信号是多周期的平均效应，从而减少了制造绕组局部误差的影响，故测量精度高。目前直线感应同步器的精度可达 $\pm 0.001\mathrm{mm}$，重复精度 $0.0002\mathrm{mm}$，灵敏度 $0.00005\mathrm{mm}$。直径 $302\mathrm{mm}$ 的圆盘感应同步器的精度可达 $0.5''$，重复精度 $0.1''$，灵敏度 $0.05''$。

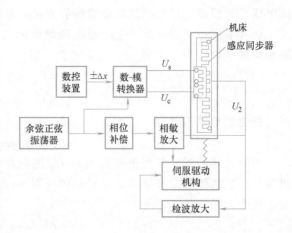

图 3-34 鉴幅型感应同步器测量系统

2）可拼接成各种需要的长度，根据测量长度的需要，采用多块定尺接长，相邻定尺间隔也可以调整，使拼接后总长度的精度保持（或略低于）单块定尺的精度。尺与尺之间的绕组连接方式如图 3-35 所示。当定尺少于 10 块时，将各绕组串联连接，如图 3-35a 所示，当多于 10 块时，先将各绕组分成两组串联，然后将此两组再并联，如图 3-35b 所示，以不使定尺绕组阻抗过高为原则。

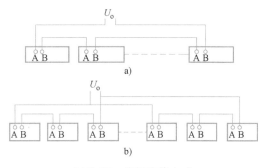

图 3-35 绕组连接方式

a）串联连接 b）关联连接

3）对环境的适应性强，直线式感应同步器金属基尺与安装部件的材料（钢或铸铁）的膨胀系数相近，当环境温度变化时，二者的变化规律相同，因而不会影响测量精度。感应同步器为非接触式电磁耦合器件，可选耐温性能好的非导磁材料作保温层，加强其抗温防湿能力，同时在绕组的每个周期内，任何时候都可给出与绝对位置相对应的单值电压信号，不受环境干扰的影响。

4）使用寿命长，由于定尺与滑尺不直接接触，没有磨损，寿命长。但感应同步器大多装在切屑或切削液容易入侵的部位，必须用钢带或折罩覆盖，以免切屑划伤滑尺与定尺绕组。

5）注意安装间隙，定尺与滑尺之间的间隙一般在 [(0.02~0.025)±0.05]mm 以内，滑尺移动过程中，由于晃动所引起的间隙变化也必须控制在 0.01mm 之内。如间隙过大，必将影响测量信号的灵敏度。

七、回转编码器

回转编码器是一种角位移传感器，将角位移信号转换为数字编码，从而方便地与数字系统连接。按其结构，回转编码器可分为接触式、光电式和电磁式三种，后两种为非接触式编码器。

1. 接触式编码器

图 3-36a 所示是一个 8421 码制的编码器的码盘示意图。涂黑处为导电区，将所有导电区连接到高电位，用"1"表示，空白处为绝缘区，为低电位，用"0"表示。按照圆盘沿某一径向安装四个电刷，每一个码道有一个电刷，里侧是二进制的高位即 2^3，外侧是低位即 2^0，每个码道对应的编码为 2^0、2^1、2^2、2^3。当码盘转过某一角度后，电刷就输出一个数码，码盘转动一周电刷就输出 16 种不同的四位二进制数码。

采用 8421 码制的码盘，虽然比较简单，但对码盘的制作和安装要求严格，否则由于图案转移点不明确，会产生错码。如当电刷由 0111 过渡到 1000 时，4 个电刷连接状态都要发生改变，本来是 7 变为 8，但如果电刷进入导电区的先后顺序不一致，可能会出现 8 到 5 之间的任一进制数。为了解决这种非单值误差，一般采用六位二进制格雷码，如图 3-36b 所示。因为格雷码相邻两位数仅仅改变一位，即只有一个电刷连接状态发生改变。消除了二进制编码中数位之间的临界竞争状态。

2. 脉冲式编码器

脉冲式编码器是一种光学式位置检测元件，编码盘直接装在旋转轴上，以测出轴的旋转

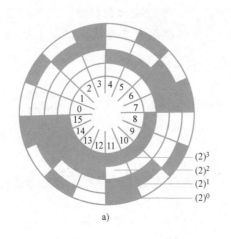
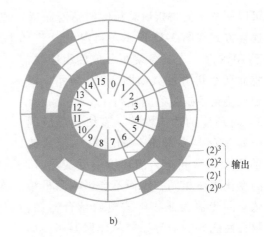

a)   b)

图 3-36 接触式四位二进制编码器

a）8421 编码盘 b）格雷编码盘

角度位置转换成电脉冲输出。这种检测方式的特点是：检测方式是非接触式的，无摩擦和磨损，驱动力矩小；由于光电变换器性能的提高，可得到较快的响应速度，由于照相腐蚀技术的提高，可以制造高分辨率、高精度的光电盘，母盘制作后，复制很方便，且成本低。其缺点是抗污染能力差，容易损坏。

脉冲式编码器又称增量编码器，其结构如图 3-37 所示。在脉冲式编码器的圆盘上等角距地开有两道缝隙，内、外圈的相邻两缝距离错开半条缝宽，在圆盘的两侧分别安装光源和光电接收元件。当转动光盘时，光源经过透光和不透光的区域，每个码道将有一系列光电脉冲输出。为表示码盘的零位，一般在圆盘的某一径向位置开一狭缝。

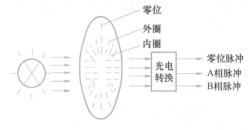

图 3-37 脉冲式编码器

脉冲式编码器通过联轴器与被测轴连接，将角位移转换成 A、B 两脉冲信号，供双向计数器。同时还输出一路零脉冲信号，作零位标记。

为了辨别码盘旋转方向，可以采用图 3-38 所示的原理图。光敏元件 A 和 B 输出信号经放大整形后，产生 A 和 B 脉冲。将它们分别接到 D 型触发器的 D 端和 CP 端，由于 A 与 B 两道缝距相差 90℃，D 触发器在 CP 脉冲 B 的上升沿触发。当正转时，A 脉冲超前 B 脉冲 90°，D 触发器的 $Q=$“1”，表示正转；B 脉冲超前 A 脉冲，D 触发器的 $Q=$“0”，表示反转。分别用 $Q=$“1” 和 $Q=$“0” 控制可逆计数器是正向还是反向计数。零位脉冲接至计数器的复位端，实现每转动一圈复位一次计数的目的。

脉冲式编码器的输出反映相对于上次角度的增量，而精度和分辨率主要取决于码盘本身的精度。图 3-39 所示为相位差输出电路。从光敏接收元件（如光敏二极管）的输出 a、$\bar{a}$、b、$\bar{b}$ 信号经差动放大电路放大，利用 RP_1 和 RP_2 调整 α 和 β 点的偏置电平从而在脉冲变换电路中，调整脉冲宽度。

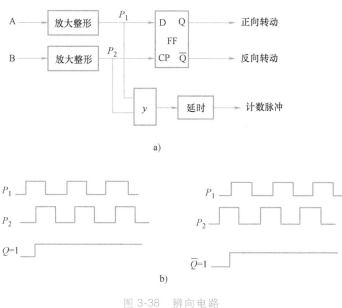

图 3-38 辨向电路

a) 电路结构 b) 脉冲相位关系

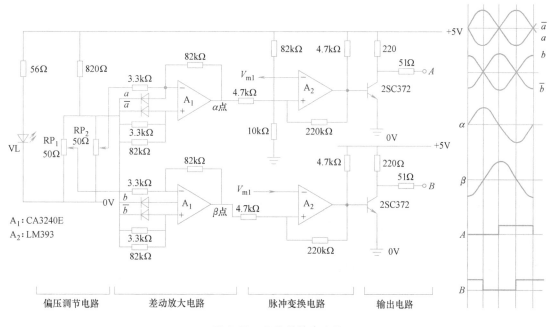

图 3-39 相位差输出电路

　　增量式编码器的缺点是有可能由于噪声或其他外界干扰产生计数错误。若因停电、刀具破损而停机，事故排除后不能再找到事故前执行部件的正确位置。为此在脉冲变换电路中，设置信号滞后功能，提高信噪比。

3. 光电式编码器

　　光电式编码器是一种绝对编码器。它可以克服增量式编码器的缺点。绝对编码器中直接读出坐标值，不会有累积进程中的误计数，结构如图 3-36b 所示。与接触式编码器不同的是利用透光与不透光来区分数码 "0" 与 "1"，图中空白的部分透光，用 "0" 表示，涂黑的部分不透光，用 "1" 表示，按照圆盘上形成二进位的每一环配置光电变换器，即图中用黑点所示位置。隔着圆盘从后侧用光源照射。此编码盘共有四环，每一环配置的光电变换器对应为 2^0、2^1、2^2、2^3。为了提高可靠性，解决非单值的误差，通常采用格雷编码盘，将误读控制在一个数单位之内。

光电编码器的精度和分辨率取决于光码盘的精度和分辨率。目前已能生产径向线宽为 $6.7×10^{-8}$rad 的码盘，其精度达 $1×10^{-8}$rad。如果进一步采用光学分解技术，可获得更多位的光电编码器。

第二节 位置传感器

位置传感器与位移传感器不同，位置传感器测量的不是一段距离的变化量，而是通过检测确定被检测对象是否已到达某一位置。它不需要产生连续变化的模拟量，只需要能产生反映某种状态的开关量就可以了。在机床上这种传感器常用来作刀具、工件或工作台的到位检测或行程限制。

位置传感器分接触式和接近式两种。接触式传感器能获取两个物体是否已接触的信息；接近式传感器能判别在某一范围内是否有某一物体存在。

一、接触位置式传感器

这类传感器多用行程开关和微动开关等触点器件构成。

1. 行程开关

行程开关的结构如图 3-40 所示。

生产机械的运动部件与挡块碰撞，而使触点动作。触点的通断速度与运动部件推动推杆的速度有关。当运动部件移动速度较慢时，触点就不能瞬时切换电路，电弧在触点上停留的时间较长，易于烧坏触点，因此不宜用在移动速度小于 0.4m/min 的运动部件上。

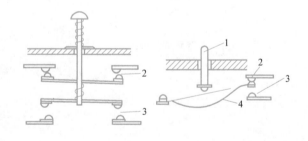

图 3-40 行程开关

1—推杆 2—动断触点 3—动合触点 4—弹簧片

2. 微动开关

微动开关组成的位置传感器具有体积小、重量轻、工作灵敏等特点，用于检测物体位置有如图 3-41 所示的几种构造和分布形式。

二、接近式位置传感器

接近式位置传感器是一种无触点行程开关，它有高频振荡型、电容型、感应电桥型、永久磁铁型、霍尔效应型、超声波型等。工作原理如图 3-42 所示。其中，以高频振荡型最为常用。

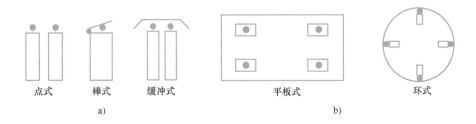

图 3-41　微动开关

a）构造　b）分布形式

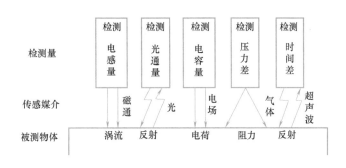

图 3-42　接近式位置传感器原理框图

1. 高频振荡型和永久磁铁型位置传感器

高频振荡型和永久磁铁型属于电磁式位置传感器用得最多。工作原理是：当一个永久磁铁或一个通有高频电流的线圈接近一个铁磁体时，它们的磁力线分布将发生变化，因此，可以用另一组线圈检测这种变化。当铁磁体靠近或远离磁场时，它所引起的磁通量变化将在线圈中感应出一个电流脉冲，其幅值正比于磁通的变化率。高频振荡型位置传感器由感应头、电子振荡器、电子开关电路、供电电源等几部分组成，具体结构如图 3-43 所示。

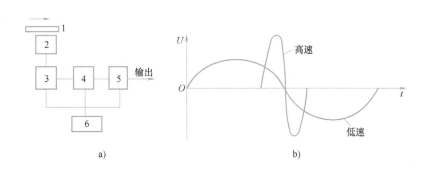

图 3-43　高频振荡型位置传感器

a）结构框图　b）输出信号

1—铁磁体　2—感应头　3—电子振荡器　4—电子开关电路

5—驱动电路　6—电源

图 3-43b 给出了线圈两端的电压随铁磁体进入磁场的速度而变化的曲线，其电压极性取决于物体进入磁场还是离开磁场。因此，对此电压进行积分便可得出一个二值信号。当积分值小于一特定的阈值时，积分器输出低电平；反之，则输出高电平，此时表示已接近某一物体。

显然这种基于电磁感应原理的传感器只能用于检测电磁材料，对其他非电磁材料则无能为力。而电容传感器却能克服以上缺点，它几乎能检测所有的固体和液体材料。

2. 静电容式位置传感器

根据电容量的变化检测物体接近程度的电子学方法有很多种，但最简单的方法是将电容作为振荡电路的一部分，并设计成只有在传感器的电容值超过预定阈值时才产生振荡，然后再经过变换，使其成为输出电压，用以表示物体的出现。

3. 光电式位置传感器

光电式位置传感器用得较多的是光电断续式位置传感器，这种传感器体积小、可靠性高、检测位置精度高、响应速度快、易与 TTL 及 CMOS 电路兼容等优点，分透光型和反射型两种。

在透光型光电传感器中，发光器件和受光器件光敏元件相对放置，中间留有间隙。当被测物体到达这一间隙时，发射光被遮住，从而接收器件便可检测出物体已经到达。驱动接口电路如图 3-44 所示。

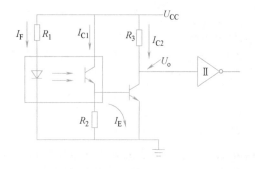

图 3-44　透光型光电传感器驱动接口电路

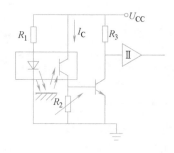

图 3-45　反射型光电传感器
驱动接口电路

反射型光电传感器中发出的光经被测物体反射后再入射到检测器件上，基本情况大致与透射型传感器相似，但由于是检测反射光，所得到的输出电流较小。另外，对于不同的物体表面，发射光的抗噪比也不一样，因此，设定限幅电平就显得非常重要。这种传感器的驱动接口电路如图 3-45 所示。电路结构与透射型传感器大致相同，只是接收器的发射极电阻用得较大，而且可调节，这主要是因为反射型光电传感器的光电流较小，分散性大。

第三节　速度传感器

一、测速发电机

测速发电机是把机械转速变换为与转速成正比的电压信号的微型电机。在自动控制系统中和模拟计算装置中，作为检测元件、解算元件和角加速度信号元件等，测速发电机得到广泛的应用。在交流、直流调速系统中，利用测速发电机构成闭环速度反馈可以大大改善控制系统性能，提高系统精度。目前应用的测速发电机主要有直流测速发电机、交流测速发电机和霍尔效应测速发电机等。

1. 异步（交流）测速发电机

异步测速发电机的结构和空心杯转子伺服电动机相似，其原理电路如图3-46所示。

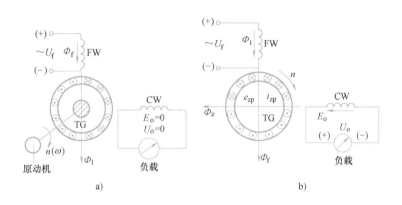

图3-46　空心杯转子交流测速发电机原理图

a）转子静止时　b）转子转动时

在定子上安放两套彼此相差90°的绕组，FW作为励磁绕组，接于单相额定交流电源，CW作为工作绕组（又称输出绕组），接入测量仪器作为负载。交流电源以旋转的杯形转子为媒介，在工作绕组上便感应出数值与转速成正比，频率与电网频率相同的电动势。

下面分析输出电压 U_o 与转速 n 成正比原理。

为方便起见，杯形转子可看成一个导条数目非常多的笼型转子，当频率为 f_1 的励磁电压 U_f 加在绕组FW上以后，在测速发电机内、外定子间的气隙中产生一个与FW轴线一致，频率为 f_1 的脉动磁通 Φ_f，$\Phi_f = \Phi_{fm}\sin(\omega t)$，如果转子静止不动，则类似一台变压器，励磁绕组相当于变压器的一次绕组，转子绕组相当于变压器的二次绕组。磁通 Φ_f 在杯形转子中感应出变压器电动势和涡流，涡流产生的磁通将阻碍 Φ_f 的变化，其合成磁通 Φ_1 的轴线仍与励磁绕组的轴线重合，而与输出绕组CW的轴线相互垂直，故不会在输出绕组上感应出电动势，所以输出电压 $U_o = 0$，如图3-46a所示。但如果转子以 n 的转速沿顺时针方向旋转，则杯形转子还要切割磁通 Φ_1 产生切割电动势 e_{zp} 及电流 i_{zp}，如图3-46b所示。因 $e = Blv$，考虑到 B 与 Φ_m 成正比，U 与 n 成正比，故 e_{zp} 的有效值 E_{zp} 与 Φ_m 及 n 成正比，即 $E_{zp} \propto \Phi_m n$，当励磁电压 U_f 一定时，Φ_m 基本不变（因 $U_f = 4.44f_1N_1\Phi_{1m}$），故

$$E_{zp} \propto n \tag{3-22}$$

由 e_{zp} 产生的电流 i_{zp} 也要产生一个脉动磁通 Φ_2，其方向正好与输出绕组CW轴线重合，且穿过CW，所以就在输出绕组CW上感应出变压器电动势 e_o，其有效值 E_o 与磁通 Φ_2 成正比，即

$$E_o \propto \Phi_2 \tag{3-23}$$

而

$$\Phi_2 \propto E_{zp} \tag{3-24}$$

将式（3-24）及式（3-22）代入式（3-23），可得

$$E_o \propto n \text{ 或者说 } U_o = E_o = Kn \qquad (3-25)$$

由此说明：在励磁电压 U_f 一定的情况下，当输出绕组的负载很小时，异步测速发电机的输出电压 U_o 与转子转速 n 成正比，如图3-47所示。

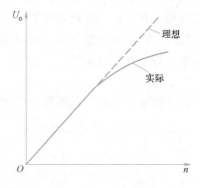

图3-47　异步测速发电机的输出特性

2. 交流测速发电机的主要技术指标

（1）剩余电压　指的是当测速发电机的转速为零时的输出电压。它的存在可能会使控制系统产生误动作，从而引起系统误差，一般规定剩余电压为几毫伏到十几毫伏。它的产生原因是：加工工艺不完善，使内定子或转子杯变成了椭圆，两个绕组轴线不完全成90°，气隙不均匀，磁路不对称等因素，导致在转子不动时，引起输出绕组仍有电压输出。

（2）线性误差　励磁绕组的电阻和漏抗及转子的漏抗的存在，使输出电压和转速之间的关系不再是一个直线关系，这种由非线性引起的误差称为线性误差，并规定由下式决定：

$$\delta = \frac{\Delta U_{max}}{U_{max}} \times 100\%$$

式中，ΔU_{max} 为实际输出电压和工程上选取的输出特性的输出电压的最大差值；U_{max} 为对应最大转速 n_{max} 的输出电压（图3-48）。

一般系统要求 $\delta = (1 \sim 2)\%$，精密系统要求 $\delta = (0.1 \sim 0.25)\%$。在选用时前者一般用于自动控制系统作校正元件，后者一般作解算元件。

（3）相位误差　在控制系统中希望交流测速发电机的输出电压和励磁电压同相，而实际上它们之间有相位移 φ，且 φ 随转速 n 变化。所谓相位误差就是指在规定的转速范围内，输出电压与励磁电压之间相位移的变化量 $\Delta\varphi$，一般要求交流测速发电机相位误差不超1°~2°。

（4）输出斜率（灵敏度）　指额定励磁条件下，单位转速（1000r/min）产生的输出电压，交流测速发电机的输出斜率比较小，故灵敏度比较低，这是交流测速发电机的缺点。

3. 直流测速发电机

（1）基本结构和工作原理　直流测速发电机的定、转子结构和直流伺服电动机基本相同，按励磁方式不同，可分为永磁式和他励式两种。如以电枢的不同结构形式来分，就有无槽电枢、有槽电枢、空心杯电枢和圆盘印制绕组等几种，一般常用的是有槽电枢。近年来，因自动控制系统的需要，又出现了永磁式直流测速发电机。

直流测速发电机的工作原理与普通直流发电机基

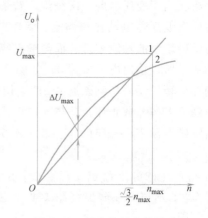

图3-48　输出特性的线性度

1—工程上选取的输出特性曲线

2—实际输出特性曲线

本相同，他励式直流测速发电机的工作原理如图 3-49 所示。空载时，电枢两端电压为

$$U_{a0} = E = K_E n \qquad (3-26)$$

由此看出，空载时测速发电机的输出电压与它的转速成正比。

（2）特性　有负载时，直流测速发电机的输出电压将满足

$$U_a = E - I_a R_a \qquad (3-27)$$

式中，R_a 为包括电枢电阻和电刷接触电阻的电阻。

按欧姆定律，电枢电流为

$$I_a = U_a / R_L \qquad (3-28)$$

式中，R_L 为负载电阻。

将式（3-26）及式（3-28）代入式（3-27）可得

$$U_a = K_E n \left/ \left(1 + \frac{R_a}{R_L} \right) \right. \qquad (3-29)$$

式（3-29）就是有负载时直流测速发电机的输出特性方程，由此可做出图 3-50 所示特性曲线。

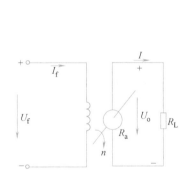

图 3-49　直流测速发电机的工作原理

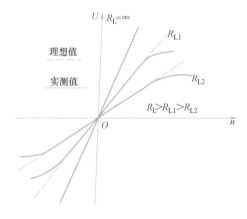

图 3-50　输出特性

由上可见，若 K_E、R_a 和 R_L 都能保持常数（即理想状态），则直流测速发电机在有负载时的输出电压与转速之间的关系仍然是线性关系。但实际上，由于电枢反应及温度变化的影响，输出特性曲线不完全是线性的。同时还可看出，负载电阻越小、转速越高，输出特性曲线弯曲得越厉害。

4. 直流测速发电机与异步测速发电机的性能比较与选用

异步测速发电机的主要优点是：不需要电刷和换向器，因而结构简单，维护容易，惯量小，无滑动接触，输出特性稳定，精度高，摩擦转矩小，不产生无线电干扰，工作可靠，正、反向旋转时，输出特性对称。其缺点是：存在剩余电压和相位误差，且负载的大小和性质会影响输出电压的幅值和相位。

直流测速发电机的主要优点是：没有相位波动，没有剩余电压，输出特性的斜率比异步测速发电机的大。其主要缺点是：由于有电刷和换向器，因而结构复杂、维护不便、摩擦转矩大、有换向火花、会产生无线电干扰信号、输出特性不稳定，且正、反向旋转时，输出特性不对称。

选用时，应注意以上特点，根据它在系统中所起的作用，提出不同的技术要求，如根据系统的频率、电压，工作速度范围，精度要求等在满足系统性能要求的条件下权衡利弊，合理选用。

5. 测速发电机使用中应注意的问题

在自动控制系统中，测速发电机常用来作调速系统、位置伺服系统中的校正元件，用来检测和调节电动机的转速，用来产生反馈电压以提高控制系统的稳定性和准确度。然而实际使用时，有些因素会影响测速发电机的测量结果，这是应注意的。

对异步测速发电机而言，输出特性的线性度与磁通 Φ_m 及频率 f_1 有关，因此在使用时要维持 U_f 和 f_1 恒定。同时要注意负载阻抗对输出电压的影响。因为工作绕组接入负载后，就有电流通过，并在工作绕组中产生阻抗压降，使输出特性陡然下降，影响测速发电机的灵敏度，这一点在使用时应该注意到。

温度的变化会使定子绕组和杯形转子电阻以及磁性材料的性能发生变化，使输出特性不稳定。如当温度升高时，转子电阻增加，使 Φ_1、Φ_2 减小，从而使输出特性的斜率降低。绕组电阻的增加，不仅会影响输出电压的大小，还会影响输出电压的相位。在实际使用时，可外加温度补偿装置，如在电路中串入具有负温度系数的热敏电阻来补偿温度变化的影响。交流测速发电机主要用于交流伺服系统和模拟解算装置中，根据系统的频率、电压、工作转速范围和用途来选择交流测速发电机的规格。用于一般转速检测或作为阻尼元件，应着重考虑输出电压的斜率要大；用于解算元件时，为了精确地对输入函数进行某种运算，应着重考虑精度要高，输出电压的线性度和稳定性要好等。

对直流测速发电机来说，由于电枢反应的去磁作用，磁通不为常数而被削弱。在一定的 R_L 下，n 越高，E 越大，I_a 就越大；在一定的转速 n 下，R_L 越小，I_a 也越大，电枢电流 I_a 越大，电枢反应的去磁作用越显著，励磁磁通减少得越多，实际的输出特性弯曲得越厉害。因此，在直流测速发电机的技术数据中给出了最大线性工作转速和最小负载电阻值，在精度要求高的场合，负载电阻必须选取得大些，不应小于最小负载电阻，转速也不超过最大线性工作速度，使其工作在较低的转速范围内，以保证非线性误差较小。

温度变化，励磁绕组电阻随之变化，励磁绕组电阻增加，励磁电流减小，这使磁通下降，导致电枢绕组的感应电动势和输出电压下降，输出特性斜率降低。实际使用时，可在直流测速发电机的励磁绕组回路中串联一个电阻值较大的附加电阻，附加电阻可用温度系数较低的康铜或锰铜材料制成。这样当温度变化时，励磁回路总电阻变化甚微，励磁电流就几乎不变。采用附加电阻后，相应地励磁电源的电压将升高，励磁功率也随之增大，这是它的缺点。

电刷接触压降的影响，将 R_a 仅看成电枢绕组的电阻，电刷接触压降为 ΔU，则输出电压为 $U_a = E_a - R_a I_a - \Delta U$。

由于电刷接触电阻的非线性，当发电机转速较低、相应的电枢电流较小时，接触电阻较大，这时测速发电机的输出电压变得很小。当转速较高、电枢电流较大时，电刷压降几乎不变。考虑到电刷接触压降的影响，直流测速发电机的输出特性如图 3-51 的虚线所示。在转速较低时，

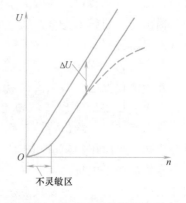

图 3-51　考虑电刷接触压降后直流测速发电机的输出特性

存在着不灵敏区，测速发电机虽然有输入信号（转速），但输出电压却很小。为了减小电刷接触压降的影响，缩小不灵敏区，在直流测速发电机中常常采用接触压降较小的银—石墨电刷。在高精度的直流测速发电机中还采用铜电刷，并在它与换向器接触的表面上镀上银层，使换向器不易磨损。电刷和换向器的接触情况还与化学、机械等因素有关，它们引起与换向器滑动接触的不稳定性，以致使电枢电流含有高频尖脉冲，为了减少这种无线电频率的噪声对邻近设备和通信电缆的干扰，常常在测速机的输出端连接滤波电路。

二、使用回转编码器测量速度

本章第一节已讲过回转编码器可以用来测相对角速度就是单位时间内的相对角位移，所以，回转编码器在检测角位移的同时，也可检测出角速度。

回转编码器在每经过一个单位角位移时，便产生一个脉冲，在测量角位移的同时，将角位移所经过的时间也测出来，即可求得角速度。测量原理如图 3-52 所示。

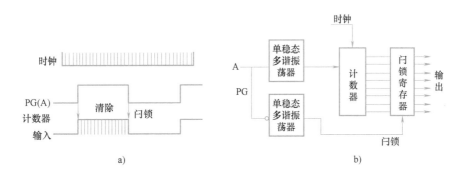

图 3-52　用回转编码器测量速度

a）计数、时钟脉冲　b）结构图

从图 3-52 中可见，用回转编码器输出信号的上升沿打开计数器对高频时钟信号进行计数；用其下降沿打开锁存器，将计数器内的计数值进行锁存，这样锁存器的内容就是角位移所经过的时间，求其倒数，便可得到速度。

注意用这种方法测量速度时，需要根据电机的转速范围和检测精度来决定时钟频率和计数器的容量。例如：如果电机转速范围为 $60 \sim 3000$ r/min，编码器为 100 脉冲/r，则在低速时，每秒发 100 个脉冲，即脉冲周期为 0.01s；如果用 8 位计数器，时钟频率 f 则保证计数器不溢出的条件为 $0.01f \leqslant 256$，则 $f \leqslant 25.6$ kHz。

为了得到较高的检测精度，取 $f = 25.6$ kHz，则在最高转速时，计数器对应的值为

$$\frac{25600 \mathrm{Hz}}{100 \mathrm{r}^{-1} \times 3000 \mathrm{r} \cdot \min^{-1}/60 \mathrm{s}} = 5.12$$

如果对脉冲上升沿进行计数则为 6，如果对脉冲下降沿进行计数则为 5。由此可见，时钟频率越高，则测速误差就越大。但时钟频率受计数器容量和工作上限频率限制，不可能无限制地高，所以，量化误差总是存在的。

测量各种结构物的倾斜、振动、摇晃等都用到加速度传感器。根据力学定律，加速度作用于质量上就产生力。所以，若想测量加速度，可以将它变换成力进行检测。根据敏感加速

度的机理不同可分为多种形式，但目前常用的有压阻式、压电式、磁电式等几种。从结构形式来看每种又有多种结构，使用时应根据具体情况加以选用。

第四节 压力传感器

机电控制系统中，压力也常常是需要检测的一个物理量。压力传感器有压阻式和应变式等。压阻式压力传感器是利用晶体的压阻效应，当晶体受到压力作用时，应变元件的电阻发生变化，将这个变化的电阻变换成电压输出而制成的传感器；应变式压力传感器是利用压力的作用，使导体或半导体产生机械变形，从而导致阻值的变化。当导体或半导体受外力作用时，电阻率及几何尺寸的变化均会引起电阻的变化，通过测量阻值的大小，就可以反映外界作用力大小。目前这种传感器是用于测量力、压力、重量等参数中使用最广泛的传感器之一。

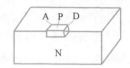

图 3-53　压阻式压力
传感器结构图

一、压阻式压力传感器

如图 3-53 所示，当以 N 型硅为基底采用扩散技术在硅片表面特定区域形成 P 型扩散电阻时，则 A、B 两点间的电阻变化率与所受应力的大小成正比，其比值称为压阻系数。

一般压阻式压力传感器是在硅膜片上做成四个等值的电阻的应变元件构成惠斯顿电桥，图 3-54 所示。因 $R_c = R_s = R$，在电桥平衡时，$R_c R_c = R_s R_s$，即电桥输出 U_o 为零。

若外加直流电压为 U，当受到压力作用时一对桥臂的电阻变大（$R_s = R + \Delta R$），而另一对桥的电阻变小（$R_c = R - \Delta R$），电桥失去平衡，输出电压 U_o（当 $\Delta R \ll R$ 时）为

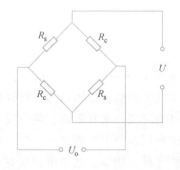

$$U_o = U \frac{\Delta R}{R} \qquad (3-30)$$

图 3-54　测量电桥

从式（3-30）可以看出，电桥输出与 $\Delta R / R$ 成正比，也就是与压力成正比，同时也与激励电压 U 成正比。由于硅电阻式压力传感器的灵敏系数比金属应变的灵敏系数大 50～100 倍，故硅压阻式压力传感器的满量程输出可达几十毫伏至二百多毫伏，有时不需要放大就可直接测量。另外压阻式压力传感器还有易于微型化，测量范围宽，频率响应好（可测几千赫兹的脉动压力）和精度高等特点。

从式（3-30）可见，U 的大小及其稳定性对测量精度有很大影响。这种传感器的测量精度还在很大程度上受环境温度的影响，在具体应用电路中要采用温度补偿。目前大多数硅压阻式传感器已将温度补偿电路做在传感器中，从而使得这类传感器的温度系数小于±0.3% 的量程。

典型应用电路如图 3-55 所示。图中由 A_1、VS_1、VT 和 R_1 构成恒流源电路对电桥供电，输出 1.5mA 的恒定电流。为了保证测量电路的精度，在测量电路中设置了由 VD 和 A_4 组成的温度补偿电路，其原理是利用硅二极管对温度很敏感而作为温度补偿元件。一般二极管的温度系数为 $-2mV/℃$。调节 RP_1 可获得最佳的温度补偿效果。运放 A_3 和 A_4 组成两级差动放大电路，放大倍数约为 60，并由 RP_2 来调节增益大小。若传感器在零压力时，测量电路的输出不为零，这时要在电路中增加零输出调整电路。调节 RP_2 的大小以达到使传感器在零压力时输出为零。

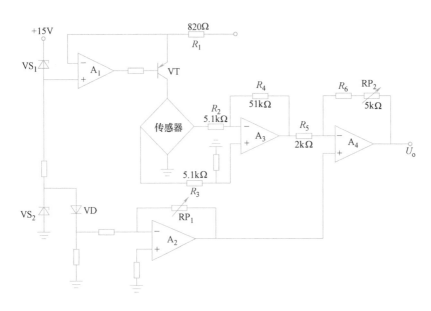

图 3-55　压阻式传感器应用电路

二、应变式压力传感器

从原理上讲，虽然可以由一片应变片就可求出作用力，但是为了消除温度变化所带来的影响和增加灵敏度，通常都用四片应变片组成一个电桥，如图 3-56 所示。在一个悬臂的两边分别贴上应变片 R_1、R_2、R_3、R_4，电桥平衡时 $R_1=R_2=R_3=R_4=R_0$，电桥输出电压 $U_0=0$。

由于力 F 的作用，使得 R_1、R_4 的阻值增加 ΔR，而 R_2、R_3 的阻值减小 ΔR，则测量电桥的输出电压为

$$U_o = \frac{R_1 R_4 - R_2 R_3}{(R_1+R_2)(R_3+R_4)}U = \frac{(R+\Delta R)^2-(R-\Delta R)^2}{(R+\Delta R+R-\Delta R)(R+\Delta R+R-\Delta R)}U$$

$$= \frac{4\Delta R R}{4R^2} = \frac{\Delta R}{R}$$

显然，当四个桥臂所用应变片的温度系数都相同时，温度变化对测量结果也没有什么影响。假定由于温度的影响，使得 $R_1 \sim R_4$ 分别减小了 δ，则

$$U_o = \frac{R_1 R_4 (1-\delta)^2 - R_2 R_3 (1-\delta)^2}{(R_1+R_2)(1-\delta)(R_3+R_4)(1-\delta)}U$$

$$= \frac{R_1 R_4 - R_2 R_3}{(R_1 + R_2)(R_3 + R_4)} U = \frac{\Delta R}{R} U$$

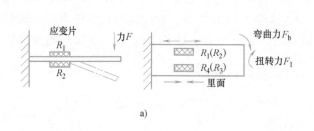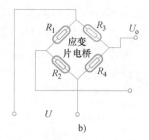

图 3-56　应变片测量结构图

典型的桥路变换器如图 3-57 所示。

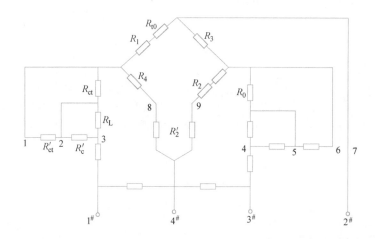

图 3-57　典型的桥路变换器

　　一般由于被测应变片的性能差异，引线分布电容等原因，会影响电桥的初始平衡条件和输出特性，因此必须对电桥预调平衡。图 3-57 中 R_2 为零点调整电阻，R_2' 为零点微调电阻，均采用时效处理过的康铜丝线或零点调整片组成，通过调节康铜丝的长短或箔式调零片串并联网络的切割，使传感器空载时的输出信号控制在国家规定的范围内（≤1%FS）。

　　温度的变化会引起应变电阻的变化，从而影响测量精度。为了消除这种误差，利用桥路补偿、应变片自补偿和热敏电阻法等方法。图 3-57 中 R_{t0} 为零点温度补偿电阻，一般采用时效处理过的镍丝或纯铜线，或用零点补偿片（镍箔），其作用是补偿电阻材料的温度特性，使传感器初始输出的温度变化控制在允许范围内。R_{ct} 为灵敏系数的温度补偿电阻，一般采用镍箔片或漆包铜丝线绕电阻。其原理是：依靠补偿电阻材料的温度特性，跟踪弹性体温度变化产生不同的分压，使传感器的输出灵敏系数的温度变化量控制在允许的范围内。R_{ct}' 与 R_{ct} 并联，R_c' 与 R_L 并联，利用电流的分流原理，细调补偿特性，达到较好的补偿效果。

　　R_L 是线性补偿片，它采用半导体应变片，其电阻应变效应是一般应变片的 60～120 倍。

　　R_0 为输出阻抗调整电阻，采用材质为康铜的调整片，或用绕在陶瓷骨架上的漆包康铜丝线。

$R_1 \sim R_4$ 是电阻应变片，每一个桥臂可以由一片或多片应变片组成，桥路的电阻一般为 $250 \sim 1000\Omega$。应变片中的丝栅材料一般为康铜，也有的用卡码合金或镍铬锰硅合金制成。

在设计应变片压力传感器测量电路时，还要注意应变片本身流过的电流要适当，虽然升高电桥电压会使输出电压信号增大，放大电路本身的漂移和噪声相对变小，但电源电压或电流增大，会使流过应变片本身的电流加大，从而造成自身的发热，带来测量误差，故一般应将电桥的电压设计成低于6V。

第五节　温度传感器

温度也常常是机电一体化控制系统中需要检测和控制的一个物理量。检测温度的方法很多，传感器的种类也很多，但是至今没有一种温度传感器能够覆盖整个温度范围，而又能满足一定的测量精度，只能根据不同的温度范围和不同的被测对象，适当地选择不同的传感器。不同类型的温度传感器是用各种材料随温度变化而改变某种特性来间接测量的，即不同类型的温度传感器具有不同的工作机理。

温度传感器按测量被测介质温度的方式可分为接触式和非接触式。传感器与被测物体直接接触测量温度的称为接触式温度传感器，这类传感器种类较多，如热电偶、热电阻、PN结等。传感器与被测物体不接触，而是利用被测物体的热辐射或热对流来测量的称为非接触式温度传感器，如红外测温传感器等，它们通常用于高温测量，如炼钢炉内温度测量。

一、热电阻温度传感器

热电阻温度传感器是利用材料的电阻随温度变化的特性构成的。对于大多数金属导体，其电阻率是随温度升高而增加的，但构成热电阻的材料应当有大而恒定的电阻温度系数和大的电阻率，其物理和化学性质也要求稳定。主要用的金属丝热电阻有铂、镍和铜等，铂和铜用得最广。按结构分有普通型热电阻、铠装热电阻及薄膜热电阻；按其用途分有工业用热电阻、精密和标准热电阻。

1. 铂电阻

铂热电阻是用高纯铂制成的，性能十分稳定，在 $-200 \sim 630℃$ 之间铂热电阻作标准温度计，在 $-200 \sim 0℃$ 之间，电阻与温度的关系可表示为

$$R_t = R_0 \left[1 + At + Bt^2 + C(t-100)t^3 \right]$$

式中，A 为系数，$A = 3.940 \times 10^{-3}/℃$；$B$ 为系数，$B = -5.84 \times 10^{-7}/℃^2$；$C$ 为常数，$C = -4 \times 10^{-12}/℃^4$；$R_0$ 为0℃时的电阻；R_t 是温度为 t 时的电阻。

在 $0 \sim 630℃$ 范围内铂电阻与温度的关系可表示为

$$R_t = R_0(1 + At + Bt^2)$$

目前，我国常用的工业铂电阻，BA_1 分度号，取 $R_0 = 46\Omega$；BA_2 分度号，取 $R_0 = 100\Omega$；标准或实验室用铂电阻的 R_0 为 10Ω 或 30Ω。

2. 铜电阻

铜电阻的温度系数比铂电阻的稍大一些，大约在 $-45 \sim 200℃$ 范围内，温度曲线保持线性，工业用铜电阻测量范围一般为 $-50 \sim 150℃$，其电阻与温度的关系为

$$R_t = R_0(1 + At + Bt^2 + Ct^3)$$

式中，R_t、R_0 的意义同上；A 为系数，$A = 4.28899 \times 10^{-3}/℃$；$B$ 为系数，$B = -2.133 \times 10^{-7}/℃^2$；$C$ 为常数，$C = 1.233 \times 10^{-9}/℃^3$。

由于铜电阻在 $0 \sim 100℃$ 间，$\alpha \approx 4.33 \times 10^{-3}/℃$，因此铜电阻与温度关系也可表示为

$$R_t = R_0(1 + \alpha t)$$

3. 测量电路

由于热电阻随温度变化而引起电阻的变化值较小，为了减小连线电阻影响，消除测量电路中寄生电动势的误差，在实际应用时，通常使热电阻与仪表或放大器采用三线或四线制的接线方式。热电阻测量电桥的三线式接法如图 3-58a 所示。

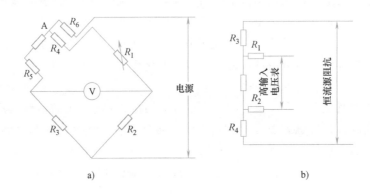

图 3-58　热电阻测量电桥

a）三线式　b）四线式

三线式接线方法是最实用的精确测量温度的方法。图中 $R_2 = R_3$ 是固定电阻器，R_1 为电桥的平衡电阻器（可变）。电源接于 A 点，所产生的引线电阻和接触电阻，由 R_1 和 R_4 的电桥平衡，所以可以认为引线电阻 R_1 和接触电阻 R_4 相同，R_6 和 R_5 抵消，故可进行精确的温度测量。这种接线方式在工业系统中应用广泛。

热电阻测量电桥的四线式接法如图 3-58b 所示。R_1、R_2、R_3 和 R_4 为引线电阻和接触电阻，且阻值相同。R_1、R_2 是电压检测电路一侧的电阻，R_3、R_4 是恒流源一侧电阻。这种电路在测量电压时，漏电流很小，它是高阻抗电压计不可缺少的部分。测量误差主要由 R_1 和 R_2 的压降引起，该误差远小于铂电阻测温计电压降引起的误差，可忽略不计。R_3 和 R_4 因为是与恒流源串联连接，故也可忽略。该电路用于温度的精确测量，但一般情况极少使用。

二、热电偶温度传感器

热电偶是热电式温度传感器，其工作的理论基础为热电效应。将两种不同的导体（或半导体）接成如图 3-59a 所示的闭合回路，如果把它们的两个接点分别置于温度为 t 和 t_0（设 $t > t_0$）的热源中，则在该回路中就会产生一个与温度差相对应的温差电动势，称之为热

电动势。

另外当两种不同的导体（或半导体）相接触时（构成一个接点），由于两种材料的电子密度不同，例如金属 A、B 自由电子密度分别为 n_A、n_B，并且 $n_A > n_B$。当 A、B 金属接触在一起时，A 金属中的自由电子将向 B 金属中扩散，这时 A 金属因失去电子而具有正电位，B 金属由于得到电子而带上负电。这种扩散一直到动态平衡，从而得到一个暂时稳定的接触电动势 E_{AB}，如图 3-59b 所示。

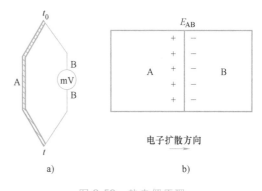

图 3-59　热电偶原理

a）热电偶原理　b）接触电动势

从以上可知，热电偶就是两种导体的组合，其工作原理是将测温接点温度的变化转换成为温差电动势及接触电动势即电压输出。由于温差电动势比接触电动势小得多，因此热电偶由于热电动效应产生的总电动势的方向决定于其接触电动势的方向。这样由两个导体或叫热电极所构成的这种电路称为热电偶，而两个连接端称为热电偶的工作端和自由端。若将自由端的温度保持不变，则 $f(t_0) = C_0$，则 E_{AB} 为

$$E_{AB}(t, t_0) = f(t) - f(t_0) = f(t) - C$$

从上式可知，在自由端温度 t_0 恒定不变时，对一定材料的热电偶其总电动势就只与工作端温度 t 成单值函数关系。这个函数关系就是热电偶用于测温的原理。规定在 $t_0 = 0℃$ 将 $E_{AB}(t, t_0)$ 与 t 的对应关系制成表格，得到各种热电偶的分度表。常用的热电偶列于表 3-2。

表 3-2　常用的几种热电偶及特性

名　称	型　号	分　度　号	测　温　范　围/℃	
			长　期	短　期
铂铑-铂	WRLB	LB-3	0～1400	1600
铂铑-铂铑	WRLL	LL	300～1600	1800
镍铬-镍硅	WREU	EU-2	−200～1000	1300
镍铬-康铜	WREA	EA-2	0～600	900

热电偶的种类很多，可以按工业标准划分，也可以按材料划分，下面按其用途、结构和安装形式来划分，有铠装热电偶、绝缘热电偶、表面热电偶、薄膜热电偶、微型热电偶等。

1. 铠装热电偶

它是由热电极、绝缘材料和金属套组合加工而成的组合体，其热电偶极装在金属管中利用无机绝缘物进行电绝缘。它又可以分为接地型、非接地型和露头型等，如图 3-60 所示。

铠装热电偶与其他带保护管相比有外径细、动态响应快、测量端容量小、柔软性好等优点。

2. 绝缘热电偶

这种热电偶的电极用普通绝缘物包起来。它有如下特点：热电偶极长短随意，可弯曲，可屏蔽，价廉，不能用于高温。

3. 表面热电偶

表面热电偶是用来测量各种状态（静态、动态或带电物体）的固体表面温度，主要用于现场流动测量，如纺织造纸、橡胶、涡轮叶片等行业不同物体表面测温。它又分为永久性安装及非永久性安装的表面热电偶。

4. 薄膜热电偶

薄膜热电偶是用溅射工艺将热电偶材料沉积在陶瓷基极上而成的，包括片状薄膜热电偶和针状薄膜热电偶。片状热电偶测温范围一般在 $-200 \sim 300\,℃$ 之间。薄膜热电偶的热容量小，响应速度快，时间常数可达微秒级，适合测量小面积的瞬变温度及测量流动气体的温度，如测量火炮内壁温度。

5. 微型热电偶

微型热电偶又称为小热惯性热电偶，包括普通型和特殊型两种。普通型热电偶的测量端直接焊在保护管内顶部，而保护套管端部尺寸较小，响应速度较快。

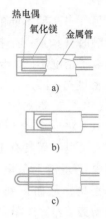

图 3-60　铠装热电偶结构图

a) 接地型　b) 非接地型　c) 露出型

特殊型热电偶的热电极材料的直径为 $0.1\,\text{mm}$，有的其至为 $0.01\,\text{mm}$。它的响应时间很快，可以小于几百毫微秒。但它是一次性使用的热电偶。常用于燃烧温度的测量，如用于固体火箭推进器燃烧层温度分布，燃烧表面温度及温度梯度的测试等。

热电偶在应用中注意如下问题：

为了使热电动势与被测温度呈单值函数关系，需要把热电偶冷端的温度保持恒定，并消除冷端 $t_0 \neq 0\,℃$ 所产生的误差，由于热电偶分度表是以冷端温度 $t_0 = 0\,℃$ 为标准的，故实际使用时应当注意这一点。下面介绍几种常用的冷端温度处理方法。

（1）补偿导线法　补偿导线是指在一定的温度范围内（$0 \sim 100\,℃$），其热电性能与其所连接的热电偶的热电性能相同的一种廉价的导线。作用是用它作贵金属热电偶的延长线，将热电偶的冷端迁移至离被测对象（热源）较远且环境温度较恒定的地方，便于冷端温度的修正和减小测量误差。用较粗的补偿导线作为热电偶的延长线，可以减小热电偶回路的电阻，以利于动圈式显示仪表的正常工作。使用中注意各种补偿导线只能与相应型号的热电偶配用。使用中必须同名极相连，热电偶与补偿导线连接处的温度不应超过 $100\,℃$，否则也会由于热电特性不同带来新的误差。

（2）冷端补偿方法　用补偿导线将热电偶冷端迁移到环境温度较恒定的地方，但环境温度不是 $0\,℃$ 则会产生测量误差，此时要进行冷端补偿。这里介绍两种方法。

1）冷端温度补偿器。冷端温度补偿电路如图 3-61 所示。

图中所示的补偿电桥桥臂电阻 R_1、R_2、R_3 和 R_{Cu} 通常与热电偶的冷端置于相同的环境中。取 $R_1 = R_2 = R_3 = 1\,\Omega$，用锰铜线制成，$R_{Cu}$ 是用铜导线绕制成的补偿电阻。R_s 是供桥电源 E 的限流电阻，R_3 由热电偶的类型决定。

若电桥在 $20\,℃$ 时处于平衡状态，当冷端温度升高时，R_{Cu} 补偿电阻将随之而增大，则电桥 a、b 两点间的电压 U_{ab}

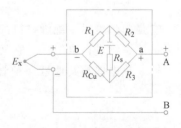

图 3-61　热电偶冷端温度补偿电桥

也增大，此时热电偶温差电动势却随冷端温度升高而降低。如果 U_{ab} 的增加量等于热电偶温差电动势的减小量，则热电偶输出电动势 U_{ab} 的大小将保持不变，从而达到冷端补偿的目的。这种补偿方法在工业中广泛应用。

2）PN 结温度传感器作冷端补偿。将 PN 结温度传感器冷端测量电桥置于热电偶冷端相同的环境中，并使其与热电偶放大器具有相同的灵敏度（mV/℃），然后采用图 3-62 所示的电路即可达到冷端温度补偿。若热电偶的温差电动势经放大器 A_1 放大后的灵敏度为 10mV/℃，那么设计一个放大器 A_2，使 PN 结测温传感器输出电动势，经 A_2 放大后，灵敏度也为 10mV/℃，再将 A_1、A_2 的输出分别连接到增益为 1 的电压跟随器 A_3 的"＋"端和"－"端相加，则自动地补偿了因冷端温度变化而引起的误差。该补偿电路在 0~50℃ 范围内，其精度小于 0.5℃。

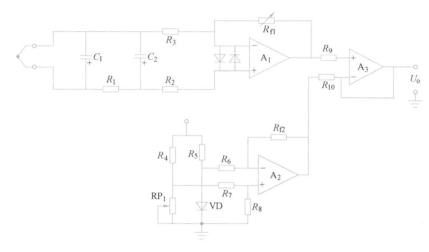

图 3-62　PN 结温度传感器作冷端补偿电路

三、集成电路温度传感器

将热敏晶体管用温敏器件与放大电路等利用集成技术制作在同一芯片上，构成集成电路温度传感器。这种传感器输出信号大，与温度有较好的线性关系，小型化，成本低，使用方便，测温精度高，因此得到广泛使用。

晶体管作温敏器件是以 PN 结的电压电流特性随温度而变化为理论基础。温敏二极管有一个 PN 结，它的许多参数都是随温度变化的。例如硅管的 PN 结的结电压在温度每升高 1℃ 时，将下降约 2mV，当 PN 结正向压降或反向压降保持不变时，正向电流或反向电流都随着温度发生变化，从而实现温敏二极管传感器温度-电信号的转换。电压-温度特性如图 3-63 所示。图 3-63a 所示为锗二极管的电压-温度特性，图 3-63b 所示为硅二极管的电压-温度特性，从图上可以看出在一定的温度范围内，电压-温度的关系保持近似线性，超过这个温度范围时，曲线将发生弯曲。这是由于半导体材料的电阻率与温度有很大关系，当温度升高或降低到一定值时，其载流子浓度将发生变化，导致半导体的电阻率发生很大变化。因此温敏二极管的测温范围为-50~150℃，在该温度范围内，电压-温度将保持较好的线性关系。

按输出量不同可分为电流型和电压型两种。电压型的灵敏度一般为 10mV/℃，电流型

的灵敏度为 $1\mu A/℃$。此外还具有热力学零度时输出电量为零的特性，采用这一特性可制作热力学温度测量仪。

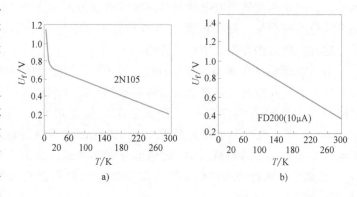

图 3-63　锗和硅二极管的电压—温度特性
a）锗二极管　b）硅二极管

集成电路温度传感器的工作温度范围是 $-50\sim150℃$，其具体数值因型号和封装形式不同而异。因为要将感温元件与全部其他电路都集中集成在一个心上，传感器的功耗及自热效应，以及在工作温度范围内电路元件的热稳定性是影响这种传感器性能的重要因素，必须在设计、工艺和封装上采用适当的措施加以克服。

1. 电压型集成温度传感器

（1）四端电压输出型的内部结构　早期研制的集成电压输出型温度传感器是四端结构，它由 PTAT（电压型核心电路）、参考电源和运算放大器三部分组成，其内部电路如图 3-64a 所示。典型型号有 AN6701S、LX5600/5700、LM3911、μP515/610A~C 和 μP3911 等。

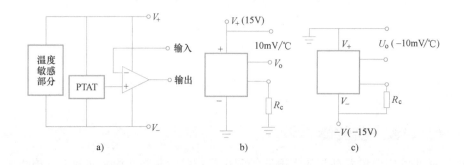

图 3-64　四端电压型集成温度传感器应用电路
a）内部电路　b）正电源　c）负电源

四端电压型集成温度传感器的应用电路比较简单，具体连接如图 3-64b、c 所示。图 3-64b 为正电源接法，图 3-64c 为负电源接法。R_c 为校正电阻。图 3-65 所示是 AN6701 的应用电路。AN6701 型 IC 温度传感器的灵敏度高、价格便宜、线性度好、热响应快等，广泛用于空调器、电热毯、电炉、复印机等机械的温度控制以及各种电子仪器的温度检测和补偿温度特性。从图中可见，由于 R_c 的调节可以使电压-温度关系在 $-10\sim80℃$ 内的非线性小于 5%，并在输出电压为零时，可以通过 R_c 来任意设定此时的温度。例如调整 R_c 可使 25℃ 时的输出电压为 0.5V，在 80℃ 时的输出电压为 11V。R_c 的值调整到 $3\sim30k\Omega$ 范围，AN7601 的灵敏度为 109~110mV/℃，校正后在 $-10\sim80℃$ 范围内，精度为 ±1℃，可检测出 0.1℃ 的温度变化。

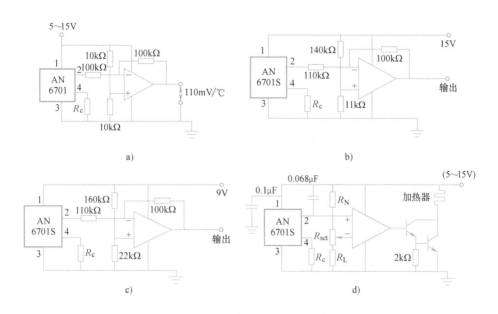

图 3-65　AN6701 的应用电路

a）使输出极性反向　b）摄氏温度变换电路　c）体温计用摄氏温度
变换电路　d）温度控制电路

（2）三端电压输出型　LM135、LM235、LM335 等是三端电压输出型集成温度传感器，是一种精密且易于定标的温度传感器。基本测温电路如图 3-66a 所示。测温元件的两端与一个电阻串联。加上适当的电压可以得到灵敏度为 10mV/K，直接正比于绝对温度的输出电压 U_o。传感器的工作电流由电阻 R 和电源电压决定，为

$$U_o = U_{CC} - IR$$

这些传感器通过外接电位器的调节，可完成温度定标，以减小因工艺偏差而产生的误差，接法如图 3-66b 所示。例在 25℃ 下调节电位器使输出电压为 2.98V，经如此标定后，传感器灵敏度达到设计值 10mV/K 的要求，从而提高测量精度。在三端电压型温度敏感元件之后，接一定增益的放大器，如增益为 12.5，则运算放大器的输出灵敏度为 125mV/℃。若被测温度范围为 0~80℃，则放大器输出电压为 0~10V。该电路如图 3-66c 所示。

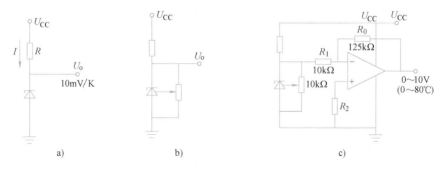

图 3-66　三端电压输出型集成温度传感器

a）基本电路　b）温度定标电路　c）实用电路

2. 电流型集成温度传感器

电流型集成温度传感器在一定温度下，相当于一个恒流源，输出电流传输线电阻及接触电阻等不会引起误差，因此适合长距离传输，但要注意采用屏蔽线以防干扰。图 3-67 所示 LM134 是一种特殊的可调恒流源电路，与一般恒流源不同之处是输出电流与外界温度变化为线性关系，变化率为 $1mA/℃$。利用这个特性制作成温度传感器。图 3-67a 所示是 LM134 内部框图，它是一个三端器件。在 R 与 V_- 之间接一调整电阻 R_{sct}，可以使电流从 $1\mu A$ 调到 $10mA$。最高工作电压为 40V，一般工作电压>1V，工作电流约为 $300\mu A$，功耗$\leq mW$，其特性如图 3-67b 所示。

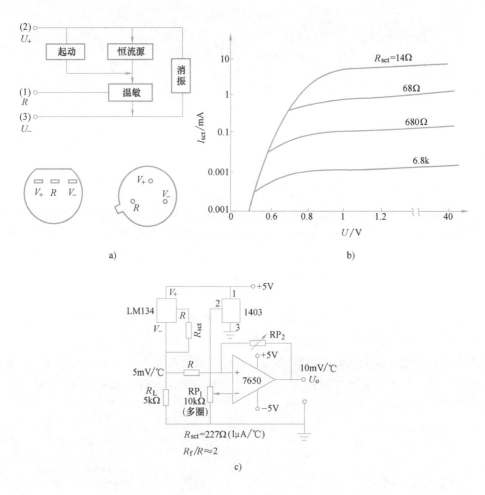

a) b)

c)

图 3-67　LM134 特性及应用电路

a）LM134 的框图及外形图　b）LM134 的特性曲线　c）LM134 应用电路

图 3-67c 所示是 LM134 测量温度的应用电路，测温范围为 0～125℃，输出灵敏度为 $10mV/℃$，由于输出为电流，传输连接线可长达 200m 也不会影响测量精度。调整 R_{sct}，使灵敏度为 $1\mu A/℃$，即 R_L 上的灵敏度为 $5mV/℃$。调整电位器 RP_1，使 0℃ 时，电路输出电压 $U_o = 0V$；在 100℃ 时，调整电位器 RP_2，使输出电压 $U_o = 1V$。为了保证测量精度，放大器要采用高精度的运算放大器，如 OP07、AG7650、ICL7650 等，基准电压可采用 1403 稳压集

成电路提供。

四、热敏电阻温度传感器

1. 工作原理

在半导体中，原子核对电子的约束力要比在金属中的大，因而自由载流子数相当少。当温度升高时，载流子就会增多，半导体的电阻也随之下降。利用半导体的这一性质，采用重金属氧化物（如锰、钛、钴、镍等）或者稀土元素氧化物的混合技术，并在高温下烧结成特殊电子元件，即可测温。按上述技术与工艺制成的球状、片状或圆柱形的敏感元件称为热敏电阻。图 3-68 所示是热敏电阻的几种结构示意图。

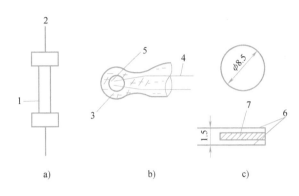

图 3-68 热敏电阻结构示意图

a）柱形 b）玻璃珠形 c）片形

1、5、7—电阻体 2、4—引线 3—玻璃保护壳 6—银电极

图 3-69 所示为三种热敏电阻的电阻-温度特性曲线，曲线 1 为 CTR 的，曲线 2 为 PTC 的，曲线 3 为 NTC 的。从图中可知 PTC 热敏电阻在室温到居里点 T_c（即拐点）内，它表现出和 NTC 热敏电阻相同的特性，即随温度升高阻值下降。但从该居里点开始，随着温度升高，电阻值也急剧上升，增大了 $10^3 \sim 10^5$ 倍，电阻值在某一温度附近达到最大值，这个区域为 PTC 区，其后它又具与 NTC 相同的特性。

CTR 热敏电阻从图中可见均为随着温度上升，阻值下降，在不同温度段电阻值随温度变化的程度不同。

同热电阻相比，热敏电阻具有更大的自加温误差。将热敏电阻串联上一个恒流源，并在电阻的两端测端电压，便得到负温度系数的伏安特性如图 3-70 所示。

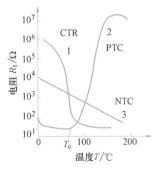

图 3-69 热敏电阻的电阻-
温度特性

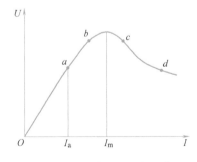

图 3-70 热敏电阻的负温度
系数伏安特性

从图中可见，曲线分四段，在电流小于 I_a 段，电流不足以使电阻发热，其自身温度基本上是环境温度，电压与电流之间符合欧姆定律。当电流继续增加时，电流使电阻的自身温度超过环境温度，电阻阻值下降，因此出现非线性正阻区。当电流为 I_m 时，电压达到最大

值。电流继续增加，热敏电阻本身的自加温更为剧烈，使其阻值迅速减小。由于热敏电阻温度系数较大，随着温度升高，阻值减小的速度超过电流增加速度，所以出现 $c \sim d$ 段负阻区。

正温度系数热敏电阻的伏安特性如图 3-71 所示。曲线的起始段为直线，其斜率就是热敏电阻器在环境温度下的电阻值。在曲线开始，由于流过 PTC 热敏电阻的电流很小，自身耗散功率引起温度上升几乎可以忽略不计，因此其伏安特性符合欧姆定律。随着电压的增加热敏电阻耗散功率便增加，阻体温度便升高，当温度增加超过环境温度时，PTC 热敏电阻值增大，曲线便开始弯曲。当电压增加到使电流达到最大值 I_m 时，电压再增加，由于温升引起电阻增加速度超过电压增加的速度，电流便反而减小，曲线斜率由正变负。

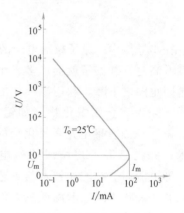

图 3-71 正温度系数热敏电阻的伏安特性

从上述特性可知，NTC 热敏电阻测量范围宽，一般用于温度测量。PTC 突变型热敏电阻的温度范围较窄，一般用于恒温加热控制或温度开关；PTC 缓变型热敏电阻可用于温度补偿或作温度测量。临界热敏电阻 CTR 作温度控制开关是比较理想的器件。

2. 热敏电阻的线性化

热敏电阻的温度-电阻变换关系是非线性的，一般需要线性化处理，使输出电压与温度关系接近线性关系。热敏电阻线性化电路较多，下面介绍两种线性化方法。

（1）NTC 热敏电阻的线性化　NTC 热敏电阻的线性化的电压与温度关系电路如图 3-72 所示。该电路在测温范围不太宽的情况，能得到较满意的结果。例如测温范围在 100℃ 以内，非线性误差约为 3℃；在 50℃ 以内约为 0.6℃，在 30℃ 以内约为 0.05℃。

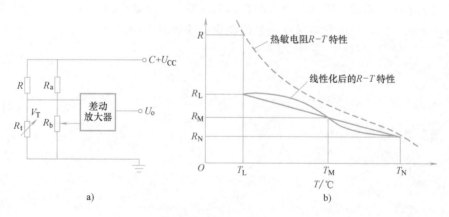

图 3-72 NTC 热敏电阻的线性化电路

a）电路　b）特性曲线

设测温上限为 T_H，下限为 T_L，测温范围的中点为 T_M，它们的相应阻值分别为 R_H、R_L 和 R_M。R_H、R_L 和 R_M 可从特性曲线中获得或者实测得到，那么在热敏电阻电路中接入 R 的最佳值为

$$R = \frac{R_M(R_H+R_L)-2R_HR_L}{R_H+R_L-2R_M}$$

热敏电阻测量误差也会受电源电压的波动影响，因此，电源电压必须再次稳压。

（2）PTC 热敏电阻的线性化电路　正温度系数热敏电阻测量时的补偿电路如图 3-73 所示。

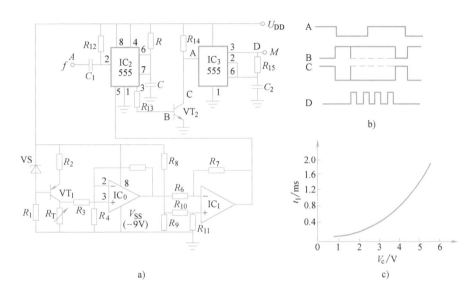

图 3-73　PTC 热敏电阻的线性化电路

a）电路　b）波形　c）特性曲线

用热敏电阻构成的温度控制电路如图 3-74 所示。

用电位器 RP 设定温度值，当设定温度比实际温度高时，VT_1 的 U_{be} 大于导通电压，则 VT_1 导通，随后 VT_2 也导通，继电器 K 吸合，电热丝加热。当温度达到设定温度时，由于热敏电阻 R_t（NTC）阻值降低，使 VT_1 的 $U_{be}<0.6V$，VT_1 截止，VT_2 也截止，继电器断开，电热丝停止加热。这样可以达到控温目的。

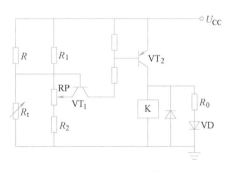

图 3-74　热敏电阻温度控制电路

第六节　传感器在机电控制系统中应用举例

例 3-1　电感测微仪

电感测微仪测量电路如图 3-75 所示。它由差动式自感传感器相敏整流电路、放大电路、

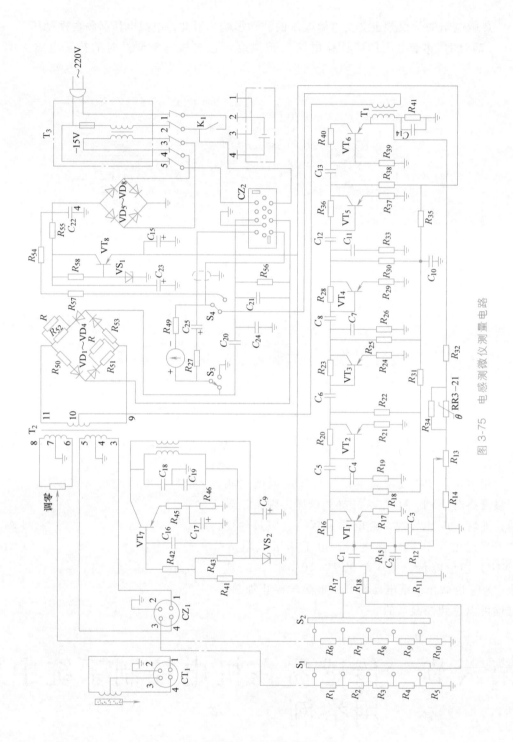

图 3-75 电感测微仪测量电路

温度补偿电路和振荡电路等组成。自感传感器每臂的电感量为 4mH，电桥供电频率为 10kHz，其等效内阻为：$X_L/2 = \omega L/2 = 150\Omega$。

桥路的输出经由 $R_1 \sim R_5$ 组成的衰减器，使大部分的信号电压降在衰减器电阻上。由于衰减器的电阻总和远大于自感传感器的感抗，故相位的改变也就很小。S_1、S_2 是换档开关。

衰减器输出的信号经过由 $VT_1 \sim VT_6$ 组成的放大电路放大后，由变压器 T_1 输出。调节电位器 R_{13}，可以调整放大倍数并调节反馈深度。

C_6 用以防止低频自激；C_2、C_3、R_{11} 和 R_{12} 用以防止电路自激。放大器中的 C_4 和 R_{19}、C_7 和 R_{26}、C_{11} 和 R_{33} 是为了防止高频干扰和自激。

RR_{3-21} 是热敏电阻，用以补偿温度变化带来的放大倍数的误差。

振荡器采用由 VT_7 组成的电容三点式振荡器。

电源电压（220V，50Hz）经变压器 T_3、整流器 $VD_5 \sim VD_8$，由 C_{22}、C_{23} 和 R_{55} 组成的滤波器滤波后加至 VT_8 的集电极，另一路加至 R_{58} 和稳压器 VS_1，从而达到稳定的目的。

自感式传感器的结构简单，输出功率大。但它存在一个缺点，即受电源频率的影响很大，要求有一个频率稳定的电源。

例 3-2　用压电式力传感器测量激振力

图 3-76 所示是用压电式力传感器测量振动台激振力的测试系统框图。压电式力传感器安装在试验件与激振器之间，在试验件上的适当部位装有多只压电加速度传感器。将压电式力传感器测得的力信号和压电加速度传感器测得的（响应）加速度信号给多路电荷放大器后送入数据处理设备，则可求得试验件的机械阻抗。该试验方法是进行大型结构模态分析的一种常用的方法。除单点激振外，有时对复杂机械结构也采用多点激振。多点激振法是用多只激振器同时励激试验件，用多只压电加速度传感器拾取各测试点的信号。整个试验过程是在计算机控制下进行的，试验过程中需使试验件各点均处于谐振状态。

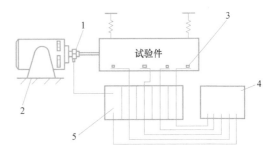

图 3-76　压电式力传感器测量振动台激振力的测试系统框图

1—力传感器　2—激振器　3—压电速度传感器
4—数据处理机　5—多路电荷放大器

思考题与习题

3-1　如果一对自整角机定子绕组的三根连线中有一根断开，或接触不良，试问能不能同步转动？

3-2　力矩式发电机的转子是否也受到整步转矩的作用？为什么？

3-3　一对力矩式自整角机如图 3-77 所示。

（1）画出接收机转子所受的转矩方向；

（2）画出接收机的协调位置；

（3）若把 D_1 和 D_2' 连接，D_2 和 D_1' 连接，D_3 和 D_3' 连接，再画出接收机转子的协调位置；

（4）求失调角。

3-4　力矩式自整角机和控制式自整角机有什么不同？试比较它们的优缺点。各自应用在什么控制系统中较好。

3-5 旋转变压器的正弦和余弦输出绕组与励磁绕组在什么相对位置时才是旋转变压器的基准电气零位？

3-6 旋转变压器在带负载时为什么要采取补偿措施？补偿方式有哪几种？

3-7 直线式感应同步器的空载输出电压与位移量 x 有什么关系？

3-8 鉴幅型、鉴相型工作方式的特点是什么？

3-9 交流测速发电机转子不动时，为何没有电压输出？转动时为何输出电压值与转速成正比？但频率却与转速无关？

3-10 何谓线性误差、相位误差、剩余电压？

3-11 为什么直流测速发电机的转速不得超过规定的最高转速？负载电阻不能小于最小负载电阻？

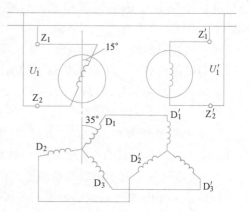

图 3-77 力矩式自整角机

3-12 热电偶的冷端延长线作用是什么？使用冷端延长线应满足什么条件？

3-13 一个差动变压式位移传感器当输入被测位移为 ±25mm 时，其二次绕组输出电压为 ±5V。则：

（1）铁心偏离中心为 −19mm 时，输出电压为多少？

（2）描出当铁心从 +19mm 连续移动到 10mm 时，输出电压与被测位移的关系曲线（直线特性）。

（3）当输出电压为 −3V 时，被测位移是多少？

第四章 可编程序控制器

CHAPTER 4

可编程序控制器，英文为 Programmable Controller，简称 PLC，是一种专为工业应用而设计的电子控制装置。

PLC 于 20 世纪 70 年代初诞生。二十多年来，随着大规模集成电路和计算机技术的发展，PLC 引入了计算机微处理器，具有更多的计算机功能。它不仅用软件编程取代了原来继电器-接触器控制系统的硬件逻辑，使其内部执行逻辑运算、顺序控制、定时、计数及算术等操作，而且做成小型化、模块化结构，对不同的控制对象、规模和功能，能组成一特定的系统，满足不同控制的需要。PLC 在硬件和软件的设计和制造中都采用了一系列的隔离和抗干扰措施，使 PLC 能适应不同的恶劣工作环境，可靠性高。PLC 控制系统平均无故障工作可达两万小时以上。PLC 在编程方面采用了面向生产、面向用户的编程语言，用类似于继电控制系统电气原理的梯形图，使 PLC 的编程语言大为简化，且具有较强的在线修改能力，功能易于扩展，可满足不同控制目的的要求。因此，PLC 在各类工业控制领域中都得到了广泛的应用。

我国从 20 世纪 70 年代中期开始引进并应用 PLC，日本、美国、德国、荷兰等国的 PLC 大量进入我国市场，为 PLC 的广泛应用提供了更好的条件。各类 PLC 的工作原理、控制方法及编程语言的差别不太大。故本章以日本三菱公司生产的 FX 系列 PLC 为例，说明 PLC 的工作原理、编程语言和工业应用的基本方法。其他型号的 PLC 可参照各自的说明书做适度的修改和变更即可。

第一节 可编程序控制器的结构与工作原理

一、可编程序控制器的结构

传统的继电器-接触器控制系统是由输入设备（按钮、开关等）、控制电路（由各类继电器、接触器、导线连接而成，执行某种逻辑功能的电路）和输出设备（接触器线圈、指示灯等）三部分组成。这是一种由物理器件连接而成的控制系统。

与继电器-接触器系统相似，PLC控制系统是由输入部分、输出部分和控制逻辑三部分组成的，如图4-1所示。所不同的是PLC的控制逻辑部分是用微处理器、存储器等取代由继电器、接触器组成的硬件控制电路，其控制作用是通过编写程序来实现的。

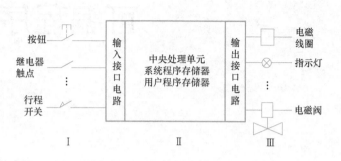

图4-1 PLC控制系统

Ⅰ—输入部分 Ⅱ—内部逻辑部分 Ⅲ—输出部分

1. 输入部分

输入部分的作用是把从输入设备来的输入信号送到可编程控制器。输入设备一般包括各类控制开关（如按钮、行程开关、热继电器触点等）和传感器（如各类数字式或模拟式传感器）等，这些量通过输入接口电路的输入端子与PLC的微处理器CPU相连。CPU处理的是标准电平。因此，接口电路为了把不同的电压或电流信号转变为CPU所能接收的电平，需要有各类接口模块。例如，对模拟量输入，需要有模拟量输入模块。输入接口电路通常由光耦合器、滤波器和微处理器输入电路组成，以防止高频强电的干扰及防止输入触点的颤振而引起的误动作。如果是交流量输入，需使用外接交流电源并采用变压器隔离。直流量输入则常使用PLC内设的24V直流电源。

输入部分的接线端子与该输入电路连接。每一路的输入电路可等效于一个输入继电器。输入端子与输入继电器线圈连接。输入继电器可提供任意个常闭和常开触点供PLC内部逻辑电路使用，如图4-2所示。

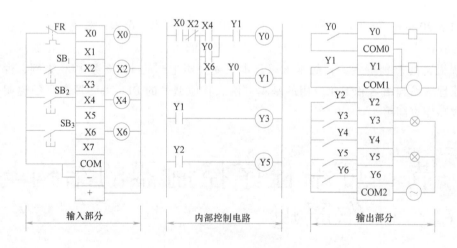

图4-2 PLC的等效电路

2. 输出部分

输出接线端子与控制对象（如接触器线圈、电磁阀线圈、指示灯等）连接。为了把CPU输出电平转变为控制对象所需的电压或电流信号，需要有输出接口电路。输出电路有继电器输出、晶体管输出和晶闸管输出等形式。继电器输出可接交流负载或直流负载，晶体管输出只能接直流负载，晶闸管输出只能接交流负载。输出负载必须外接电源。

输出电路的内部电路实质上是功率放大电路，它经隔离电路与等效输出继电器的常开触点连接。常开触点经输出接线端子与外部负载连接，如图 4-2 所示。

3. 微处理器（CPU）

微处理器又称中央处理器，简称 CPU，它是 PLC 的核心，由控制电路、运算器和存储器等组成。小型 PLC 用一片 CPU，大型 PLC 采用多片 CPU。PLC 中常用的 CPU 有 8080、8086、80286、80386 等，单片机 8031、8096 等，位片式微处理器 AM2900、AM2901、AM2903 等，三菱 FX_{2N} 和 FX_{3U} 使用的 CPU（双 CPU）是与系列同名的 32 位处理器。

CPU 的作用是按照用户输入程序规定的逻辑关系对输入信号和输出信号进行运算、处理，得出相应的输出。CPU 这种逻辑运算和控制功能可以看成由其内部多个电子式继电器、定时器和计数器的触点组合的逻辑来表征。这

图 4-3 几种梯型图符号

a）常开触点 b）常闭触点 c）线圈

种逻辑的组合称为 PLC 的"梯形图"。梯形图符号采用与继电器-接触器控制系统相似的符号，如图 4-3 所示。梯形图就是用这些符号进行编制的。图 4-2 中的梯形图即为对应于三相异步电动机正反转控制的梯形图。

4. 存储器

存储器用来存放系统程序、用户程序、逻辑变量和其他信息。

PLC 使用的存储器有只读存储器 ROM、读写存储器 RAM 和用户固化程序存储器 E^2PROM。ROM 存放 PLC 制造厂家编写的系统程序，具有开机自检、工作方式选择、信息传递和对用户程序的解释翻译功能。ROM 存放的信息是永远留驻的。RAM 一般存放用户程序和逻辑变量。用户程序在设计和调试过程中要不断进行读写操作。读出时，RAM 中内容保持不变。写入时，新写入的信息将覆盖原来的信息。若 PLC 失电，RAM 存放的内容会丢失。如果有些内容失电后不容许丢失，可以把它放在断电保持的 RAM 存储单元中，这些存储单元接上备用锂电池供电，具有断电保持能力。

如果用户经调试后的程序要长期使用，可以用专用的 E^2PROM 写入器把程序固化在 E^2PROM 芯片中，再把该芯片插入 PLC 的 E^2PROM 专用插座上。

5. 电源和外围设备

PLC 的电源是将交流电压变成 CPU、存储器、输入输出接口电路等所需电压的电源部件。该电源部件对供电电源采用了较多的滤波环节，对电网的电压波动具有过电压和欠电压保护，并采用屏蔽措施，防止和消除工业环境中的空间电磁干扰。

PLC 的外围设备通过专用的接口与 PLC 主机相连。

综上所述，PLC 由以上五部分组成，相当于一台工业计算机。它通过外围设备可以进行主机与生产机械之间、主机与人之间的信息交换，实现对工业生产过程以及对某些工艺参

数的自动控制。

二、可编程序控制器的工作原理

PLC 是依靠执行用户程序来实现控制要求的。通常把使 PLC 进行逻辑运算、数据处理、输入和输出步骤的助记符称为指令，把实现某一控制要求的指令的集合称为程序。PLC 在执行程序时，首先逐条执行程序命令，把输入继电器的状态值（接通为 1，断开为 0）存放于输入映像寄存器中，在执行程序过程中把每次运行结果的状态存放于元件映像寄存器中。

PLC 执行程序是以循环扫描方式进行的。每一扫描过程分为三个阶段：输入采样阶段、程序执行阶段和输出刷新阶段，如图 4-4 所示。

1. 输入采样阶段

PLC 顺序读取全部输入端信号，把输入继电器的通断状态存放于输入映像寄存器中。

2. 程序执行阶段

PLC 按梯形图从左向右、从上向下逐条对指令进行扫描，并从输入映像寄存器和内部元件读入其状态，进行逻辑运算。运算的结果送入元件映像寄存器中。每个元件映像寄存器的内容将随着程序扫描过程而做相应变化。但在此阶段中，即使输入端子状态发生改变，输入映像寄存器的状态也不会改变（它的新状态会在下一次扫描中才被读入）。

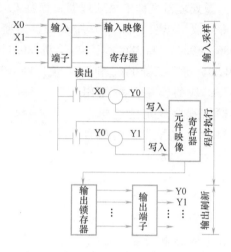

图 4-4　PLC 的扫描方式

3. 输出刷新阶段

当第二阶段完成之后，元件映像寄存器中各输出继电器的通断状态将通过输出部分送到输出锁存器，去驱动输出继电器线圈，执行相应的输出动作。

完成上述过程所需的时间称为 PLC 的扫描周期。PLC 在完成一个扫描周期后，又返回去进行下一个扫描。读入下一周期的输入继电器状态，再进行运算、输出。

PLC 扫描周期的长短取决于 PLC 执行一个指令所需的时间和有多少条指令。如果执行每条基本逻辑指令所需的时间是 0.21μs，程序共有 8000 条基本逻辑指令，则这一扫描周期的时间就为 1.68ms。一般 PLC 的扫描周期均小于 40ms。

第二节　FX 系列 PLC 的主要特性及内部等效继电器电路

一、主要特性

FX 系列可编程序控制器由基本单元、扩展单元、扩展模块和特殊适配器四种部件构成。

基本单元可单独使用，也可与其他三个部件组合使用。FX 小型机在产系列包括 FX_{1N}、FX_{1NC}、FX_{1S}、FX_{2N}、FX_{2NC}、FX_{3U}、FX_{3UC}、FX_{3G}。

FX_{1N}：控制规模为 4~128 点，CPU 运算处理速度为 $0.55\sim0.7\mu s$/条基本指令，在 FX_{1N} 系列 PLC 右侧可连接 I/O 扩展模块和特殊功能模块，基本单元内置 2 轴独立（最高 100kHz）定位输出功能（晶体管输出型），内置 8KB 的 E^2PROM 存储器，无需电池，免维护。

FX_{1NC}：控制规模为 16~128 点，连接器 I/O 型的紧凑型标准机型可扩展 I/O，内置 8KB 的 E^2PROM 存储器，无需电池，免维护。

FX_{1S}：控制规模为 10~30 点，内置 2KB 的 E^2PROM 存储器，无需电池，免维护，CPU 运算处理速度为 $0.55\sim0.7\mu s$/条基本指令，基本单元内置 2 轴独立（最高 100kHz）定位输出功能（晶体管输出型）。

FX_{2N}：控制规模为 16~256 点，内置 8KB 容量的 RAM 存储器，最大可以扩展到 16KB，CPU 运算处理速度为 $0.08\mu s$/条基本指令，在 FX_{2N} 系列右侧可连接 I/O 扩展模块和特殊功能模块，基本单元内置 2 轴独立（最高 20kHz）定位输出功能（晶体管输出型）。

FX_{2NC}：控制规模为 16~256 点，连接器 I/O 型的紧凑型标准机型，CPU 运算处理速度为 $0.08\mu s$/条基本指令，内置 8KB 容量的 RAM 存储器，最大可以扩展到 16KB。

FX_{3U}、FX_{3UC} 为第三代微型可编程序控制器，内置高达 64KB 大容量的 RAM 存储器，内置高速处理（$0.065\mu s$/条基本指令）的 CPU。控制规模：16~384（包括 CC-Link I/O）点，内置独立 3 轴（最高 100kHz）定位输出功能（晶体管输出型），基本单元左侧均可以连接功能强大、便于使用的适配器。FX_{2N}、FX_{3U} PLC 如图 4-5 所示。

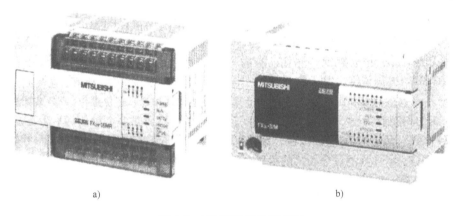

a) b)

图 4-5 FX 系列 PLC 面板图

a) FX_{2N} PLC b) FX_{3U} PLC

FX_{3G} 为第三代微型可编程序控制器，基本单元自带两路高速通信接口（RS422&MSB），内置高达 32KB 的大容量存储器，标准模式基本指令处理速度可达 $0.21\mu s$/条基本指令。控制规模：14~256 点（包括 CC-Link 网络 I/O），定位功能设置简便（最多 3 轴），基本单元左侧最多可连接 4 台 FX_{3U} 特殊适配器，可实现浮点数运算，设置两级密码，每级 16 字符，增强密码保护功能。

1. 基本单元

PLC 的基本单元含有 CPU、存储器及输入/输出接口等。图 4-5 所示为 FX_{2N} PLC 和

FX$_{3U}$PLC的基本单元面板图。面板上有输入/输出接线端子、输入（IN）与输出（OUT）LED 显示；有电源、运行、电池（FX2 系列）和程序出错、CPU 出错显示以及连接编程器与扩展单元的插座。

FX$_{3U}$系列 PLC 的型号含义：

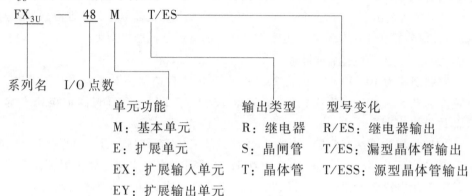

FX$_{3U}$系列 PLC 的基本单元、扩展单元的输出点数及输出形式见表 4-1。

表 4-1　FX$_{3U}$系列基本单元选型

型　　号	I/O 点数	输入点数	输出点数	输出方式
FX$_{3U}$—16MR/ES	16	8	8	继电器
FX$_{3U}$—16MT/ES	16	8	8	晶体管漏型
FX$_{3U}$—16MT/ESS	16	8	8	晶体管源型
FX$_{3U}$—32MR/ES	32	16	16	继电器
FX$_{3U}$—32MT/ES	32	16	16	晶体管漏型
FX$_{3U}$—32MT/ESS	32	16	16	晶体管源型
FX$_{3U}$—48MR/ES	48	24	24	继电器
FX$_{3U}$—48MT/ES	48	24	24	晶体管漏型
FX$_{3U}$—48MT/ESS	48	24	24	晶体管源型
FX$_{3U}$—64MR/ES	64	32	32	继电器
FX$_{3U}$—64MT/ES	64	32	32	晶体管漏型
FX$_{3U}$—64MT/ESS	64	32	32	晶体管源型
FX$_{3U}$—80MR/ES	80	40	40	继电器
FX$_{3U}$—80MT/ES	80	40	40	晶体管漏型
FX$_{3U}$—80MT/ESS	80	40	40	晶体管源型

2. 基本单元的组成及扩展单元

PLC 基本单元的组成如图 4-6 所示。PLC 的扩展单元是一种能同时增加 I/O 点数的装置。扩展模块是一种以 8 为单位增加 I/O 点数的装置。它可以只增加输入点数或输出点数，从而使 I/O 的点数比率改变。PLC 的特殊功能适配器是一种装在基本单元左侧，适应不同输入信号的装置。

基本单元与扩展单元、扩展模块的组合，可使 I/O 的点数达到 256 点。图 4-6 所示为基本单元与各模块的连接简图。图中各单元、模块、适配器可安装在导轨上，或直接装配在PLC四角的安装孔上。若要将模块从导轨上卸下，可将 DIN 导轨安装用挂钩 7 拉出。

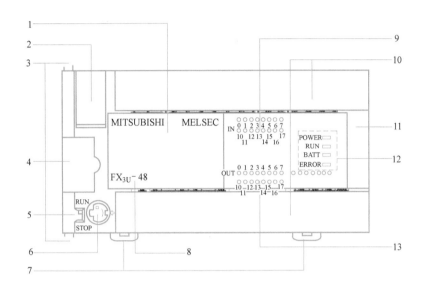

图 4-6　基本单元与各单元模块的连接

1—前盖　2—电池盖　3—特殊适配器连接用插孔（2 处）　4—功能扩展端口部虚拟盖板
5—RUN/STOP 开关　6—外部设备连接用接口　7—DIN 导轨安装用挂钩　8—型号
显示（简称）　9—输入显示 LED（红）　10—端子台盖板　11—扩展设备连接
用接口盖板　12—动作状态显示 LED　13—输出显示 LED（红）

连接扩展单元和扩展模块时，将连接插座的盖板 11 打开，接上扩展电缆。特殊适配器安装在基本单元左侧的连接插座上。

3. I/O 单元

I/O 单元是 PLC 与外部设备传送状态信号的接口部件，由于外部输入设备和输出设备所需的信号电平是多种多样的，而 PLC 内部 CPU 只能处理标准电平的信息，因此 I/O 单元都具有良好的光电隔离、滤波以及电平转换功能。此外 I/O 单元设有状态指示灯，使工作状况更直观，便于程序调试和维护。I/O 单元如图 4-7 所示。

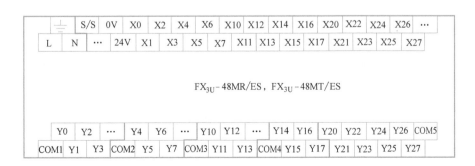

图 4-7　I/O 单元

在图 4-7 中，L 接 AC 电源相线，N 接 AC 电源中性线，S/S 为输入继电器公共点，COM1~COM5 为输出公共点，0V、24V 为 PLC 提供给外部的 DC 24V 电源（可用于输入继电器电源），X 口为输入信号接口，Y 口为输出信号接口，"·" 为空端子。

（1）开关量输入接口　开关量输入接口是连接外部开关量输入器件的接口，开关量输入器件包括按钮、选择开关、数字拨码开关、行程开关、接近开关、光电开关、继电器触点和传感器等。输入接口的作用是把现场开关量（高、低电平）信号变成可编程序控制器内部处理的标准信号。

按可接纳的外部信号的类型不同，输入接口可分为直流输入接口和交流输入接口，一般整体式 PLC 中输入接口都采用直流输入，由基本单元提供输入电源，不再需要外接电源。开关量输入接口的接线方法如图 4-8 所示。

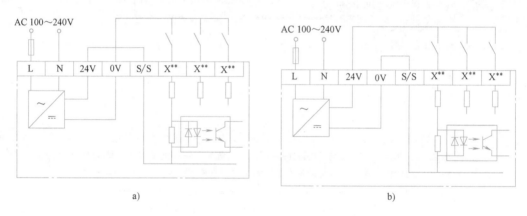

图 4-8　开关量输入接口的接线方法
a）漏型输入接线　b）源型输入接线

FX_{3U} 系列 PLC 接线图如图 4-8 所示，接成源型或漏型。但 FX_{2N} 系列 PLC 一般都在内部已经接成源型或漏型，不需要连接 S/S 端子。

（2）开关量输出接口　开关量输出接口是 PLC 控制执行机构动作的接口，开关量输出执行机构包括接触器线圈、气动控制阀、液压阀、电磁阀、电磁铁、指示灯和智能装置等设备。开关量输出接口的作用是将 PLC 内部的标准状态信号转换为现场执行机构所需的开关量信号。

开关量输出接口分为以下三类：

1）继电器输出。如图 4-9 所示，继电器输出采用电磁隔离，用于交流、直流负载，但接通、断开的频率低。

2）晶体管输出。如图 4-10 所示，晶体管输出采用光电隔离，有较高的接通、断开频率，但只能用于直流负载。

3）双向晶闸管输出。如图 4-11 所示，双向晶闸管输出采用光触发型双向晶闸管作为输出控制器件，仅适用于交流负载。

晶体管输出又分漏型输出和源型输出，漏型 COM 端接直流负极，源型 COM 端接直流正极，如图 4-12 和图 4-13 所示。

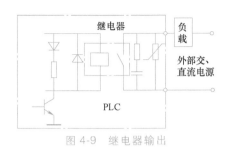

图 4-9　继电器输出

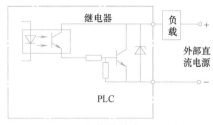

图 4-10　晶体管输出（源型）

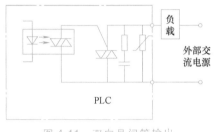

图 4-11　双向晶闸管输出

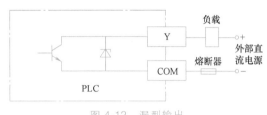

图 4-12　漏型输出

输出电路的负载电源由外部提供，负载电流一般不超过 2A（查看相关手册）。使用中输出电流额定值与负载性质有关。

输出端子有两种接线方式：一种是输出各自独立（无公共点），其接线方法如图 4-14 所示；另一种是每 4~8 个输出点构成一组，共用一个公共点（COM 点），如图 4-15 所示。

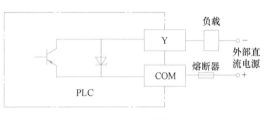

图 4-13　源型输出

输出共用一个公共点时，同 COM 点输出必须使用同一电压类型和等级，即电压相同，电流类型（同为直流或交流）和频率相同，不同组之间可以用不同类型和等级的电压。

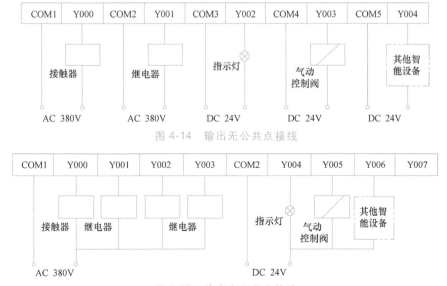

图 4-14　输出无公共点接线

图 4-15　输出有公共点接线

二、FX$_{3U}$和FX$_{2N}$系列PLC的软元件

在电气控制中，为了实现某一控制功能，会用到各种电器元件，如接触器、中间继电器和时间继电器等，这些元件看得见，摸得着，通常把这些元器件称为硬元件。在PLC内部也有实现各种不同功能的元件，这些元件是虚拟元件，它是由监控程序生成的，是等效硬元件的模拟抽象元件，并非实际物理元件，通常称为软元件。

不同厂家、不同品牌的PLC的软元件的类型和数量都可能不同，编写程序时需查看相关手册。FX$_{3U}$和FX$_{2N}$系列PLC的软元件见表4-2。

表4-2　FX$_{3U}$和FX$_{2N}$系列PLC的软元件

软元件名称	FX$_{3U}$		FX$_{2N}$	
	范　围	点　数	范　围	点　数
输入继电器	X000~X367	248	X0~X267	184
输出继电器	Y000~Y367	248	Y0~Y267	184
辅助继电器	M0~M7679 M8000~M8511	8192	M0~M3071 M8000~M8255	3328
状态继电器	S0~S4095	4096	S0~S999	1000
定时器	T0~T511	512	T0~T255	256
计数器	C0~C255	256	C0~C255	256
数据寄存器	D0~D8511	8512	D0~D8195	8196
变址寄存器	V0~V7	8	V0~V7	8
	Z0~Z7	8	Z0~Z7	8
文件寄存器	D1000~D7999 R0~R32767	7000+32768	D1000~D7999	7000
扩展文件寄存器	ER0~ER32767	32768	×	×
指针	P0~P4095	4096	P0~P127	128
	I0＊＊~I5＊＊	6	I0＊＊~I5＊＊	6
	I6＊＊~I8＊＊	3	I6＊＊~I8＊＊	3
	I019~I060	6	I010~I060	6
嵌套	N0~N7	8	N0~N7	8
常数	十进制 K		十进制 K	
	十六进制 H		十六进制 H	
	实数 E		实数 E	
	字符串""	不定	×	×
位字	Kn □	不定	Kn □	不定
字位	D □.b	不定	×	×
缓冲寄存器 BFM 字	U □\G □	不定	×	×

1. 输入继电器（X）

输入继电器与 PLC 的输入端子相连，用于接收外部开关量信号，通过输入端子将外部输入状态读入到输入映像寄存器。FX$_{3U}$ 和 FX$_{2N}$ 系列 PLC 的输入继电器均采用八进制地址编号，如 X000、X001～X007、X010、X011～X017，而没有 X008、X009、X018、X019 等编号。

FX$_{3U}$ PLC 的输入继电器分配区间为 X000～X367，共 248 个点。FX$_{2N}$ PLC 的输入继电器分配区间为 X000～X267，共 184 个点。输入继电器受外部电路驱动（硬驱动），并不受执行类指令驱动，"OUT X000""SET X010"等指令是错误的。

2. 输出继电器（Y）

输出继电器与 PLC 的输出端子相连，是 PLC 向控制部件发送控制信号的窗口，再由控制部件驱动外部负载。当 PLC 的输出继电器 Y 动作后，程序中的软触点动作，同时输出单元中的硬件继电器（也可以是晶体管或晶闸管）动作，注意输出继电器 Y 在程序中可以多次使用，但输出的硬件继电器只有一个常开触点可以使用。FX$_{3U}$ 和 FX$_{2N}$ 系列 PLC 的输出继电器也采用八进制地址编号，如 Y000、Y001～Y007、Y010、Y011～Y017，没有 Y008、Y009、Y018、Y019 等编号。

FX$_{3U}$ 系列 PLC 输出继电器分配区间为 Y000～Y367，共 248 个点。FX$_{2N}$ 系列 PLC 输出继电器分配区间为 Y000～Y267，共 184 个点。FX3U 系列 PLC 输入继电器和输出继电器总点数不超过 384 点，FX$_{2N}$ 系列 PLC 输入继电器和输出继电器总点数不超过 256 点。

3. 辅助继电器（M）

（1）一般辅助继电器　一般辅助继电器相当于电气控制中的中间继电器，只是辅助继电器的触点在程序中是可以无限次地使用，而中间继电器的触点是有限的。辅助继电器触点不能直接驱动外部负载，它只在程序运算过程当中起辅助运算作用，如可以用它来保存逻辑运算中间结果，可以用来作为标志位等。FX$_{3U}$ 和 FX$_{2N}$ 系列 PLC 一般辅助继电器分配区间为 M0～M499，共 500 点。

（2）保持型辅助继电器　保持型辅助继电器与一般辅助继电器不同的是，它可以保持电源中断时瞬间的状态，重新通电后恢复该状态，保持型辅助继电器是由锂电池保持 RAM 中映像寄存器的内容，或将之存入 E^{2}PROM 中。

保持型辅助继电器分配区间：FX$_{3U}$ 系列为 M500～M7679，共 7180 点，其中 M500～M1023 区间可以通过参数单元设置为一般辅助继电器；FX$_{2N}$ 系列为 M500～M3071，共 2572 点，其中 M500～M1023 区间也可以通过参数单元设置为一般辅助继电器。

（3）特殊辅助继电器　特殊辅助继电器是执行特殊功能的辅助继电器，是系统赋予的功能，不能由用户定义其功能。

FX$_{3U}$ 系列 PLC 特殊辅助继电器的分配区间为 M8000～M8511。FX$_{2N}$ 系列 PLC 特殊辅助继电器的分配区间为 M8000～M8255。下面介绍一下常用的特殊辅助继电器。

M8000：运行监控常开触点（PLC 运行时接通）。

M8001：运行监控常闭触点（PLC 运行时断开）。

M8002：PLC 初始化脉冲（PLC 运行时接通一个脉冲）。

M8003：PLC 初始化脉冲（PLC 运行时断开一个脉冲）。

M8011：10ms 周期脉冲输出（接通 5ms，断开 5ms）。

M8012：100ms 周期脉冲输出（接通 50ms，断开 50ms）。

M8013：1s 周期脉冲输出（接通 500ms，断开 500ms）。

M8014：1min 周期脉冲输出（接通 30s，断开 30s）。

M8020：运算结果为 0 标志。

M8021：减法运算结果超过最大负值标志。

M8022：减法运算结果进位或移位结果发生溢出时接通。

M8034：禁止所有输出。

M8035：强制运行模式。

M8036：强制运行标志。

M8037：强制停止。

M8040：禁止转移（状态转移程序有效）。

M8041：转移开始（状态转移程序有效）。

M8042：启动脉冲（状态转移程序有效）。

M8043：原点回归结束（状态转移程序有效）。

M8044：原点条件（状态转移程序有效）。

M8045：切换模式，不执行所有输出（状态转移程序有效）。

M8046：STL 动作状态，当 M8047 接通时除报警专用状态外，其他状态中若有 1 个接通，则 M8046 接通（状态转移程序有效）。

M8047：STL 监控有效（状态转移程序有效）。

4. 状态继电器（S）

状态继电器是步进顺序控制编程所需要的软元件，需要与 STL 指令组合使用，如果不进行步进顺序控制，状态继电器也可以作为辅助继电器使用。在顺序控制程序中时，FX_{3U} 及 FX_{2N} 系列 PLC 的状态继电器分配区间见表 4-3。

表 4-3 FX_{3U} 及 FX_{2N} 系列 PLC 的状态继电器分配区间

FX_{3U}	FX_{2N}
S0~S9：初始状态 S10~S19：回零状态 S20~S499：一般状态继电器 S500~S899 及 S1000~S4095：保持用状态继电器 S900~S999：报警专用状态继电器。其中 S500~S899 可以通过参数设定为一般状态继电器	S0~S9：初始状态 S10~S19：回零状态 S20~S499：一般状态继电器 S500~S899：保持型状态继电器，这一区间可以通过参数设定为一般状态继电器 S900~S999：报警专用状态继电器

5. 定时器（T）

定时器类似电气控制电路中的时间继电器，用于程序中时间的设定。定时器由两个寄存器（当前值寄存器和设定值寄存器）和一个无限次使用触点组成（包括常开和常闭）。FX_{3U} 和 FX_{2N} 系列 PLC 定时器分配区间见表 4-4。

定时器将用户程序存储器内的常数 K 作为设定值。当定时器累积计数与该设定值相等时，定时器的等效线圈接通，相应触点动作。FX 系列 PLC 分为通用定时器和积算定时器两类。通用定时器设定值为 $K = 1 \sim 32767$。积算定时器具有保持功能。当连接定时器等效线圈输入触点断开或停电时，定时器的当前值能保留。当输入触点再接通或复电时，定时器会连续计时。按设定值不同，积算定时器有下列两种。

表 4-4　FX_{3U} 及 FX_{2N} 系列 PLC 的定时器分配区间

FX_{3U}	FX_{2N}
T0~T199：100ms 定时器 T200~T245：10ms 定时器 T246~T249：1ms 保持型（积算）定时器 T250~T255：100ms 保持型（积算）定时器 T256~T511：1ms 定时器	T0~T199：100ms 定时器 T200~T245：10ms 定时器 T246~T249：1ms 保持型定时器 T250~T255：100ms 保持型定时器

1）1ms 积算定时器：编号为 T246~T249，共 4 点。设定值时间为 0.001~32.767s。

2）100ms 积算定时器：编号为 T250~T255，共 6 点。设定值时间为 0.1~3276.7s。

定时器工作原理如图 4-16 所示。图 4-16a 为非积算定时器。当输入 X0 接通时，T200 对 10ms 时钟脉冲进行累积计数。当该位与设定常数 K123 值（即 1.23s）相等时，定时器常开触点 T200 闭合，驱动输出继电器 Y1，当 X0 断开或发生停电时，定时器中的计数器与输出触点均复位。图 4-16b 为积算定时器，连接 T250 的输入触点 X1 累计接通时间的总计数值与 K345 相等时，T250 输出触点闭合，驱动 Y1。任意时刻只要另一输入触点 X2 接通，复位指令 RST 使 T250 复位到零。

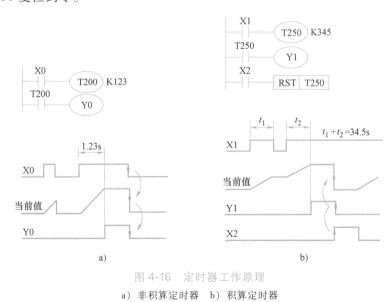

图 4-16　定时器工作原理

a）非积算定时器　b）积算定时器

6. 计数器（C）

计数器是用于程序中记录触点接通次数的软元件，计数器与定时器一样，也是由两个寄存器（当前值寄存器和设定值寄存器）、一个无限次使用触点（包括常开和常闭）及复位线圈组成的。当复位线圈接通时，计数器当前值复位到 0；计数线圈每接通一次，计数器当前值增 1 或减 1。FX_{3U}、FX_{2N} 系列计数器如下：

1）16 位增计数器：其设定值为 $K = 1~32767$，它的编号（通用）为：C0~C99，共 100 点。

2）16 位停电保持增计数器：C100~C199，共 100 点。

3）32 位双向计数器：C200~C219，共 20 点。

4）32 位保持型双向计数器：C220～C234，共 15 点。

5）高速计数器：C235～C255，共 21 点。

其中 C244、C245、C248 和 C253 可软、硬件计数。其他均为硬件计数方式。FX$_{3U}$ 系列 PLC 通过特殊辅助继电器 M8380～M8392 可设定为硬件计数和软件计数。硬件计数是指用输入点进行计数的方式，软件计数是通过功能指令进行计数的方式，如 HSZ、HSCS、HSCR 等。

（1）16 位增计数器　16 位增计数器的工作原理如图 4-17 所示。当 X10 接通时，计数器 C0 复位到 0。当 X11 每接通一次时，计数器当前值就增 1，当计数器当前值为 10，即与设定值相同时，计数器的输出常开触点闭合，驱动输出线圈 Y0。此后，如 X11 再接通闭合，C0 的当前值仍为 10，保持不变。

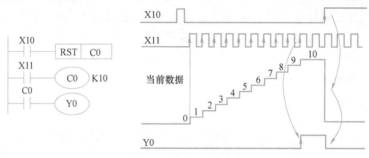

图 4-17　16 位增计数器的工作原理

（2）双向计数器　双向计数器的工作原理如图 4-18 所示。如果将 M8200～M8234 中任一个特殊辅助继电器接通（置 1），则计数器为减计数器；当断开（置 0）时，计数器为增计数器。图中当 X12 断开时，计数器为增计数器。当前值为 5 时，X12 接通，M8200 置 1，计数器为减计数器。图中 X14 作为计数输入，驱动 C200 线圈进行增计数或减计数。如设定 $K=-5$，当计数器的当前值由 -6 变为 -5（增加）时，其触点接通（置 1）；由当前值 -5 变为 -6（减少）时，其触点断开（置 0）。

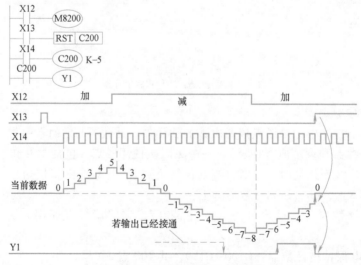

图 4-18　双向计数器工作原理

这种计数器还具有循环计数功能。当计数器从+2147483647 再进行增计数时，当前值就变为-2147483648。同理，当从-2147483648 进行减计数时，当前值就变成+2147483648。

（3）高速计数器 当计数频率较高时，用计数器往往不能满足要求，此时可采用高速计数器。高速计数器的计数输入端只有 6 个（X0~X5）。当某一输入端已被某个高速计数器占用时，它就不能作为另一个计数器的输入端。事实上各高速计数器与输入端在设计时已一一对应。例如，计数器 C235~C240，其计数输入端分别为 X0~X5。注意：计数输入端不能同时用于高速计数器线圈的驱动触点。高速计数器计数最高频率为 10kHz，对应于 X0、X2、X3 计数输入端；当频率最高为 7kHz 时，对应的输入端子是 Xl、X4、X5。关于高速计数器的更多资料请读者查阅有关的使用手册。

7. 数据寄存器（D）

数据寄存器是存储数据的软元件，用于 I/O 处理、模拟量控制及位置控制时存储数据和参数。每一个数据寄存器都是 16 位的，可存储一个 16 位二进制数据。如果要存储 32 位数据，可以把两个数据寄存器合并起来使用。常用的数据寄存器的编号见表 4-5。

表 4-5 常用的数据寄存器的编号

FX$_{3U}$	FX$_{2N}$
D0~D199：一般数据寄存器 D200~D511：保持型数据寄存器（可修改） D512~D7999：停电保持专用数据寄存器 D8000~D8511：特殊数据寄存器 其中 D1000~D7999 可作为文件寄存器使用	D0~D199：一般数据寄存器 D200~D511：保持型数据寄存器（可修改） D512~D7999：停电保持专用数据寄存器 D8000~D8255：特殊数据寄存器 其中 D1000~D7999 可作为文件寄存器使用

FX 系列 PLC 常用的特殊数据寄存器如下：

1) D8013：实时时钟（0~59s）。

2) D8014：实时时钟（0~59min）。

3) D8015：实时时钟（0~23h）。

4) D8016：实时时钟（1~31d）。

5) D8017：实时时钟（1~12 月）。

6) D8018：实时时钟（0~99 年）。

7) D8019：实时时钟（0~6 周）。

8) D8040~D8047：S0~S899、S1000~S4095 中 ON 状态的编号从小到大保存到 D8040~D8047 中。其他特殊数据寄存器功能见有关资料。

8. 变址寄存器（V、Z）

FX$_{3U}$ 和 FX$_{2N}$ 系列 PLC 中有 16 个变址寄存器 V0~V7、Z0~Z7。在 32 位操作时，V、Z 合并使用，V 为高位，Z 为低位。变址寄存器用于改变软元件的地址，如 V7 = 10 时，数据寄存器 D10V7 指的是数据寄存器 D20，变址寄存器也可以是常数组合（FX3U），如 K50Z7 相当于常数 60。

9. 文件寄存器（D、R）和扩展文件寄存器（ER）

文件寄存器是对相同地址数据寄存器设定初始值的软元件（FX$_{3U}$ 和 FX$_{2N}$ 系列相同），通过参数设定，可以将 D1000 及以后的数据寄存器定义为文件寄存器，最多可以到 D7999，可以指定 1~14 个块（每个块相当于 500 点文件寄存器），但是每指定一个块将减少 500 步程序内存区域。

文件寄存器 R 和扩展文件寄存器 ER 则是 FX3U 特有的。R 是扩展数据寄存器（D）用的软元件，通过电池进行停电保持。使用存储器盒时，文件寄存器（R）的内容也可以保存在扩展文件寄存器（ER）中，而不必用电池保护。

文件寄存器 R 可以作为数据寄存器来使用，处理各种数值数据，可以用通用指令进行操作，如 MOV、BIN 指令等，但如果用作文件寄存器，则必须使用专用指令（FNC290～295）进行操作。

FX$_{3U}$系列 PLC 文件寄存器分配区间为 R0～R32767。扩展文件寄存器分配区间为 ER0～ER32767。分别可分为 16 个段，即段 0～段 l5，每个段 2048 个寄存器。

10. 指针（P、I）

P 是分支用指针，是 CJ（跳转）和 CALL（调用）指令跳转或调用指令的位置标签。FX$_{3U}$系列 PLC 分支用指针的分配区间为 P0～P62、P64～P4095。而 P63 的作用是跳转到 END 步，在程序中不可标注位置，即在 END 步前不标注 P63。FX$_{2N}$系列 PLC 分支用指针的分配区间为 P0～P62、P64～P127。而 P63 的作用是跳转到 END 步，在程序中不可标注位置。

I 是中断指针，中断包括三种中断方式，即输入中断、定时器中断和计数器中断，这些中断需要和应用指令 EI（允许中断）、IRET（中断返回）、DI（禁止中断）一起使用。

（1）输入中断　FX$_{3U}$和 FX$_{2N}$系列 PLC 的输入中断分配见表 4-6。

表 4-6　FX$_{3U}$和 FX$_{2N}$系列 PLC 的输入中断分配

中断输入	中断指针		禁止中断标志位
	上升沿中断	下降沿中断	
X000	I001	I000	M8050
X001	I101	I100	M8051
X002	I201	I200	M8052
X003	I301	I300	M8053
X004	I401	I400	M8054
X005	I501	I500	M8055

输入中断要求接通（上升沿）或者断开（下降沿）时间在 5μs 以上。

（2）定时器中断　FX$_{3U}$和 FX$_{2N}$系列 PLC 的定时器中断分配了 3 个点，即 I6□□、I7□□、I8□□，指针名称后面的"□□"是设定定时器中断的时间，单位为 ms，如 I655 表示每 55ms 执行一次中断程序。

（3）计数器中断　计数器中断是根据 DHSCS（高速计数器用比较置位）指令的结果执行的中断，当计数器当前值与比较值相等时执行中断程序，FX$_{3U}$和 FX$_{2N}$系列 PLC 计数器中断指针分配区间为 I010、I020、I030、I040、I050、I060 共 6 个点。

11. 常数（K、H、E、字符串）

（1）常数 K　K 表示十进制整数的符号，主要用于指定定时器和计数器的设定值或应用指令的操作数的数值，十进制常数的指定范围如下：

1）16 位数据时：K-32768～K32767。

2）32 位数据时：K-2147483648～K2147483647。

（2）常数 H　H 表示十六进制数的符号，主要用于指定应用指令的操作数的数值，也可以用于指定 BCD 数据，十六进制常数的指定范围如下：

1）16 位数据时：H0～HFFFF。

2）32 位数据时：H0～HFFFFFFFF。

（3）常数 E　E 是表示实数（又称为浮点数）的符号，用于指定应用指令的操作数，实数的指定范围为

$$-1.0 \times 2^{128} \sim -1.0 \times 2^{-126}；0；1.0 \times 2^{-126} \sim 1.0 \times 2^{128}$$

设定方法是：将实数直接进行指定。如把实数 100.12 送入 D0，可以用以下指令表示：

DEMOV E100.12 D0

也可以用数值+指数形式进行指定，即

DEMOV E1.0012+2 D0

（4）字符串　字符串操作是 FX$_{3U}$ 系列 PLC 特有的功能，使用专用的指令进行操作，字符串可分为字符串常数和字符串数据。字符串常数是程序中直接指定字符串的 ASCII 码；字符串数据是从指定软元件开始到 NUL 代码（00H）为止，以字节为单位，被视为一个字符串。

12. 位字（Kn□即位组合成字）

位字是 FX$_{3U}$ 和 FX$_{2N}$ 系列 PLC 通用的字元件。对于位元件 X、Y、M、S，仅处理 ON/OFF 状态信息，但通过多个位元件的组合也可以把位元件组合为字，进行数值处理，即可用 Kn+起始位软元件的地址来表示，其中 n 表示以 4 为单位的软元件组，如 K2Y000 表示 Y000～Y007 软元件组成的 8 位数据，K4M100 表示 M100～M115 组成的 16 位数据，16 位数据时可以指定 n 为 1～4，32 位时可以指定 n 为 1～8。

13. 字位（D□. b 即字元件中的位）

字位是字元件（数据寄存器 D）中的位，可以作为位元件使用，字位是 FX3U 特有的功能，其表现形式为 D□.b，其中□是字元件的地址，b 为字元件的指定位数。如置位 D100 的 b15 位，可以用指令 "SET　D100.F" 表示。通常字位与普通的位元件使用方法相同，但其使用过程中不能进行变址操作。

14. 缓冲寄存器 BFM 字（U□\G□）

FX$_{2N}$ 系列和 FX$_{3U}$ 系列 PLC 读取缓冲寄存器均可采用 FROM 和 TO 指令实现，FX$_{3U}$ 系列 PLC 还可通过缓冲寄存器 BFM 字直接存取方式实现，其缓冲寄存器 BFM 字表现形式 U□\G□，其中 U□表示模块号，G□表示 BFM 号，如读取 0#模块 20#缓冲寄存器到 D0，可用指令 "MOV U0\G20 D0" 完成。

第三节　FX 系列 PLC 的基本指令

PLC 的优点之一是编程简单。虽然 PLC 的生产厂家和品牌不同，但大多使用梯形图和基本逻辑指令编程。

一、PLC 的梯形图

梯形图是由继电器-接触器控制系统变换而来的。梯形图通常有左右两条母线（有些品牌的 PLC 只有左母线），两母线之间连接着内部继电器常开、常闭触点的组合以及继电器线圈，形成一条条平行的逻辑行（称为梯级）。每个逻辑行必须以触点与左母线连接开始，以线圈与右母线连接结束。注意：与常规的继电器-接触器控制系统不同，PLC 梯形图中的继电器不是物理继电器，流过的电流也不是物理电流。梯形图表示的只是控制电路逻辑。当继电器线圈得电时，其状态为"1"，反之为"0"。

梯形图可以通过图形编程器编程，也可以通过转换器在个人计算机上编程，再由连接电缆送到 PLC。小型 PLC 使用手持编程器，用助记指令编程。

二、基本逻辑指令

PLC 的指令是将梯形图中各种逻辑关系以规定指令表示的一种方式。它的组成格式是

步序　　指令　　操作数(元件号)

有些指令带两个或两个以上操作数。以下是 FX 系列的基本指令。

1. LD、LDI、OUT 指令

LD（取）：将常开触点与左母线连接，它是逻辑运算的起始，其逻辑操作元件有 X、Y、M、S、T、C。

LDI（取反）：将常闭触点与左母线连接，它也是逻辑运算的起始，其逻辑操作元件有 X、Y、M、S、T、C。

OUT（输出）：它是逻辑运算的结果，用于驱动线圈，操作元件有 Y、M、S、T、C。

上述指令的用法，如图 4-19 所示。

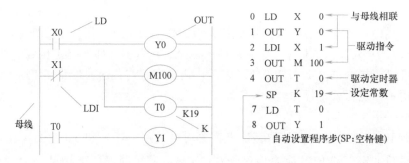

图 4-19　LD、LDI 和 OUT 指令的用法

说明：OUT 指令对输入继电器不能使用。OUT 指令可以多次并行输出（如 OUT M101、OUT T0），定时器或计数器线圈在 OUT 指令后要设定常数 K，常数 K 后紧接数字。

2. AND、ANI 指令

AND（与）：串联常开触点，操作元件有 X、Y、M、S、T、C。

ANI（与非）：串联常闭触点，操作元件有 X、Y、M、S、T、C。

上述指令用法如图 4-20 所示。

说明：用 AND、ANI 指令串联触点，个数没有限制，指令可重复多次使用。线圈 OUT M101 之后用 AND、ANI 指令再输出线圈，这种方式称为纵接输出。如果顺序不乱，可多次

重复。但如果顺序相反，则会出现语法错误，需用到后面介绍的 MPS 指令来解决。

图 4-20 AND、ANI 指令的用法

3. OR、ORI 指令

OR（或）：并联常开触点，操作元件有 X、Y、M、S、T、C。

ORI（或非）：并联常闭触点，操作元件有 X、Y、M、S、T、C。

上述指令用法如图 4-21 所示。

说明：OR、ORI 指令是用于单个触点的并联指令。它是指从当前步开始，对前面的 LD、LDI 指令并联（即从当前步把触点与左母线相联），此命令允许触点多次并联。

4. ORB 指令

ORB（电路块或）：并联一个串联电路，无操作元件。ORB 指令用法如图 4-22 所示。

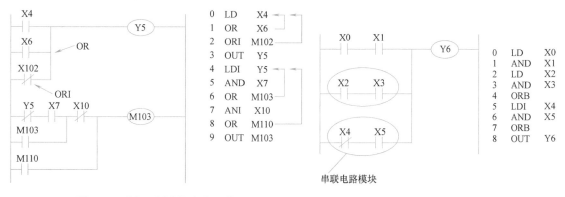

图 4-21 OR、ORI 指令的用法   图 4-22 ORB 指令的用法

说明：两个以上触点串联构成串联电路块。串联电路块作并联连接时，每一分支开始均用 LD、LDI 指令，分支结束用 ORB 指令，ORB 无操作元件。

5. ANB 指令

ANB（电路块与）：串联一个并联电路，无操作元件。ANB 指令用法如图 4-23 所示。

说明：由若干个分支电路构成的电路称为并联电路块。并联电路块在电路中作串联连接时，可以把它看成一单元。每一并联分支电路起始点用 LD、LDI 指令，结束点用

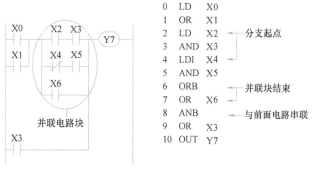

图 4-23 ANB 指令的用法

ORB 指令（相当于并联一串联电路块），并联触点只用 OR 指令。并联电路块结束，使用 ANB 指令，表示与前面电路串联。

6. MPS、MRD、MPP 指令

这是一组多重输出电路的指令。

MPS：进栈，将 PLC 的程序执行到 MPS 指令为止时，所进行逻辑运算的状态进栈保留。

MRD：读栈，读出用 MPS 指令记忆的状态，并不改变栈中的状态。

MPP：出栈，读出用 MPS 指令记忆的状态，并清除栈顶层的状态。使用这组指令，可将输出的连接点先存储起来，可用于多重输出电路。

FX 系列可编程序控制器有 11 个可存储运算中间结果的存储器，称为栈存储器。使用一次 MPS 指令，当前的运算结果推向栈的顶层，先推入的数据依次向栈的下一层推移。使用 MPP 指令，各数据向上一层推移，最上层的数据在读出后就从栈内消失。MRD 是读出最上层的最新数据的专用指令。使用 MRD 指令，栈内数据不发生上下推移。这些指令都没有操作元件。

简单电路（一层栈）的指令用法如图 4-24 所示。

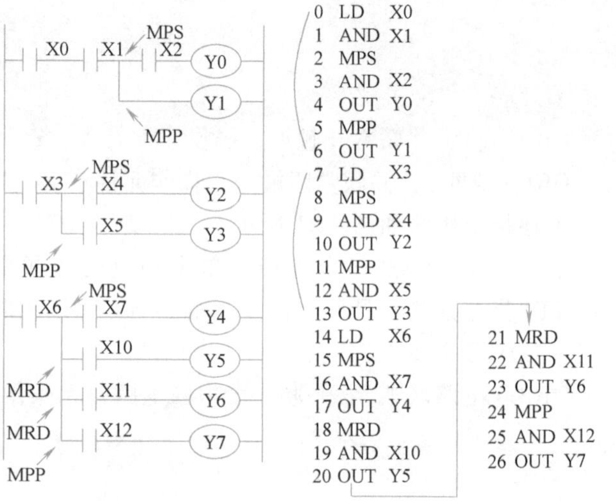

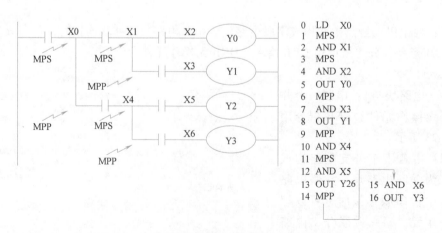

图 4-24　一层栈 MPS、MRD、MPP 指令的用法

说明：对于简单的多重输出电路，进栈（首次输出）时用 MPS 指令，出栈（末项输出）用 MPP 指令，中间项输出用读栈 MRD 指令。

对于复杂的多重输出电路，例如二层栈或更多层栈，先存储首个输出连接点，再存储下一个输出连接点。图 4-25 所示为二层栈 MPS、MRD、MPP 指令的用法，由此可类推到多层栈输出。

```
0  LD   X0
1  MPS
2  AND  X1
3  MPS
4  AND  X2
5  OUT  Y0
6  MPP
7  AND  X3
8  OUT  Y1
9  MPP
10 AND  X4
11 MPS
12 AND  X5
13 OUT  Y26
14 MPP
15 AND  X6
16 OUT  Y3
```

图 4-25　二层栈 MPS、MRD、MPP 指令的用法

对于复杂的电路，除了有多重输出之外，在输出电路上还有并联或串联支路。这时，可联合使用 MPS、MRD、MPP 以及 ANB、ORB 指令，如图 4-26 所示。

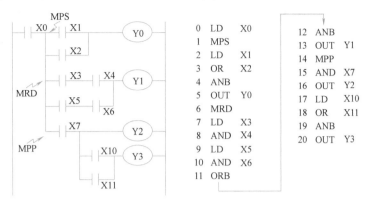

图 4-26　多重输出指令与 ANB、ORB 指令联合使用示例

7. MC、MCR 指令

MC（主控）：主控电路块起点，操作数 N（嵌套层数，0～7 层），操作元件为 Y、M。

MCR（主控复位）：主控电路块终点，操作数 N（嵌套层数，0～7 层）。主控指令相当于继电器-接触器控制中的主控接点。指令用法如图 4-27 所示。

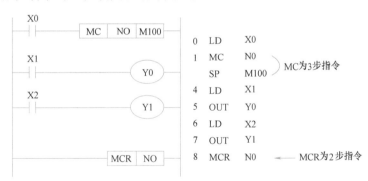

图 4-27　MC、MCR 指令的用法

说明：输入触点 X0 接通时，驱动 MC 指令母线移到 MC 触点之后，执行 MC 与 MCR 之间的指令。之后，执行 MCR 指令，母线返回。MC、MCR 指令必须成对使用。

当输入 X0 断开时，MC、MCR 之间的元件，有些保持当前状态，如积算定时器、计数器及用 SET/RST 指令驱动的元件；有些变成断开状态，如非积算定时器、用 OUT 指令驱动的元件。

MC、MCR 指令可以嵌套。嵌套级 N 的编号对主控指令 MC 应按程序顺序由小到大顺次增大，主控返回指令 MCR 应由大到小顺次减少，形成嵌套，如图 4-28 所示。

8. SET、RST 指令

SET（置位）：令元件自保持 ON，操作元件有 Y、M、S。

RST（复位）：令元件自保持 OFF，操作元件有 Y、M、S、D。

指令用法如图 4-29a 所示。

说明：对继电器 Y、M、S 可以使用 SET、RST 指令，但对数据寄存器 D，只能用 RST

指令使其清零。图中一旦输入 X0 接通，Y0 置 1 保持接通状态，一直到输入 X1 接通，Y0 才复位断开，而不管 X0 是否再断开或再接通，因此 SET、RST 指令常用于一些自保持电路的控制。

9. 计数器、 定时器的 OUT、RST 指令

OUT（输出）：驱动计数器、定时器线圈，操作元件有 T、C。

RST（复位）：复位输出触点，当前数据清零。操作元件有 T、C。

计数器、定时器的 OUT、RST 命令用法如图 4-29b 所示。

说明：输入点 X0 及 X3 接通后，定时器 T246 及计数器 C200 分别复位（或当前值变为 0）。接通 X1，T246 接收 lms 时钟脉冲并计数，当到达 1234 时，Y0 动作。C200 是做增计数或减计数，用 M8200 通断决定。接通 X4，当 C200 的当前值与数据寄存器 D0 存储数值相同时，Y1 动作。

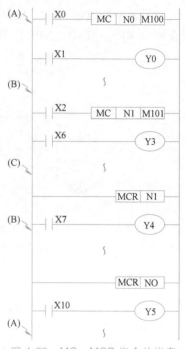

图 4-28　MC、MCR 指令的嵌套

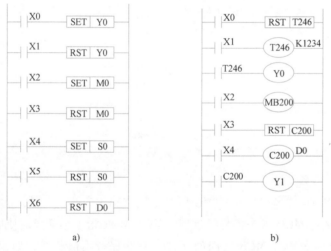

a)　　　　　　　　b)

图 4-29　SET、RST 和 OUT 指令的用法

10. PLS、PLF 指令

PLS（上升沿脉冲）：上升沿微分输出，操作元件为 Y、M。

PLF（下降沿脉冲）：下降沿微分输出，操作元件为 Y、M。

在控制程序中，当某个继电器需要产生一个扫描周期的脉冲来复位或作其他用途时，用 PLS、PLF 指令。特殊继电器不能作为 PLS 和 PLF 的操作元件。指令的用法如图 4-30 所示。

11. NOP 指令

NOP（空操作）：无动作，无操作元件。

NOP 又称为不处理指令。它虽然不进行操作，但在编程中当需要修改或增加指令时，可以用 NOP 指令预留空位或填补空位，也可用来达到修改程序的目的。注意：如将 LD、LDI、ANB、ORB 等指令换成 NOP 指令，电路将产生大幅度变化，可能使电路出错。

12. END 指令

END（结束）：表示程序结束，执行输出处理，无操作元件。

PLC 能重复地进行输入处理，执行程序和输出处理。如果程序结束时写入 END 指令，当执行到该指令时，立即执行输出处理，而不再执行 END 后面的程序。

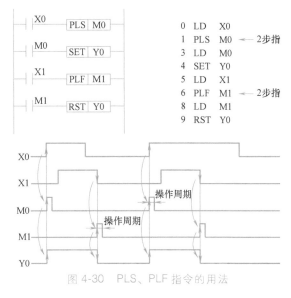

图 4-30　PLS、PLF 指令的用法

END 指令也可用来调试检查程序。如果在每个程序块的末尾写上"END"，则可依次检查每一程序块的运行情况。注意：检查完毕之后，要依次删去中间的各 END 指令。

第四节　应用基本指令编程

一、梯形图和基本指令编程的基本要求

利用梯形图和基本指令编程，要符合编程的一些规则。

1. 触点不能放在执行类指令的右边

梯形图中每一逻辑行从左到右排列，以触点与左母线连接开始，以线圈（执行类指令）与右母线连接结束（有些梯形图可省去右母线）。触点不能放在执行类指令的右边，如图 4-31 所示。

2. 触点使用次数不限

触点可以用于串行线路，也可用于并行线路。所有输出都可以作为辅助继电器使用。

3. 梯形图中线圈不能重复驱动

在梯形图中，线圈不能重复驱动，否则只有最下面一个驱动有效，而使控制功能发生变化。重复驱动线圈错误梯形图如图 4-32 所示。但在有程序流程控制的程序中允许重复驱动，条件是重复驱动线圈不能在同一个扫描周期被扫描。

4. 梯形图中不能有垂直触点

电气控制电路中，垂直触点是允许的，但 PLC 的指令系统不能表达垂直触点的逻辑关系，图 4-33a 所示为错误画法。因此有垂直功能逻辑的电路应该进行转化后指令才可以正确地表达其关系。图 4-33b、c 所示的梯形图的触点都在水平线上，满足图 4-33a 所描述的功能要求。

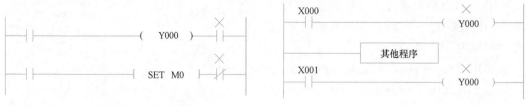

图 4-31　触点不能放在执行类指令的右边　　　图 4-32　梯形图中线圈不能重复驱动

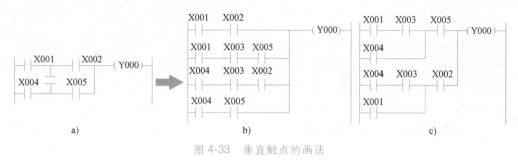

图 4-33　垂直触点的画法

a）含有垂直触点的梯形图　b）、c）改正后的梯形图

5. 串联的并联块往左移

在一个串联回路中如果有并联块，则应将其直接连接到左母线上，直接串联的触点往后移，如图 4-34 所示。如果回路中均是并联块，则不需移动，摆放的顺序无限制。

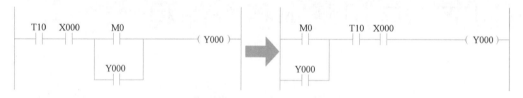

图 4-34　串联的并联块左移

6. 并联的串联块往上移

在一个并联回路中，如果有多个触点串联的块存在，则将串联块向上移动，单一的并联触点往下移动，如图 4-35 所示。如果回路中均是串联块，则不需移动，摆放的顺序无限制。

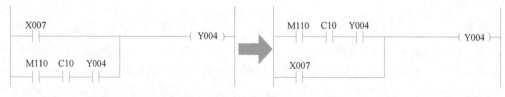

图 4-35　并联的串联块上移

7. 注意回路的顺序

由可编程序控制器的工作原理可知，可编程序控制器指令执行的过程是串行执行的过程，因此指令的放置顺序将有可能影响输出的结果，在编写程序的时候需要注意，如图 4-36 所示，两段程序是完全一样的程序，只是摆放的顺序不同，最终的执行结果是不一样的。

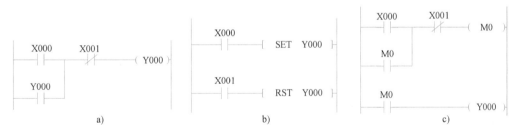

图 4-36　程序编写顺序与执行结果实例

8. 注意指令的使用次数

有些指令在程序中有使用次数的限制，如果超出使用次数限制，程序结果有可能会出现异常情况。逻辑指令的次数限制是：LD、LDI 指令连续使用（无执行类指令）最多 8 次，MPS、MPP 指令的使用数量差 <11 次，MC、MCR 指令嵌套时最多 8 次，END 指令 1 次。

二、常用基本程序

1. 起-保-停程序

将异步电动机直接起停控制电路转换为相应的 PLC 梯形图程序，即构成可编程序控制中的起-保-停程序。梯形图程序如图 4-37 所示，X000：起动按钮；X001：停止按钮。图 4-37 中三个电路均为起-保-停电路，图 4-37a 中起动是 X000，保持是 Y000 的常开触点，停止是 X001，构成起-保-停程序。图 4-37b 中保持是由 SET 指令来实现的。图 4-37c 中保持是由辅助继电器来实现的，这种方式是程序中最常见的方式，在控制程序中用于设置运行标志等。

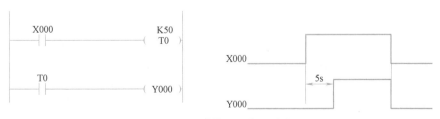

图 4-37　起-保-停基本电路梯形图程序

a）梯形图 1（OUT 指令）　b）梯形图 2（SET，RST 指令）　c）梯形图 3（借助辅助继电器）

2. 延时接通程序（通电延时）

1）接通开关 X000，延时 5s 后输出继电器 Y000 接通，PLC 程序及时序图如图 4-38 所示。

图 4-38　延时接通程序及时序图

2）按下起动按钮 X000，延时 5s 后输出继电器 Y000 接通；当按下停止按钮 X001 后，输出 Y000 断开，PLC 程序及时序图如图 4-39 所示。

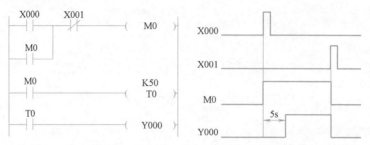

图 4-39 有锁定功能的延时接通程序及时序图

图 4-39 所示的电路中使用按钮起动定时器，因此在程序中使用了辅助继电器起-保-停电路，使定时器线圈能保持通电。

3. 延时断开程序（断电延时）

1）输入信号 X000 接通后，输出继电器 Y000 马上接通，当 X000 断开后，输出延时 5s 后断开，PLC 程序及时序图如图 4-40 所示。

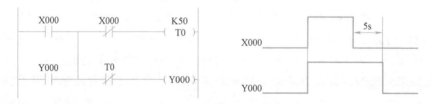

图 4-40 延时断开程序及时序图

2）延时断开定时器。PLC 的定时器都是延时闭合的。有些时候需要延时断开动作。图 4-41a、b 分别为延时断开定时器梯形图和指令语句程序。图 4-41c 为输入 X1 和输出 Y1 的时序关系。从图中可见，当输入 X1 断开之后，输出 Y1 延时 20s 断开。

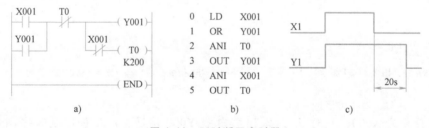

图 4-41 延时断开定时器
a）梯形图 b）程序 c）X1 与 Y1 的时序关系

4. 延时接通并延时断开程序

X000 控制输出继电器 Y000，要求在 X000 连续接通 9s 后，Y000 为 ON，然后 X000 断开 7s 后，Y000 为 OFF，其 PLC 程序及时序图如图 4-42 所示。

5. 长延时程序

FX3U、FX2N 系列 PLC 的定时器均为 16 位定时器，若直接定时，其定时最长时间为 3276.7s，若需要定时更长时间，则要采用长延时电路。下面介绍长延时程序。

（1）多个定时器组合 用 FX3U、FX2N 系列 PLC 实现 5000s 的延时程序如图 4-43 所示。

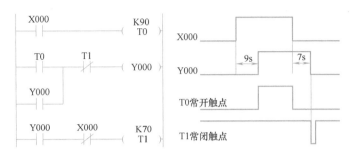

图 4-42 延时接通并延时断开程序及时序图

（2）定时器与计数器的组合　利用定时器的组合，可以实现大于 3276.7s 的定时，但更长时间定时（如几万秒甚至更长的定时）则需要较多的定时器，电路也变得复杂，可以采用定时器与计数器的组合来实现。

当 X000 接通后，延时 20000s 输出继电器 Y000 接通；当 X000 断开后，输出继电器 Y000 断开，程序及时序图如图 4-44 所示。

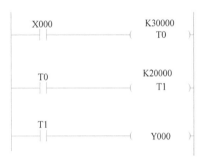

图 4-43 延时 5000s 的梯形图程序

（3）两个计数器组合　PLC 内部的特殊辅助继电器提供了四种时钟脉冲：10ms（M8011）、100ms（M8012）、1s（M8013）和 1min（M8014），可利用计数器对这些时钟脉冲计数实现长延时的功能。

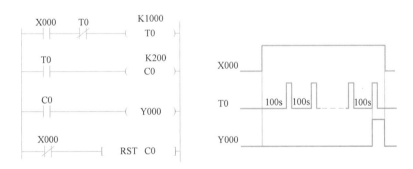

图 4-44 定时器与计数器组合程序及时序图

如当 X000 接通后，延时 50000s 输出继电器 Y000 接通；当 X000 断开后，输出继电器 Y000 断开，程序及时序图如图 4-45 所示。

6. 顺序延时接通程序

当 X000 接通后，输出端 Y000、Y001、Y002 按顺序每隔 10s 输出接通，用三个定时器 T0、T1、T2 设置不同的定时时间，可实现按顺序先后接通。当 X000 断开后，输出同时停止。程序及时序图如图 4-46 所示。

7. 顺序循环接通程序

当 X000 接通后，Y000~Y002 三个输出端按顺序各接通 10s，如此循环直至 X000 断开后，三个输出全部断开，程序及时序图如图 4-47 所示。

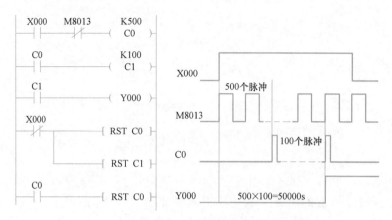

图 4-45　用计数器延时 50000s 程序及时序图

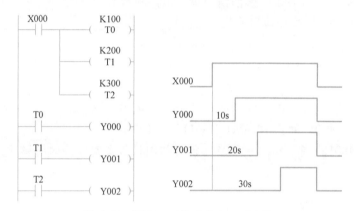

图 4-46　顺序延时接通程序及时序图

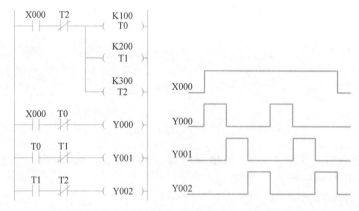

图 4-47　顺序循环接通程序及时序图

8. 脉冲发生电路 (振荡电路)

设计频率为 1Hz 的脉冲发生器，要求占空比为 1，即输入信号 X000 接通后，输出 Y000 产生 0.5s 接通、0.5s 断开的方波，程序和时序图如图 4-48 所示。

9. 二分频程序

输入端 X000 输入一个频率为 f 的方波，要求输出端 Y000 输出一个频率为 $f/2$ 的方波，

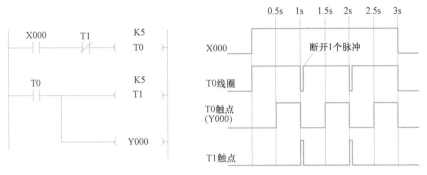

图 4-48　脉冲发生电路及时序图

图 4-49 所示为一个基本指令二分频程序及其时序图。

　　由于 PLC 程序是按顺序执行的，图 4-49 中当 X000 的上升沿到来时，M0 接通一个扫描周期，此时 M1 线圈不会接通，Y000 线圈接通并自锁，而当下一个扫描周期时，虽然 Y000 是接通的，但此时 M0 已经断开，所以 M1 也不会接通，直到下一个 X000 的上升沿到来时，M1 才会接通，并把 Y000 断开，从而实现二分频。

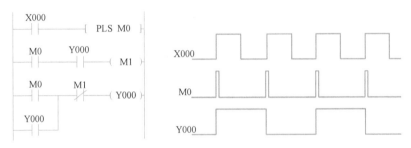

图 4-49　二分频程序及时序图

第五节　GX Developer 编程软件应用

　　三菱 PLC 编程软件有多个版本，包括早期的 FXGP/DOS 和 FXGP/WIN-C 及现在常用的 GPP For Windows 和 GX Developer（简称 GX）。实际上 GX Developer 是 GPP For Windows 的升级版本，相互兼容，但界面更友好、功能更强大、使用更方便。

　　这里介绍 GX Developer Version 8.52E（SW8D5C.GPP-C）版本，它适用于 Q 系列、QnA 系列、A 系列以及 FX 系列 PLC 等。GX 编程软件可以编写梯形图程序和状态转移图程序（全系列），它支持在线和离线编程功能，并具有参数设置、软元件注释、声明、注解及程序监视、测试、故障诊断、程序检查等功能。此外，它具有突出的运行写入功能，而不需要频繁操作 STOP/RUN 开关，方便程序调试。

　　GX 编程软件可在 Windows 操作系统中运行，该编程软件简单易学，有直观形象的视窗界面。此外，GX 编程软件可直接设定 CC-link 及其他三菱网络的参数，能方便地实现监控、故障诊断、程序的传送及程序的复制、删除和打印等功能。下面介绍 GX 编程软件的使用方法。

一、GX 编程软件的安装

首先进入 GX 安装目录，找到目录中的 EnvMEL 子目录，进入该子目录，执行该目录下的 Setup. exe，打开安装 GX 软件的运行环境。

退出 EnvMEL 子目录，回到 GX 安装目录，执行该目录下的 Setup. exe，在该安装向导下输入相关信息及序列号，完成安装。

二、GX 编程软件的使用

在计算机上安装好 GX 编程软件后，运行 GX 软件，其界面如图 4-50 所示。

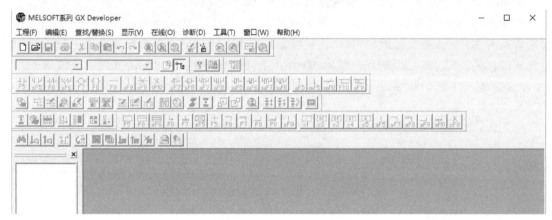

图 4-50　运行 GX 后的界面

可以看到，该窗口编辑区域是不可用的，工具栏中除了新建和打开按钮可见以外，其余按钮均不可见，单击图 4-50 中的 ☐ 按钮，或执行"工程"菜单中的"创建新工程"命令，可创建一个新工程，出现如图 4-51a 所示对话框。

图 4-51　创建新工程

a）建立新工程对话框　b）选择 PLC 系列　c）选择 PLC 类型

如图 4-51b、c 所示，选择 PLC 所属系列和类型，此外设置项还包括程序的类型，即梯形图或 SFC，在此选择梯形图，并设置文件的保存路径和工程名称等。注意：PLC 系列和PLC 类型两项是必须设置项，且须与所连接的 PLC 一致，否则程序将可能无法写入 PLC。

设置好上述各项后单击"确定"，出现如图 4-52 所示的窗口，即可进行程序的编制。

图 4-52 GX Developer 软件界面

（1）菜单栏 GX 编程软件的菜单栏有 10 个菜单项。"工程"菜单可执行工程的创建、打开、关闭、删除和打印等；"编辑"菜单提供图形程序（或指令）编辑的工具，如复制、粘贴、插入行（列）、删除行（列）、画连线和删除连线等，此外还可在"文档生成"子菜单下进行注释、注解、申明的编辑；"查找/替换"菜单主要用于查找/替换设备、指令等；"变换"菜单下的执行命令只在梯形图编程方式可见，程序编好后，需要将图形程序转化为系统可以识别的指令，因此需要进行变换才可存盘、传送等；"显示"菜单用于梯形图与指令之间切换，注释、申明和注解的显示或关闭等；"在线"菜单主要用于实现计算机与 PLC 之间程序的传送、监视、调试及检测等；"诊断"菜单主要用于 PLC 诊断、网络诊断及 CC-1ink 诊断，属于 PLC 联机状态下的操作；"工具"菜单主要用于程序检查、参数检查、数据合并、参数清除、ROM 传送、IC 存储卡读写等，属于非联机状态下的操作；"窗口"菜单主要是对开发界面窗口显示进行设置、切换；"帮助"菜单主要用于查阅各种出错代码、特殊软元件分配等功能。

（2）工具栏 工具栏分为主工具、图形编辑工具、视图工具等，它们在工具栏的位置是可以拖动改变的。主工具栏提供文件新建、打开、保存、复制和粘贴等功能；图形工具栏只在图形编程时才可见，提供各类触点、线圈和连接线等图形；视图工具可实现屏幕显示切换，如可在主程序、注释、参数等内容之间实现切换，也可实现屏幕放大/缩小和打印预览等功能。此外工具栏还提供程序的读/写、监视、查找和程序检查等快捷执行按钮。

（3）编辑区 编辑区是程序、注解、注释和参数等的编辑区域。

（4）工程数据列表 以树状结构显示工程的各项内容，如程序、软元件注释和参数等。

（5）状态栏 显示当前的状态，如鼠标所指按钮功能提示、读写状态、PLC 类型等内容。

三、梯形图程序的编制

下面介绍用 GX 编程软件在计算机上编制如图 4-53 所示的梯形图程序的操作步骤。

在用计算机编制梯形图程序之前，首先单击图 4-54 程序编制窗口中的 ![] 按钮或按功能键<F2>，进入写模式（查看状态栏），然后单击图 4-54 中的 ![] 按钮，选择梯形图显示，即程序在编辑区中以梯形图的形式显示。再选择当前编辑的区域，如图 4-54 中的当前编辑区位置，当前编辑区为蓝色框。

图 4-53 梯形图

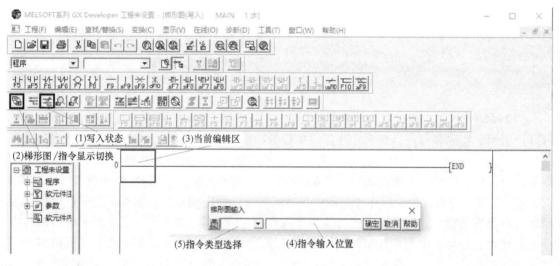

图 4-54 程序编制窗口

梯形图的绘制有两种方法，一种方法是用键盘操作，即通过键盘输入完整的指令，如在图 4-54 中的指令输入位置输入 L→D→空格→X→000→回车（或单击"确定"），则 X000 的常开触点就在编写区中显示出来，蓝色编辑框自动后移，然后再输入 ANI X001、OUT Y000，再将蓝色编辑框定位在 X000 触点下方，输入"0R Y000"，即绘制出如图 4-53 所示的图形。梯形图程序编制完后，在写入 PLC 之前，必须进行变换，单击图 4-55 中"变换"菜单下的"变换"命令，或直接按<F4>完成变换，此时编辑区不再是灰色状态，可以存盘或传送。

注意：输入的时候要注意阿拉伯数字 0 与英文字母 O 的区别以及空格的问题。

另一种方法是用鼠标和键盘操作，即用鼠标选择工具栏中的图形符号，再键入其软元件和软元件号，输入完毕按回车键即可。

图 4-56 所示的程序中有时间继电器、计数器线圈及功能指令的梯形图。如用键盘操作，

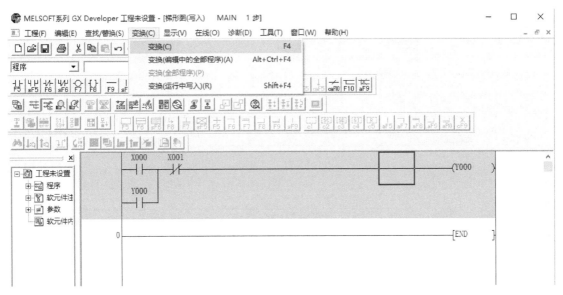

图 4-55　程序变换前的画面

则在图 4-54 中的指令输入位置输入 L→D→空格→X→000→回车，输入 OUT→空格→T0→空格→K100→回车；用鼠标单击 F10 按钮，在 X000 右侧插入一条竖线，在竖线右下方输入 OUT→空格→C0→空格→K6→回车；再在 X000 右侧下方延长 | 线（插入一条 | 线），然后输入 MOV→空格→K20→空格→D10→回车。如用鼠标和键盘操作，则选择对应的图形符号，再键入软元件及其软元件号（以及定时器、计数器参数），再按回车键，依次完成所有指令的输入。

```
        X000                                                K100
   0 ──┤├─────────────────────────────────────────────────  T0

                                                             K6
     ───────────────────────────────────────────────────    C0

     ──────────────────────────────────────┤  MOV   K20   D10  ├
```

图 4-56　时间继电器、计数器、功能指令的输入

四、使用指令方式编制程序

使用指令方式编制程序即直接输入指令的编程方式，并以指令的形式显示。对于图 4-53 所示的梯形图，其指令表程序在屏幕上的显示如图 4-57 所示。输入指令的操作与上述介绍的用键盘输入指令的方法完全相同，只是显示不同。指令表程序不需变换，且可在梯形图显示与指令表显示之间切换（ALT+F1）。

五、程序的传送

程序编制完毕后，将程序写入到 PLC 的 CPU 中，或将 PLC 中 CPU 的程序读到计算机中，一般需要以下几步：

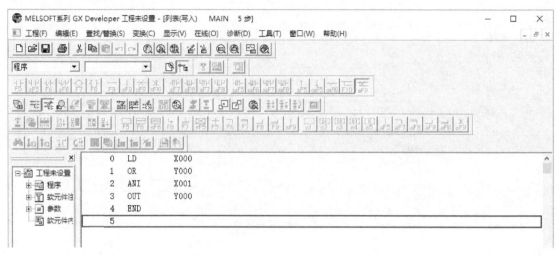

图 4-57　指令方式编制程序

1）PLC 与计算机的连接。正确连接计算机（已安装好 GX 编程软件）和 PLC 的编程电缆（专用电缆），特别是 PLC 端口方向，按照通信接口针脚排列方向轻轻插入，不要弄错方向或强行插入，否则容易造成接口损坏。

2）进行通信设置。程序编制完后，单击"在线"菜单中的"传输设置"，双击"PCI/F"右侧的图标，出现如图 4-58 所示的窗口，在"PCI/F"中需要设置连接端口的类型、端口号、传输速度，单击"确认"。

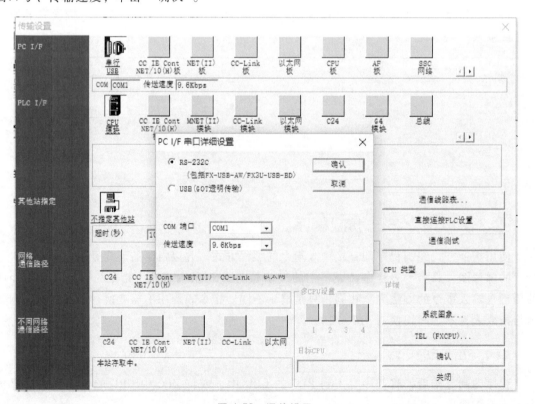

图 4-58　通信设置

3）程序写入/读出。程序写入到 PLC，单击"在线"菜单中的"写入 PLC"，则出现如图 4-59 所示的窗口，在出现的窗口中选中主程序（参数、注释），再单击"执行"并按向导完成操作。若要读出 PLC 程序，其操作与程序写入操作相似。

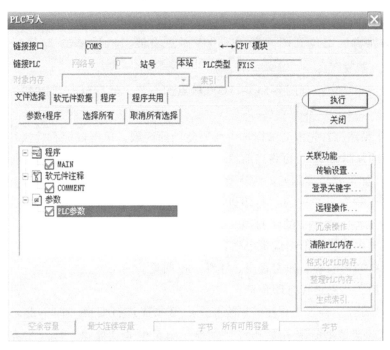

图 4-59　程序写入

六、编辑操作

（1）删除、插入　删除、插入操作可以是一个图形符号，也可以是一行，还可以是一列（END 指令不能被删除），其操作有如下几种方法：

1）将当前编辑区（蓝色框）定位到要删除、插入的图形处，单击鼠标右键，在快捷菜单中选择需要的操作。

2）将当前编辑区（蓝色框）定位到要删除、插入的图形处，在"编辑"菜单中执行相应的命令。

3）将当前编辑区（蓝色框）定位到要删除的图形处，然后按键盘上的<Del>键，即可将其删除。

4）若要删除某一段程序，可拖动鼠标选中该段程序，然后按键盘上的<Del>键，或执行"编辑"菜单中的"删除行"，或"删除列"命令。

5）按键盘上的<Insert>键，使屏幕右下角显示"插入"，然后将光标移到要插入的图形处，输入要插入的指令即可。

（2）修改　若发现梯形图有错误，可进行修改操作。如将图 4-55 中的 X001 常闭改为常开。首先按键盘上的<Insert>键，使屏幕右下角显示"插入"，然后将当前编辑区定位到要修改的图形处，输入正确的指令即可。若再将 X001 常开改为 X002 的常闭，则可在该位置输入"LDI X002"或"ANI X002"，即可将原来错误的程序覆盖。

（3）删除、绘制连线 如将图4-55中X000右边的竖线去掉，在X001右边加一竖线，其操作如下：

1）将当前编辑区置于要删除的竖线右上侧，即选择删除连线。然后单击 按钮，再回车即删除竖线。

2）将当前编辑区定位到图4-55中X001触点右侧，然后单击 按钮，再回车即在X001右侧添加一条竖线。

3）将当前编辑区定位到图4-55中Y000触点的右侧，然后单击 按钮，再回车即添加一条横线。

（4）复制、粘贴 首先拖动鼠标选中需要复制的区域，单击鼠标右键执行复制命令（或"编辑"菜单中的复制命令），再将当前编辑区定位到要粘贴的区域，执行复制命令即可。

（5）打印 如果要将编制好的程序打印出来，可按以下步骤进行：

1）单击"工程"菜单中的"打印机设置"，设置连接的打印机。

2）执行"工程"菜单中的"打印"命令。

3）在选项卡中选择梯形图或指令列表。

4）设置要打印的内容，如主程序、注释、申明等。

5）设置好后，可以进行打印预览。

（6）保存、打开工程 当程序编制完毕后，必须先进行变换（即单击"变换"菜单中的"变换"），然后单击 按钮或执行"工程"菜单中的"保存"或"另存为"命令。系统会提示（如果新建时未设置）保存的路径和工程的名称，设置好路径和键入工程名称再单击"保存"即可。当需要打开保存在计算机中的程序时，单击 按钮，在弹出的窗口中选择已保存的驱动器和工程名称再单击"打开"即可。

（7）其他功能 如要执行单步执行功能，单击"在线"→"调试"→"单步执行"，可以使PLC一步一步地按程序步执行，从而判断程序是否正确。执行在线修改功能可单击"工具"→"选项"→"运行时写入"，然后根据对话框进行操作，可在线修改程序。此外还可改变PLC的型号、梯形图逻辑测试等。

第六节 编程实例

编写程序时，要根据控制对象或生产过程的输入/输出总量选择适当的PLC型号。看其I/O点数是否大于（或等于）控制过程的输入/输出量数目以及PLC的功能是否满足控制过程的需要。

一、三相异步电动机的Υ-△减压起动电路

图4-60a所示为Υ-△减压起动电路，图4-60b所示为选取FX系列PLC的输入输出，图4-60c所示为梯形图，图4-60d所示为程序命令。

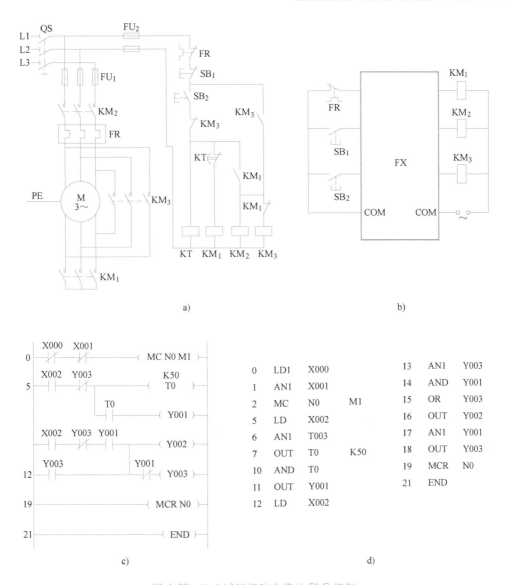

图 4-60 Y-△ 减压起动电路的 PLC 控制

a）Y-△ 起动电路　b）PLC 的输入输出　c）梯形图　d）程序表

二、三台电动机顺序起动的控制

用 PLC 编程取代继电控制，不一定是电路的"直译"，而是控制电路的逻辑变换。图 4-61a 所示为三台电动机顺序起动控制的继电控制电路图，依据其逻辑关系：

$$KM_1 = \overline{SB_0}(SB_1 + KM_1)$$

$$KM_2 = \overline{SB_0}(SB_2 + KM_2)KM_1$$

$$KM_3 = \overline{SB_0}(SB_3 + KM_3)KM_2$$

得出梯形图如图 4-61b 所示。图中符号对应关系为 $SB_0 \rightarrow X000$，$SB_1 \rightarrow X001$，$SB_2 \rightarrow X002$；$KM_1 \rightarrow Y001$，$KM_2 \rightarrow Y002$，$KM_3 \rightarrow Y003$。

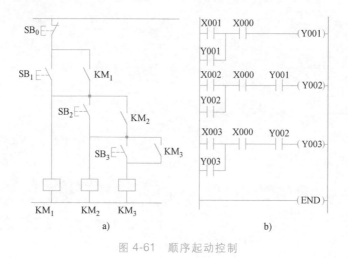

图 4-61 顺序起动控制

三、交通信号灯的控制

对交通信号灯的控制主要是进行时间和联锁控制。设有一交通信号灯安排如图 4-62 所示。

（1）控制要求 南北向绿灯和东西向绿灯不能同时亮。

南北向红灯亮 25s，与此同时东西向绿灯亮 20s，之后闪亮 3s 熄灭。东西向绿灯熄灭的同时，东西向黄灯亮 2s。到 2s 时，东西向黄灯熄灭、东西向红灯亮，与此同时南北向红灯熄灭，南北向绿灯立即亮。

东西向红灯亮 30s，与此同时南北向绿灯亮 25s，之后闪亮 3s 熄灭，同时南北向黄灯亮 2s 后熄灭。南北向红灯立即亮，东西向绿灯同时亮。

该交通信号灯的控制以 55s 为一周期，其时序要求如图 4-63 所示。

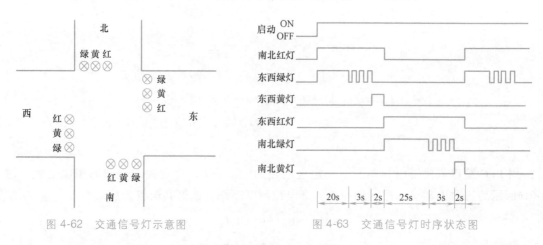

图 4-62 交通信号灯示意图 　　　图 4-63 交通信号灯时序状态图

（2）I/O 安排 用刀开关 SB₀ 作起动控制，用 Y0~Y6 控制东西南北方向的黄、绿、红灯，如图 4-64 所示。

（3）梯形图 梯形图如图 4-65 所示。当合上起动开关 X0 时，线圈 Y2 得电，南北红灯亮，同时由 Y4 控制的东西绿灯亮。维持 20s，T6 常开触点接通，东西绿灯闪亮计时。闪烁的控制由 T2 和 T3 组成的 1s 时钟脉冲振荡电路提供。Y3 作为发生南北向和东西向绿灯同时亮时报警用，以作紧急处理。

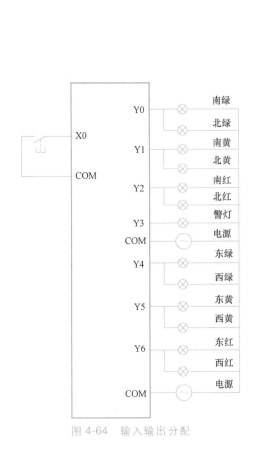

图 4-64 输入输出分配

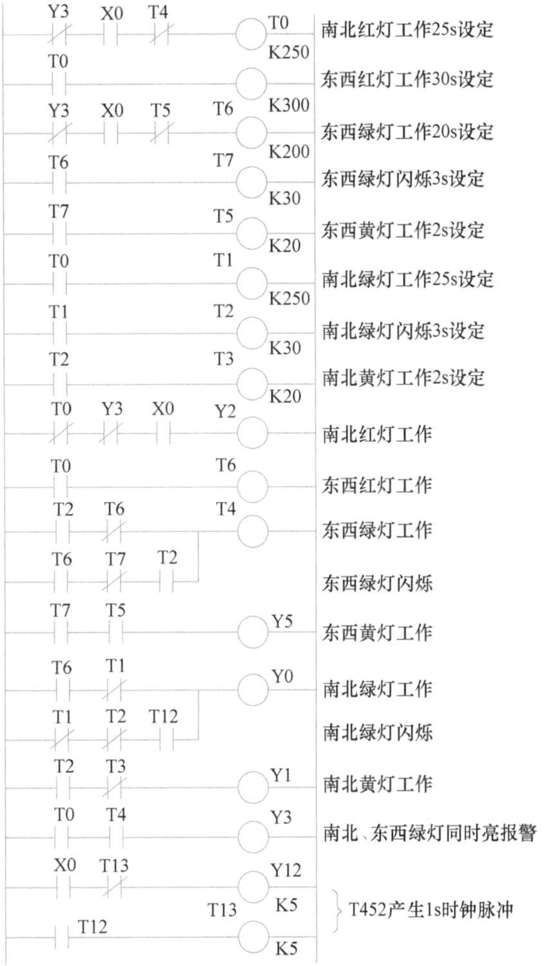

图 4-65 交通灯控制梯形图

四、电动机的正反转控制

1. 控制要求

用 PLC 基本逻辑编程指令编制电动机正、反转连续运转控制程序。按正转起动按钮，电动机正转，正转指示灯亮；按停止按钮，电动机停止，正转指示灯熄灭。按反转起动按钮，电动机反转，反转指示灯亮；按停止按钮，电动机停止，反转指示灯熄灭。热继电器动作，电动机停止运行，指示灯熄灭。电动机正、反转由两个接触器控制。

2. 完成内容

列出 I/O 分配并画出 I/O 接线图，编写控制程序并进行调试。

3. 改进功能

调试完毕后，将控制要求改为可以直接正、反转控制的程序。

4. 提供器材

FX$_{3U}$-48MR（FX$_{2N}$-48MR）PLC、AC 220V（380V）接触器 2 个、热继电器 1 个、电动

机 1 台、按钮 3 个、24V 指示灯 2 个。

5. PLC 程序（两台电动机的起停控制）

（1）控制要求　用 PLC 基本逻辑编程指令，编写两台电动机控制程序。按起动按钮 SB₁，电动机 M1 起动；按停止按钮 SB₂，电动机 M1 停止；按起动按钮 SB₃，电动机 M2 起动；按停止按钮 SB₄，电动机 M2 停止；M1、M2 不能同时运行（停止后才可以起动另一台电动机）。

（2）I/O 分配和 I/O 接线图　X001 为电动机 M1 起动按钮，X002 为电动机 M1 停止按钮，X003 为电动机 M2 起动按钮，X004 为电动机 M2 停止按钮，X005 为电动机 M1 热继电器，X006 为电动机 M2 热继电器，Y000 为电动机 M1 接触器 KM1，Y001 为电动机 M2 接触器 KM2。接线图如图 4-66 所示。

（3）控制程序　梯形图如图 4-67 所示。

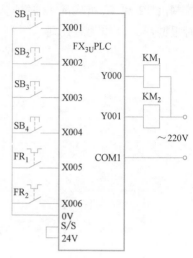

图 4-66　两台电动机的
起停控制接线图

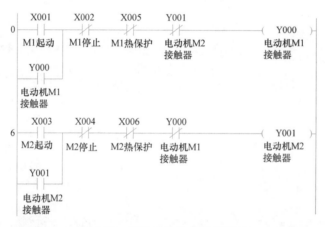

图 4-67　两台电动机的起停控制

五、数码管的控制

1. 控制要求

停止状态时数码管不显示；按起动按钮，数码管依次显示 A、B、C、D（显示为 A、B、C、D）四个字符，间隔 1s，依次循环；按停止按钮，停止显示。

2. 完成内容

列出 I/O 分配并画出 I/O 接线图，编写控制程序并进行调试。

3. 改进功能

将 A、B、C、D 四个字符显示改为 A、B、C、D、E、F 六个字符显示，依次循环，间隔 1s。

4. 提供器材

FX₃U-48MR（FX₂N-48MR）PLC、按钮 2 个、DC 24V 电源，共阳（阴）极数码管 1 只

（限流电阻 7×1.5kΩ）。

5. PLC 程序（数码管控制）

（1）控制要求　按起动按钮，数码管依次显示 1、2、3 然后停留，间隔 1s；按停止按钮停止显示。

（2）I/O 分配和 I/O 接线图　X020 为起动按钮，X021 为停止按钮，Y000～Y006 为数码管 a～g。接线图如图 4-68 所示。注意：数码管每一个段码回路中还应该串联 1.5kΩ 的电阻。

（3）控制程序　梯形图如图 4-69 所示。

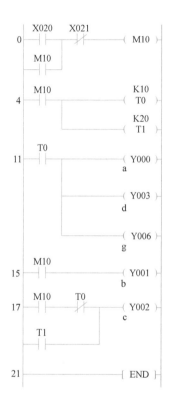

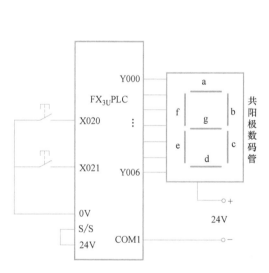

图 4-68　数码管控制接线图

图 4-69　数码管控制梯形图程序

思考题与习题

4-1　将图 4-70～图 4-73 的梯形图转换为指令表。

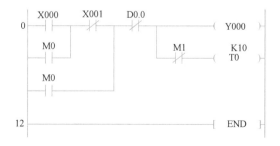

图 4-70　梯形图 1

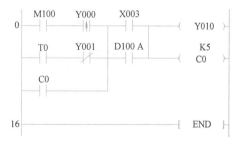

图 4-71　梯形图 2

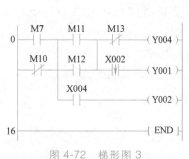

图 4-72 梯形图 3

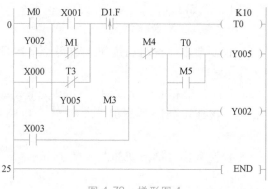

图 4-73 梯形图 4

4-2 将下列指令转换为梯形图。

1)

0	LD X001	11	OUT Y001
1	ANI Y002	12	LD Y000
2	OR M0	13	OR Y001
3	ANI X000	14	AND M0
4	OUT M0	15	OUT Y000
5	LD M0	16	ANI Y001
6	ANI Y002	17	OUT Y002
7	OUT T0 K50	18	END
10	ANI T0		

2)

0	LD X000	12	ANB
1	MPS	13	OUT Y001
2	LD X001	14	MPP
3	OR X002	15	AND X007
4	ANB	16	MPS
5	OUT Y000	17	LD X010
6	MRD	18	OR X011
7	LD X003	19	ANB
8	OR X004	20	OUT Y002
9	LD X005	21	MPP
10	AND X006	22	OUT Y003
11	ORB		

4-3 设计长延时程序。控制要求：设计一个 2h 的延时程序，当 X000 接通 2h 后，Y000 得电；当 X000 断开时，Y000 失电。用基本指令编写梯形图程序。

4-4 设计计数程序。控制要求：用 PLC 程序对饮料生产线上的盒装饮料进行计数（计数输入 X000），该饮料 16 盒/箱，每计数 16 次（1 箱）打包装置（Y000）动作 5s。用梯形图编写程序，写出指令。

4-5 设计电动机的控制程序。控制要求：有两台三相异步电动机 M1 和 M2，M1 起动后，M2 才能起动；M1 停止后，M2 延时 30s 后才能停止；M2 还可进行点动（与 M1 状态无关）。用基本指令编写梯形图程序。

4-6 设计响铃控制程序。控制要求：每按一次按钮，无论时间长短，均要求响铃 10s。输入信号 X000，输出信号 Y000。用梯形图编写程序，写出指令。

4-7 设计工作台自动往复控制程序。控制要求：正反转起动信号 X000、X001，停车信号 X002，左右限位开关 X003、X004，输出信号 Y000、Y001。要求程序中有互锁功能。用基本指令编写梯形图程序。

4-8 设计抢答器控制程序 1。控制要求：四个抢答台 A、B、C、D，当裁判员按下"开始抢答"按键，开始抢答指示灯亮，即可以进行抢答，优先抢中者对应的指示灯亮；裁判员按下"复位"按键，所有灯熄灭；抢答时，有 2s 指示灯报警。用梯形图编写程序，写出指令。

4-9 设计抢答器控制程序 2。控制要求：4 路抢答，实现优先抢答。用数码管显示抢中的台号。用梯形图编写程序，写出指令。

4-10 设计彩灯顺序控制系统程序。控制要求：A 亮 1s，灭 1s；B 亮 1s，灭 1s；C 亮 1s，灭 1s；D 亮

1s，灭 1s。A、B、C、D 亮 1s，灭 1s；循环三次。用梯形图编写程序，写出指令。

4-11 设计按钮计数控制程序。控制要求：按按钮三次，指示灯亮；再按两次，指示灯熄灭，以此循环。输入信号 X000，输出信号 Y000。用梯形图编写程序，写出指令。

4-12 设计圆盘旋转控制程序。控制要求：按下起动按钮 X000，圆盘开始旋转，输出 Y000，转动一周（10 个脉冲，脉冲输入信号 X001）停 3s，再旋转，如此重复。按下停止按钮 X002，圆盘立即停止。用梯形图编写程序，写出指令。

4-13 设计单按钮单路输出控制程序。控制要求：使用一个按钮控制一盏灯，实现奇数次按下灯亮，偶数次按下灯灭。输入信号 X000，输出信号 Y000。用梯形图编写程序，写出指令。

4-14 设计单按钮两个输出控制程序。控制要求：使用一个按钮控制两盏灯，第一次按下时第一盏灯亮，第二盏灯灭；第二次按下时第一盏灯灭，第二盏灯亮；第三次按下时两盏灯都亮；第四次按下时两盏灯都灭。按钮信号 X001，第一盏灯信号 Y001，第二盏灯信号 Y002。用梯形图编写程序，写出指令。

4-15 设计鼓风机控制程序。控制要求：鼓风机系统一般由引风机和鼓风机两级构成。当按下起动按钮（X000）之后，引风机先工作，工作 5s 后，鼓风机工作。按下停止按钮（X001）之后，鼓风机先停止工作，5s 之后，引风机才停止工作。控制鼓风机的接触器由 Y001 控制，引风机的接触器由 Y002 控制。用梯形图编写程序，写出指令。

4-16 设计彩灯的控制程序。控制要求：设计一个由 5 个灯组成的彩灯组。按下起动按钮之后，从第一个彩灯开始，相邻的两个彩灯同时点亮和熄灭，不断循环。每组点亮的时间为 3s。按下停止按钮之后，所有彩灯立刻熄灭。其点亮的顺序是 1、2→3、4→5、1→2、3→4、5→循环。用梯形图编写程序，写出指令。

第五章 单片机

CHAPTER 5

单片微型计算机（简称"单片机"）在一块半导体芯片上集成了一台微型计算机的主要功能部件——微处理器（CPU）、内存储器（RAM 和 ROM、EPROM、EEPROM）、I/O 接口电路、定时器/计数器、中断系统等。

单片机的应用领域十分广泛，主要有以下几个方面：

1）适用于"计算机型产品"的制造，如家用电器、高级玩具、声像设备、小型电子秤、办公设备。

2）适用于仪器、仪表的测量、处理、监控和实现数字化、智能化。

3）适用于一般的工业控制，有利于促进机电一体化技术的发展。

4）适用于计算机外围设备，如打印机、绘图仪和智能终端等，可减轻主机负担。

5）适用于多机系统的应用。

第一节 单片机系统组成及结构分析

单片机将 CPU（Central Processing Unit）、随机存取存储器 RAM（Random Access Memory）、只读存储器 ROM（Read-only Memory）、基本输入/输出（Input/Output）接口电路、定时器/计数器等部件制作在一块集成芯片上，构成了一个完整的微型计算机，可实现微型计算机的基本功能。单片机的内部基本结构如图 5-1 所示。由于它的结构与指令功能都是按照工业控制要求设计的，故又称为微控制器（Micro-Controller Unit，MCU）。

单片机实质上是一个芯片。它具有结构简单、控制功能强、可靠性高、体积小、价格低等优点，单片机技术作为计算机技术的一个重要分支，广泛地应用于工业控制、智能化仪器仪表、家用电器、电子玩具等领域。

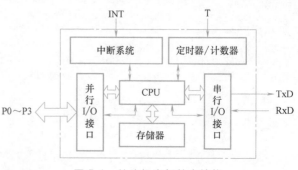

图 5-1 单片机内部基本结构

单片机系统是以单片机为核心，配以输入、输出、显示等外围接口电路和软件，能实现一种或多种功能的应用系统。单片机系统由硬件和软件两部分组成，二者相互依赖，缺一不可。硬件是应用系统的基础，软件是在硬件的基础上，对其资源进行合理调配和使用，控制其按照一定顺序完成各种时序、运算或动作，从而实现系统所要求的任务。单片机系统设计人员必须从硬件结构和软件设计两个角度来深入了解单片机，将二者有机结合起来，才能开发出具有特定功能的单片机系统。单片机系统的组成如图5-2所示。

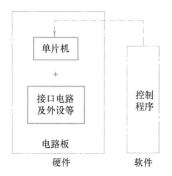

图 5-2　单片机系统的组成

一、MCS-51 系列单片机简介

1. Intel 公司的 MCS-51 系列单片机

Intel 公司的 8031 单片机开创了 MCS-51 系列单片机时代，其技术特点如下：

1）基于 MCS-51 核的处理器结构。

2）32 个 I/O 引脚。

3）2 个定时器/计数器。

4）5 个中断源。

5）128B 内部数据存储器。

2. Atmel 公司的 MCS-51 系列单片机

Atmel 公司的 MCS-51 系列单片机是目前最受用户欢迎的单片机，它提供了丰富的外围接口和专用控制器，例如电压比较、USB 控制、MP3 解码及 CAN 控制等。Atmel 公司还把 ISP（In System Programmed）技术集成在 MCS-51 系列单片机中，使用户能够方便地改变程序代码，从而方便地进行系统调试。

Atmel 公司应用最为广泛的 89 系列单片机的特点如下：

1）内部含 Flash 存储器。在系统的开发过程中可以十分方便地进行程序的修改，大大缩短了系统开发周期。同时，在系统工作过程中，能有效地保存一些数据信息，即使外界电源损坏也不影响到信息的保存。

2）和 80C51 插座兼容。89 系列单片机的引脚和 80C51 是一样的，所以，当用 89 系列单片机取代 80C51 时，只要封装相同就可以直接进行替换。

3）静态时钟方式。89 系列单片机采用静态时钟方式，可以节省电能，这对于降低便携式产品的功耗十分有用。

4）可进行反复系统试验。用 89 系列单片机设计的系统可以反复进行系统试验，每次试验可以编入不同的程序，保证用户的系统设计达到最优。而且随着用户的需要和发展，还可以进行修改，使系统能不断适应用户的最新要求。

Atmel 公司 MCS-51 系列单片机选型见表 5-1。

目前，单片机正朝着低功耗、高性能、多品种的方向发展，近年来，32 位单片机已进入了实用阶段，成为当前单片机的主流机型。

表 5-1　Atmel 公司 MCS-51 系列单片机选型

型号	Flash /KB	ISP	E²PROM /KB	RAM /B	F. max /MHz	VCC /V	I/O 引脚	UART/ 16 位 Times	WDT	SPI
AT89C2051	2	—	—	128	24	2.7-6.0	15	1/2	—	—
AT89C4051	4	—	—	128	24	2.7-6.0	15	1/2	—	—
AT89S51	4	YES	—	128	33	4.0-5.5	32	1/2	Yes	—
AT89S52	8	YES	—	256	33	4.0-5.5	32	1/3	Yes	—
AT89S8253	12	YES	—	256	24	2.7-5.5	32	1/3	Yes	Yes

二、MCS-51 系列单片机的内部组成及信号引脚

1. 8051 单片机的基本组成

MCS-51 系列单片机的典型芯片包括 8031、8051、8751 和 89C51，除了程序存储器结构不同，其内部结构完全相同，引脚完全兼容。这里以 8051 为例，介绍 MCS-51 系列单片机的内部组成及信号引脚。8051 单片机的内部组成如图 5-3 所示。内部结构的详细解释见表 5-2。

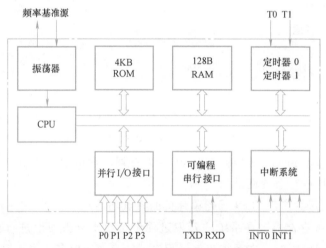

图 5-3　8051 单片机的内部组成

表 5-2　8051 单片机的内部组成详细解释

序号	名称	说明
1	中央处理器	中央处理器(CPU)是单片机的控制核心,完成运算和控制功能。CPU 由运算器和控制器组成。运算器包括一个 8 位算术逻辑单元(Arithmetic Logical Unit , ALU)、8 位累加器(Accumulator,ACC)、8 位暂存器、寄存器 B 和程序状态寄存器(Program Status Word,PSW)等。控制器包括程序计数器(Program Counter,PC)、指令寄存器(Instruction Register,IR)、指令译码器(Instruction Decoder,ID)及控制电路等
2	内部数据 存储器 RAM	8051 内部共有 256 个 RAM(Random Access Memory)单元,其中的高 128 个单元被专用寄存器占用;低 128 个单元供用户使用,可读可写,掉电后数据丢失,用于暂存中间数据。通常所说的内部数据存储器就是指低 128 个单元
3	内部程序 存储器 ROM	8051 内部共有 4KB 掩膜 ROM(Read-only Memory),只能读不能写,掉电后数据不会丢失,用于存放程序或程序运行过程中不会改变的原始数据,通常称为程序存储器

（续）

序号	名称	说　明
4	并行 I/O 接口	8051 内部有四个 8 位并行 I/O 接口（称为 P0、P1、P2 和 P3），可以实现数据的并行输入/输出
5	串行接口	8051 内部有一个全双工异步串行接口，可以实现单片机与其他设备之间的串行数据通信。该串行接口既可作为全双工异步通信收发器使用，也可作为同步移位器使用，扩展外部 I/O 接口
6	定时器/计数器	8051 内部有两个 16 位的定时器/计数器，可实现定时或计数功能，并以其定时或计数结果对计算机进行控制
7	中断系统	8051 内部共有 5 个中断源，分为高级和低级两个优先级别
8	时钟电路	8051 内部有时钟电路，只需外接石英晶体和微调电容即可。晶振频率通常选择 6MHz、12MHz 或 11.0592MHz

2. 8051 的信号引脚

8051 单片机采用标准 40 引脚双列直插式封装，其引脚排列如图 5-4 所示。

（1）信号引脚介绍　8051 引脚介绍见表 5-3。

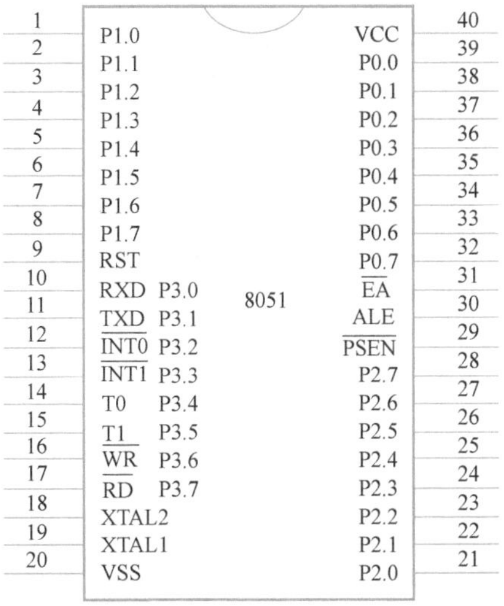

图 5-4　8051 的引脚图

表 5-3　8051 引脚介绍

引脚名称	引脚功能
P0.0 ~ P0.7	P0 口 8 位双向口线
P1.0 ~ P1.7	P1 口 8 位双向口线
P2.0 ~ P2.7	P2 口 8 位双向口线
P3.0 ~ P3.7	P3 口 8 位双向口线
ALE	地址锁存控制信号
$\overline{PSEN}$	外部程序存储器读选通信号
$\overline{EA}$	访问程序存储控制信号
RST	复位信号
XTAL1 和 XTAL2	外接晶体引线端
VCC	+5V 电源
VSS	地线

主要控制引脚说明如下：

1）ALE：系统扩展时，P0 口是 8 位数据线和低 8 位地址线复用引脚，ALE 用于把 P0 口输出的低 8 位地址锁存起来，以实现低 8 位地址和数据的隔离。

由于 ALE 引脚以晶振 1/6 固定频率输出正脉冲，因此它可作为外部时钟或外部定时脉冲使用。

2）$\overline{PSEN}$：$\overline{PSEN}$有效（低电平）时，可实现对外部 ROM 单元的读操作。

3）$\overline{EA}$：当$\overline{EA}$信号为低电平时，对 ROM 的读操作限定在外部程序存储器；而当$\overline{EA}$信号为高电平时，对 ROM 的读操作是从内部程序存储器开始，并可延至外部程序存储器。当将程序下载到内部程序存储器时，该引脚与+5V 连接。

4）RST：当输入的复位信号延续两个机器周期以上的高电平时即为有效，用于完成单片机的复位初始化操作。

5）XTAL1 和 XTAL2：外接晶体引线端。当使用芯片内部时钟时，两引脚用于外接石英晶体和微调电容；当使用外部时钟时，用于连接外部时钟脉冲信号。

（2）信号引脚的第二功能 由于工艺及标准化等原因，芯片的引脚数目是有限的，为了满足实际需要，部分信号引脚被赋予双重功能，即第一功能和第二功能。最常用的是 8 条 P3 口线所提供的第二功能见表 5-4。

表 5-4 P3 口各引脚与第二功能

第一功能	第二功能	第二功能信号名称
P3.0	RXD	串行数据接收
P3.1	TXD	串行数据发送
P3.2	$\overline{INT0}$	外部中断 0 申请
P3.3	$\overline{INT1}$	外部中断 1 申请
P3.4	T0	定时器/计数器 0 的外部输入
P3.5	T1	定时器/计数器 1 的外部输入
P3.6	$\overline{WR}$	外部 RAM 或外部 I/O 写选通
P3.7	$\overline{RD}$	外部 RAM 或外部 I/O 读选通

三、单片机最小系统电路

单片机的工作就是执行用户程序、指挥各部分硬件完成既定任务。如果一个单片机芯片没有烧写用户程序，显然它就不能工作。可是，对于一个烧写了用户程序的单片机芯片，给它上电后就能工作吗？也不能。原因是除了单片机之外，单片机能够工作的最小电路还包括时钟和复位电路，通常称为单片机最小系统电路。

时钟电路为单片机工作提供基本时钟。复位电路用于将单片机内部各电路的状态恢复到初始值。图 5-5 所示的电路中包含了典型的单片机最小系统电路。

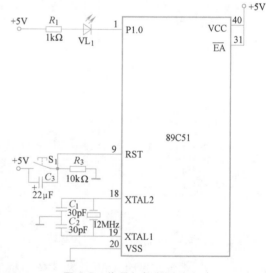

图 5-5 信号灯控制系统电路

1. 单片机时钟电路

单片机是一个复杂的同步时序电路，为了保证同步工作方式的实现，电路应在唯一的时钟信号控制下严格地按时序进行工作。时钟电路用于产生单片机工作所需的时钟信号。

（1）时钟信号的产生 在 MCS-51 系列单片机内部有一个高增益反相放大器，其输入端引脚为 XTAL1，其输出端引脚为 XTAL2。只要在 XTAL1 和 XTAL2 之间跨接晶体振荡器和微调电容，就可以构成一个稳定的自激振荡器，如图 5-6 所示。

一般地，电容 C_1 和 C_2 取 30pF 左右，晶体振荡器，简称晶振，频率范围是 1.2 ~

12MHz。晶体振荡频率越高，系统的时钟频率也越高，单片机运行速度也就越快。通常情况下，使用振荡频率为 6MHz 或 12MHz 的晶振，如果系统中使用了单片机的串行接口通信，则一般采用振荡频率为 11.0592MHz 的晶振。

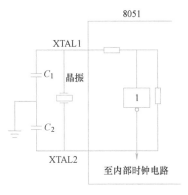

图 5-6　时钟振荡电路

（2）时序　关于 MCS-51 系列单片机的时序概念有 4 个，可用定时单位来说明，从小到大依次是：节拍、状态、机器周期和指令周期，下面分别进行说明。

1）节拍。把振荡脉冲的周期定义为节拍，用 P 表示，也就是晶振的振荡频率 f_{osc}。

2）状态。振荡脉冲 f_{osc} 经过二分频后，就是单片机时钟信号的周期，定义为状态，用 S 表示。一个状态包含两个节拍，其前半周期对应的节拍叫 P1，后半周期对应的节拍叫 P2。

3）机器周期。MCS-51 系列单片机采用定时控制方式，有固定的机器周期。规定一个机器周期的宽度为 6 个状态，即 12 个振荡脉冲周期，因此机器周期就是振荡脉冲的十二分频。当振荡脉冲频率为 12MHz 时，一个机器周期为 1μs；当振荡脉冲频率为 6MHz 时，一个机器周期为 2 μs。

4）指令周期。指令周期是最大的时序定时单位，执行一条指令所需要的时间称为指令周期。它一般由若干个机器周期组成。不同的指令所需要的机器周期数也不相同。通常，将包含一个机器周期的指令称为单周期指令，包含两个机器周期的指令称为双周期指令，依次类推。

2. 单片机复位电路

无论是在单片机刚开始接上电源时，还是断电后或者发生故障后都要复位。单片机复位是使 CPU 和系统中的其他功能部件都恢复到一个确定的初始状态，并从这个状态开始工作，例如复位后 PC＝0000H，使单片机从程序存储器的第一个单元取指令执行。

单片机的复位条件是：必须使 RST（第 9 引脚）加上持续两个机器周期（即 24 个振荡周期）以上的高电平。若时钟频率为 12MHz，每个机器周期为 1μs，则需要加上 2μs 以上时间的高电平。单片机常见的复位电路如图 5-7 所示。

图 5-7a 所示为上电复位电路。它利用电容充电来实现复位，在接电瞬间，RST 端的电位与 VCC 相同，随着充电电流的减少，RST 的电位逐渐下降。只要保证 RST 为高电平的时间大于两个机器周期，便能正常复位。

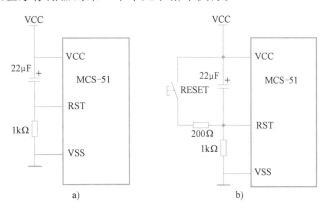

图 5-7　单片机常见的复位电路
a）上电复位电路　b）按键复位电路

图 5-7b 所示为按键复位电路。该电路除具有上电复位功能外，还可以按图 5-7b 中的 RESET 键实现复位，此时电源 VCC 经两个电阻分压，在 RST 端产生一个复位高电平。图5-5

中的信号灯控制电路就采用按键复位电路。

复位后，内部各专用寄存器状态见表5-5。

表 5-5 单片机复位状态

专用寄存器	复位状态	专用寄存器	复位状态
PC	0000H	ACC	00H
B	00H	PSW	00H
SP	07H	DPTR	0000H
P0~P3	FFH	IP	***00000B
TMOD	00H	IE	0**00000B
TH0	00H	SCON	00H
TL0	00H	SBUF	不定
TH1	00H	PCON	0***0000B
TL1	00H	TCON	00H

注：* 表示无关位。

四、MCS-51 系列单片机的存储器结构

这里以 8051 为例说明 MCS-51 系列单片机存储器的结构。8051 存储器主要有 4 个物理存储空间，即片内数据存储器（IDATA 区）、片外数据存储器（XDATA 区）、片内程序存储器和片外程序存储器（程序存储器合称为 CODE 区）。8051 存储器的结构组成如图 5-8 所示。

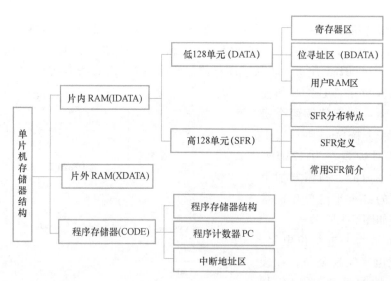

图 5-8 8051 存储器的结构组成

1. MCS-51 片内数据存储器

8051 的内部 RAM 共有 256 个单元，通常把这 256 个单元按其功能划分为两部分：低 128 单元（单元地址 00H~7FH）和高 128 单元（单元地址 80H~FFH）。

（1）内部数据存储器低 128 单元（DATA 区） 片内 RAM 的低 128 个单元用于存放程序

执行过程中的各种变量和临时数据，称为 DATA 区。表 5-6 给出了低 128 单元的配置情况。

表 5-6 片内 RAM 低 128 单元的配置

序号	区域	地址	功能
1	工作寄存器区	00H~07H	第 0 组工作寄存器（R0~R7）
		08H~0FH	第 1 组工作寄存器（R0~R7）
		10H~17H	第 2 组工作寄存器（R0~R7）
		18H~1FH	第 3 组工作寄存器（R0~R7）
2	位寻址区	20H~2FH	位寻址区，位地址为：00H~7FH
3	用户 RAM 区	30H~7FH	用户数据缓冲区

片内 RAM 低 128 单元是单片机的真正 RAM 存储器，按其用途划分为工作寄存器区、位寻址区和用户 RAM 区三个区域。

1）工作寄存器区。8051 共有 4 组工作寄存器区，每组包括 8 个（以 R0~R7 为编号）寄存器，共计 32 个寄存器，用来存放操作数及中间结果等，称为通用寄存器或工作寄存器。四组通用寄存器占据内部 RAM 的 00H~1FH 单元地址。

在任一时刻，CPU 只能使用其中的一组寄存器，并且把正在使用的那组寄存器称为当前寄存器组。当前工作寄存器到底是哪一组，由程序状态字寄存器 PSW 中 RS1 和 RS0 位的状态组合来决定。

在单片机的 C 语言程序设计中，一般不会直接使用工作寄存器组 R0~R7。但是，在 C 语言与汇编语言的混合编程中，工作寄存器组是汇编子程序和 C 语言函数之间重要的参数传递工具。

2）位寻址区（BDATA 区）。内部 RAM 的 20H~2FH 单元既可作为一般 RAM 单元使用，进行字节操作，也可以对单元中每一位进行位操作，因此把该区称为位寻址区（BDATA 区）。位寻址区共有 16 个 RAM 单元，共计 128 位，相应位地址为 00H~7FH。表 5-7 为片内 RAM 位寻址区的位地址表，其中 MSB 表示高位，LSB 表示低位。

表 5-7 片内 RAM 位寻址区的位地址

单元地址	MSB			位地址				LSB
2FH	7F	7E	7D	7C	7B	7A	79	78
2EH	77	76	75	74	73	72	71	70
2DH	6F	6E	6D	6C	6B	6A	69	68
2CH	67	66	65	64	63	62	61	60
2BH	5F	5E	5D	5C	5B	5A	59	58
2AH	57	56	55	54	53	52	51	50
29H	4F	4E	4D	4C	4B	4A	49	48
28H	47	46	45	44	43	42	41	40
27H	3F	3E	3D	3C	3B	3A	39	38
26H	37	36	35	34	33	32	31	30
25H	2F	2E	2D	2C	2B	2A	29	28
24H	27	26	25	24	23	22	21	20
23H	1F	1E	1D	1C	1B	1A	19	18
22H	17	16	15	14	13	12	11	10
21H	0F	0E	0D	0C	0B	0A	09	08
20H	07	06	05	04	03	02	01	00

3）用户 RAM 区。在内部 RAM 低 128 单元中，除了工作寄存器区（占 32 个单元）和位寻址区（占 16 个单元），还剩下 80 个单元，单元地址为 30H~7FH，是供用户使用的一般 RAM 区。对用户 RAM 区的使用没有任何规定或限制，但在一般应用中常把堆栈开辟在此区中。

（2）内部数据存储器高 128 单元　内部 RAM 的高 128 单元地址为 80H~FFH，是供给专用寄存器 SFR（Special Function Register，也称为特殊功能寄存器）使用的。表 5-8 给出了专用寄存器地址。

表 5-8　MCS-51 专用寄存器地址

SFR	MSB			位地址/位定义				LSB	字节地址
B	F7	F6	F5	F4	F3	F2	F1	F0	F0H
ACC	E7	E6	E5	E4	E3	E2	E1	E0	E0H
PSW	D7	D6	D5	D4	D3	D2	D1	D0	D0H
	CY	AC	F0	RS1	RS0	OV	F1	P	
IP	BF	BE	BD	BC	BB	BA	B9	B8	B8H
	/	/	/	PS	PT1	PX1	PT0	PX0	
P3	B7	B6	B5	B4	B3	B2	B1	B0	B0H
	P3.7	P3.6	P3.5	P3.4	P3.3	P3.2	P3.1	P3.0	
IE	AF	AE	AD	AC	AB	AA	A9	A8	A8H
	EA	/	/	ES	ET1	EX1	ET0	EX0	
P2	A7	A6	A5	A4	A3	A2	A1	A0	A0H
	P2.7	P2.6	P2.5	P2.4	P2.3	P2.2	P2.1	P2.0	
SBUF									(99H)
SCON	9F	9E	9D	9C	9B	9A	99	98	98H
	SM0	SM1	SM2	REN	TB8	RB8	TI	RI	
P1	97	96	95	94	93	92	91	90	90H
	P1.7	P1.6	P1.5	P1.4	P1.3	P1.2	P1.1	P1.0	
TH1									(8DH)
TH0									(8CH)
TL1									(8BH)
TL0									(8AH)
TMOD	GAT	C/T	M1	M0	GAT	C/T	M1	M0	(89H)
TCON	8F	8E	8D	8C	8B	8A	89	88	88H
	TF1	TR1	TF0	TR0	IE1	IT1	IE0	IT0	
PCON	SMO	/	/	/	/	/	/	/	(87H)
DPH									(83H)
DPL									(82H)
SP									(81H)
P0	87	86	85	84	83	82	81	80	80H
	P0.7	P0.6	P0.5	P0.4	P0.3	P0.2	P0.1	P0.0	

由表 5-8 可知，共有 21 个可寻址的特殊功能寄存器，它们不连续地分布在片内 RAM 的高 128 单元中，尽管其中还有许多空闲地址，但用户不能使用。另外还有一个不可寻址的特殊功能寄存器，即程序计数器 PC，它不占据 RAM 单元，在物理上是独立的。

在可寻址的 21 个特殊功能寄存器中，有 11 个寄存器不仅可以字节寻址，也可以位寻址。表 5-7 中，凡十六进制字节地址末位为 0 或 8 的寄存器都是可以进行位寻址的寄存器。全部专用寄存器可寻址的位共 83 位，这些位都有专门的定义和用途。

在单片机的 C 语言程序设计中，可以通过关键字 sfr 来定义所有特殊功能寄存器，从而在程序中直接访问它们，例如：

sfr   P1 = 0x90；   //特殊功能寄存器 P1 的地址是 90H，对应 P1 口的 8 个 I/O 引脚在
                          程序中就可以直接使用 P1 这个特殊功能寄存器了，下面语句是
                          合法的：
P1 = 0x00；   //将 P1 口的 8 位 I/O 口全部清 0

在 C 语言中，还可以通过关键字 sbit 来定义特殊功能寄存器中的可寻址位，例如下面语句定义 P1 口的第 0 位：

sbit P1_0 = P1^0；

通常情况下，这些特殊功能寄存器已经在头文件 reg51.h 中定义了，只要在程序中包含了该头文件，就可以直接使用已定义的特殊功能寄存器。

如果没有头文件 reg51.h，或者该文件中只定义了部分特殊功能寄存器和位，用户也可以在程序中自行定义。

下面对几个常用的专用寄存器功能进行简要说明。

1）程序计数器（Program Counter，PC）。PC 是一个 16 位的计数器，其内容为下一条将要执行指令的地址，寻址范围为 64KB。PC 有自动加 1 功能，从而控制程序的执行顺序。PC 没有地址，是不可寻址的。因此用户无法对它进行读写。但可以通过转移、调用、返回等指令改变其内容，以实现程序的转移。

2）累加器（Accumulator，ACC）。累加器为 8 位寄存器，是最常用的专用寄存器。它既可用于存放操作数，也可用来存放运算的中间结果。

3）程序状态字（Program Status Word，PSW）。程序状态字是一个 8 位寄存器，用于存放程序运行中的各种状态信息，其中有些位的状态是根据程序执行结果，由硬件自动设置的；有些位的状态则由软件方法设定。PSW 的各位定义见表 5-9。

表 5-9 PSW 位定义

位地址	D7H	D6H	D5H	D4H	D3H	D2H	D1H	D0H
位名称	CY	AC	F0	RS1	RS0	OV	F1	P

1）CY（PSW.7）：进位标志位。存放算术运算的进位标志，在进行加或减运算时，如果操作结果最高位有进位或借位，则 CY 由硬件置"1"，否则被清"0"。

2）AC（PSW.6）：辅助进位标志位。在进行加或减运算中，若低 4 位向高 4 位进位或借位，AC 由硬件置"1"，否则被清"0"。

3）F0（PSW.5）：用户标志位。供用户定义的标志位，需要利用软件方法置位或复位。

4）RS1 和 RS0（PSW.4，PSW.3）：工作寄存器组选择位。它们被用于选择 CPU 当前

使用的工作寄存器组。工作寄存器共有 4 组，其对应关系见表 5-10。单片机上电或复位后，RS1 RS0 = 00。

表 5-10 工作寄存器组选择

RS1 RS0	寄存器组	片内 RAM 地址
0 0	第 0 组	00H ~ 07H
0 1	第 1 组	08H ~ 0FH
1 0	第 2 组	10H ~ 17H
1 1	第 3 组	18H ~ 1FH

5) OV（PSW.2）：溢出标志位。在带符号数加减运算中，OV = 1 表示加减运算超出了累加器 A 所能表示的带符号数有效范围（-128 ~ +127），即产生了溢出，因此运算结果是错误的；OV = 0 表示运算正确，即无溢出产生。

6) F1（PSW.1）：保留未使用。

7) P（PSW.0）：奇偶标志位。P 标志位表明累加器 ACC 中内容的奇偶性，如果 ACC 中有奇数个"1"，则 P 置"1"，否则清"0"。

在单片机 C 语言程序设计中，经常使用的是直接控制硬件的特殊功能寄存器，例如 P0、P1、P2、P3 等。

2. MCS-51 片外数据存储器

8051 单片机最多可扩充片外数据存储器（片外 RAM）64KB，称为 XDATA 区。在 XDATA 空间内进行分页寻址操作时，称为 PDATA 区。片外数据存储器可以根据需要进行扩展。当需要扩展存储器时，低 8 位地址 A7 ~ A0 和 8 位数据 D7 ~ D0 由 P0 口分时传送，高 8 位地址 A15 ~ A8 由 P2 口传送。因此，只有在没有扩展片外存储器的系统中，P0 口和 P2 口的每一位才可作为双向 I/O 端口使用。

3. MCS-51 程序存储器

MCS-51 系列单片机的程序存储器用来存放编好的程序和程序执行过程中不会改变的原始数据。程序存储器结构如图 5-9 所示。

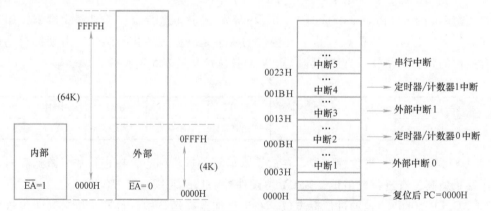

图 5-9 8051 程序存储器结构

8031 片内无程序存储器，8051 片内有 4KB 的 ROM，8751 片内有 4KB 的 EPROM，89C51 片内有 4KB 的 FEPROM。

MCS-51 系列单片机片外最多能扩展 64KB 程序存储器，片内外的 ROM 是统一编址的。若$\overline{EA}$保持高电平，8051 的程序计数器 PC 在 0000H～0FFFH 地址范围内（即前 4KB 地址），则执行片内 ROM 中的程序；PC 在 1000H～FFFFH 地址范围时，则自动执行片外程序存储器中的程序。若$\overline{EA}$保持低电平，则只能寻址外部程序存储器，片外存储器可以从 0000H 开始编址。

程序存储器中有一组特殊单元：0000H～0002H。系统复位后，PC=0000H，表示单片机从 0000H 单元开始执行程序。还有一组特殊单元：0003H～002AH，共 40 个单元。这 40 个单元被均匀地分为 5 段，作为 5 个中断源的中断程序入口地址区。其中，0003H～000AH 是外部中断 0 中断地址区，000BH～0012H 是定时器/计数器 0 中断地址区，0013H～001AH 是外部中断 1 中断地址区，001BH～0022H 是定时器/计数器 1 中断地址区，0023H～002AH 是串行中断地址区。

在单片机 C 语言程序设计中，用户无需考虑程序的存放地址，编译程序会在编译过程中按照上述规定，自动安排程序的存放地址。例如，C 语言是从 main（）函数开始执行的，编译程序会在程序存储器的 0000H 处自动存放一条转移指令，跳转到 main（）函数存放的地址；中断函数也会按照中断类型号，自动由编译程序安排存放在程序存储器相应的地址中。因此，读者只需了解程序存储器的结构就可以了。

单片机的存储器结构包括 4 个物理存储空间，C51 编译器对这 4 个物理存储空间都能支持。C51 编译器支持的存储器类型见表 5-11。

表 5-11　C51 编译器支持的存储器类型

存储器类型	描　　述
data	直接访问内部数据存储器；允许最快访问（128B）
bdata	可位寻址内部数据存储器；允许位与字节混合访问（16B）
idata	间接访问内部数据存储器；允许访问整个内部地址空间（256B）
pdata	"分页"外部数据存储器（256B）
xdata	外部数据存储器（64KB）
code	程序存储器（64KB）

五、并行 I/O 接口电路结构

MCS-51 系列单片机共有 4 个 8 位并行 I/O 接口，分别用 P0、P1、P2、P3 表示。每个 I/O 接口既可以按位操作使用单个引脚，也可以按字节操作使用 8 个引脚。MCS-51 系列单片机的 4 个 I/O 接口可以作为一般的 I/O 接口使用，在结构和特性上基本相同，又各具特点。

1. P0 口

（1）P0 口的结构。P0 口逻辑电路如图 5-10 所示。电路中包含一个数据输出 D 锁存器、两个三态数据输入缓冲器、一个输出控制电路和一个数据输出的驱动电路。输出控制电路由一个与门、一个非门和一个 2 选 1 多路开关 MUX 构成；输出驱动电路由场效应晶体管 VT$_1$和 VT$_2$组成，受输出控制电路控制，当栅极输入低电平时，VT$_1$、VT$_2$截止。当栅极输入高电平时，VT$_1$、VT$_2$导通。

（2）作为通用 I/O 口使用 当 P0 口作为通用 I/O 口使用时，"控制"端为低电平，与门输出低电平使 VT_1 截止，输出电路为漏极开路，同时多路开关 MUX 接通锁存器的 $\overline{Q}$ 输出端。

当 P0 口作为输出口使用时，内部总线将数据送入锁存器，内部的写脉冲加在锁存器时钟端 CP 上，锁存数据到 Q、$\overline{Q}$ 端。经过 MUX，VT_2 反相后正好是内部总线的数据，送到 P0 口引脚输出。

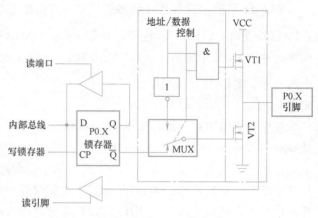

图 5-10 P0 口逻辑电路

当 P0 口作为输入口使用时，应区分读引脚和读端口两种情况，为此在电路中有两个用于读入驱动的三态缓冲器。

所谓读引脚，就是读芯片引脚的状态，这时使用下方的数据缓冲器，由"读引脚"信号把缓冲器打开，把端口引脚上的数据从缓冲器通过内部总线读进来。

读端口是指通过上面的缓冲器读锁存器 Q 端的状态。读端口是为了适应对 I/O 口进行"读-修改-写"操作语句的需要。例如：

P0＝P0&0xf0；//将 P0 口的低 4 位引脚清 0 输出

执行该语句时，分为"读-修改-写"三步。首先读入 P0 口锁存器中的数据；然后与 0xf0 进行"逻辑与"操作；最后将所读入数据的低 4 位清 0，再把结果送回 P0 口。对于这类"读-修改-写"语句，不直接读引脚而读锁存器是为了避免可能出现的错误。因为在端口已处于输出状态的情况下，如果端口的负载恰好是一个晶体管的基极，则导通了的 PN 结会把端口引脚的高电平拉低，直接读引脚就会把本来的"1"误读为"0"。但若从锁存器 Q 端读，就能避免这样的错误，得到正确的数据。

（3）作为地址/数据线使用 除了 I/O 功能以外，在进行单片机系统扩展时，P0 口是作为单片机系统的地址/数据线使用的，一般称为地址/数据分时复用引脚。

当输出地址或数据时，由内部发出控制信号，使"控制"端为高电平，打开与门，并使多路开关 MUX 处于内部地址/数据线与驱动场效应晶体管栅极反相接通状态。此时，输出驱动电路由于两个 FET 处于反相，形成推拉式电路结构，使负载能力大为提高。输入数据时，数据信号直接从引脚通过输入缓冲器进入内部总线。

2. P1 口

P1 口逻辑电路如图 5-11 所示。

P1 口电路结构与 P0 口有以下不同之处：①它没有输出控制电路，不再需要多路开关 MUX；②电路内部有上拉电阻，与场效应晶体管共同组成输出驱动

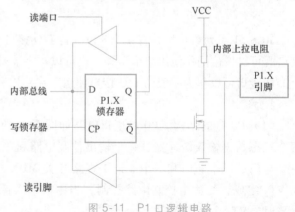

图 5-11 P1 口逻辑电路

电路。因此 P1 口只能作为通用 I/O 口使用。

P1 口作为输出口使用时，可以向外提供推拉电流负载，无需再外接上拉电阻。P1 口作为输入口使用时，同样也需先向锁存器写 "1"，使输出驱动电路的 FET 截止，处于高阻态，然后通过缓冲器进行输入操作。应注意的是：P1 口是准双向口，只能作为通用 I/O 口使用。当 P1 口作为输出口使用时，无需再外接上拉电阻。当 P1 口作为输入口使用时，应区分读引脚和读端口：作为读引脚时，必须先向电路中的锁存器写入 "1"，使输出级的 FET 截止。

3. P2 口

P2 口逻辑电路如图 5-12 所示。

P2 口电路比 P1 口电路多了一个多路转接电路 MUX，这一结构与 P0 口相似。而与 P0 口的多路开关 MUX 不同的是：MUX 的一个输入端接入的不再是 "地址/数据"，而是单一的 "地址"。因此，P2 口可以作为通用 I/O 使用，这时多路转接电路开关倒向锁存器 Q 端。单片机系统扩展时，P2 口还可以用来作为高 8 位地址线

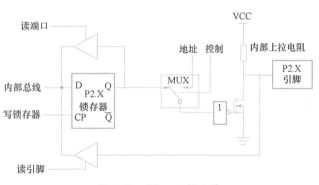

图 5-12 P2 口逻辑电路

使用，与 P0 口的低 8 位地址线共同组成 16 位地址总线，此时多路转接电路开关应倒向 "地址" 端。

P2 口是准双向口，在实际应用中，可以用于为系统提供高 8 位地址，也能作为通用 I/O 口使用。当 P2 口作为通用 I/O 口的输出口使用时，与 P1 口一样无需再外接上拉电阻。当 P2 口作为通用 I/O 口的输入口使用时，应区分读引脚和读端口：作为读引脚时，必须先向锁存器写入 "1"。

4. P3 口

P3 口逻辑电路如图 5-13 所示。

P3 口内部上拉电阻与 P1 口相同，P3 口作为通用 I/O 的输出口使用时，不用外接上拉电阻。不同的是 P3 口增加了第二功能控制逻辑。因此，P3 口既可以作为通用 I/O，还可以作为第二功能口。作为第二功能使用的端口，不能同时当作通用 I/O 使用，但其他未被使用的端口仍可作为通用 I/O 口使用。

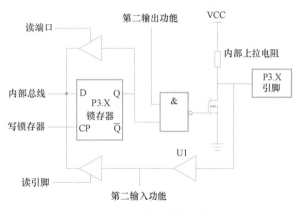

图 5-13 P3 口逻辑电路

对于第二功能为输入的信号引脚，在输入通路上增加了一个缓冲器 U1，输入的第二功能信号就从 U1 的输出端取得。当作为 I/O 使用时，数据输入仍取自三态缓冲器的输出端。不管 P3 口作为输入口使用还是第二功能信号输入时，输出电路中的锁存器输出和第二功能

输出信号线都应保持高电平，以使输出级的 FET 截止。

对于第二功能为输出的信号引脚，当输出第二功能信号时，锁存器 Q 应置 "1"，打开与非门通路，实现第二功能信号的输出。当 P3 口作为 I/O 使用时，"第二输出功能" 端应保持高电平，同样打开与非门，使锁存器与输出引脚保持通畅，形成数据输出通路。

第二节 单片机开发系统

一个单片机应用系统从提出任务到正式投入运行的过程，称为单片机的开发过程。开发过程所用的设备与软件称为单片机开发系统或开发工具。本节介绍单片机应用系统设计必需的开发工具，采用开发工具进行单片机应用系统设计的开发过程，以及单片机应用系统的基本调试方法。

一、单片机开发系统及功能

单片机开发系统的必需工具包括计算机、单片机在线仿真器、工具软件和编程器等。

单片机开发系统功能包括在线仿真、调试、软件辅助设计以及目标程序固化等。

1. 在线仿真功能

在线仿真器（In Circuit Emulator，ICE）是由一系列硬件构成的设备，它能仿真用户系统中的单片机，并能模拟用户系统的 ROM、RAM 和 I/O 口，因此，在线仿真状态下，用户系统的运行环境和脱机运行的环境完全 "逼真"。

2. 调试功能

开发系统对用户系统软、硬件调试功能的强弱将直接关系到开发的效率。性能优良的单片机开发系统应具有下列调试功能。

（1）运行控制功能　开发系统应能使用户有效地控制目标程序的运行，以便检查程序运行的结果，对存在的硬件故障和软件错误进行定位。

1）单步运行：CPU 从任意的程序地址开始执行一条语句后停止运行。

2）断点运行：允许用户任意设置断点条件，启动 CPU 从规定地址开始运行后，碰到断点条件（程序地址和指定断点地址符合或者 CPU 访问到指定的数据存储器单元等条件）符合以后停止运行。

3）全速运行：CPU 从指定地址开始连续全速运行目标程序。

4）跟踪运行：类似单步运行过程，但可以跟踪到函数内部运行。

（2）目标系统状态的读出修改功能　当 CPU 停止执行目标系统程序后，允许用户方便地读出或修改目标系统资源的状态，以便检查程序运行的结果、设置断点条件以及设置程序的初始参数。

3. 辅助设计功能

软件辅助设计功能的强弱也是衡量单片机开发系统性能高低的重要标志。单片机应用系统软件开发的效率在很大程度上取决于开发系统的辅助设计功能。

（1）程序设计语言　单片机程序设计语言包括机器语言、汇编语言和高级语言。

机器语言是单片机唯一能够识别的语言，只在简单的开发装置中才直接使用，程序的设计、输入、修改和调试都很麻烦，只能用来开发一些非常简单的单片机应用系统。

汇编语言具有使用灵活、实时性好等特点，是单片机应用系统设计常用的程序设计语言。但是采用汇编语言编写程序，要求编程员必须对单片机的指令系统非常熟悉，并具有一定的程序设计经验，才能编制出功能复杂的应用程序，且汇编语言程序可读性和可移植性都较差。

高级语言通用性好，程序设计人员只要掌握开发系统所提供的高级语言使用方法，就可以直接编写程序。MCS-51 系列单片机的编译型高级语言有：PL/M51、C51、MBASIC-51 等。高级语言对不熟悉单片机指令系统的用户比较适用，且具有较好的可移植性，是目前单片机编程语言的主流，本书采用的是 C51 编程语言。

（2）程序编译　几乎所有的单片机开发系统都能与 PC 连接，允许用户使用 PC 的编辑程序编写汇编语言或高级语言，生成汇编语言或高级语言的源文件。然后利用开发系统提供的交叉汇编或编译系统，将源程序编译成可在目标机上直接运行的目标程序，再通过 PC 的串口或并口直接传输到开发机的 RAM 中。

一些单片机的开发系统还提供反汇编功能，并可提供用户宏调用的子程序库，以减少用户软件研制的工作量。

4. 程序固化功能

当系统调试完毕，确认软件无故障时，应把用户应用系统的程序固化到程序存储器中脱机运行，编程器就是完成这种任务的专用设备，它也是单片机开发系统的重要组成部分。

二、Keil C51 软件的使用

Keil C51 软件是目前流行的开发 MCS-51 系列单片机的软件。Keil C51 提供了包括 C 编译器、宏汇编、连接器、库管理和一个功能强大的仿真调试器等在内的完整开发方案，通过一个集成开发环境（μVision）将这些部分组合在一起。掌握这一软件的使用方法，对于 MCS-51 系列单片机的开发人员来说是十分必要的。

Keil IDE μVision3 集成开发环境是 Keil Software Inc/Keil Elektronik GmbH 开发的基于 80C51 内核的微处理器软件开发平台，内嵌多种符合当前工业标准的开发工具，可以完成从工程建立和管理、编译、连接、目标代码的生成、软件仿真和硬件仿真等完整的开发流程，尤其 C 编译工具在产生代码的准确性和效率方面达到了较高的水平，而且可以附加灵活的控制选项，在开发大型项目时非常理想。

由于 Keil C51 本身是纯软件，还不能直接进行硬件仿真，必须挂接单片机仿真器的硬件才可以进行仿真。

Keil C51 软件的使用步骤如下：

1. 启动 Keil C51 软件的集成开发环境

从桌面上直接双击 μVision 图标以启动该软件，出现如图 5-14 所示的窗口。

2. 建立工程文件

通常单片机应用系统软件包含多个源程序文件，Keil C51 使用工程（Project）这一概念，将这些参数设置和所需的所有文件都加在一个工程中。因此，需要建立一个工程文件，

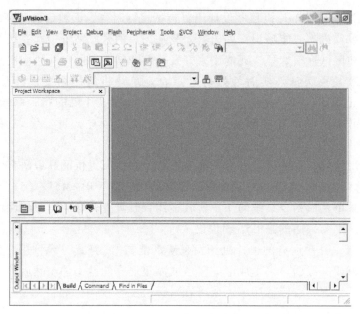

图 5-14　Keil C51 启动窗口

并为这个工程选择 CPU，确定编译、汇编、链接的参数，指定调试的方式。

在图 5-14 所示窗口中，单击"Project"→"New Project"，出现"Create New Project"对话框，如图 5-15 所示。在"保存在"框中选择工程保存目录（如 F：\ wjx2000 _ 1 _ 21 \ Cpro），并在"文件名"框中输入工程名（如 EX1），不需要扩展名，单击"保存"按钮，出现图 5-16 所示的选择目标 CPU 对话框。

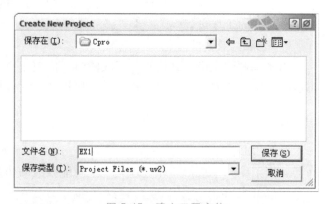

图 5-15　建立工程文件

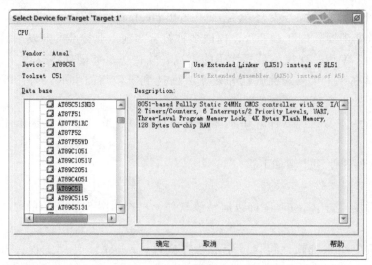

图 5-16　选择目标 CPU

Keil C51 支持的 CPU 型号很多，这里选择 Atmel 公司的 AT89C51 芯片，单击 Atmel 前面的"+"号，展开该层，单击其中的 AT89C51，然后再单击"确定"按钮，回到主界面。

3. 建立并添加源文件

单击"File"→"New"或者单击工具栏的新建文件按钮，出现如图 5-17 所示的文本编辑窗口，在该窗口中输入新编制的源程序并保存该文件。

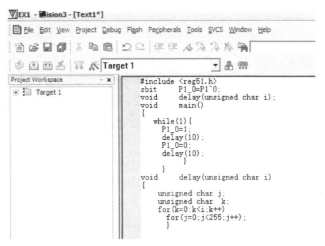

图 5-17　文本编辑窗口

在文件名的后面必须加扩展名".c"，如"ex1.c"。源文本文件不一定要使用 Keil C51 软件编写，也可以使用其他文本编辑器编写后再复制过来。

将左边 Target1 前面的"+"号展开，在"Source Group 1"上单击鼠标右键，如图 5-18 所示，再单击"Add Files to Group 'Source Group 1'"，出现如图 5-19 所示的窗口。

图 5-18　增加文件到组中

如图 5-19 所示，在"文件类型"中选择"C Source file（*.c）"，找到前面新建的 ex1.c 文件后，单击"Add"按钮加入工程中。

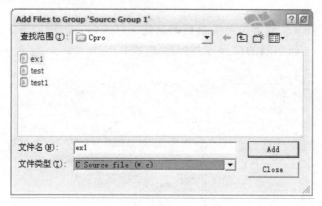

图 5-19 选择文件类型

此时，在左边文件夹"Source Group 1"前面会出现一个"+"号，单击"+"号展开后，出现一个名为"ex1.c"的文件，说明新文件的添加已完成，如图 5-20 所示。

4. 配置工程属性

将鼠标移到左边窗口的"Target 1"上，单击鼠标右键，再单击"Options for Target 1'Target1'"，弹出如图 5-21 所示的目标属性窗口。

图 5-20 加入文件

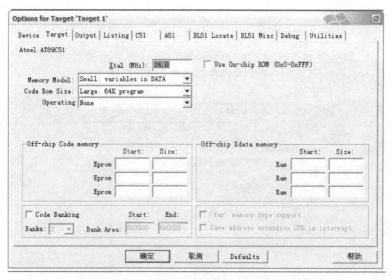

图 5-21 目标属性

① Xtal（晶振频率）：默认值是所选目标 CPU 的最高可用频率值，该值与最终产生的目标代码无关，仅用于软件模拟调试时显示程序执行时间。正确设置该数值可使显示时间与实际所用时间一致，一般将其设置成实际硬件所用晶振频率；如果没有必要了解程序执行的时间，也可以不设该项。

② Memory Model（存储器模式）：用于设置 RAM 使用模式，有如下三个选择项：

a. Small（小型）：所有变量都定义在单片机的内部 RAM 中。

b. Compact（紧凑）：可以使用一页（256B）外部扩展 RAM。

c. Large（大型）：可以使用全部 64KB 外部扩展 RAM。

③ Code Ram Size（代码存储器模式）：用于设置 ROM 空间的使用，有如下三个选择项：

a. Small（小型）：只使用低 2KB 程序空间。

b. Compact（紧凑）：单个函数的代码量不能超过 2KB，整个程序可以使用 64KB 程序空间。

c. Large（大型）：可用全部 64KB 空间。

这些选择必须根据所用硬件来决定。

④ Operating（操作系统）：Keil C51 提供了两种操作系统：Rtx tiny 和 Rtx full，通常不使用任何操作系统，即使用该项的默认值 None。

⑤ Off-chip Code memory（片外代码存储器）：用于确定系统扩展 ROM 的地址范围，由硬件确定，一般为默认值。

⑥ Off-chip Xdata memory（片外 Xdata 存储器）：用于确定系统扩展 RAM 的地址范围，由硬件确定，一般为默认值。

在 5-21 所示的窗口中单击"Output"选项卡，如图 5-22 所示，选择"Create Executable"单选项，确认后单击"确定"按钮。

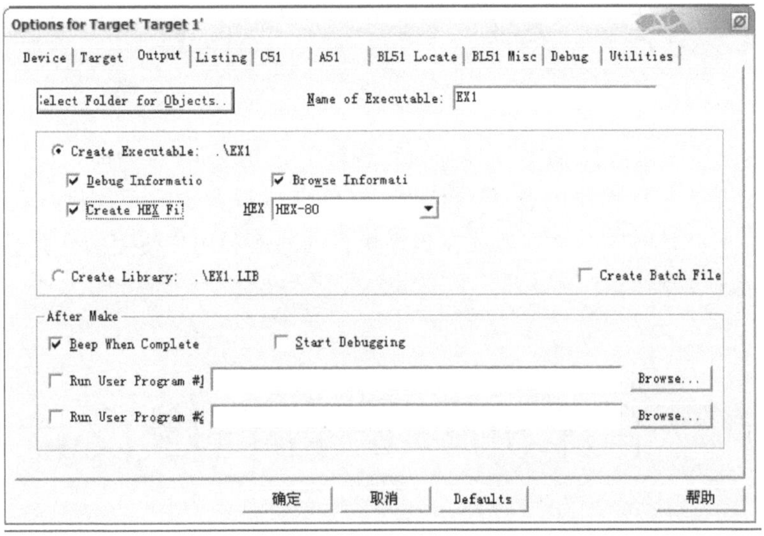

图 5-22　产生执行文件

Keil C51 集成开发环境为用户提供了软件仿真调试功能，只要选择使用仿真器选项即可进行软件仿真。在图 5-22 中，单击"Debug"选项卡，如图 5-23 所示，选择"Use Simulator"选项后再单击"确定"按钮。

5. 程序调试

在主窗口中，单击"Debug"菜单项，出现如图 5-24 所示的下拉菜单，再单击"Start/Stop Debug Session"即可进入程序调试状态。可以运用单步、跟踪、断点、全速运行等方式进行调试，此时可以通过主界面的"View"菜单观察到单片机资源，如工作寄存器、特殊功能寄存器以及 I/O 端口的状态等。

图 5-23　选择仿真方式

图 5-24　启动调试

Keil C51 内建了一个仿真 CPU 来模拟执行程序，该仿真 CPU 功能强大，可以在没有硬件和仿真器的情况下进行程序的调试。不过，软件模拟与真实的硬件执行程序还是有区别的，其中最明显的就是时序，具体表现在程序执行的速度和用户使用的计算机有关，计算机性能越好，运行速度越快。

第三节　单片机 C 语言程序设计

C 语言程序的执行部分由语句组成。C 语言提供了丰富的程序控制语句，按照结构化程序设计的基本结构（顺序结构、选择结构和循环结构）组成各种复杂程序。这些语句主要包括表达式语句、复合语句、选择语句和循环语句等。

一、C 语言的基本结构与特点

1. C 语言编程实例——信号灯的控制

本实例通过 MCS-51 系列单片机控制 8 个发光二极管、实现闪烁效果，熟悉并行输入/输出（I/O）接口及其应用。要求在单片机的 P1 口（引脚 1~8）上分别连接 8 个发光二极管，并将给定的 C 语言源程序编译后下载到单片机中，实现 8 个发光二极管的闪烁效果。

（1）硬件电路设计　硬件电路如图 5-25 所示。单片机的 P1 口经过芯片 74LS240（8 路反相器）分别连接了 8 个发光二极管的阳极，8 个发光二极管的阴极并接在一起与地相连。当 P1 口的引脚输出为低电平 "0" 时，经 74LS240 反相后输出高电平，相应的发光二极管被点亮；当 P1 口的引脚输出为高电平 "1" 时，经 74LS240 反相后输出低电平，对应的发光二极管熄灭。

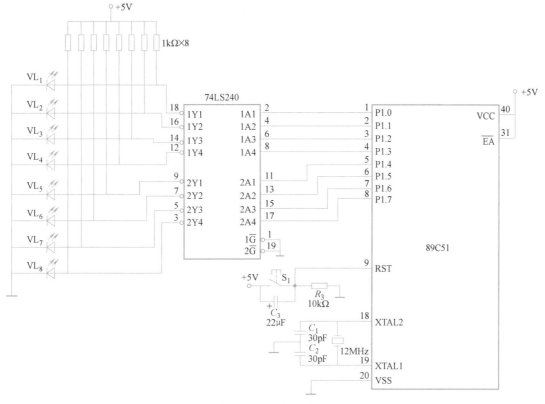

图 5-25　硬件电路图

单片机控制 8 个 LED 信号灯闪烁电路所需的元器件清单见表 5-12。

表 5-12　单片机控制 8 个 LED 信号灯闪烁电路元器件清单

元器件名称	参数	数量	元器件名称	参数	数量
单片机	AT89C51	1	弹性按键	—	1
电阻	1kΩ	8	电阻	10kΩ	1
8 路反相器	74LS240	1	电解电容	22μF	1
发光二极管		8	IC 插座	DIP40	1
晶体振荡器	12MHz	1	IC 插座	DIP20	1
电源	直流+5V	1	瓷片电容	30pF	2

在单片机输出端口电路中经常会使用集成驱动芯片、缓冲与锁存芯片，如 74LS245 或集电极开路电路 74LS06、74LS07 等，这是为了增加端口扇出电流，提高负载能力。此例中，在 P1 口和 LED 之间连接了一个 74LS240，它是一块具有驱动功能的 8 路反相器，除反相功

能外，还可以起到隔离作用，保护单片机芯片内部电路，增加输出口的扇出能力。

（2）硬件电路板制作 在万能板上按电路图焊接元器件，完成电路板的制作，图5-26是焊接好的电路板实物照片。

（3）程序下载及说明 8个发光二极管闪烁的源程序如下：

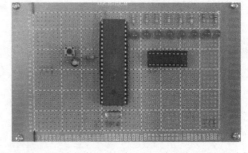

图5-26 单片机控制8个LED信号灯闪烁电路板

行号

1   //ex5_1.c——8个发光二极管闪烁程序

2   #include <reg51.h>   //包含头文件REG51.H

3   void   delay(unsigned char i);   //延时函数声明

4   void   main()   //主函数

5   {

6   while(1){

7   P1 = 0x00;   //将P1口的8位引脚置0输出,点亮8个LED

8   delay(200);   //延时

9   P1 = 0xFF;   //将P1口的8位引脚置1输出,熄灭8个LED

10   delay(200);   //延时

11   }

12   }

13   void   delay(unsigned char i)   //延时函数

14   {

15   unsigned char j,k;

16   for(k = 0;k<i;k++)

17   for(j = 0;j<255;j++);

18   }

1）第1行：对程序进行简要说明，包括程序名称和功能。"//"是单行注释符号，从该符号开始直到一行结束的内容，通常用来说明相应语句的意义，或者对重要的代码行、段落提示，方便程序的编写、调试及维护工作，提高程序的可读性。程序在编译时，不对这些注释内容做任何处理。

C51的另一种注释符号是"/* */"。在程序中可以使用这种成对注释符进行多行注释，注释内容从"/*"开始，到"*/"结束，中间的注释文字可以是多行文字。

2）第2行：#include <reg51.h>是文件包含语句，表示把语句中指定文件的全部内容复制到此处，与当前的源程序文件连接成一个源文件。该语句中指定的文件reg51.h是Keil C51编译器提供的头文件，保存在keil \ c51 \ inc文件夹下，该文件包含了对MCS-51系列单片机特殊功能寄存器SFR和位名称的定义。

在reg51.h文件中定义了下面语句：

sfr P1 = 0x90;

该语句定义了符号 P1 与 MCS-51 单片机内部 P1 口的地址 0x90 对应。

ex5_1.c 程序中包含头文件 reg51.h 的目的,是为了通知 C 编译器,程序中所用的符号 P1 是指 MCS-51 单片机的 P1 口。

在 C51 程序设计中,可以把 REG51.H 头文件包含在自己的程序中,直接使用已定义的 SFR 名称和位名称。例如,符号 P1 表示并行口 P1,也可以直接在程序中自行利用关键字 sfr 和 sbit 来定义这些特殊功能寄存器和特殊位名称。

如果需要使用 REG51.H 文件中没有定义的 SFR 或位名称,可以自行在该文件中添加定义,也可以在源程序中定义。例如:

```
sbit        P1_0=P1^0;         //定义位名称 P1_0,对应 P1 口的第 0 位
```

3)第 3 行:延时函数声明。C 语言中,函数遵循先声明后调用的原则。如果源程序中包括很多函数,通常在主函数的前面集中声明,然后再在主函数后面一一进行定义,这样编写的 C 语言源代码可读性好,条理清晰,易于理解。

4)第 4~12 行:定义 main 函数。main 函数是 C 语言中必不可少的主函数,也是程序开始执行的函数。

5)第 13~18 行:定义 delay 函数。delay 函数的功能是延时,用于控制灯的闪烁速度。

① LED 闪烁过程实际上就是 LED 交替亮、灭的过程,单片机运行一条指令的时间只有几个微秒,时间太短,眼睛无法分辨,看不到闪烁效果。因此,用单片机控制 LED 闪烁时,需要增加一定的延时时间,过程如下:

点亮→延时→熄灭→延时

② 延时函数在很多程序设计中都会用到,这里的延时函数 delay 使用了双重循环,外循环的循环次数由形式参数 i 提供,总的循环次数是 255*i,循环体是空操作。

2. C 语言程序的基本结构

C 语言程序以函数形式组织程序结构,C 程序中的函数与其他语言中所描述的"子程序"或"过程"的概念是一样的。C 程序基本结构如图 5-27 所示。

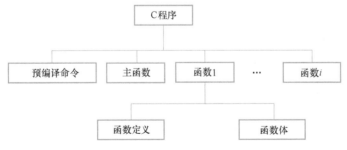

图 5-27　C 程序基本结构

一个 C 语言源程序是由一个或若干个函数组成的,每一个函数完成相对独立的功能。每个 C 程序都必须有(且仅有)一个主函数 main,程序的执行总是从主函数开始的,调用其他函数后返回主函数 main,不管函数的排列顺序如何,最后在主函数中结束整个程序。

一个函数由两部分组成:函数定义和函数体。

函数定义部分包括函数名、函数类型、函数属性、函数参数(形式参数)名和参数类型等。对于 main 函数来说,main 是函数名,函数名前面的 void 说明函数的类型(空类型,

表示没有返回值），函数名后面必须跟一对圆括号，里面是函数的形式参数定义，这里 main 函数没有形式参数。

main 函数后面一对大括号内的部分称为函数体，函数体由定义数据类型的说明部分和实现函数功能的执行部分组成。

函数的类型是指函数返回值的类型。如果函数的类型是 int 型，可以不写"int"，为默认的函数返回值类型；如果函数没有返回值，应该将函数类型定义为 void 型（空类型）。

由 C 编译器提供的函数一般称为标准函数，用户根据自己的需要编写的函数（如本例中的 delay 函数）称为自定义函数。调用库函数前，必须先在程序开始用文件包含命令#include 将包含该库函数说明的头文件包含进来。

C 语言区分大小写，例如：变量 i 和变量 I 表示两个不同的变量。

对于 ex5_ 1. c 源程序中的延时函数 delay（），第 13 行是函数定义部分：

void   delay（unsigned char i）

定义该函数名称为 delay，函数类型为 void，形式参数为无符号字符型变量 i。

第 14~18 行是 delay 函数的函数体。

C 语言程序中可以有预处理命令，例如 ex5_1. c 中的："#include reg51. h"，预处理命令通常放在源程序的最前面。

C 语言程序使用";"作为语句的结束符，一条语句可以多行书写，也可以一行书写多条语句。

3. C 语言的特点

C51 交叉编译器提供了一种针对 MCS-51 系列微控制器用 C 语言编程的方法，可将 C51 高级语言源程序编译生成 Intel 格式的可再定位目标代码。

C 语言是一种通用编程语言，符合 C 语言的 ANSI 标准，代码效率高，可结构化编程，在代码效率和速度上，完全可以和汇编语言相比拟，应用范围广。

利用 C51 高级语言编程，具有极强的可移植性和可读性，同时，它只要求程序员对单片机的存储器结构有初步了解，而对处理器的指令集不要求了解，其主要特点如下：

（1）结构化语言   C 语言由函数构成。函数包括标准函数和自定义函数，每个函数就是一个功能相对独立的模块。C 语言还提供了多种结构化的控制语句，如顺序、条件、循环结构语句，满足程序设计结构化的要求。

（2）丰富的数据类型   C 语言具有丰富的数据类型，便于实现各类复杂的数据结构，它还有与地址密切相关的指针及运算符，直接访问内存地址，进行位（bit）一级的操作，能实现汇编语言的大部分功能，因此 C 语言被称为"高级语言中的低级语言"。

用 C 语言对 MCS-51 系列单片机开发应用程序，只要求开发者对单片机的存储器结构有初步了解，而不必十分熟悉处理器的指令集和运算过程，寄存器分配、存储器的寻址及数据类型等细节问题由编译器管理，不但减轻了开发者的负担，提高了效率，而且程序具有更好的可读性和可移植性。

（3）便于维护管理   用 C 语言开发单片机应用系统程序，便于模块化程序设计，采用开发小组计划项目、分工合作、灵活管理，基本上解决了因开发人员变化所造成的项目进度、后期维护及升级所产生的问题，从而保证整个系统的品质、可靠性以及可升级性。

与汇编语言相比，C 语言的优点如下：

1）不要求编程者详细了解单片机的指令系统，但需了解单片机的存储器结构。

2）寄存器分配、不同存储器的寻址及数据类型等细节可由编译器管理。

3）结构清晰，程序可读性强。

4）编译器提供了很多标准库函数，具有较强的数据处理能力。

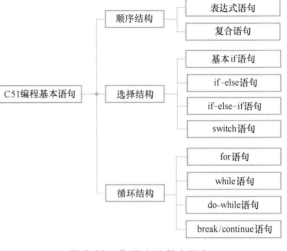

图 5-28　C 语言的基本语句

二、C 语言的编程语句

51 系列单片机 C 语言编程的基本语句如图 5-28 所示，分别为顺序结构、选择结构和循环结构。

1. 顺序结构编程语句

（1）表达式语句　表达式语句是最基本的 C 语言语句。表达式语句由表达式加上分号";"组成，其一般形式如下：

表达式；

执行表达式语句就是计算表达式的值。例如：

P1＝0x00；	//赋值语句，在程序 ex5_1.c 中将 P1 口的 8 位引脚清零
P1_0＝left；	//程序 ex5_2.c 中，将位变量 left 的值送至 P1.0 引脚
x＝y+z；	//y 和 z 进行加法运算后赋给变量 x
i++；	//自增 1 语句，i 增 1 后，再赋给 i

在 C 语言中有一个特殊的表达式语句，称为空语句。空语句中只有一个分号";"，程序执行空语句时需要占用一条指令的执行时间，但是什么也不做。在 C51 程序中常常把空语句作为循环体，用于消耗 CPU 时间等待事件发生的场合。例如，在 delay 延时函数中，有下面语句：

　　　　for(k＝0;k<i;k++)

　　　　for(j＝0;j<255;j++)；

在 for 语句后面的 ";" 是一条空语句，作为循环体出现。

1）表达式是由运算符及运算对象组成的、具有特定含义的式子，如"y+z"。C 语言是一种表达式语言，表达式后面加上分号";"就构成了表达式语句，例如："y+z;"。C 语言中的表达式与表达式语句的区别就是前者没有分号";"，而后者有";"。

2）在 while，for 构成的循环语句后面加一个分号，构成一个不执行其他操作的空循环体。例如：

while(1)；

上面语句循环条件永远为真，是无限循环；循环体为空，什么也不做。程序设计时，通常把该语句作为停机语句使用。

（2）复合语句　把多个语句用大括号 {} 括起来，组合在一起形成具有一定功能的模块，这种由若干条语句组合而成的语句块称为复合语句。在程序中应把复合语句看成是单条语句，而不是多条语句。

复合语句在程序运行时，{} 中的各行单语句是依次顺序执行的。在 C 语言的函数中，函数体就是一个复合语句。例如，程序 ex5_2.c 的主函数中包含两个复合语句：

```
void    main()
{                              //函数体的复合语句开始
    bit left,right;
    while(1){                  //while 循环体的复合语句开始
    left = P3_0;
    :
    :
    delay(200);
    }                          //while 循环体的复合语句结束
}                              //函数体的复合语句结束
```

在上面这段程序中，组成函数体的复合语句内还嵌套了组成 while() 循环体的复合语句。复合语句允许嵌套，也就是在 {} 中的 {} 也是复合语句。

复合语句内的各条语句都必须以分号";"结尾，复合语句之间用 {} 分隔，在括号"}"外，不能加分号。

复合语句不仅可由可执行语句组成，还可用变量定义语句组成。在复合语句中所定义的变量，称为局部变量，也就是指它的有效范围只在复合语句中。函数体是复合语句，所以函数体内定义的变量的有效范围也只在函数内部。前面的 main 函数体内定义的位变量 left 和 right 的有效使用范围局限在 main 函数内部，与其他函数无关。

2. 选择结构编程语句

这里以汽车的转向灯（左转向灯和右转向灯）的控制程序为例，说明选择语句的使用方法。汽车转向灯显示状态见表 5-13。

表 5-13 汽车转向灯显示状态

转向灯显示状态		驾驶员命令
左转向灯	右转向灯	
灭	灭	驾驶员未发出命令
灭	闪烁	驾驶员发出右转显示命令
闪烁	灭	驾驶员发出左转显示命令
闪烁	闪烁	驾驶员发出汽车故障显示命令

采用两个发光二极管来模拟汽车左转向灯和右转向灯，用单片机的 P1.0 和 P1.1 引脚控制发光二极管的亮、灭状态；用两个连接到单片机 P3.0 和 P3.1 引脚的拨动开关 S_0、S_1，模拟驾驶员发出左转、右转命令。P3.0 和 P3.1 引脚的电平状态与驾驶员发出的命令对应关系见表 5-14。

表 5-14 P3 口引脚状态模拟驾驶员发出命令

P3 口状态		汽车状态或命令
P3.0	P3.1	
1	1	驾驶员未发出命令
1	0	驾驶员发出右转指示灯显示命令
0	1	驾驶员发出左转指示灯显示命令
0	0	驾驶员发出汽车故障显示命令

比较表 5-13 和表 5-14 可以看到，P3.0 引脚的电平状态与左转灯的亮灭状态相对应，当

P3.0 引脚的状态为 1 时，左转灯熄灭；当 P3.0 引脚的状态为 0 时，左转灯闪烁。同样，P3.1 引脚的状态与右转灯的亮灭状态相对应。

单片机模拟汽车左、右转向灯控制系统电路如图 5-29 所示。并行口 P1 的 P1.0 和 P1.1 控制两个发光二极管，当引脚输出为 0 时，相应发光二极管点亮；P3 口的 P3.0 和 P3.1 各自分别连接一个拨动开关，拨动开关的一端通过一个 4.7kΩ 电阻连接到电源，另一端接地。

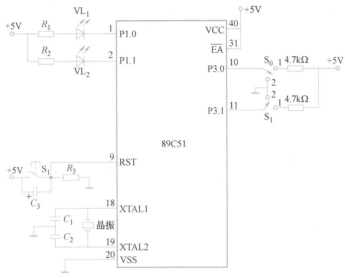

图 5-29　模拟汽车转向灯电路

当拨动开关 S_0 拨至位置 2 时，P3.0 引脚为低电平，P3.0 = 0；当 S_0 拨至位置 1 时，P3.0 引脚为高电平，P3.0 = 1；拨动开关 S_1 亦然。

单片机模拟汽车左右转向灯控制系统所需的元器件清单见表 5-15。

表 5-15　模拟汽车转向灯电路元器件清单

元件名称	参数	数量	元件名称	参数	数量
IC 插座	DIP40	1	弹性按键		1
单片机	8751 或 8951	1	电阻	$10kΩ(R_3)$	1
晶体振荡器	6M 或 12M	1	电阻	$470Ω/4.7kΩ$	2
瓷片电容	30pF	2	电解电容	$22μF$	1
发光二极管		2	拨动开关		2

按照图 5-29 所示焊接好的单片机模拟汽车转向灯控制系统电路板如图 5-30 所示。

图 5-30　硬件电路板

模拟汽车转向灯控制的 C 程序也可以用以下源程序代码来实现：

```
//程序:ex5_3.c
//功能:采用 if 语句实现模拟汽车转向灯控制程序
#include <reg51.h>
sbit P1_0=P1^0;        //定义 P1.0 引脚位名称为 P1_0
sbit P1_1=P1^1;        //定义 P1.1 引脚位名称为 P1_1
sbit P3_0=P3^0;        //定义 P3.0 引脚位名称为 P3_0
sbit P3_1=P3^1;        //定义 P3.1 引脚位名称为 P3_1
void    delay(unsigned char i);        //延时函数声明
void    main()                         //主函数
{
  while(1){                            //while 循环
    if(P3_0==0)P1_0=0;                 //如果 P3.0(左转向灯)状态为 0,则点亮左转灯
    if(P3_1==0)P1_1=0;                 //如果 P3.1(右转向灯)状态为 1,则点亮右转灯
    delay(200);                        //延时
    P1_0=1;                            //左转灯回到熄灭状态
    P1_1=1;                            //右转灯回到熄灭状态
    delay(200);                        //延时
  }
}
void    delay(unsigned char i)         //延时函数
```

P3_0==0 中的运算符"＝＝"为"相等"关系运算符，当"＝＝"左右两边的值相等时，该关系表达式的值为"真"，否则为假。执行这条语句时，先判断表达式：P3_0==0 是否成立，即读取 P3_0 引脚的状态，并判断其是否为 1，如果条件满足，则点亮左转灯，执行语句："P1_0=0;"；如果条件不满足，则不做任何事情，继续执行下一条语句，程序流程图如图 5-31 所示。

可以看出，处理实际问题时总是伴随着逻辑判断或条件选择，程序设计时就要根据给定的条件进行判断，从而选择不同的处理路径。对给定的条件进行判断，并根据判断结果选择应执行的操作程序，称为选择结构程序。

在 C 语言中，选择结构程序设计一般用 if 语句或 switch 语句来实现。if 语句又有 if、if-else 和 if-else if 三种不同的形式，下面分别进行介绍。

（1）基本 if 语句 基本 if 语句的格式如下：

if（表达式）

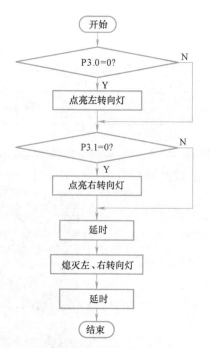

图 5-31 用 if 语句实现汽车转向灯流程图

　　　　　　　　}

　　　　　　　　语句组；

　　　　　　　}

　　if 语句执行过程：当"表达式"的结果为"真"时，执行其后的"语句组"；否则跳过该语句组，继续执行下面的语句。如上例中"if（P3_0＝＝0）P1_0＝0;"，当 P3_0 等于 0 时，P1_0 就赋值 0。基本 if 语句的执行流程图如图 5-32 所示。

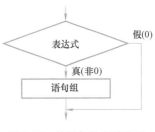

图 5-32　if 语句执行流程图

　　（2）if-else 语句　if-else 语句的格式如下：

　　　　if（表达式）

　　　　　　{

　　　　　　　　语句组 1；

　　　　　　}

　　　　else

　　　　　　{

　　　　　　　　语句组 2；

　　　　　　}

　　if-else 语句执行过程：当"表达式"的结果为"真"时，执行其后的"语句组 1"；否则执行"语句组 2"。其执行流程图如图 5-33 所示。

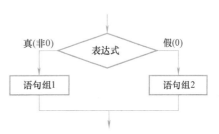

图 5-33　if-else 语句执行流程图

　　（3）if-else if 语句　if-else if 语句是由 if else 语句组成的嵌套，用来实现多个条件分支的选择，其格式如下：

　　　　if（表达式 1）

　　　　　　{

　　　　　　　　语句组 1；

　　　　　　}

　　　　else if（表达式 2）

　　　　　　{

　　　　　　　　语句组 2；

　　　　　　}

　　　　…

　　　　else if（表达式 n）

　　　　　　{

　　　　　　　　语句组 n；

　　　　　　}

　　　　else

　　　　　　{

　　　　　　　　语句组 $n+1$；

　　　　　　}

执行该语句时，依次判断"表达式 i"的值，当"表达式 i"的值为"真"时，执行其对应的"语句组 i"，跳过剩余的 if 语句组，继续执行该语句下面一个语句；如果所有表达式的值均为"假"，则执行最后一个 else 后的"语句组 $n+1$"，然后再继续执行其下面一个语句其执行流程图如图 5-34 所示。

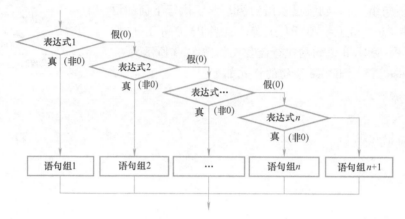

图 5-34 if-else if 语句执行流程图

采用 if-else if 语句实现的汽车转向灯控制的 C 程序源代码如下：

```
//程序:ex5_4.c
//功能:采用 if-else if 语句实现汽车转向灯控制程序
#include <reg51.h>          //包含头文件 reg51.h
sbit P1_0 = P1^0;           //定义 P1.0 引脚位名称为 P1_0
sbit P1_1 = P1^1;           //定义 P1.1 引脚位名称为 P1_1
sbit P3_0 = P3^0;           //定义 P3.0 引脚位名称为 P3_0
sbit P3_1 = P3^1;           //定义 P3.1 引脚位名称为 P3_1
void    delay(unsigned char i);    //延时函数声明
void    main()                     //主函数
{
  while(1){                        //while 循环
    if (P3_0 == 0&&P3_1 == 0)      //如果 P3.0 和 P3.1 状态都为 0
    { P1_0 = 0;                    //则点亮左转向灯和右转向灯
      P1_1 = 0;
      delay(200);
    }
    else if (P3_0 == 0)            //如果 P3.0(左转向灯)状态为 1
    { P1_0 = 0;                    //则点亮左转向灯
      delay(200);
    }
    else if (P3_1 == 0)            //如果 P3.1(右转向灯)状态为 1
    { P1_1 = 0;                    //则点亮右转向灯
```

```
            delay(200);
        }
    else
        {
        ;                              //空语句
        }
        P1_0 = 1;                          //左转向灯回到熄灭状态
        P1_1 = 1;                          //右转向灯回到熄灭状态
        delay(200);
        }
    }
    void    delay(unsigned char i)
```

（4）switch 语句   if 语句一般用作单一条件或分支数目较少的场合，如果使用 if 语句来编写超过 3 个以上分支的程序，就会降低程序的可读性。C 语言提供了一种用于多分支选择的 switch 语句，其格式如下：

```
    switch(表达式)
        {
            case 常量表达式 1：   语句组 1;break;
            case 常量表达式 2：   语句组 2;break;
            ……
            case 常量表达式 n：   语句组 n;break;
            default         ：   语句组 n+1;
        }
```

该语句的执行过程是：首先计算表达式的值，并逐个与 case 后的常量表达式的值相比较，当表达式的值与某个常量表达式的值相等时，则执行对应该常量表达式后的语句组，再执行 break 语句，跳出 switch 语句的执行，继续执行下一条语句。如果表达式的值与所有 case 后的常量表达式均不相同，则执行 default 后的语句组。

用 switch 语句改写汽车转向灯控制的 C 源程序如下：

```
//程序:ex5_5.c
//功能：采用 switch 语句实现汽车转向灯控制程序
#include <reg51.h>                    //包含头文件 reg51.h
sbit P1_0 = P1^0;
sbit P1_1 = P1^1;
void    delay(unsigned char i);        //延时函数声明
void    main()                         //主函数
    {
        unsigned char ledctr;          //定义转向灯控制变量 ledctr
        P3 = 0xff;                     //P3 口作为输入口,必须先置全 1
    while(1){
```

```
        ledctr = P3;                        //读 P3 口的状态送到 ledctr
        ledctr = ledctr&0x03;               //与操作,屏蔽掉高 6 位无关位,取出 P3.0 和 P3.1
                                            //引脚的状态(0x03 即二进制数 00000011B)
        switch (ledctr)
          {
          case 0:P1_0 = 1;P1_1 = 0;break;   //如果 P3.0、P3.1 都为 0,则点亮左、右转向灯
          case 1:P1_1 = 0; break;           //如果 P3.1(右转向灯)为 0,则点亮右转向灯
          case 2:P1_0 = 0; break;           //如果 P3.0(左转向灯)为 0,则点亮左转向灯
          default: ;                        //空语句,什么都不做
          }
        delay(200);                         //延时
        P1_0 = 1;                           //左转向灯回到熄灭状态
        P1_1 = 1;                           //右转向灯回到熄灭状态
        delay(200);                         //延时
          }
      }
      void    delay(unsigned char i)
```

在程序 ex5_5.c 中,定义了一个无符号字符型变量 ledctr,长度是一个字节,其最低两位用来表示 P3.0 和 P3.1 引脚对左、右转向灯的控制状态。

语句:"ledctr = P3;"将 P3 口的 8 个引脚状态保存到变量 ledctr 中,再执行与操作语句"ledctr = ledctr&0x03;"把无关位清零,一般称为屏蔽。然后,采用 switch (ledctr) 语句,判断变量 ledctr 的值与哪一个 case 语句中的常量表达式的值相等,点亮相应的转向灯;如果都不相等,则执行 default 后面的空语句。

3. 循环语句

在结构化程序设计中,循环程序结构是一种很重要的程序结构,几乎所有的应用程序都包含循环结构。

循环程序结构的作用是:对给定的条件进行判断,当给定的条件成立时,重复执行给定程序段,直到条件不成立时为止。给定的条件称为循环条件,需要重复执行的程序段称为循环体。

前面介绍的 delay 函数中使用了双重 for 循环,其循环体为空语句,用来消耗 CPU 时间,产生延时效果,这种延时方法称为软件延时。软件延时的缺点是占用 CPU 时间,使得 CPU 在延时过程中不能做其他事情,解决的方法是使用单片机中的硬件定时器实现延时功能。

在 C 语言中,可以用下面三个语句来实现循环程序结构:while 语句、do-while 语句和 for 语句,下面分别进行介绍。

(1) while 语句 while 语句用来实现"当型"循环结构,即当条件为"真"时,就执行循环体。while 语句的格式如下:

while(表达式)
  {

　　　　语句组；　　　　//循环体
　　}

　　其中，"表达式"通常是逻辑表达式或关系表达式，为循环条件；"语句组"是循环体，即被重复执行的程序段。该语句的执行过程是：首先计算"表达式"的值，当值为"真"（非0）时，执行循环体"语句组"，流程图如图 5-35 所示。

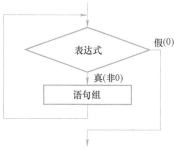

图 5-35　while 语句执行流程图

　　在循环程序设计中，要特别注意循环的边界问题，即循环的初值和终值要非常明确。例如：下面的程序段是求整数 1~100 的累加和，变量 i 的取值范围为 1~100，所以，初值设为 1，while 语句的条件为：i<= 100，符号 "<=" 为关系运算符 "小于等于"。

```
main( )
{
    int i, sum;
    i=1;              //循环控制变量 i 初始值为 1
    sum=0;            //累加和变量 sum 初始值为 0
    while（i<=100）
    {
        sum=sum+i;         //累加和
        i++;               //i 增加 1,修改循环控制变量
    }
}
```

　　（2）do-while 语句　　while 语句是在执行循环体之前判断循环条件，如果条件不成立，则该循环不会被执行。实际情况往往需要先执行一次循环体后，再进行循环条件的判断，"直到型"do-while 语句可以满足这种要求。

　　do-while 语句的格式如下：

```
do
{
    语句组；      //循环体
} while(表达式);
```

　　该语句的执行过程是：先执行循环体"语句组"一次，再计算"表达式"的值，如果"表达式"的值为"真"（非0），继续执行循环体"语句组"，直到表达式为"假"（0）为止。do while 语句执行流程图如图 5-36 所示。

　　（3）for 语句　　在 delay 函数中使用两个 for 语句，实现了双重循环，重复执行若干次空语句循环体，以达到延时的目的。在 C 语言中，

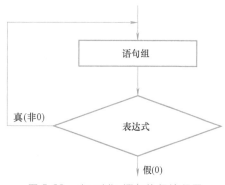

图 5-36　do-while 语句执行流程图

当循环次数明确的时候，使用 for 语句比 while 和 do-while 语句更为方便。for 语句的格式如下：

> for（循环变量赋初值；循环条件；修改循环变量）
> {
>   语句组；//循环体
> }

关键字 for 后面的圆括号内通常包括三个表达式：循环变量赋初值、循环条件和修改循环变量，三个表达式之间用";"隔开。大括号内是循环体"语句组"。

for 语句的执行过程如下：

1) 先执行第一个表达式，给循环变量赋初值，通常这里是一个赋值表达式。

2) 利用第二个表达式判断循环条件是否满足，通常是关系表达式或逻辑表达式，若其值为"真"（非 0），则执行循环体"语句组"一次，再执行下面第 3) 步；若其值为"假"（0），则转到第 5) 步，循环结束。

3) 计算第三个表达式，修改循环控制变量，一般也是赋值语句。

4) 跳到第 2) 步继续执行。

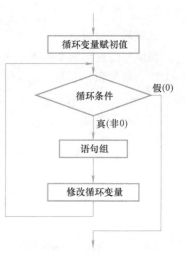

图 5-37　for 语句执行流程图

5) 循环结束，执行 for 语句下面的一个语句。

for 语句的执行流程图如图 5-37 所示。

用 for 语句实现"求 1~100 累加和"的程序段如下：

```
main( )
    {
        int i;
        int sum=0;                //累加和变量 sum 初始值为 0
        for（i=1;i<=100;i++）
        {
            sum=sum+i;
        }
    }
```

上面 for 语句执行过程如下：先给 i 赋初值 1，判断 i 是否小于等于 100，若是，则执行循环体"sum=sum+i;"语句一次，然后 i 增 1，再重新判断，直到 i=101 时，条件 i<=100 不成立，循环结束。该语句相当于如下 while 语句：

```
i=1;
while（i<=100）
{   sum=sum+i;
     i++;
}
```

因此, for 语句的格式也可以改写为:

```
    表达式 1;              //循环变量赋值
while(表达式 2)            //循环条件判断
    {
        语句组;            //循环体
        表达式 3;
                          //修改循环控制变量
    }
```

比较 for 语句和 while 语句, 显然用 for 语句更加简洁方便。

(4) 循环的嵌套　循环嵌套是指一个循环(称为"外循环")的循环体内包含另一个循环(称为"内循环")。内循环的循环体内还可以包含循环, 形成多层循环。while、do-while 和 for 三种循环结构可以互相嵌套。

例如, 延时函数 delay 中使用的双重 for 循环语句, 外循环的循环变量是 k, 其循环体又是以 j 为循环变量的 for 语句, 这个 for 语句就是内循环, 内循环体是一条空语句。

(5) 在循环体中使用 break 和 continue 语句

1) break 语句。break 语句通常用在循环语句和 switch 语句中。

在 switch 语句中使用 break 时, 程序跳出 switch 语句, 继续执行其后面的语句。

当 break 语句用于 while、do-while、for 循环语句中时, 不论循环条件是否满足, 可使程序立即终止整个循环而执行后面的语句。通常 break 语句总是与 if 语句一起使用, 即满足 if 语句中给出的条件时便跳出循环。

例如执行如下的程序段:

```
void main( )
{
    int i = 0, sum;
    sum = 0;
    for (i = 1; ; i++)           //设置 for 循环
    {
        if (i>10) break;         //判断循环是否结束, 如果满足则退出循环
        sum = sum+i;
    }
}
```

2) continue 语句。continue 语句的作用是跳过循环体中剩余的语句, 结束本次循环, 强行执行下一次循环。它与 break 语句的不同之处是: break 语句是直接结束整个循环语句, 而 continue 则是停止当前循环体的执行, 跳过循环体中余下的语句, 再次进入循环条件判断, 准备继续开始下一次循环体的执行。

continue 语句只能用在 for、while、do-while 等循环体中, 通常与 if 条件语句一起使用, 用来加速循环结束。

continue 语句与 break 语句的区别及执行过程如图 5-38 所示。

```
循环变量赋初值；                    循环变量赋初值；
while（循环条件）                    while（循环条件）
      { ……                           { ……
          语句组 1；                      语句组 1；
          修改循环变量；                   修改循环变量；
          if（表达式）break；          if（表达式）continue；
          语句组 2；                      语句组 2；
      }                               }
```

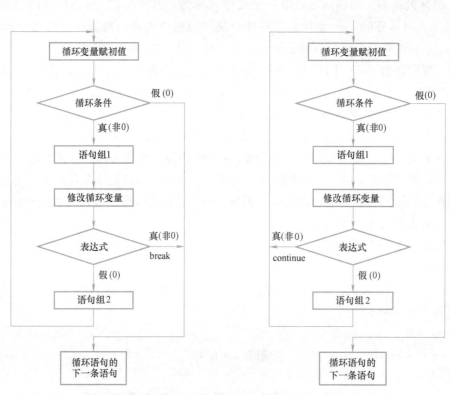

图 5-38　continue 和 break 语句的区别及执行过程

下面的程序段将求出 1~20 之间所有不能被 5 整除的整数之和。

```
void main( )
{
    int i = 0, sum;
    sum = 0;
    for（i = 1; i < = 20; i++）          //设置 for 循环
    {
      if（i%5 = = 0）continue；         //i 对 5 取余运算,若结果为 0,即 i 能整除 5,
                                        //执行 continue 语句,跳过下面求和语句,程序
                                        //继续执行 for 循环
```

```
        sum = sum+i;                    //循环;如果 i 不能被 5 整除,则执行求和语句
    }
  }
```

三、C 语言数据与运算

　　C51 是一种专门为 MCS-51 系列单片机设计的 C 语言编译器,支持 ANSI 标准的 C 语言程序设计,同时根据 8051 单片机的特点做了一些特殊扩展。C51 编译器把数据分成了多种数据类型,并提供了丰富的运算进行数据的处理。C 语言的数据与运算内容如图 5-39 所示。

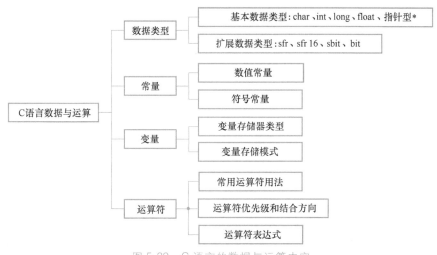

图 5-39　C 语言的数据与运算内容

1. 数据类型

　　数据是计算机操作的对象,任何程序设计都要进行数据的处理。具有一定格式的数字或数值叫作数据,数据的不同格式叫作数据类型。

　　在 C 语言中,数据类型可分为:基本数据类型、构造数据类型、指针类型和空类型四大类,如图 5-40 所示。

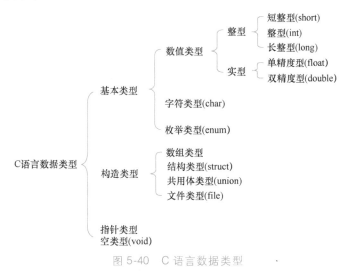

图 5-40　C 语言数据类型

在进行 C51 单片机程序设计时，支持的数据类型与编译器有关。在 C51 编译器中整型（int）和短整型（short）相同，浮点型（float）和双精度浮点型（double）相同。表 5-16 列出了 Keil μVision3 C51 编译器所支持的数据类型。

表 5-16　Keil μVision3 C51 编译器所支持的数据类型

数据类型	名称	长度	值域
unsigned char	无符号字符型	单字节	0 ~ 255
signed char	有符号字符型	单字节	-128 ~ +127
unsigned int	无符号整型	双字节	0 ~ 65535
signed int	有符号整型	双字节	-32768 ~ +32767
unsigned long	无符号长整型	四字节	0 ~ 4294967295
signed long	有符号长整型	四字节	-2147483648 ~ +2147483647
float	浮点型	四字节	±1.175494E-38 ~ ±3.402823E+38
*	指针型	1 ~ 3 字节	对象的地址
bit	位类型	位	0 或 1
sfr	特殊功能寄存器	单字节	0 ~ 255
sfr16	16 位特殊功能寄存器	双字节	0 ~ 65535
sbit	可寻址位	位	0 或 1

注：表中斜体部分为 C51 扩充数据类型。

（1）字符类型 char　char 类型的数据长度占一个字节，通常用于定义处理字符数据的变量或常量，分为无符号字符类型 unsigned char 和有符号字符类型 signed char，默认为 signed char 类型。

unsigned char 类型为单字节数据，用字节中所有的位来表示数值，可以表达的数值范围是 0 ~ 255。signed char 类型用字节中最高位表示数据的符号，"0" 表示正数，"1" 表示负数，负数用补码表示，所能表示的数值范围是 -128 ~ +127。在单片机的 C 语言程序设计中，unsigned char 经常用于处理 ASCII 字符或用于处理小于等于 255 的整型数，是使用最为广泛的数据类型。

（2）整型 int　int 整型数据长度占两个字节，用于存放一个双字节数据，分为有符号整型 signed int 和无符号整型 unsigned int，默认为 signed int 类型。

unsigned int 表示的数值范围是 0 ~ 65535。signed int 表示的数值范围是 -32768 ~ +32767，字节中最高位表示数据的符号，"0" 表示正数，"1" 表示负数，负数用补码表示。

将延时函数 delay 中的形式参数 i，变量 k、j 由 unsigned char 字符型修改为 unsigned int 整型，修改后的延时函数如下：

```
void    delay(unsigned int i)        //延时函数
  {
      unsigned int j,k;
      for(k=0;k<i;k++)
        for(j=0;j<255;j++);
  }
```

此时，在主函数中调用 delay 函数时，实际参数的取值范围为 0 ~ 65535。如果给定实际参数为 500，则延时函数中的循环次数增加了，从而延时时间更长了。

在程序中使用变量时，要注意不能使该变量的值超过其数据类型的值域。如在上面例子中，将变量 i、j 定义为 unsigned char 类型，则 i、j 就只能在 0~255 间取值，因此调用 delay（500）就不能达到预期的延时效果。

（3）长整型 long　long 长整型数据长度为四个字节，用于存放一个四个字节的数据，分为有符号长整型 signed long 和无符号长整型 unsigned long 两种，默认为 signed long 类型。unsigned long 表示的数值范围是 0~4294967295。signed long 表示的数值范围是-2147483648~+2147483647，字节中最高位表示数据的符号，"0"表示正数，"1"表示负数，负数用补码表示。

（4）浮点型 float　float 浮点型数据长度为 32 位，占用四个字节。许多复杂的数学表达式都采用浮点数据类型。它用符号位表示数的符号，用阶码与尾数表示数的大小。采用浮点型数据进行任何数学运算时，需要使用由编译器决定的各种不同效率等级的库函数。C51 浮点变量数据类型的使用格式符合 IEEE-754 标准的单精度浮点型数据。

（5）指针型 *　指针型 * 本身就是一个变量，在这个变量中存放的内容是指向另一个数据的地址。指针变量占据一定的内存单元，对于不同的处理器，其长度也不同。在 C51 中，它的长度一般为 1~3 个字节。

（6）位类型 bit　位类型 bit 是 C51 编译器的一种扩充数据类型，利用它可定义一个位类型变量，但不能定义位指针，也不能定义位数组。它的值是一个二进制位，只有 0 或 1，与某些高级语言的 Boolean 类型数据 True 和 False 类似。

（7）特殊功能寄存器 sfr　MCS-51 系列单片机内部定义了 21 个特殊功能寄存器，它们不连续分布在片内 RAM 的高 128 字节中，地址为 80H~FFH。

sfr 也是 C51 扩展的一种数据类型，占用一个内存单元，值域为 0~255。利用它可以访问单片机内部的所有 8 位特殊功能寄存器。例如：

sfr P0 = 0x80；　//定义 P0 为 P0 端口在片内的寄存器,P0 端口地址为 80H

sfr P1 = 0x90；　//定义 P1 为 P1 端口在片内的寄存器,P1 端口地址为 90H

对 sfr 操作,只能用直接寻址方式,用 sfr 定义特殊功能寄存器地址的格式为：

sfr 特殊功能寄存器名＝特殊功能寄存器地址

例如：

sfr PSW = 0xd0；

sfr ACC = 0xe0；

sfr B = 0xf0；

在关键字 sfr 后面必须跟一个标志符作为寄存器名，名字可任意选取。等号后面是寄存器的地址，必须为 80H~FFH 之间的常数，不允许带运算符的表达式。

（8）16 位特殊功能寄存器 sfr16　在新一代的 MCS-51 系列单片机中，特殊功能寄存器经常组合成 16 位来使用。采用 sfr16 可以定义这种 16 位的特殊功能寄存器。sfr16 也是 C51 扩充的数据类型，占用两个内存单元，值域为 0~65535。

sfr16 和 sfr 一样用于定义特殊功能寄存器，所不同的是它用于定义占两个字节的寄存器。如 8052 定时器 T2，使用地址 0xcc 和 0xcd 作为低字节和高字节，可以用如下方式定义：

sfr16 T2 = 0xcc；　//这里定义 8052 定时器 2，地址为 T2L＝CCH，T2H＝CDH

采用 sfr16 定义 16 位特殊功能寄存器时，两个字节地址必须是连续的，并且低字节地址在前。定义时，等号后面是它的低字节地址。使用时，把低字节地址作为整个 sfr16 地址。这里要注意的是，它不能用于定时器 0 和 1 的定义。

（9）可寻址位 sbit sbit 类型也是 C51 的一种扩充数据类型，利用它可以访问芯片内部 RAM 中的可寻址位或特殊功能寄存器中的可寻址位。有 11 个特殊功能寄存器具有位寻址功能，它们的字节地址都能被 8 整除，即以十六进制表示的字节地址以 8 或 0 为尾数。

例如，在前面的示例程序中定义了：

sbit P1_1 = P1^1; //P1_1 表示 P1 中的 P1.1 引脚

sbit P1_1 = 0x91; //也可以用 P1.1 的位地址来定义

那么在后面的程序中就可以用 P1_ 1 来对 P1.1 引脚进行读写操作了。

sbit 定义格式如下：

sbit 位名称 = 位地址；

例如：

sbit CY = 0xd7；

sbit AC = 0xd6；

sbit F0 = 0xd5；

也可以写成：

sbit CY = 0xd0^7；

sbit AC = 0xd0^6；

sbit F0 = 0xd0^5；

如果在前面已定义了特殊功能寄存器 PSW，那么上面的定义也可以写成：

sbit CY = PSW^7；

sbit AC = PSW^6；

sbit F0 = PSW^5；

2. 常量和变量

单片机程序中处理的数据有两种形式：常量和变量。二者的区别在于：常量的值在程序执行期间是不能发生变化的，而变量的值在程序执行期间可以发生变化。

（1）常量 常量是指在程序执行期间其值固定、不能被改变的量。常量的数据类型有整型、浮点型、字符型、字符串型和位类型。

1）整型常量可以表示为十进制数、十六进制数或八进制数等，例如：十进制数 12，-60 等；十六进制数以 0x 开头，如 0x14、-0x1B 等；八进制数以字母 o 开头，如 o14、o17 等。

若要表示长整型，就在数字后面加字母 L，如 104L、034L 和 0xF340L 等。

2）浮点型常量可分为十进制形式和指数形式两种，如 0.888、3345.345、125e3、-3.0e-3。

3）字符型常量是用单引号括起来的单一字符，如'a'、'9' 等。

单引号是字符常量的定界符，不是字符常量的一部分，且单引号中的字符不能是单引号本身或是反斜杠，即'''和'\'都是不可以的。要表示单引号或反斜杠，可以在该字符前面加一个反斜杠'\'，组成专用转义字符，如'\''表示单引号字符，而'\\'表示反斜杠字符。

4）字符串型常量是用双引号括起来的一串字符，如"test"、"OK"等。

字符串是由多个字符连接起来组成的，在 C 中存储字符串时，系统会自动在字符串尾部加上'\0'转义字符以作为该字符串的结束符。因此，字符串常量"A"其实包含两个字符：字符'A'和字符'\0'，在存储时多占用一个字节，这是和字符常量'A'不同的。

当引号内没有字符时，如""，表示为空字符串。同样，双引号是字符串常量的定界符，不是字符串常量的一部分。如果要在字符串常量中表示双引号，同样要使用转义字符"\"。

5）位类型的值是一个二进制数，如 1 或 0。

常量可以是数值型常量，也可以是符号常量。

数值型常量就是常说的常数，如 14、26.5、o34、0x23、'A'、"Good!"等，数值型常量不用说明就可以直接使用。

符号常量是指在程序中用标志符来代表的常量。符号常量在使用之前必须用编译预处理命令"#define"先进行定义。例如：

#define　PI　3.1415 定义　　　　　//用符号常量 PI 表示数值 3.1415

在此语句后面的程序代码中，凡是出现标识符 PI 的地方，均用 3.1415 来代替。

（2）变量　变量是一种在程序执行过程中其值能不断变化的量。

一个变量由变量名和变量值组成，变量名是存储单元地址的符号表示，而变量值就是该单元存放的内容。

变量必须先定义后使用，用标志符作为变量名，并指出所用的数据类型和存储模式，如此编译系统才能为变量分配相应的存储空间。变量定义格式如下：

［存储种类］　数据类型　［存储器类型］　变量名表；

其中，数据类型和变量名表是必要的，存储种类和存储器类型是可选项。

存储种类有四种：自动（auto）、外部（extern）、静态（static）和寄存器（register），默认类型为自动（auto）。存储器类型是指定该变量在 MCS-51 硬件系统中所使用的存储区域，并在编译时准确地定位，下面分别进行介绍。

（3）变量存储种类　变量按存储种类可分为以下四种：auto（自动变量）、extern（外部变量）、static（静态变量）和 register（寄存器变量）。

变量的存储方式可分为静态存储和动态存储两大类，静态存储变量通常是在变量定义时就分配存储单元并一直保持不变，直至整个程序结束。动态存储变量在程序执行过程中，使用它时才分配存储单元，使用完毕立即释放。

因此，静态存储变量是一直存在的，而动态存储变量则时而存在时而消失。

1）auto（自动变量）。auto（自动变量）是 C 语言中使用最广泛的一种类型。C 语言规定，在函数内，凡未加存储类型说明的变量均视为自动变量。前面的程序中所定义的变量，凡未加存储类型说明符的都是自动变量。自动变量的作用域仅限于定义该变量的个体内，即在函数中定义的自动变量，只有在该函数内有效；在复合语句中定义的自动变量只在该复合语句中有效。

自动变量属于动态存储方式，只有在定义该变量的函数被调用时，才给它分配存储单元，函数调用结束后，释放存储单元，自动变量的值不能保留。因此，不同的函数内允许使用同名的变量而不会混淆。

2）extern（外部变量）。使用存储种类说明符"extern"定义的变量称为外部变量。凡是在所有函数之前，在函数外部定义的变量都是外部变量，可以默认"extern"说明符。但是，在一个函数体内说明一个已在该函数体外或别的程序模块文件中定义过的外部变量时，则必须使用 extern 说明符。

C 语言允许将大型程序分解为若干个独立的程序模块文件，各个模块可以分别进行编译，然后将它们连接在一起。在这种情况下，如果某个变量需要在所有程序模块文件中使用，只要在一个程序模块文件中将该变量定义成全局变量，而在其他程序模块文件中用 extern 说明该变量是已被定义过的外部变量就可以了。

同样，函数也可以定义成一个外部函数供其他程序模块文件调用。

3）static（静态变量）。静态变量的类型说明符是 static。静态变量属于静态存储方式，但是属于静态存储方式的变量不一定就是静态变量。例如：外部变量虽属于静态存储方式，但不一定是静态变量，必须由 static 进行定义后才能成为静态外部变量，或称静态全局变量。在一个函数内定义的静态变量称为静态局部变量。

静态局部变量在函数内定义，它是始终存在的，但其作用域仍与自动变量相同，即只能在定义该变量的函数内使用该变量，退出该函数后，尽管该变量还继续存在，但不能使用它。

静态全局变量的作用域局限在一个源文件内，只能为该源文件内的函数公用，因此可以避免在其他源文件中引起错误。

全局变量与静态全局变量不同，其作用域是源程序中的所有源文件。

4）register（寄存器变量）。寄存器变量存放在 CPU 的寄存器中，使用时，不需要访问内存，而直接从寄存器中读写，可提高效率。

（4）变量存储器类型　MCS-51 系列单片机将程序存储器（ROM）和数据存储器（RAM）分开，在物理上分为以下四个存储空间：片内程序存储器空间、片外程序存储器空间、片内数据存储器空间和片外数据存储器空间。

这四个存储空间有不同的寻址机构和寻址方式，data、bdata 和 idata 型的变量存放在内部数据存储区；pdata 和 xdata 型的变量存放在外部数据存储区；code 型的变量固化在程序存储区。

访问片内数据存储器（data、bdata 和 idata）比访问片外数据存储器（pdata 和 xdata）相对要快一些，因此，可以将经常使用的变量放到片内数据存储器，而将规模较大的或不经常使用的数据放到片外数据存储器中。

存储器类型可以和数据类型一起使用，例如：

int data i;　// 整数 i 为内部数据存储器中的变量

int xdata j;　// 整数 j 定义在外部数据存储器(64K 字节)内

一般在定义变量时经常省略存储器类型的定义，采用默认存储器类型，而默认存储器类型和存储器模式有关。C51 编译器支持的存储器模式见表 5-17。

SMALL 模式：所有默认变量参数均装入内部 RAM（与使用显式的 data 关键字来定义结果相同）。使用该模式的优点是访问速度快，缺点是空间有限，而且分配给堆栈的空间比较少，遇到函数嵌套调用和函数递归调用时必须小心，该模式适用于较小的程序。

表 5-17　C51 编译器支持的存储器模式

存储器模式	描　述
SMALL	参数及局部变量放入可直接寻址的内部数据存储器（最大128B，默认存储器类型为DATA）
COMPACT	参数及局部变量放入外部数据存储器的前256B（最大256B，默认存储器类型为PDATA）
LARGE	参数及局部变量直接放入外部数据存储器（最大64KB，默认存储器类型为XDATA）

COMPACT 模式：所有默认变量均位于外部 RAM 区的一页（与使用显式的 pdata 关键字来定义结果相同），最多能够定义 256B 变量。使用该模式的优点是变量定义空间比 SMALL 模式大，但运行速度比 SMALL 模式慢。

LARGE 模式：所有默认变量可存放在多达 64KB 的外部 RAM 区（与使用显式的 xdata 关键字来定义结果相同）。该模式的优点是空间大，可定义变量多，缺点是速度较慢，一般用于较大的程序，或扩展了大容量外部 RAM 的系统中。

存储模式决定了变量的默认存储器类型、参数传递区和无明确存储类型的说明。例如：若定义 char s，在 SMALL 存储模式下，s 被定位在 DATA 存储区；在 COMPACT 存储模式下，s 被定位在 IDATA 存储区；在 LARGE 存储模式下，s 被定位在 XDATA 存储区。

存储模式定义关键字 SMALL、COMPACT 和 LARGE 属于 C51 编译器控制指令，可以在命令行输入，也可以在源文件的开始直接使用下面的预处理语句（假设源程序名为 prog.c）：

方法 1：用 C51 编译程序 prog.c 时，使用命令"C51 prog.c COMPACT"。

方法 2：在程序的第一行使用预处理命令"#progma compact"。

除非特殊说明，本书中的 C51 程序均运行在 SMALL 模式下。下面给出一些变量定义的例子。

```
data char var;              //字符型变量 var 存储在片内数据存储区
char code MSG[ ] = "Hello!";  //字符串变量 MSG 存储在程序存储区
float idata x;              //实型变量 x 存储在片内用间址访问的内部数据存
                             储区
bit sw1;                    //位变量 sw1 存储在片内数据可位寻址存储区
unsigned int pdata sum;     //无符号整型变量存储在分页的外部数据存储区
sfr P0 = 0x80;              //P0 口，地址为 80H
sbit OV = PSW^2;            //可位寻址变量 OV 为 PSW.2，地址为 D2H
```

3. 运算符和表达式

C 语言提供了丰富的运算符，它们能构成多种表达式，处理不同的问题，从而使 C 语言运算功能十分完善。C 语言的运算符可以分为 12 类，见表 5-18。

表 5-18　C 语言的运算符

运 算 符 名	运 算 符
算术运算符	+ - * / % ++ --
关系运算符	> < == >= <= ! =
逻辑运算符	! && ||
位运算符	<< >> ~ & |^

（续）

运 算 符 名	运 算 符
赋值运算符	=
条件运算符	? :
逗号运算符	,
指针运算符	* &
求字节数运算符	sizeof
强制类型转换运算符	（类型）
下标运算符	[ ]
其他运算符	函数调用运算符( )

表达式是由运算符及运算对象组成的、具有特定含义的式子。C语言是一种表达式语言，表达式后面加上分号"；"就构成了表达式语句。这里主要介绍在C51编程中经常用到的算术运算、赋值运算、关系运算、逻辑运算、位运算、逗号运算及其表达式。

（1）算术运算符与算术表达式　C51中的算术运算符见表5-19。

表5-19　算术运算符

运 算 符	名　称	功　能
+	加法	求两个数之和，例如8+9=17
−	减法	求两个数之差，例如20−9=11
*	乘法	求两个数之积，例如20*5=100
/	除法	求两个数之商，例如20/5=4
%	取余	求两个数之余数，例如20%9=2
++	自增1	变量自动加1
−−	自减1	变量自动减1

注意：除法运算符在进行浮点数相除时，其结果为浮点数，如20.0/5所得值为4.0；而进行两个整数相除时，所得值是整数，如7/3，值为2。使用取余运算符（模运算符）"%"时，要求参与运算的量均为整型，其结果等于两数相除后的余数。C51还提供自增运算符"++"和自减运算符"−−"，作用是使变量值自动加1或减1。自增运算和自减运算只能用于变量，而不能用于常量表达式，运算符号放在变量前和变量后是不同的。

后置运算：i++（或i−−）是先使用i的值，再执行i+1（或i−1）。

前置运算：++i（或−−i）是先执行i+1（或i−1），再使用i的值。

对自增、自减运算的理解和使用是比较容易出错的，应仔细地分析，例如：

int i=100,j;

j=++i;　　　// j=101,i=101

j=i++;　　　// j=101,i=102

编程时常将"++"、"−−"这两个运算符用于循环语句中，使循环变量自动加1；也常用于指针变量，使指针自动加1指向下一个地址。

（2）赋值运算符与赋值表达式　赋值运算符"="的作用就是给变量赋值，如"x=

10;"。用赋值运算符将一个变量与一个表达式连接起来的式子称为赋值表达式，在表达式后面加";"便构成了赋值语句。赋值语句的格式如下：

变量=表达式；

例如：

k = 0xff;   // 将十六进制数 FFH 赋予变量 k

b = c = 33;   // 同时赋值给变量 b 和 c

d = e;   // 将变量 e 的值赋给变量 d

f = a+b;   // 将表达式 a+b 的值赋予变量 f

由此可见，赋值表达式的功能是计算表达式的值再赋予左边的变量。赋值运算符具有右结合性。因此

$$a = b = c = 5;$$

可理解为

$$a = (b = (c = 5));$$

按照 C 语言规定，任何表达式在其末尾加上分号就构成语句。因此 "x = 8;" 和 "a = b = c = 5;" 都是赋值语句。

如果赋值运算符两边的数据类型不相同，系统将自动进行类型转换，即把赋值号右边的类型换成左边的类型。具体规定如下：

1）实型赋给整型，舍去小数部分。

2）整型赋给实型，数值不变，但将以浮点形式存放，即增加小数部分（小数部分的值为 0）。

3）字符型赋给整型，由于字符型为一个字节，而整型为两个字节，故将字符的 ASCII 码值放到整型量的低八位中，高八位为 0。

4）整型赋给字符型，只把低八位赋给字符量。

在 C 语言程序设计中，经常使用复合赋值运算符对变量进行赋值。

复合赋值运算符就是在赋值符 "=" 之前加上其他运算符。表 5-20 是 C 语言中的复合赋值运算符。

表 5-20 复合赋值运算符

运　算　符	功　　能	运　算　符	功　　能
+=	加法赋值	>>=	右移位赋值
-=	减法赋值	&=	逻辑与赋值
*=	乘法赋值	| =	逻辑或赋值
/=	除法赋值	^=	逻辑异或赋值
%=	取余赋值	~=	逻辑非赋值
<<=	左移位赋值		

构成复合赋值表达式的格式为：

变量　双目运算符=表达式

它等效于

变量=变量　运算符　表达式

例如：

a+ = 5   //相当于 a = a+5

x * = y+7   //相当于 x = x * (y+7)

r% = p   //相当于 r = r%p

在程序中使用复合赋值符，可以简化程序，有利于编译处理，提高编译效率并产生质量较高的目标代码。

（3）关系运算符与关系表达式　在前面介绍过的分支选择程序结构中，经常需要比较两个变量的大小关系，以决定程序下一步的操作。比较两个数据量的运算符称为关系运算符。

C 语言提供了 6 种关系运算符，见表5-21。

表 5-21　关系运算符

运　算　符	功　能	运　算　符	功　能
>	大于	<=	小于等于
>=	大于等于	==	等于
<	小于	!=	不等于

在六个关系运算符中，<，<=，>，>= 的优先级相同，== 和! =优先级相同，前者优先级高于后者。

例如："a= =b>c;" 应理解为 "a= = (b>c);"。

关系运算符优先级低于算术运算符，高于赋值运算符。

例如："a+b>c+d;" 应理解为 "(a+b)>(c+d);"。

关系表达式是用关系运算符连接两个表达式。它的一般形式为：

表达式　关系运算符　表达式

关系表达式的值只有 0 和 1 两种，也就是逻辑的"真"与"假"。当指定的条件满足时，结果为 1，不满足时结果为 0。例如表达式 "5>0" 的值为"真"，即为 1，而表达式 "(a=3)>(b=5)" 由于 3>5 不成立，故其值为"假"，即为 0。

a+b>c   //若 a=1,b=2,c=3,则表达式的值为 0(假)

x>3/2   //若 x=2,则表达式的值为 1(真)

c= =5   //若 c=1,则表达式的值为 0(假)

（4）逻辑运算符与逻辑表达式　C 语言中提供了三种逻辑运算符，见表5-22。

表 5-22　逻辑运算符

运　算　符	功　能	运　算　符	功　能
&&	逻辑与(AND)	!	逻辑非(NOT)
||	逻辑或(OR)		

逻辑表达式的格式为：

逻辑与：条件式 1 && 条件式 2

逻辑或：条件式 1 ‖ 条件式 2

逻辑非:! 条件式

"&&" 和 "‖" 是双目运算符，要求有两个运算对象，结合方向是从左至右。"!" 是单目运算符,只要求一个运算对象,结合方向是从右至左。

逻辑表达式的运算规则如下:

1)逻辑与:a&&b,当且仅当两个运算量的值都为"真"时,运算结果为"真",否则为"假"。

2)逻辑或:a‖b,当且仅当两个运算量的值都为"假"时,运算结果为"假",否则为"真"。

3)逻辑非:! a,当运算量的值为"真"时,运算结果为"假";当运算量的值为"假"时,运算结果为"真"。

表5-23给出了执行逻辑运算的结果。

表 5-23 执行逻辑运算的结果

条件式1	条件式2	逻辑运算		
a	b	! a	a&&b	a‖b
真	真	假	真	真
真	假	假	假	真
假	真	真	假	真
假	假	真	假	假

例如:设 x = 3,则(x>0)&&(x<6)的值为"真",而(x<0)&&(x>6)的值为"假",! x 的值为"假"。

逻辑运算符"!"优先级最高,其次为"&&",最低为"‖"。和其他运算符比较,优先级从高到低排列如下:

! → 算术运算符→关系运算符→&&→ ‖ →赋值运算符

例如:

"a>b&&x>y"可以理解为"(a>b)&&(x>y)"

"a = = b‖x = = y"可以理解为"(a = = b)‖(x = = y)"

"! a‖a>b"可以理解为"(! a)‖(a>b)"

(5)位运算符与位运算表达式 在 MCS-51 系列单片机应用系统设计中,对 I/O 端口的操作是非常频繁的,因此往往要求程序在位(bit)一级进行运算或处理,因此,汇编语言具有强大灵活的位处理能力。C51 语言直接面对 MCS-51 系列单片机硬件,也提供了强大灵活的位运算功能,使得 C 语言也能像汇编语言一样对硬件直接进行操作。

C51 提供了六种位运算符,见表5-24。

表 5-24 位运算符

运 算 符	功 能	运 算 符	功 能
&	按位与	~	按位取反
‖	按位或	>>	右移
^	按位异或	<<	左移

位运算符的作用是按二进制位对变量进行运算，表 5-25 是位运算符的真值表。

按位与运算通常用来对某些位清 0 或保留某些位。例如，要保留从 P3 端口的 P3.0 和 P3.1 读入的两位数据，可以执行 "control = P3&0x03;" 操作（0x03 的二进制数为 00000011B）；而要清除 P1 端口的 P1.4~P1.7 为 0，可以执行 "P1 = P1&0x0f;" 操作（0x0f 的二进制数为 00001111B）。

表 5-25　位运算符的真值表

位 变 量 1	位 变 量 2	位 运 算				
a	b	~a	~b	a&b	a|b	a^b
0	0	1	1	0	0	0
0	1	1	0	0	1	1
1	0	0	1	0	1	1
1	1	0	0	1	1	0

同样，按位或运算经常用于把指定位置 1、其余位不变的操作。

左移运算符 "<<" 的功能是把 "<<" 左边的操作数的各二进制位全部左移若干位，移动的位数由 "<<" 右边的常数指定，高位丢弃，低位补 0。例如："a<<4" 是指把 a 的各二进制位向左移动 4 位。如 a = 00000011B（十进制数 3），左移 4 位后为 00110000B（十进制数 48）。

右移运算符 ">>" 的功能是把 ">>" 左边的操作数的各二进制位全部右移若干位，移动的位数由 ">>" 右边的常数指定。进行右移运算时，如果是无符号数，则总是在其左端补 "0"；对于有符号数，在右移时，符号位将随同移动。当为正数时，最高位补 0，而为负数时，符号位为 1，最高位是补 0 或是补 1 取决于编译系统的规定。例如：设 a = 0x98，如果 a 为无符号数，则 "a>>2" 表示把 10011000B 右移为 00100110B；如果 a 为有符号数，则 "a>>2" 表示把 10011000B 右移为 11100110B。

（6）逗号运算符与逗号运算表达式　在 C 语言中，逗号 "," 也是一种运算符，称为逗号运算符，其功能是把两个表达式连接起来组成一个表达式，称为逗号表达式，其一般形式为：

表达式 1，表达式 2，…表达式 n

逗号表达式求值过程是：从左至右分别求出各个表达式的值，并以最右边的表达式 n 的值作为整个逗号表达式的值。

程序中使用逗号表达式的目的通常是要分别求逗号表达式内各表达式的值，并不一定要求整个逗号表达式的值。例如：

x = (y = 10, y+5);

上面括号内的逗号表达式，逗号左边的表达式是将 10 赋给 y，逗号右边的表达式是进行 y+5 的计算，逗号表达式的结果是最右边的表达式 "y+5" 的结果 15 赋给 x。

并不是在所有出现逗号的地方都组成逗号表达式，如在变量说明、函数参数表中的逗号只是用作各变量之间的间隔符，如 "unsigned int i, j;"。

四、数组的概念

在程序设计中，为了处理方便，把具有相同类型的若干数据项按有序的形式组织起来。这些按序排列的同类数据元素的集合称为数组。组成数组的各个数据分项称为数组元素。

数组属于常用的数据类型，数组中的元素有固定数目和相同类型，数组元素的数据类型就是该数组的基本类型。例如，整型数据的有序集合称为整型数组，字符型数据的有序集合称为字符型数组。

数组还分为一维、二维、三维和多维数组等，常用的是一维、二维和字符数组。

1. 一维数组

（1）一维数组的定义　在 C 语言中，数组必须先定义后使用。一维数组的定义格式如下：

类型说明符　数组名　［常量表达式］；

类型说明符是指数组中的各个数组元素的数据类型；数组名是用户定义的数组标志符；方括号中的常量表达式表示数组元素的个数，也称为数组的长度。

例如：

```
int a[10];              //定义整型数组 a,有 10 个元素,a[0]、a[1]、……、a[9]
float b[10],c[20];      //定义实型数组 b,有 10 个元素,实型数组 c,有 20 个元素
char ch[20];            //定义字符数组 ch,有 20 个元素
```

定义数组时，应注意以下几点：

1）数组的类型实际上是指数组元素的取值类型。对于同一个数组，所有元素的数据类型都是相同的。

2）数组名的书写规则应符合标志符的书写规定。

3）数组名不能与其他变量名相同。

例如，在下面的程序段中，因为变量 num 和数组 num 同名，程序编译时出现错误，无法通过：

```
void main()
{
    int num;
    float num[100];
    ......
}
```

4）方括号中常量表达式表示数组元素的个数，如 a [5] 表示数组 a 有 5 个元素。数组元素的下标从 0 开始计算，5 个元素分别为 a [0]，a [1]，a [2]，a [3]，a [4]。

5）方括号中的常量表达式不可以是变量，但可以是符号常数或常量表达式。

例如下面的数组定义是合法的：

```
#define NUM 5
main()
{
    int a[NUM],b[7+8];
```

```
    ……
    }
```

但是下述定义方式是错误的：

```
    main( )
    {
    int num = 10;        //定义变量 num
    int a[num];
    ……
    }
```

6）允许在同一个类型说明中，说明多个数组和多个变量。例如：

int a,b,c,d,k1[10],k2[20];

（2）数组元素　数组元素也是一种变量，其标志方法为数组名后跟一个下标。下标表示该数组元素在数组中的顺序号，只能为整型常量或整型表达式。若为小数，C 编译将自动取整。数组元素的一般形式为：

数组名［下标］

例如：tab［5］、num［i+j］、a［i++］都是合法的数组元素。在程序中不能一次引用整个数组，只能逐个地使用数组元素。例如，数组 a 包括 10 个数组元素，累加 10 个数组元素之和，必须使用下面的循环语句逐个累加各数组元素：

int　a[10],sum;

sum = 0;

for(i = 0; i<10; i++)sum = sum+a[i];

而不能用一个语句累加整个数组，下面的写法是错误的：

sum = sum+a;

（3）数组的赋值　给数组赋值的方法有赋值语句和初始化赋值两种。在程序执行过程中，可以用赋值语句对数组元素逐个赋值。例如：

```
    for(i = 0; i<10; i++)
      num[i] = i;
```

数组初始化赋值是指在数组定义时给数组元素赋予初值，这种赋值方法是在编译阶段进行的，可以减少程序运行时间，提高程序执行效率。初始化赋值的一般形式为：

类型说明符　数组名［常量表达式］= ｛值，值……值｝;

其中，在 ｛｝ 中的各数据值即为相应数组元素的初值，各值之间用逗号间隔，例如：

int num[10] = ｛0,1,2,3,4,5,6,7,8,9｝;

相当于 num[0] = 0;num[1] = 1;……;num[9] = 9;

数组说明和下标变量在形式上有些相似，但这两者具有完全不同的含义。数组说明的方括号中给出的是长度，即可取下标的最大值加 1；而数组元素中的下标是该元素在数组中的位置标志。前者只能是常量，后者可以是常量、变量或表达式。

2. 二维数组

二维数组定义格式如下：

类型说明符　数组名［常量表达式 1］［常量表达式 2］;

其中常量表达式 1 表示第一维下标的长度，常量表达式 2 表示第二维下标的长度，例如：

int num[3][4]；

说明了一个三行四列的数组，数组名为 num，该数组共包括 3×4 个数组元素，即

num[0][0],num[0][1],num[0][2],num[0][3]

num[1][0],num[1][1],num[1][2],num[1][3]

num[2][0],num[2][1],num[2][2],num[2][3]

二维数组的存放方式是按行排列，放完一行之后顺次放入第二行。对于上面定义的二维数组，先存放 num [0] 行，再存放 num [1] 行，最后存放 num [2] 行；每行中的四个元素也是依次存放。由于数组 a 说明为 int 类型，该类型数据占两个字节的内存空间，所以每个元素均占有两个字节。

二维数组初始化赋值可按行分段赋值，也可按行连续赋值。

例如对数组 a [3] [4] 进行赋值：

1）按行分段赋值可写为：

int a[3][4]=| |80,75,92|,|61,65,71|,|59,63,70|,|85,87,90||；

2）按行连续赋值可写为：

int a[3][4]=|80,75,92,61,65,71,59,63,70,85,87,90|；

以上两种赋初值的结果是完全相同的。

3. 字符数组

用来存放字符量的数组称为字符数组，每一个数组元素就是一个字符。

字符数组的使用说明与整型数组相同，例如："char ch [10]；"说明了 ch 为字符数组，包含了 10 个字符元素。

字符数组的初始化赋值是直接将各字符赋给数组中的各个元素。例如：

char ch[10]=|'c','h','i','n','e','s',e','\0'|；

以上定义说明了一个包含有 10 个数组元素的字符数组 ch，并且将 8 个字符分别赋值到 ch [0] ~ch [7]，而 ch [8] 和 ch [9] 系统将自动赋予空格字符。

当对全体数组元素赋初值时也可以省去长度说明，例如：

char ch[ ]=|'c','h','i','n','e','s',e','\0'|；

这时 ch 数组的长度自动定为 8。

通常用字符数组来存放一个字符串。字符串总是以'\0'作为串的结束符。因此当把一个字符串存入一个数组时，也把结束符'\0'存入数组，并以此作为字符串结束标志。

C 语言允许用字符串的方式对数组做初始化赋值。例如：

char ch[ ]=|'c','h','i','n','e','s',e','\0'|；

可写为：

char ch[ ]=|"chinese"|；

或去掉 ||，写为：

char ch[ ]="chinese"；

一个字符串可以用一维数组来装入，但数组的元素数目一定要比字符多一个，即字符串结束符'\0'由 C 编译器自动加上。

第四节 单片机的定时与中断系统

一、定时器/计数器

1. 单片机定时器/计数器的结构

（1）定时器/计数器组成 8051 单片机内部有两个 16 位的可编程定时器/计数器，称为 T0 和 T1，其逻辑结构如图 5-41 所示。

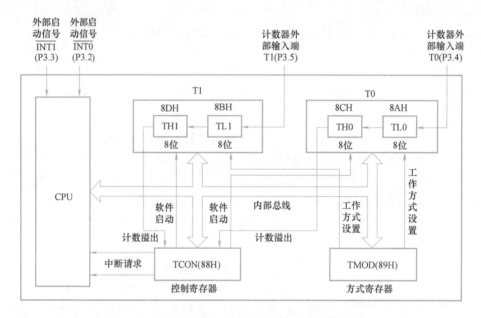

图 5-41 8051 定时器/计数器逻辑结构

由图 5-41 可知，8051 定时器/计数器由 T0、T1、方式寄存器 TMOD 和控制寄存器 TCON 四大部分组成，下面从定时器/计数器的工作过程来介绍各组成部分的作用。

定时器/计数器的工作过程如下：

1）设置定时器/计数器工作方式。通过对方式寄存器 TMOD 的设置，确定相应的定时器/计数器是定时功能还是计数功能，工作方式以及启动方法。

当 T0 或 T1 用作计数器时，对从芯片引脚 T0（P3.4）或 T1（P3.5）上输入的脉冲进行计数，外部脉冲的下降沿将触发计数，每输入一个脉冲，加法计数器加 1。计数器对外部输入信号的占空比没有特别的限制，但必须保证输入信号的高电平与低电平的持续时间都在一个机器周期以上。

当用作定时器时，对内部机器周期脉冲进行计数，由于机器周期是定值，故计数值确定时，定时时间也随之确定。如果单片机系统采用 12MHz 晶振，则计数周期 $T = 1/(12 \times 10^6 \times 1/12)\,\mu s = 1\mu s$，这是最短的定时周期。适当选择定时器的初值可获取各种定时时间。

定时器/计数器工作方式有四种：方式 0、方式 1、方式 2 和方式 3。

定时器/计数器启动方式有两种：软件启动和硬软件共同启动。从图 5-41 可以看到，除了从控制寄存器 TCON 发出的软件启动信号外，还有外部启动信号引脚，这两个引脚也是单片机的外部中断输入引脚。

2）设置计数初值。T0、T1 是 16 位加法计数器，分别由两个 8 位专用寄存器组成，T0 由 TH0 和 TL0 组成，T1 由 TH1 和 TL1 组成。TL0、TL1、TH0、TH1 的访问地址依次为 8AH~8DH，每个寄存器均可被单独访问，因此可以被设置为 8 位、13 位或 16 位计数器使用。

在计数器允许的计数范围内，计数器可以从任何值开始计数，对于加 1 计数器，当计到最大值时（对于 8 位计数器，当计数值从 255 再加 1 时，计数值变为 0）产生溢出。

定时器/计数器允许用户编程设定开始计数的数值，称为赋初值。初值不同，则计数器产生溢出时，计数个数也不同。例如：对于 8 位计数器，当初值设为 100 时，再加 1 计数 156 个，计数器就产生溢出；当初值设为 200 时，再加 1 计数 56 个，计数器产生溢出。

3）启动定时器/计数器。根据第 1）步中设置的定时器/计数器启动方式，启动定时器/计数器。如果采用软件启动，则需要把控制寄存器中的 TR0 或 TR1 置 1；如果采用硬软共同启动方式，不仅需要把控制寄存器中的 TR0 或 TR1 置 1，还需要相应外部启动信号为高电平。

4）计数溢出。计数溢出标志位在控制寄存器 TCON 中，用于通知用户定时器/计数器已经计满，用户可以采用查询方式或中断方式进行操作。

（2）定时器/计数器工作方式寄存器 TMOD TMOD 为定时器/计数器的工作方式寄存器，其格式如图 5-42 所示。

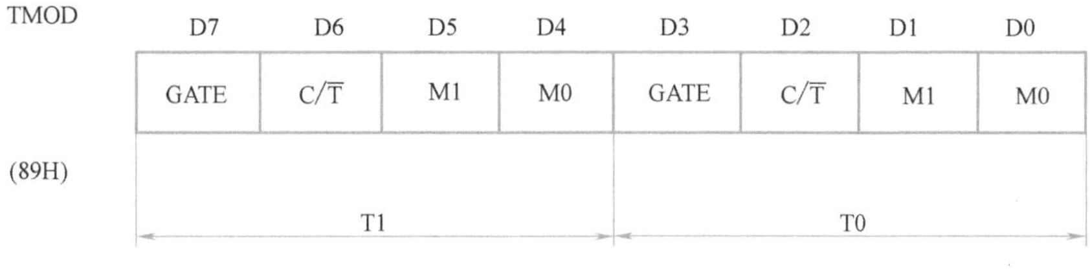

图 5-42 TMOD 的低 4 位与高 4 位含义

TMOD 的低 4 位为 T0 的方式字段，高 4 位为 T1 的方式字段，它们的含义完全相同。

1）M1 和 M0：方式选择位。方式选择位定义见表 5-26。

表 5-26 方式选择位定义

M1	M0	工作方式	功能说明
0	0	方式 0	13 位计数器
0	1	方式 1	16 位计数器
1	0	方式 2	初值自动重载 8 位计数器
1	1	方式 3	T0:分成两个 8 位计数器 T1:停止计数

2）C/T̄：功能选择位。C/T̄=0 时，设置为定时器工作方式；C/T̄=1 时，设置为计数器工作方式。

3）GATE：门控位。当 GATE＝0 时，软件启动方式，将 TCON 寄存器中的 TR0 或 TR1 置 1 即可启动相应定时器；当 GATE＝1 时，硬软件共同启动方式，软件控制位 TR0 或 TR1 须置 1，同时还须$\overline{INT0}$（P3.2）或$\overline{INT1}$（P3.3）为高电平方可启动相应定时器，即允许外中断 INT0、INT1 启动定时器。

（3）定时器/计数器控制寄存器 TCON　定时器/计数器控制寄存器 TCON 的作用是控制定时器的启动、停止，标志定时器的溢出和中断情况。TCON 的格式如下：

TCON（88H）　　8FH　　　8EH　　　8DH　　　8CH　　　8BH　　　8AH　　　89H　　　88H

| TF1 | TR1 | TF0 | TR0 | IE1 | IT1 | IE0 | IT0 |

各位含义见表 5-27。

表 5-27　控制寄存器 TCON 各位含义

控 制 位	位 名 称	说　明
TF1	T1 溢出中断标志	TCON.7	当 T1 计数满产生溢出时，由硬件自动置 TF1＝1。在中断允许时，该位向 CPU 发出 T1 的中断请求，进入中断服务程序后，该位由硬件自动清 0。在中断屏蔽时，TF1 可作查询测试用，此时只能由软件清 0
TR1	T1 运行控制位	TCON.6	由软件置 1 或清 0 来启动或关闭 T1。当 GATE＝1，且$\overline{INT1}$为高电平时，TR1 置 1 启动 T1；当 GATE＝0 时，TR1 置 1 即可启动 T1
TF0	T0 溢出中断标志	TCON.5	与 TF1 相同
TR0	T0 运行控制位	TCON.4	与 TR1 相同
IE1	外部中断 1（$\overline{INT1}$）请求标志位	TCON.3	
IT1	外部中断 1 触发方式选择位	TCON.2	控制外部中断，与定时器/计数器无关
IE0	外部中断 0（$\overline{INT0}$）请求标志位	TCON.1	
IT0	外部中断 0 触发方式选择位	TCON.0	

TCON 中的低 4 位用于控制外部中断，与定时器/计数器无关。当系统复位时，TCON 的所有位均清 0。

TCON 的字节地址为 88H，可以位寻址，清溢出标志位或启动定时器都可以用位操作语句，例如：

TR1＝1；　　　　　//启动 T1

TF1＝0；　　　　　//T1 溢出标志位清 0

当采用查询溢出标志位 TF1 方式确认 50ms 定时时间到时，查询语句如下：

while（! TF1）；　　　//TF1 由 0 变 1，定时时间到

TF1＝0；　　　　　　//查询方式下，TF1 必须由软件清 0

2. 定时器/计数器的工作方式

由表 5-26 可知，工作方式寄存器 TMOD 中的 M1 和 M0 位用于选择 4 种工作方式，下面逐一进行论述。

（1）工作方式 0 工作方式 0 构成一个 13 位定时器/计数器，最大计数值 M = 8192。图 5-43 所示为 T0 在工作方式 0 的逻辑电路结构，T1 的结构和操作与 T0 完全相同。

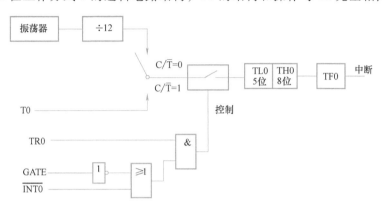

图 5-43 T0（或 T1）在工作方式 0 的逻辑电路结构

当 C/$\overline{\text{T}}$ = 0 时，多路开关连接 12 分频器输出，T0 为定时功能，对机器周期计数，定时时间为

$$（8192-初值）×时钟周期×12$$

当 C/$\overline{\text{T}}$ = 1 时，多路开关与 T0（P3.4）相连，外部计数脉冲由 T0 脚输入，当外部信号电平发生由 1 到 0 的负跳变时，计数器加 1，T0 为计数功能。

当 GATE = 0 时，或门被封锁，$\overline{\text{INT0}}$信号无效。或门输出常 1，打开与门，TR0 直接控制 T0 的启动和关闭。TR0 = 1，接通控制开关，T0 从初值开始计数直至溢出。溢出时，16 位加法计数器为 0，TF0 置位，并申请中断。如要循环计数，则定时器 T0 需重置初值，且需用软件将 TF0 复位。TR0 = 0，则与门被封锁，控制开关被关断，停止计数。

当 GATE = 1 时，与门的输出由$\overline{\text{INT0}}$的输入电平和 TR0 位的状态来确定。若 TR0 = 1 则与门打开，外部信号电平通过$\overline{\text{INT0}}$引脚直接开启或关闭 T0，当$\overline{\text{INT0}}$为高电平时，允许计数，否则停止计数；若 TR0 = 0，则与门被封锁，控制开关被关闭，停止计数。

由图 5-43 可知，在工作方式 0 下，16 位加法计数器（TH0 和 TL0）只用了 13 位。其中，TH0 占高 8 位，TL0 占低 5 位（只用低 5 位，高 3 位未用，一般清 0），$M = 2^{13} = 8192$，如图 5-44 所示。

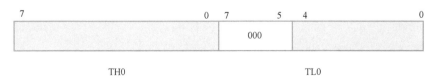

图 5-44 工作方式 0 下的 13 位定时器/计数器

当 TL0 低 5 位溢出时，自动向 TH0 进位；而 TH0 溢出时，向中断位 TF0 进位（硬件自动置位），并申请中断。

当用 T1、工作方式 0 实现 1s 延时函数，晶振频率为 12MHz 时，方式 0 采用 13 位计数器，其最大定时时间为 $8192 \times 1\mu s = 8.192ms$，可选择定时时间为 5ms，再循环 200 次的方式实现 1s 延时。

定时时间为 5ms，则计数值为 $5ms/1\mu s = 5000$，T1 的初值为

$X = M -$计数值 $= 8192 - 5000 = 3192 = C78H = 0110001111000B$

如图 5-44 所示，13 位计数器中 TL0 的高 3 位未用，填写 0，TH0 占高 8 位，所以，X 的实际填写值应为

$$X = 01100011\ 00011000B = 6318H$$

用 T1、方式 0 实现 1s 延时函数如下：

```
void delay1s( )
{
    unsigned char i;
    TMOD = 0x00;              // 置 T1 为工作方式 0
    for( i = 0 ;i<0xc8 ;i++) {   // 设置 200 次循环次数
    TH1 = 0x63 ;              // 设置定时器初值
    TL1 = 0x18 ;
    TR1 = 1 ;                 // 启动 T1
    while( ! TF1) ;           // 查询计数是否溢出,即定时 5ms 时间到,TF1 = 1
    TF1 = 0 ;                 // 5ms 定时时间到,将定时器溢出标志位 TF1 清零
    }
}
```

（2）工作方式 1　定时器/计数器工作于方式 1 时,其逻辑结构如图 5-45 所示。

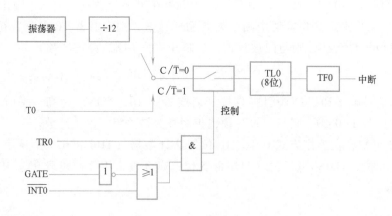

图 5-45　T0（或 T1）工作方式 1 的逻辑结构

方式 1 是 16 位定时器/计数器,最大计数值 $M = 65536$,其结构和操作与方式 0 完全相同,不同之处是二者计数位数不同。用作定时器时,定时时间为

（65536−初值)×时钟周期×12

（3）工作方式2 定时器/计数器工作于方式2时，其逻辑结构如图5-46所示。

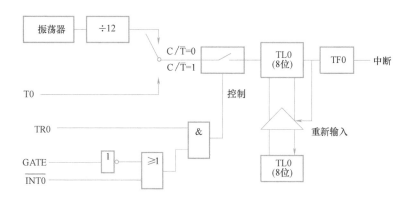

图 5-46 T0（或T1）工作方式2的逻辑结构

在工作方式2中，16 位加法计数器的 TH0 和 TL0 具有不同功能，TL0 是 8 位计数器，TH0 是重置初值的 8 位缓冲器，因此最大计数值 $M = 256$。

在工作方式 0 和工作方式 1 下，每次计数溢出后，计数器自动复位为 0，要进行新一轮计数，必须重置计数初值。既影响定时时间精度，又导致编程麻烦。工作方式 2 具有初值自动装载功能，适合用作较精确的定时场合下，定时时间为

（256−初值)×时钟周期×12

在工作方式 2 中，TL0 用作 8 位计数器，TH0 用来保持初值。编程时，TL0 和 TH0 必须由软件赋予相同的初值。一旦 TL0 计数溢出，TF0 将被置位。同时，TH0 中保存的初值自动装入 TL0，进入新一轮计数，如此重复循环不止。

当用 T1、工作方式 2 实现 1s 延时，晶振频率为 12MHz 时，因工作方式 2 是 8 位计数器，其最大定时时间为 $256×1\mu s = 256\mu s$，为实现 1s 延时，可选择定时时间为 $250\mu s$，再循环 4000 次。定时时间选定后，可确定计数值为 250，则 T1 的初值 $X = M−$计数值 $= 256−250 = 6 = 6H$。采用 T1 方式 2 工作，因此，TMOD $= 0x20$。

用定时器工作方式 2 实现的 1s 延时函数如下：

```
void delay1s( )
{
    unsigned int  i;          // i 取值范围为 0~4000,因此不能定义成 unsigned char
    TMOD = 0x20;              // 设置 T1 为方式 2
    TH1 = 6;                  // 设置定时器初值,放在 for 循环之外
    TL1 = 6;
    for(i = 0;i<4000;i++){    // 设置 4000 次循环次数
    TR1 = 1;                  // 启动 T1
    while( ! TF1);            // 查询计数是否溢出,即定时 250μs 时间到,TF1 = 1
    TF1 = 0;                  // 250μs 定时时间到,将定时器溢出标志位 TF1 清零
    }
}
```

（4）工作方式 3　定时器/计数器工作于方式 3 时，其逻辑结构如图 5-47 所示。

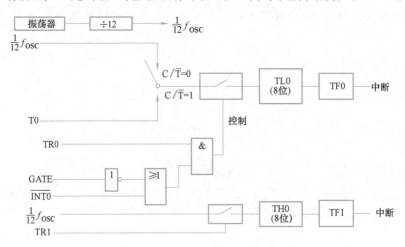

图 5-47　T0 工作方式 3 的逻辑结构

只有 T0 可以设置为工作方式 3，T1 设置为工作方式 3 后不工作。T0 在工作方式 3 的工作情况如下：

T0 被分解成两个独立的 8 位计数器 TL0 和 TH0。

TL0 占用 T0 的控制位、引脚和中断源，包括 C/$\overline{\text{T}}$、GATE、TR0、TF0 和 T0（P3.4）引脚、$\overline{\text{INT0}}$（P3.2）引脚。可定时亦可计数，除计数位数不同于方式 0 外，其功能、操作与方式 0 完全相同。

TH0 占用 T1 的控制位 TF1 和 TR1，同时还占用了 T1 的中断源，其启动和关闭仅受 TR1 控制。TH0 只能对机器周期进行计数，可以用作简单的内部定时，不能用作对外部脉冲进行计数，是 T0 附加的一个 8 位定时器。

TL0 和 TH0 的定时时间分别为

$$\text{TL0：}（256\text{-初值}）\times\text{时钟周期}\times 12$$
$$\text{TH0：}（256\text{-初值}）\times\text{时钟周期}\times 12$$

当 T0 工作于方式 3 时，T1 仍可设置为方式 0、方式 1 或方式 2。但由于 TR1、TF1 和 T1 的中断源已被 T0 占用，因此，定时器 T1 仅由控制位 C/$\overline{\text{T}}$ 切换其定时或计数功能。当计数器计满溢出时，只能将输出送往串行口。在这种情况下，T1 一般用作串行口波特率发生器或不需要中断的场合。因 T1 的 TR1 被占用，当设置好工作方式后，T1 自动开始计数；当送入一个设置 T1 为方式 3 的方式字后，T1 停止计数。

二、C 语言的函数

在 C 语言程序中，子程序的作用是由函数来实现的，函数是 C 语言的基本组成模块，一个 C 语言程序就是由若干个模块化的函数组成的。C 语言函数可分为 C 语言标准库函数和 C 语言自定义函数。调用函数有多重方法。

C 程序都是由一个主函数 main（ ）和若干个子函数构成的，有且只有一个主函数，程序由主函数开始执行，主函数根据需要来调用其他函数，其他函数可以有多个。

1. 函数的分类和定义

从用户使用角度来看，函数有以下两种类型：标准库函数和用户自定义函数。

（1）标准库函数　标准库函数是由 C51 的编译器提供的，用户不必定义这些函数，可以直接调用。KEIL C51 编译器提供了 100 多个库函数。常用的 C51 库函数包括一般 I/O 接口函数、访问 SFR 地址函数等，在 C51 编译环境中，以头文件的形式给出。

（2）用户自定义函数　用户自定义函数是用户根据需要自行编写的函数，它必须先定义之后才能被调用。函数定义的一般形式是：

函数类型　函数名（形式参数表）

形式参数说明

 }

 局部变量定义

 函数体语句

 }

其中，"函数类型"说明了自定义函数返回值的类型。

"函数名"是自定义函数的名字。

"形式参数表"给出函数被调用时传递数据的形式参数，形式参数的类型必须要加以说明。ANSI C 标准允许在形式参数表中对形式参数的类型进行说明。如果定义的是无参数函数，可以没有形式参数表，但是圆括号不能省略。

"局部变量定义"是对在函数内部使用的局部变量进行定义。

"函数体语句"是为完成函数的特定功能而设置的语句。

因此，一个函数由如下两个部分组成：

1）函数定义，即函数的第一行，包括函数名、函数类型、函数属性、函数参数（形式参数）名和参数类型等。

2）函数体，即大括号 "{ }" 内的部分。函数体由定义数据类型的说明部分和实现函数功能的执行部分组成。

下面的程序是一个软件延时函数，该函数完成 $i*255$ 次的空循环操作，其中次数 i 作为一个形式参数出现在子函数中。

//函数名:delay

//函数功能:实现软件延时

//形式参数:i 控制空循环的外循环次数,共循环 $i*255$ 次

//返回值:无

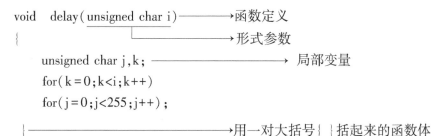

```
void   delay(unsigned char i) ──────→函数定义
{                         ──────→形式参数
    unsigned char j,k; ──────────────→ 局部变量
    for(k=0;k<i;k++)
    for(j=0;j<255;j++);
}──────────────────→用一对大括号{ }括起来的函数体
```

2. 函数的调用

函数调用就是在一个函数体中引用另外一个已经定义的函数，前者称为主调用函数，后者称为被调用函数，函数调用的一般格式为：

函数名（实际参数列表）；

对于有参数类型的函数，若实际参数列表中有多个实参，则各参数之间用逗号隔开。实参与形参顺序对应，个数应相等，类型应一致。在主函数中调用软件延时子函数可按下例实现：

```
void   main( )              //主函数
{
    while(1){
      P1_0=0;               //点亮信号灯
      delay(10);            //调用延时函数,实际参数为10,完成10*255次的空循环
                            延时
      P1_0=1;               //熄灭信号灯
      delay(10);            //调用延时函数,实际参数为10,完成10*255次的空循环
                            延时
    }
}
```

按照函数调用在主调函数中出现的位置，函数可以有以下三种调用方式：

（1）函数语句　把被调函数作为主调函数的一个语句。例如延时函数调用：

delay1s（）；

此时不要求被调用函数返回值，只要求函数完成一定的操作，实现特定的功能。

（2）函数表达式　被调用函数以一个运算对象的形式出现在一个表达式中，这种表达式称为函数表达。这时要求被调用函数返回一定的数值，并以该数值参加表达式的运算。例如：

c=2*max(a,b);

函数 max(a, b) 返回一个数值，将该值乘以2，乘积赋值给变量 c。

（3）函数参数　被调用函数作为另一个函数的实参或者本函数的实参，例如：

m=max(a,max(b,c));

在一个函数中调用另一个函数需要具备如下条件：

1）被调用函数必须是已经存在的函数（库函数或者用户自己已经定义的函数）。如果函数定义在调用之后，那么必须在调用之前（一般在程序头部）对函数进行声明，然后在主函数中调用该函数，最后再定义该函数。

2）如果程序使用了库函数，则要在程序的开头用#include预处理命令将调用函数所需要的信息包含在本文件中。如果不是在本文件中定义的函数，那么在程序开始要用extern进行函数原型说明。

三、中断系统

1. 中断的概念

（1）中断及相关概念　中断是指通过硬件来改变 CPU 的运行方向。计算机在执行程序

的过程中，外部设备向 CPU 发出中断请求信号，要求 CPU 暂时中断当前程序的执行，转去执行相应的处理程序，待处理程序执行完毕后，再继续执行原来被中断的程序。这种程序在执行过程中由于外界的原因而被中间打断的情况称为"中断"。

例如在一个单片机控制系统中，当按下某按键后，在引脚$\overline{INT0}$处产生一个下降沿信号时，就是向 CPU 申请中断，即产生了一个中断源。CPU 暂时中止当前工作，转去执行中断服务程序操作。

中断函数的调用过程类似于一般函数调用，区别在于何时调用一般函数在程序中是事先安排好的；而何时调用中断函数事先却无法确定，因为中断的发生是由外部因素决定的，程序中无法事先安排调用语句。因此，调用中断函数的过程是由硬件自动完成的。在响应中断后，主程序被断开的位置（或地址）称为断点。

（2）中断的特点

1）同步工作。中断是 CPU 与接口之间的信息传送方式之一，它使 CPU 与外设同步工作，较好地解决了 CPU 与慢速外设之间的配合问题。CPU 在启动外设工作后继续执行主程序，同时外设也在工作，每当外设做完一件事就发出中断申请，请求 CPU 中断它正在执行的程序，转去执行中断服务程序，中断处理完之后，CPU 恢复执行主程序，外设也继续工作。CPU 可启动多个外设同时工作，极大地提高了 CPU 的工作效率。

2）异常处理。针对难以预料的异常情况，如掉电、存储出错、运算溢出等，可以通过中断系统由故障源向 CPU 发出中断请求，再由 CPU 转到相应的故障处理程序进行处理。

3）实时处理。在实时控制中，现场的各种参数、信息的变化是随机的。这些外界变量可根据要求随时向 CPU 发出中断申请，请求 CPU 及时处理，如中断条件满足，CPU 马上就会响应，转去执行相应的处理程序，从而实现实时控制。

2. MCS-51 中断系统的结构

MCS-51 中断系统的结构框图如图 5-48 所示。

中断系统主要包括以下各功能部件：

1）与中断有关的寄存器有 4 个，分别为中断标志寄存器 TCON 和 SCON、中断允许控制寄存器 IE 和中断优先级控制寄存器 IP。

2）中断源有 5 个，分别为：外部中断 0 请求$\overline{INT0}$，外部中断 1 请求$\overline{INT1}$，T0 溢出中断请求 TF0，T1 溢出中断请求 TF1 以及串行口中断请求 RI 或 TI。

3）中断标志位分布在 TCON 和 SCON 两个寄存器中，当中断源向 CPU 申请中断时，相应中断标志由硬件置位。例如：当 T0 产生溢出时，T0 中断请求标志位 TF0 由硬件自动置位，向 CPU 请求中断处理。

4）中断允许控制位分为中断允许总控制位 EA 与中断源控制位，它们集中在 IE 寄存器中，用于控制中断的开放和屏蔽。

5）5 个中断源的排列顺序由中断优先级控制寄存器 IP 和自然优先级共同确定。

计算机中断系统有两种不同类型的中断：一类称为非屏蔽中断，另一类称为可屏蔽中断。对于非屏蔽中断，用户不能用软件的方法加以禁止，一旦有中断申请，CPU 必须予以响应。对于可屏蔽中断，用户可以通过软件方法来控制 CPU 是否响应该中断源的中断请求，允许 CPU 响应该中断请求称为中断开放，不允许 CPU 响应该中断请求称为中断屏蔽。

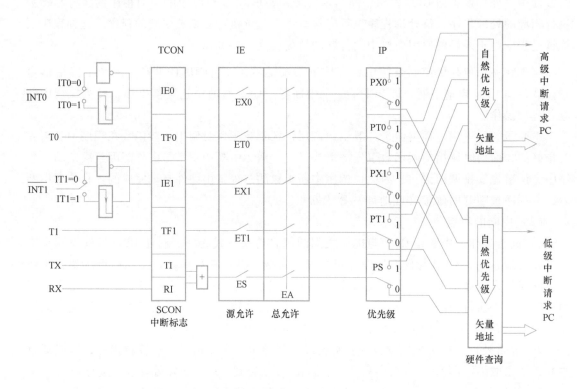

图 5-48 MCS-51 中断系统的结构示意图

MCS-51 系列单片机的 5 个中断源都是可屏蔽中断。

3. 中断相关的寄存器

（1）中断源 MCS-51 单片机中断系统有 5 个中断源，见表 5-28。

表 5-28 MCS-51 系列单片机中断源

序号	中 断 源		说　　明
1	$\overline{INT0}$	外部中断 0 请求	由 P3.2 引脚输入，通过 IT0 位（TCON.0）来决定是低电平有效还是下降沿有效。一旦输入信号有效，即向 CPU 申请中断，并建立 IE0（TCON.1）中断标志
2	$\overline{INT1}$	外部中断 1 请求	由 P3.3 引脚输入，通过 IT1 位（TCON.2）来决定是低电平有效还是下降沿有效。一旦输入信号有效，即向 CPU 申请中断，并建立 IE1（TCON.3）中断标志
3	TF0	T0 溢出中断请求	当 T0 产生溢出时，T0 溢出中断标志位 TF0（TCON.5）置位（由硬件自动执行），请求中断处理
4	TF1	T1 溢出中断请求	当 T1 产生溢出时，T1 溢出中断标志位 TF1（TCON.7）置位（由硬件自动执行），请求中断处理
5	RI 或 TI	串行口中断请求	当接收或发送完一个串行帧时，内部串行口中断请求标志位 RI（SCON.0）或 TI（SCON.1）置位（由硬件自动执行），请求中断

（2）中断标志　对应每个中断源有一个中断标志位，分别分布在定时控制寄存器 TCON 和串行口控制寄存器 SCON 中。中断标志位见表 5-29。

表 5-29　MCS-51 中断系统中的中断标志位

中断标志位		位名称	说　明
TF1	T1 溢出中断标志	TCON.7	T1 被启动计数后，从初值开始加 1 计数，计满溢出后由硬件置位 TF1，同时向 CPU 发出中断请求，此标志一直保持到 CPU 响应中断后才由硬件自动清 0。也可由软件查询该标志，并由软件清 0。前述的定时器编程都是采用查询方式实现的
TF0	T0 溢出中断标志	TCON.5	T0 被启动计数后，从初值开始加 1 计数，计满溢出后由硬件置位 TF0，同时向 CPU 发出中断请求，此标志一直保持到 CPU 响应中断后才由硬件自动清 0。也可由软件查询该标志，并由软件清 0
IE1	$\overline{INT1}$中断标志	TCON.3	IE1 = 1，外部中断 1 向 CPU 申请中断
IT1	$\overline{INT1}$中断触发方式控制位	TCON.2	当 IT1 = 0 时，外部中断 1 控制为电平触发方式；当 IT1 = 1 时，外部中断 1 控制为边沿（下降沿）触发方式
IE0	$\overline{INT0}$中断标志	TCON.1	IE0 = 1，外部中断 0 向 CPU 申请中断
IT0	$\overline{INT0}$中断触发方式控制位	TCON.0	当 IT0 = 0 时，外部中断 0 控制为电平触发方式；当 IT0 = 1 时，外部中断 0 控制为边沿（下降沿）触发方式
TI	串行发送中断标志	SCON.1	CPU 将数据写入发送缓冲器 SBUF 时，启动发送，每发送完一个串行帧，硬件都使 TI 置位；但 CPU 响应中断时并不自动清除 TI，必须由软件清除
RI	串行接收中断标志	SCON.0	当串行口允许接收时，每接收完一个串行帧，硬件都使 RI 置位；同样，CPU 在响应中断时不会自动清除 RI，必须由软件清除

当中断源需要向 CPU 申请中断时，相应中断标志位由硬件自动置 1。下面来讨论一下，当 CPU 响应中断请求后，如何撤除这些中断标志请求。

对于 T0、T1 溢出中断和边沿触发的外部中断，CPU 在响应中断后即由硬件自动清除其中断标志位 TF0、TF1 或 IE0、IE1，无需采取其他措施。

对于串行口中断，CPU 在响应中断后，硬件不能自动清除中断请求标志位 TI 或 RI，必须在中断服务程序中用软件将其清除。

对于电平触发的外部中断，其中断请求撤除方法较复杂。因为对于电平触发外部中断，CPU 在响应中断后，硬件不会自动清除其中断请求标志位 IE0 或 IE1，也不能用软件将其清除。所以，在 CPU 响应中断后，应立即撤除$\overline{INT0}$或$\overline{INT1}$引脚上的低电平，否则会引起重复中断而导致错误。而 CPU 又无法控制$\overline{INT0}$或$\overline{INT1}$外部引脚上的信号。因此，只能通过软、硬件结合才能解决。图 5-49 给出了撤除电平触发外部中断请求的硬件电路图。

由图 5-49 可知，外部中断请求信号不直接加在$\overline{INT0}$或$\overline{INT1}$引脚上，而是加在 D 触发器的 CLK 端。触发器 D 端接地，当外部中断请求的正脉冲信号出现在 CLK 端时，Q 端输

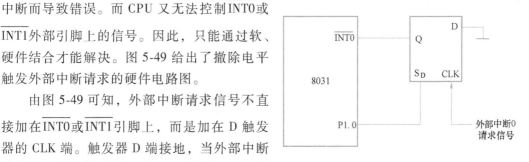

图 5-49　撤除外部中断请求的电路

出为 0，$\overline{INT0}$ 或 $\overline{INT1}$ 为低电平，外部中断向单片机发出中断请求。再利用 P1 口的 P1.0 作为应答线，当 CPU 响应中断后，可在中断函数中采用下面两条语句

P1 = P1&0xfe；

P1 = P1|0x01；

来撤除外部中断请求。第一条语句使 P1.0 为 0，因 P1.0 与 D 触发器的异步置 1 端 S_D 相连，Q 端输出为 1，从而撤除中断请求。第二条语句使 P1.0 变为 1，$\overline{Q}=1$，Q 继续受 CLK 控制，即新的外部中断请求信号又能向单片机申请中断。注意：第二条语句必不可少，否则，将无法再次形成新的外部中断。

（3）中断的开放和禁止　MCS-51 系列单片机的 5 个中断源都是可屏蔽中断，中断系统内部设有一个专用寄存器 IE，用于控制 CPU 对各中断源的开放或屏蔽。IE 寄存器格式如下：

IE（A8H）

D7	D6	D5	D4	D3	D2	D1	D0
EA	×	×	ES	ET1	EX1	ET0	EX0

各位的意义见表 5-30。

表 5-30　MCS-51 中断系统中的中断允许位

中断允许位		位名称	说　明
EA	总中断允许控制位	IE.7	EA=1,开放所有中断,各中断源的允许和禁止可通过相应的中断允许位单独加以控制;EA=0,禁止所有中断
ES	串行口中断允许位	IE.4	ES=1,允许串行口中断;ES=0,禁止串行口中断
ET1	T1 中断允许位	IE.3	ET1=1,允许 T1 中断;ET1=0,禁止 T1 中断
EX1	外部中断 1（$\overline{INT1}$）中断允许位	IE.2	EX1=1,允许外部中断 1 中断;EX1=0,禁止外部中断 1 中断
ET0	T0 中断允许位	IE.1	ET0=1,允许 T0 中断;ET0=0,禁止 T0 中断
EX0	外部中断 0（$\overline{INT0}$）中断允许位	IE.0	EX0=1,允许外部中断 0 中断;EX0=0,禁止外部中断 0 中断

8051 单片机系统复位后，IE 寄存器中各中断允许位均被清 0，即禁止所有中断。

开放中断源的方法可以采用以下两条语句：

EA=1；　　　// 开放中断总允许位

EX0=1；　　　// 开放外部中断 0 允许位

开放中断也可以用下面一条语句实现：

IE=0x81；　// 寄存器 IE=10000001B,同时开放中断总允许位和外部中断 0 允许位

若要在执行当前中断程序时禁止其他更高优先级中断，需先用软件关闭 CPU 中断，或用软件禁止相应高优先级的中断，在中断返回前再开放中断。

（4）中断的优先级别　MCS-51 系列单片机有两个中断优先级：高优先级和低优先级。

每个中断源都可以通过设置中断优先级寄存器 IP 确定为高优先级中断或低优先级中断，实现二级嵌套。同一优先级别的中断源可能不止一个，因此，也需要进行优先权排队。同一优先级别的中断源采用自然优先级。

中断优先级寄存器 IP 用于锁存各中断源优先级控制位。IP 中的每一位均可由软件来置 1 或清 0，1 表示高优先级，0 表示低优先级。其格式如下：

IE（B8H）	D7	D6	D5	D4	D3	D2	D1	D0
	×	×	×	PS	PT1	PX1	PT0	PX0

各位的意义见表 5-31。

表 5-31　MCS-51 中断系统中的中断优先级控制位

中断优先级控制位		位名称	说　明
PS	串行口中断优先级控制位	IP.4	PS=1,设定串行口为高优先级中断;PS=0,设定串行口为低优先级中断
PT1	定时器 T1 中断优先级控制位	IP.3	PT1=1,设定定时器 T1 为高优先级中断;PT1=0,设定定时器 T1 为低优先级中断
PX1	外部中断 1 中断优先级控制位	IP.2	PX1=1,设定外部中断 1 为高优先级中断;PX1=0,设定外部中断 1 为低优先级中断
PT0	T0 中断优先级控制位	IP.1	PT0=1,设定定时器 T0 为高优先级中断;PT0=0,设定定时器 T0 为低优先级中断
PX0	外部中断 0 中断优先级控制位	IP.0	PX0=1,设定外部中断 0 为高优先级中断;PX0=0,设定外部中断 0 为低优先级中断

当系统复位后，IP 低 5 位全部清 0，所有中断源均设定为低优先级中断。

同一优先级的中断源将通过内部硬件查询逻辑，按自然优先级顺序确定其优先级别。自然优先级由硬件形成，排列如下：

中断源　　　　　　　　　　　同级自然优先级
外部中断 0　　　　　　　　　最高级
定时器 T0 中断
外部中断 1
定时器 T1 中断
串行口中断　　　　　　　　　最低级

4. 中断处理过程

中断处理过程包括中断响应和中断处理两个阶段。不同的计算机因其中断系统的硬件结构不同，其中断响应的方式也有所不同。这里介绍 MCS-51 系列单片机的中断过程并对中断响应时间加以讨论。

（1）中断响应　中断响应是指 CPU 对中断源中断请求的响应。CPU 并非任何时刻都能响应中断请求，而是在满足所有中断响应条件且不存在任何一种中断阻断情况下才会响应。

CPU 响应中断的条件有：①有中断源发出中断请求；②中断总允许位 EA 置 1；③申请中断的中断源允许位置 1。

CPU 响应中断的阻断情况有：①CPU 正在响应同级或更高优先级的中断；②当前指令未执行完；③正在执行中断返回或访问寄存器 IE 和 IP。

（2）中断响应过程　中断响应过程就是自动调用并执行中断函数的过程。

C51 编译器支持在 C 源程序中直接以函数形式编写中断服务程序。常用的中断函数定义语法如下：

void　函数名（）　　interrupt　n

其中 n 为中断类型号，C51 编译器允许 0～31 个中断，n 取值范围 0～31。下面给出了 8051 控制器所提供的 5 个中断源所对应的中断类型号和中断服务程序入口地址：

中断源	n	入口地址
外部中断 0	0	0003H
定时器/计数器 0	1	000BH
外部中断 1	2	0013H
定时器/计数器 1	3	001BH
串行口	4	0023H

如果程序用到了外部中断 0，中断号为 0，那么该中断函数的结构如下：

void int_0()　　interrupt 0　　　//interrupt 0 表示该函数为中断类型号 0 的中断函数

｛

　　　：
　　　：

｝

编写中断函数时应遵循下列规则：

1）不能进行参数传递。如果中断过程包括任何参数声明，编译器将产生一个错误信息。

2）无返回值。如果想定义一个返回值将产生错误，但是，如果返回整型值编译器将不产生错误信息，因为整型值是默认值，编译器不能清楚识别。

3）在任何情况下不能直接调用中断函数，否则编译器会产生错误。由于退出中断过程是由指令 RETI 完成的，该指令影响 MCS-51 单片机的硬件中断系统，直接调用中断函数时硬件上没有中断请求存在，因而这个指令的结果是不定的，并且通常是致命的。

4）可以在中断函数定义中使用 using 指定当前使用的寄存器组，格式如下：

返回值类型　函数名（［形式参数］）interrupt n［using m］

MCS-51 系列单片机有四组寄存器 R0～R7，程序具体使用哪一组寄存器由程序状态字 PSW 中的两位 RS1 和 RS0 来确定。在中断函数定义时可以用 using 指定该函数具体使用哪一组寄存器，m 的取值范围为 0，1，2，3，对应四组寄存器组。

不同的中断函数使用不同的寄存器组，可以避免中断嵌套调用时的资源冲突。

5）在中断函数中调用的函数所使用的寄存器组必须与中断函数相同，当没有使用 using 指令时，编译器会选择一个寄存器组作绝对寄存器访问，程序员必须保证按要求使用相应寄存器组，C 编译器不会对此检查。

（3）中断响应时间　中断响应时间是指从中断请求标志位置位到 CPU 开始执行中断服务程序的第一条语句所需要的时间。中断响应时间形成的过程比较复杂，下面分两种情况加以讨论。

1）中断请求不被阻断的情况。以外部中断为例，CPU 在每个机器周期期间采样其输入引脚$\overline{\text{INT0}}$或$\overline{\text{INT1}}$端的电平，如果中断请求有效，则自动置位中断请求标志位 IE0 或 IE1，然后在下一个机器周期再对这些值进行查询。如果满足中断响应条件，则 CPU 响应中断请求，在下一个机器周期执行一条硬件长调用指令，使程序转入中断函数执行。该调用指令执行时间是两个机器周期，因此，外部中断响应时间至少需要 3 个机器周期，这是最短的中断响应时间。一般来说，若系统中只有一个中断源，则中断响应时间为 3 ~ 8 个机器周期。

2）中断请求被阻断的情况。如果系统不满足所有中断响应条件或者存在任何一种中断阻断情况，那么中断请求将被阻断，中断响应时间将会延长。

例如一个同级或更高级的中断正在进行，则附加的等待时间取决于正在进行的中断服务程序的长度。如果正在执行的一条指令还没有进行到最后一个机器周期，则附加的等待时间为 1 ~ 3 个机器周期（因为一条指令的最长执行时间为 4 个机器周期）。如果正在执行的指令是返回指令或访问 IE 或 IP 的指令，则附加的等待时间在 5 个机器周期之内（最多用一个机器周期完成当前指令，再加上最多 4 个机器周期完成下一条指令）。

5. 中断源扩展方法

MCS-51 系列单片机仅有两个外部中断请求输入端$\overline{\text{INT0}}$和$\overline{\text{INT1}}$，在实际应用中，若外部中断源超过两个，则需扩充外部中断源，下面介绍两种扩充外部中断源的方法。

（1）用定时器扩充外部中断源　在定时器的两个中断标志 TF0 或 TF1、外计数引脚 T0（P3.4）或 T1（P3.5）没有被使用的情况下，可以将它们扩充为外部中断源。方法如下：

将定时器设置成计数方式，计数初值可设为满量程（对于 8 计数器，初值设为 255，依次类推），当它们的计数输入端 T0 或 T1 引脚发生负跳变时，计数器将加 1 产生溢出中断。利用此特性，可把 T0 引脚或 T1 引脚作为外部中断请求输入端，把计数器的溢出中断作为外部中断请求标志。

例如，若将 T0 扩展为外部中断源，将 T0 设定为方式 2（初值自动重载工作方式），TH0 和 TL0 的初值均设为 FFH，允许 T0 中断，CPU 开放中断。程序段如下：

```
TMOD = 0x06;
TH0 = 0xff;
TL0 = 0xff;
TR0 = 1;
ET0 = 1;
EA = 1;
...
```

当连接在 T0 引脚上的外部中断请求输入线发生负跳变时，TL0 加 1 溢出，TF0 置 1，向 CPU 发出中断申请。T0 引脚相当于边沿触发的外部中断源输入线。

（2）中断和查询相结合的方式　两根外部中断输入线（$\overline{\text{INT0}}$和$\overline{\text{INT1}}$脚）的每一根都可以通过或非门连接多个外部中断源，以达到扩展外部中断源的目的，电路原理图如图 5-50 所示。

由图 5-50 可知，4 个外部扩展中断源输入引脚 EXINT0 ~ EXINT3 通过或非门再与$\overline{\text{INT1}}$

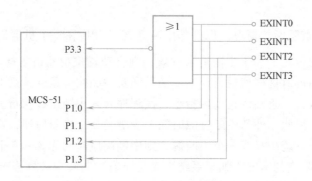

图 5-50   一个外部中断扩展成多个外部中断的电路原理图

(P3.3) 相连，同时，4 个输入引脚分别连接到单片机 P1 口的 P1.0~P1.3 引脚。

当 4 输入引脚中有一个或几个出现高电平时，或非门输出为 0，使$\overline{INT1}$脚为低电平，从而发出中断请求。因此，这些扩充的外部中断源都是电平触发方式（高电平有效）。

CPU 执行中断服务程序时，先依次查询 P1 口的中断源输入状态，再转入相应的中断服务程序执行。4 个扩展中断源的优先级顺序由软件查询顺序决定，即最先查询的优先级最高，最后查询的优先级最低。该中断函数如下：

```c
void int_1    interrupt 2    //外部中断1中断类型号为2
{
    unsigned char i;
    P1 = 0xff;             //读 P1 口引脚前先置全 1
    i = P1;               //P1 口引脚状态读入变量 i
    i& = 0x0f;             //采用与操作屏蔽掉 i 的高四位
    switch(i)
    {
        case 0x01：exint0();break;      //调用函数 exint0(),EXINT0 中断服务,此处省略
        case 0x02：exint1();break;      //调用函数 exint1(),EXINT1 中断服务,此处省略
        case 0x04：exint2();break;      //调用函数 exint2(),EXINT2 中断服务,此处省略
        case 0x08：exint3();break;      //调用函数 exint3(),EXINT3 中断服务,此处省略
        default：break;
    }
}
```

第五节　单片机的接口与扩展

单片机应用系统经常需要连接一些外部设备，如键盘，显示器，A-D、D-A 转换模块，串行通信接口等。在实际应用过程中，最小应用系统往往满足不了工作要求，这就需

要对单片机系统进行扩展，如扩展程序存储器（ROM）、数据存储器（RAM）及I/O端口接口等。

一、单片机与LED数码管接口

1. LED数码管结构及原理

（1）LED数码管结构 在单片机系统中，经常采用LED（Light Emitting Diode）数码管来显示单片机系统的工作状态、运算结果等各种信息，LED数码管是单片机人机对话的一种重要输出设备。

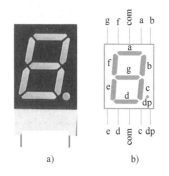

图5-51 LED数码管
a）外形 b）引脚

单个LED数码管外形如图5-51a所示，外部引脚如图5-51b所示。LED数码管由8个发光二极管（以下简称字段）构成，通过不同的发光字段组合来显示数字0~9、字符A~F、H、L、P、R、U、Y、符号"-"及小数点"."等。

（2）LED数码管的工作原理 LED数码管可分为"共阳极"和"共阴极"两种结构。

共阳极数码管内部结构如图5-52a所示，8个发光二极管的阳极连接在一起，作为公共控制端（com），接高电平。阴极作为"段"控制端，当某段控制段为低电平时，该段对应的发光二极管导通并点亮。通过点亮不同的段，显示出不同的字符。如显示数字1时，b、c两端接低电平，其他各端接高电平。

共阴极数码管内部结构如图5-52b所示。8个发光二极管的阴极连接在一起，作为公共控制端（com），接低电平。阳极作为"段"控制端，当某段控制端为高电平时，该段对应的二极管导通并点亮。

（3）LED数码管字型编码 若在某89C51单片机系统中，P1口上接了一个共阳极的数码管，当将数值0送至P1口时，数码管上不会显示数字"0"。显然，要使数码管显示出数字或字符，直接将相应的数字或字符送至数码管的段控制端是不行的，必须使段控制端输出相应的字形编码。

将单片机P1口的P1.0、P1.1、…、P1.7八个引脚依次与数码管的a、b、…、f、dp八个段控制引脚相连接。如果使用共阳极数码管，com端接+5V，要显示数字"0"，则数码管的a、b、c、d、e、f六个段应点亮，其他段熄灭，需向P1口传送数据11000000B（C0H），该数据就是与字符"0"相对应的共阳极字型编码。若使用共阴极的数码

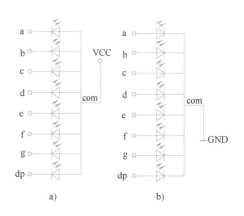

图5-52 数码管结构图
a）共阳极 b）共阴极

管，com端接地，要显示数字"1"，则数码管的b、c两段点亮，其他段熄灭，需向P1口传送数据00000110（06H），这就是字符"1"的共阴极字型码了。

表5-32分别列出了共阳极、共阴极数码管的显示字型编码。

表 5-32　数码管字型编码表

显示字符	共阳极数码管									共阴极数码管								
	dp	g	f	e	d	c	b	a	字型码	dp	g	f	e	d	c	b	a	字形码
0	1	1	0	0	0	0	0	0	C0H	0	0	1	1	1	1	1	1	3FH
1	1	1	1	1	1	0	0	1	F9H	0	0	0	0	0	1	1	0	06H
2	1	0	1	0	0	1	0	0	A4H	0	1	0	1	1	0	1	1	5BH
3	1	0	1	1	0	0	0	0	B0H	0	1	0	0	1	1	1	1	4FH
4	1	0	0	1	1	0	0	1	99H	0	1	1	0	0	1	1	0	66H
5	1	0	0	1	0	0	1	0	92H	0	1	1	0	1	1	0	1	6DH
6	1	0	0	0	0	0	1	0	82H	0	1	1	1	1	1	0	1	7DH
7	1	1	1	1	1	0	0	0	F8H	0	0	0	0	0	1	1	1	07H
8	1	0	0	0	0	0	0	0	80H	0	1	1	1	1	1	1	1	7FH
9	1	0	0	1	0	0	0	0	90H	0	1	1	0	1	1	1	1	6FH
A	1	0	0	0	1	0	0	0	88H	0	1	1	1	0	1	1	1	77H
B	1	0	0	0	0	0	1	1	83H	0	1	1	1	1	1	0	0	7CH
C	1	1	0	0	0	1	1	0	C6H	0	0	1	1	1	0	0	1	39H
D	1	0	1	0	0	0	0	1	A1H	0	1	0	1	1	1	1	0	5EH
E	1	0	0	0	0	1	1	0	86H	0	1	1	1	1	0	0	1	79H
F	1	0	0	0	1	1	1	0	8EH	0	1	1	1	0	0	0	1	71H
H	1	0	0	0	1	0	0	1	89H	0	1	1	1	0	1	1	0	76H
L	1	1	0	0	0	1	1	1	C7H	0	0	1	1	1	0	0	0	38H
P	1	0	0	0	1	1	0	0	8CH	0	1	1	1	0	0	1	1	73H
R	1	1	0	0	1	1	1	0	CEH	0	0	1	1	0	0	0	1	31H
U	1	1	0	0	0	0	0	1	C1H	0	0	1	1	1	1	1	0	3EH
Y	1	0	0	1	0	0	0	1	91H	0	1	1	0	1	1	1	0	6EH
-	1	0	1	1	1	1	1	1	BFH	0	1	0	0	0	0	0	0	40H
.	0	1	1	1	1	1	1	1	7FH	1	0	0	0	0	0	0	0	80H
熄灭	1	1	1	1	1	1	1	1	FFH	0	0	0	0	0	0	0	0	00H

对于同一个字符，共阳极和共阴极的字型编码之间是有一定关系的。如显示字符"1"时，共阳极的字型码为 F9H，而共阴极的字型码为 06H，所以对于同一个字符，共阴和共阳码的关系为取反。

2. LED 静态显示

图 5-53 所示为两位数码管静态显示的接口电路图，两个共阳极数码管的段码分别由 P1、P2 口来控制，com 端都接在+5V 上。

静态显示是指数码管显示某一字符时，相应的发光二极管恒定导通或恒定截止。这种显示方式的各位数码管的公共端恒定接地（共阴极）或+5V（共阳极）。每个数码管的八个段控制引脚分别与一个八位 I/O 端口相连。只要 I/O 端口有显示字型码输出，数码管就显示给定字符，并保持不变，直到 I/O 口输出新的段码。采用静态显示方式，较小的电流就可获得较高的亮度，且占用 CPU 时间少，编程简单，显示便于监测和控制，但占用单片机的 I/O 口线多，n 位数码管的静态显示需占用 $8 \times n$ 个 I/O 口，所以限制了单片机连接数码管的个数。同时，硬件电路复杂，成本高，只适合于显示位数较少的场合。

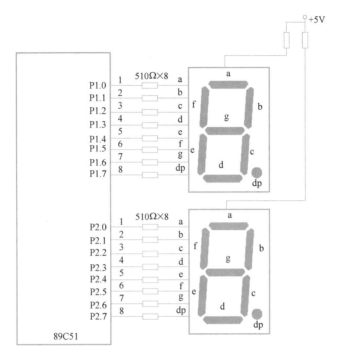

图 5-53　两位数码管静态显示的接口电路图

3. LED 动态显示

图 5-54 给出了用动态显示方式点亮六个共阳极数码管电路。图中将各位共阳极数码管相应的段选控制端并联在一起，仅用一个 P1 口控制，用八同相三态缓冲器/线驱动器

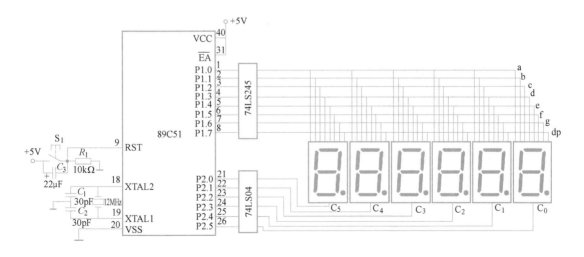

图 5-54　六位数码管动态显示电路

74LS245 驱动。各位数码管的公共端，也称作"位选端"由 P2 口控制，用六反相驱动器
74LS04 驱动。

下面编制在六个数码管上稳定显示"012345"六个字符的动态显示程序。

动态显示是一种按位轮流点亮各位数码管的显示方式，即在某一时段，只让其中一位数码管"位选端"有效，并送出相应的字型显示编码。此时，其他位的数码管因"位选端"无效而都处于熄灭状态；下一时段按顺序选通另外一位数码管，并送出相应的字型显示编码，依此规律循环下去，即可使各位数码管分别间断地显示出相应的字符。这一过程称为动态扫描显示。

六位数码管动态显示"012345"的程序如下：

```
//程序:ex5_2.c
//功能:六位数码管动态显示"012345"
   #include <reg51.h>
   //函数名:delay50ms
   //函数功能:采用定时器1、工作方式1实现50ms延时,晶振频率12MHz
   //形式参数:无
   //返回值:无
   void delay50ms()
   {
       TH1 = 0x3c;                // 置定时器初值
       TL1 = 0xb0;
       TR1 = 1;                   // 启动定时器1
       while(! TF1);              // 查询计数是否溢出,即定时到,TF1 = 1
       TF1 = 0;                   // 50ms 定时时间到,将定时器溢出标志位 TF1 清零
   }
   main()                        //主函数
   {
   unsigned char led[] = {0xc0,0xf9,0xa4,0xb0,0x99,0x92};
                                 //设置数字 0~5 字型码
   unsigned char i,w;
   TMOD = 0x10;                   //设置定时器 1 工作方式 1
   while(1)
       {
       w = 0x01;                 //位选码初值为 01H
       for(i = 0;i<6;i++)
           {
               P2 = ~w;          //位选码取反后送位控制口 P2 口
               w<<= 1;           //位选码左移一位,选中下一位 LED
               P1 = led[i];      //显示字型码送 P1 口
               delay50ms();      //延时 50ms
```

               }

           }

      }

由于人的眼睛存在"视觉驻留效应"，必须保证每位数码管显示间断的时间间隔小于眼睛的驻留时间，才可以给人一种稳定显示的视觉效果。如果延时时间太长，每位数码管闪动频率太慢，则不能产生稳定显示效果。

与静态显示方式相比，当显示位数较多时，动态显示方式可节省 I/O 接口资源，硬件电路简单；但其显示的亮度低于静态显示方式；由于 CPU 要不断地依次运行扫描显示程序，将占用 CPU 更多的时间。若显示位数较少，采用静态显示方式更加简便。

二、A-D 转换器接口

1. 典型 A-D 转换器芯片 ADC0809

ADC0809 是 8 位逐次逼近式 A-D 转换器，具有 8 个模拟量输入通道，转换时间约 $100\mu s$。A-D 转换器是实现模拟量向数字量转换的器件，按转换原理可分为四种：计数式 A-D 转换器、双积分式 A-D 转换器、逐次逼近式 A-D 转换器和并行式 A-D 转换器。

目前最常用的 A-D 转换器是双积分式 A-D 转换器和逐次逼近式 A-D 转换器。前者的主要优点是转换精度高，抗干扰性能好，价格便宜，但转换速度较慢，一般用于速度要求不高的场合。后者是一种速度较快、精度较高的转换器，其转换时间在几微秒到几百微秒之间。

（1）ADC0809 内部逻辑结构　ADC0809 内部逻辑结构如图 5-55 所示，主要由三部分组成：输入通道、逐次逼近型 A-D 转换器和三态输出锁存器。

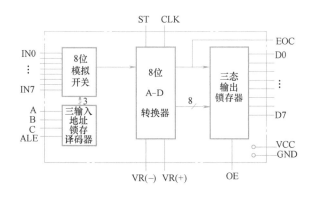

图 5-55　ADC0809 内部逻辑结构

表 5-33　通道选择

地址码			选择的通道
C	B	A	
0	0	0	IN0
0	0	1	IN1
0	1	0	IN2
0	1	1	IN3
1	0	0	IN4
1	0	1	IN5
1	1	0	IN6
1	1	1	IN7

1）输入通道包括 8 位模拟开关、三输入地址锁存译码器。8 位模拟开关分时选通 8 个模拟通道，由地址锁存译码器的三个输入 A、B、C 来确定选通哪一个通道，通道选择见表 5-33。

2）8 路模拟输入通道共用一个 A-D 转换器进行转换，但同一时刻仅对采集的 8 路模拟量中的其中一路通道进行转换。

3）转换后的 8 位数字量锁存到三态输出锁存器中，在输出允许的情况下，可以从 8 条数据线 D0~D7 上读出。

（2）信号引脚 ADC0809 芯片封装形式为 DIP28，其引脚排列如图 5-56 所示。

1）IN0~IN7：8 个模拟量输入通道。

ADC0809 对输入模拟量的要求主要有：信号单极性，电压范围 0~5V，若信号过小还需进行放大。另外，输入的模拟量在 A-D 转换过程中，其值不应变化太快，因此对变化速度快的模拟量，在输入前应增加采样保持电路。

1	IN3		IN2	28
2	IN4		IN1	27
3	IN5	ADC0809	IN0	26
4	IN6		A	25
5	IN7		B	24
6	ST		C	23
7	EOC		ALE	22
8	D3		D7	21
9	OE		D6	20
10	CLK		D5	19
11	VCC		D4	18
12	VR(+)		D0	17
13	GND		VR(−)	16
14	D1		D2	15

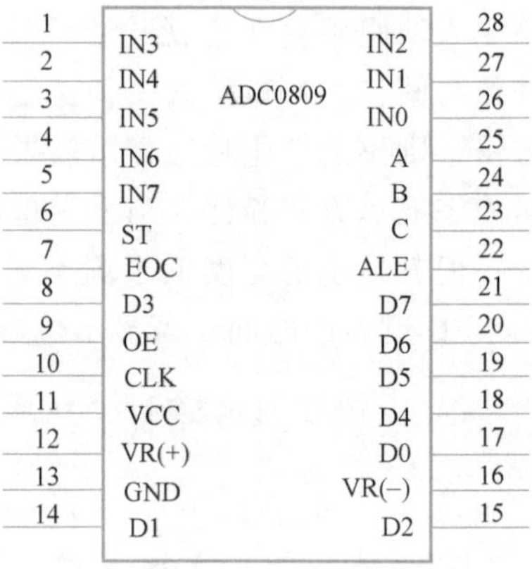

图 5-56 ADC0809 引脚图

2）A、B、C：地址线。A 为低位地址，C 为高位地址，用于对模拟输入通道进行选择，A、B 和 C 的地址状态与通道对应关系见表 5-34。

3）ALE：地址锁存允许信号。对应 ALE 上升沿，A、B 和 C 地址状态送入地址锁存器中，经译码后输出选择模拟信号输入通道。

4）ST：转换启动信号。对应 ST 上跳沿时，所有内部寄存器清 0；对应 ST 下跳沿时，开始进行 A-D 转换。在 A-D 转换期间，ST 应保持低电平。

5）D7~D0：数据输出线，为三态缓冲输出形式，可以和单片机的数据线直接相连。

6）OE：输出允许信号，用于控制三态输出锁存器向单片机输出转换得到的数据。当 OE = 0 时，输出数据线呈高电阻；当 OE = 1 时，输出转换得到的数据。

7）CLK：时钟信号。ADC0809 的内部没有时钟电路，所需时钟信号由外界提供，因此有时钟信号引脚。通常使用频率为 500kHz 的时钟信号。

8）EOC：转换结束状态信号。启动转换后，系统自动设置 EOC = 0，转换完成后，EOC = 1。该状态信号既可作为查询的状态标志，又可以作为中断请求信号使用。

9）VR：参考电源。参考电压用来与输入的模拟信号进行比较，作为逐次逼近的基准，其典型值为 +5V[VR(+) = +5V，VR(−) = 0V]。

2. 单片机与 ADC0809 接口

（1）采用 I/O 口直接控制方式 采用单片机的 I/O 口直接控制 ADC0809，如图 5-55 所示。8 条数据线直接与单片机的 P1 口相连。控制线 ST 和 ALE、OE 由 P0.2 引脚控制，EOC 引脚由 P0.3 控制。

（2）采用系统扩展方式

1）单片机的三总线。通常，CPU 都有单独的地址总线、数据总线和控制总线，如 Intel 8086/8088。而 MCS-51 系列单片机由于受引脚的限制，数据线与地址线是复用的。为了将它们分离开来，必须在单片机外部增加地址锁存器，构成与一般 CPU 相类似的三总线结构，如图 5-57 所示。

地址锁存器 74LS373 是带三态缓冲输出的 8D 锁存器。由于单片机的数据线与地址线的低 8 位共用 P0 口，因此必须用地址锁存器将地址信号和数据信号区分开。74LS373 的锁存控制端 G 直接与单片机的锁存控制信号 ALE 相连，在 ALE 的下降沿锁存低 8 位地址。高 8 位地址由 P2 口直接提供。

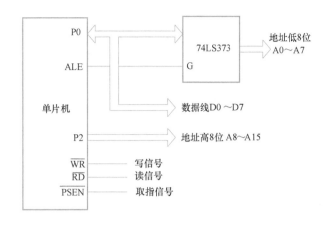

图 5-57　单片机系统扩展三总线

系统扩展中常用的控制线有以下三条：

$\overline{PSEN}$：控制程序存储器的读操作，在执行指令的取指阶段和从程序存储器中数据时有效。

$\overline{RD}$：控制数据存储器的读操作，从外部数据存储器或 I/O 端口中读数据时有效。

$\overline{WR}$：控制数据存储器的写操作，向外部数据存储器或 I/O 端口中写数据时有效。

2）系统扩展方式控制 ADC0809 硬件设计。单片机采用系统扩展方式控制 ADC0809，电路如图 6-58 所示。

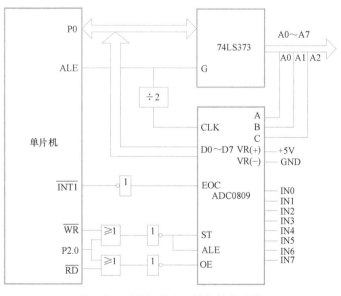

图 5-58　ADC0809 与单片机的连接

① 8 路模拟通道地址。A、B、C 分别接地址锁存器 74LS373 提供的低三位地址，只要把三位地址写入 ADC0809 中的地址锁存器，就实现了模拟通道选择。对系统来说，地址锁存器是一个输出口，为了把三位地址写入，还要提供口地址。图 5-58 中使用的是线选法，

口地址由 P2.0 确定，同时和$\overline{WR}$相或取反后作为开始转换的选通信号。因此该 ADC0809 的通道地址见表 5-34。若无关位都取 0，则 8 路通道 IN0~IN7 的地址分别为 0000H~0007H。

表 5-34 ADC0809 的通道地址

| 单片机 | P2.7 | P2.6 | P2.5 | P2.4 | P2.3 | P2.2 | P2.1 | P2.0 | P0.7 | P0.6 | P0.5 | P0.4 | P0.3 | P0.2 | P0.1 | P0.0 |
	A15	A14	A13	A12	A11	A10	A9	A8	A7	A6	A5	A4	A3	A2	A1	A0
0809	×	×	×	×	×	×	×	ST	×	×	×	×	×	C	B	A
IN0	×	×	×	×	×	×	×	0	×	×	×	×	×	0	0	0
IN1	×	×	×	×	×	×	×	0	×	×	×	×	×	0	0	1
⋮								⋮						⋮	⋮	⋮
IN7	×	×	×	×	×	×	×	0	×	×	×	×	×	1	1	1

从图 5-58 可知，ADC0809 的启动信号 ST 由片选线 P2.0 与写信号$\overline{WR}$经或非门产生，这就要求向 I/O 端口（与外部 RAM 相同）写操作指令来启动转换。ALE 信号与 ST 信号连接在了一起，使得在 ALE 信号的前沿写入地址信号，紧接着在其后沿就启动转换。因此启动图 5-58 中的 ADC0809 进行转换需要对外部 I/O 进行操作。

在 MCS-51 系列单片机中，外部 I/O 与外部 RAM 是统一编址的，因此对外部 I/O 的读写操作与外部 RAM 的读写操作是一致的。

② 转换数据的传送。A-D 转换后得到的是数字量的数据，这些数据应传送给单片机进行处理。数据传送的关键问题是如何确认 A-D 转换完成，因为只有确认数据转换完成，才能进行传送。

在图 5-58 中，EOC 信号经过反相器后送到单片机的$\overline{INT1}$，因此可以采用查询该引脚或中断的方式进行转换后数据的传送。

一旦确认转换完成，即可进行数据传送。首先输出允许信号 OE 必须有效，由图 5-58 可知，ADC0809 的 OE 信号由片选线 P2.0 与读信号$\overline{RD}$经或非门产生，这就要求对 I/O 端口进行读操作（$\overline{RD}$信号为低电平）使 OE 信号有效，把转换数据送上数据总线，供单片机接收。

3）系统扩展方式控制 ADC0809 软件设计。采用查询方式传送数据的 C 语言参考程序如下：

```
//程序:ex5_8.c
//功能:单片机控制的循环检测系统,使其能对 8 路模拟输入信号循环检测并加以处理
//      并依次将采样数据存放在数组 ad 中。通过查询方式实现
#include<absacc.h>                       //该头文件中定义 XBYTE 关键字
#include<reg51.h>
#define uchar unsigned char
#define IN0 XBYTE[0xfef8]                 //设置 AD0809 的通道 0 地址
sbit ad_busy=P3^3;                        //定义 EOC 状态
//函数名:ad0809
//函数功能:8 路通道循环检测函数
//形式参数:指针 x,采样结果存放到指针 x 所指的地址中
```

```
//返回值:无返回值,但转换结果已经存放在指针 x 所指的地址中
void ad0809(uchar idata  * x)
{   uchar i;
    uchar xdata  * ad_adr;              //定义指向外部 RAM 的指针
    ad_adr = &IN0;                      //通道 0 的地址送 ad_adr
    for(i = 0;i < 8;i++)                //处理 8 通道
    {  * ad_adr = 0;                    //写外部 I/O 地址操作,启动转换
                                        //写的内容不重要,只需写操作
        i = i;                          //延时等待 EOC 变低
        i = i;
        while(ad_busy = = 0);           //查询等待转换结束
        x[i] = * ad_adr;                //读操作,输出允许信号有效,存转换结果
        ad_adr++;                       //地址增 1,指向下一通道
    }
}
void main(void)                         //主函数
{
static uchar idata ad[10];              //static 是静态变量的类型说明符
ad0809(ad);                             //采样 AD0809 通道的值
}
```

在 C51 程序设计中如何定义外部 RAM 或扩展 I/O 口的地址是很重要的。首先在程序中必须包含 "absacc. h" 绝对地址访问头文件,然后用关键字 XBYTE 来定义 I/O 口地址或外部 RAM 地址, 如下所示:

```
#include  "absacc. h"
#define   IN0 XBYTE[0xfef8]            //设置 AD0809 的通道 0 地址
```

有了以上定义后, 就可以直接在程序中对已定义的 I/O 口名称进行读写了, 例如:
i = IN0;

采用中断方式传送数据的 C 语言程序如下:

```
//程序:ex6_9. c
//功能:单片机控制的循环检测系统,使其能对 8 路模拟输入信号循环检测并加以处理
//      并依次将采样数据存放在数组 ad 中。通过中断方式实现
#include<absacc. h>               //绝对地址访问头文件
#include<reg51. h>
#define uchar unsigned char
#define IN0 XBYTE[0xfef8]         //设置 AD0809 的通道 0 地址
uchar i;                          //通道选择控制
uchar x[8];                       //存放 8 个通道的 A-D 转换数据
uchar xdata  * ad_adr;            //存放通道地址
//中断函数:service_int1
```

```
//函数功能：外部中断 1 中断服务函数
//形式参数：* ad_adr 为当前选定通道
//返回值：  x[i]中存放转换后的结果
void service_int1(void)interrupt 2
                        // interrupt 2 表示该函数为中断号 2 的中断函数
{
    x[i] = * ad_adr;        // 存转换结果
    ad_adr++;               // 下一通道
    i++;
    while(i= =8)EA=0;       // 8 个通道转换完毕,关中断
}
/* * * * * * * * * * * * * * * 主函数 * * * * * * * * * * * * * * * */
void main(void)
{
    IT1 = 1;                //设置边沿触发方式
    EX1 = 1;                //外部中断 1 开中断
    EA = 1;                 //开总中断允许位
    i = 0;                  //初始化 i 为第 0 通道
    ad_adr = &IN0;          //通道 0 地址送 ad_adr
    * ad_adr = 0;           //写操作启动 A-D 转换
    while(1);               //等待中断
}
```

3. 指针简介

指针是 C 语言的一个特殊的变量，它里面存储的数值被解释成为内存里的一个地址。定义每个指针变量时，指针变量名之前都必须有符号"*"。

（1）指针变量的定义 指针定义的一般形式为

$$数据类型 \quad *指针变量名;$$

例如：

int i, j, k, * i_ptr; //定义整型变量 i、j、k 和整型指针变量 i_ptr

假设整型变量 i、j、k 在内存中的分配空间如图 5-59 所示（整型数据占两个字节）。

为变量 i 赋值的方法有以下两种：

① 直接方式：

i=10;   //将整数 10 送入地址为 2000 和 2001 的单元内（整型数据占两个存储单元 2000 和 2001）

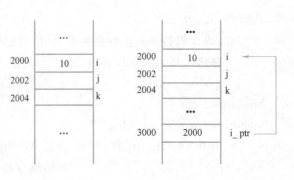

图 5-59 变量在内存中的分配及赋值方法

② 间接方式：

i_ptr=&i；   //变量 i 的地址送给指针变量 i_ptr,i_ptr=2000

*i_ptr=10；   //将整数 10 送入 i_ptr 指向的存储单元中，即 2000 单元

（2）指针运算符

1）取地址运算符。取地址运算符 & 是单目运算符，其功能是取变量的地址，例如：

i_ptr=&i；   //变量 i 的地址送给指针变量 i_ptr,i_ptr=2000

2）取内容运算符。取内容运算符 * 是单目运算符，用来表示指针变量所指的单元的内容，在 * 运算符之后跟的必须是指针变量。

例如：

j=*i_ptr；   //按图 5-59 中各变量已有的值，将 i_ptr 所指的单元 2000 的内容 10 赋给变量 j，则 j=10

（3）指针变量的赋值运算

1）把一个变量的地址赋予指向相同数据类型的指针变量。例如：

int i，*i_ptr；

i_ptr=&i；   //把整型变量 i 的地址送给整型指针变量 i_ptr

2）把一个指针变量的值赋予指向相同类型变量的另一个指针变量。

int i，*i_ptr，*m_ptr；

i_ptr=&i；   //把整型变量 i 的地址送给整型指针变量 i_ptr

m_ptr=i_ptr；   //整型指针变量 i_ptr 中保存的 i 的地址送给指针 m_ptr,两个指针
                                    都指向变量 i

3）把数组的首地址赋予指向数组的指针变量。例如：

int a[5]，*ap；

ap=a；   //数组名表示数组的首地址,故可赋予指向数组的指针变量

也可以写成：

ap=&a[0]；   //数组第一个元素的地址也是整个数组的首地址,也可赋予 ap

还可以采用初始化赋值的方法：

int a[5]，*ap=a；

4）把字符串的首地址赋予指向字符类型的指针变量。

例如：

unsigned char   *cp；

cp="Hello World!"；

这里应该说明的是，并不是把整个字符串装入指针变量，而是把存放该字符串的字符数组的首地址装入指针变量。

思考题与习题

5-1   单项选择题

（1）MCS-51 系列单片机的 CPU 主要由（   ）组成。

A. 运算器、控制器   B. 加法器、寄存器

C. 运算器、加法器   D. 运算器、译码器

（2）单片机中的程序计数器 PC 用来（　　　）。

A. 存放指令
B. 存放正在执行的指令地址

C. 存放下一条指令地址
D. 存放上一条指令地址

（3）单片机 8031 的$\overline{EA}$引脚（　　　）。

A. 必须接地
B. 必须接+5V

C. 可悬空
D. 以上三种视需要而定

（4）外部扩展存储器时，分时复用作数据线和低 8 位地址线的是（　　　）。

A. P0 口
B. P1 口

C. P2 口
D. P3 口

（5）PSW 中的 RS1 和 RS0 用来（　　　）。

A. 选择工作寄存器组
B. 指示复位

C. 选择定时器
D. 选择工作方式

（6）MCS-51 系列单片机的 4 个并行 I/O 口作为通用 I/O 接口使用，在输出数据时，必须外接上拉电阻的是（　　　）。

A. P0 口
B. P1 口

C. P2 口
D. P3 口

（7）MCS-51 系列单片机应用系统需要扩展外部存储器或其他接口芯片时，（　　　）可作为低 8 位地址总线使用。

A. P0 口
B. P1 口

C. P2 口
D. P0 口和 P2 口

（8）MCS-51 系列单片机应用系统需要扩展外部存储器或其他接口芯片时，（　　　）可作为高 8 位地址总线使用。

A. P0 口
B. P1 口

C. P2 口
D. P0 口和 P2 口

（9）下面叙述不正确的是（　　　）。

A. 一个 C 源程序可以由一个或多个函数组成

B. 一个 C 源程序必须包含一个 main 函数

C. 在 C 程序中，注释说明只能位于一条语句的后面

D. C 程序的基本组成单位是函数

（10）C 程序总是从（　　　）开始执行的。

A. 主函数
B. 主程序

C. 子程序
D. 主过程

（11）最基本的 C 语言语句是（　　　）。

A. 赋值语句
B. 表达式语句

C. 循环语句
D. 复合语句

（12）在单片机应用系统中，LED 数码管显示电路通常有（　　　）显示方式。

A. 静态
B. 动态

C. 静态和动态
D. 查询

（13）（　　　）显示方式编程较简单，但占用 I/O 口线多，其一般适用显示位数较少的场合。

A. 静态
B. 动态

C. 静态和动态
D. 查询

（14）LED 数码管若采用动态显示方式，下列说法错误的是（　　　）。

A. 将各位数码管的段选线并联

B. 将段选线用一个 8 位 I/O 口控制

C. 将各位数码管的公共端直接在+5V 或者 GND 上

D. 将各位数码管的位选线用各自独立的 I/O 控制

（15）共阳极 LED 数码管加反相器驱动时显示字符"6"的段码是（　　）。

A. 06H
B. 7DH
C. 82H
D. FAH

（16）一个单片机应用系统用 LED 数码管显示字符"8"的段码是 80H，可以断定该显示系统用的是（　　）。

A. 不加反相驱动的共阴极数码管

B. 加反相驱动的共阴极数码管或不加反相驱动的共阳极数码管

C. 加反相驱动的共阳极数码管

D. 以上都不对

（17）在共阳极数码管使用中，若要仅显示小数点，则其相应的字段码是（　　）。

A. 80H
B. 10H
C. 40H
D. 7FH

（18）ADC0809 芯片是 m 路模拟输入的 n 位 A-D 转换器，m、n 是（　　）。

A. 8、8
B. 8、9
C. 8、16
D. 1、8

5-2　填空题

（1）单片机应用系统是由____和____组成的。

（2）除了单片机和电源外，单片机最小系统包括_____电路和_____电路。

（3）在进行单片机应用系统设计时，除了电源和地引脚外，_____、_____、_____、_____引脚信号必须连接相应电路。

（4）MCS-51 系列单片机的存储器主要有 4 个物理存储空间，即_____、_____、_____、_____。

（5）MCS-51 系列单片机的 XTAL1 和 XTAL2 引脚是_____引脚。

（6）MCS-51 系列单片机的应用程序一般存放在_____中。

（7）片内 RAM 低 128 单元，按其用途划分为_____、_____和_____三个区域。

（8）当振荡脉冲频率为 12MHz 时，一个机器周期为____；当振荡脉冲频率为 6MHz 时，一个机器周期为____。

5-3　什么是单片机？它由哪几部分组成？什么是单片机应用系统？

5-4　P3 口的第二功能是什么？

5-5　画出 MCS-51 系列单片机时钟电路，并指出石英晶体和电容的取值范围。

5-6　什么是机器周期？机器周期和晶振频率有何关系？当晶振频率为 6MHz 时，机器周期是多少？

5-7　MCS-51 系列单片机常用的复位方法有哪几种？画电路图并说明其工作原理。

5-8　MCS-51 系列单片机片内 RAM 的组成是如何划分的，各有什么功能？

5-9　MCS-51 系列单片机有多少个特殊功能寄存器？它们分布在什么地址范围？

5-10　简述程序状态寄存器 PSW 各位的含义，单片机如何确定和改变当前的工作寄存器组？

5-11　C51 编译器支持的存储器类型有哪些？

5-12　什么是单片机开发系统？单片机开发系统由哪些设备组成？如何连接？

5-13　一般来说，开发系统应具备哪些基本功能？

5-14　开发单片机应用系统的一般过程是什么？

5-15　MCS-51 系列单片机定时器/计数器的定时功能和计数功能有什么不同？分别应用在什么场合下？

5-16　软件定时与硬件定时的原理有何异同？

5-17　MCS-51 单片机的定时器/计数器是增 1 计数器还是减 1 计数器？增 1 和减 1 计数器在计数和计算计数初值时有什么不同？

5-18　当定时器/计数器工作于方式 1 下，晶振频率为 6MHz 时，请计算最短定时时间和最长定时时间各是多少。

5-19 简述 MCS-51 系列单片机定时器/计数器四种工作方式的特点，如何选择和设定？

5-20 什么叫中断？中断有什么特点？

5-21 MCS-51 系列单片机有哪几个中断源？如何设定它们的优先级？

5-22 外部中断有哪两种触发方式？如何选择和设定？

5-23 中断函数定义语法是怎样的？

第六章 气动与液压传动基础知识
CHAPTER 6

我们在日常工作和生活中经常见到各种机器，如汽车、电梯、机床等通常都是由原动机、传动装置和工作机构三部分组成的。其中传动装置最常见的类型有机械传动、电力传动和流体传动。流体传动是以流体为工作介质对动力进行传动和控制的传动形式。它可以分为气压传动、液压传动和液力传动。

第一节　气压传动概述

在气压传动中，能源的介质通常是压缩空气。压缩空气主要是通过活塞式或叶片式压缩机把大气中空气的体积加以压缩而得到的，这种能量在现代工业中大量使用。本节将主要介绍气动元件、基本气动系统及基本控制方法等气压传动基本技术。复杂的气动控制系统大多都由程序或其他逻辑控制装置来控制。

压缩空气的用途极其广泛，从用压缩空气来测量人体眼球内部的液体压力、气动机械手焊接到气动压力机和使混凝土粉碎的气钻等，各行业都在大量使用着压缩空气。如在建筑、钢铁、采矿和化学工业工厂中料斗的卸料，在扁钢锭模压机器中的提升和移动，在印刷设备中薄纸的空气分离和真空提升，在机床中夹紧装置和夹具的固定，工件或刀具的进给，零件和材料的输送，喷漆，气动机器人，自动测量机等，几乎遍及各个领域。

压缩空气在工业中的广泛应用，与压缩空气的下列特性有较大关系：

（1）方便适用　大多数工厂和车间在作业区备有压缩空气源并储有移动式压缩机，可在许多场合使用。

（2）储存容易　按需要方便地储存大量的压缩空气。

（3）便于控制　使用气动元件属于简单设计，因而适合较简单的自动控制系统。

（4）易实现各种运动　气动元件易于实现无级调速的直线和回转运动。

（5）系统经济性　气动元件价格合适，维护费用较低。

（6）系统可靠性　气动元件有很长的工作寿命，使系统有很高的可靠性。

（7）对恶劣环境适应性　压缩空气很大程度上不受高温、灰尘、腐蚀的影响，这一点是其他系统所不能及的。

（8）干净 压缩空气经过多级过滤，做功后经特殊处理排于大气，对环境无污染，可装入标准的清洁房内。

（9）安全性 系统过载时，执行元件只会停止或打滑而不会发热或引起火灾。

第二节 气动基础

一、空气的流量

气体流量同液压传动中的液体流量不同。液压传动中所使用的介质为液压油，其流量是指在单位时间内流过的液体体积。气压传动中的工作介质为气体，同液压油相比，空气具有压缩性，如图 6-1 所示。

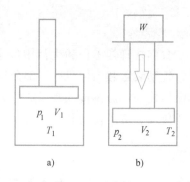

图 6-1 空气的可压缩性

在图 6-1a 的密闭气缸中，其在自由状态下空气的压力用 p_1 表示，体积用 V_1 表示，温度用 T_1 表示。当在杆上加一力 W 时，空气被压缩。压缩后空气的压力用 p_2 表示，体积用 V_2 表示，温度用 T_2 表示，如图 6-1b 所示。这时密闭气缸中气体的压力、体积和温度都发生了变化。

因此，只有说明哪个压力下的体积流量才有意义。为此，在气动技术中引用"自由空气的体积流量"的概念。

由物理学知识可知，理想气体状态方程为

$$pv = RT$$

或者

$$pV = mRT \tag{6-1}$$

式中，p 为气体的绝对压力（N/m^2）；v 为气体的比体积（m^3/kg）；R 为气体常数，干气体 $R = 287.1 N \cdot m/(kg \cdot K)$，水蒸气 $R = 462.05 N \cdot m/(kg \cdot K)$；$T$ 为气体的热力学温度（K）；m 为气体的质量（kg）；V 为气体的体积（m^3）。

在工程上设空气为理想气体（误差小于 4%），则表示气体容积的公式可写为

$$\frac{p_1 V_1}{T_1} = \frac{p_2 V_2}{T_2} \tag{6-2}$$

若在等温条件下，即温度不发生变化或变化非常缓慢时，公式可写为

$$V_a = \frac{p}{p_a} V \tag{6-3}$$

式中，V_a、p_a 分别代表自由空气状态下的体积与压力。

自由空气的体积流量 q_{Va} 为

$$q_{Va} = q_V \frac{p}{p_a} \frac{T_a}{T} \tag{6-4}$$

式中，q_V 为当压力为 p、温度为 T 时的气体体积流量（L/min）。

在选择空压机、气动三联件及各种样本说明书中所提到的流量、额定流量，都是指自由空气的体积流量。式（6-4）为我们将在一定温度、一定压力作用下的气体流量转换为在统一标准的自由空气下的体积流量提供了计算方法。只有在共同的压力标准下评价气体流量才有意义。自由空气状态下单位时间内的体积流量，可用 ANR 表示，也可写成 NL/min，即自由状态下空气的体积流量用 L/min 作为计量单位。在选择气动元件、设计回路时常要用到这一重要概念。

二、气阻的概念和有效断面积

1. 气阻的流量公式

在气动系统中，阻碍气体流动、产生压降的机构和元件，称为气阻。在气压传动中，可利用气阻和气容来调整气体的流速和压力，以达到使用目的。气阻可抽象为图 6-2 所示的阻尼形式。

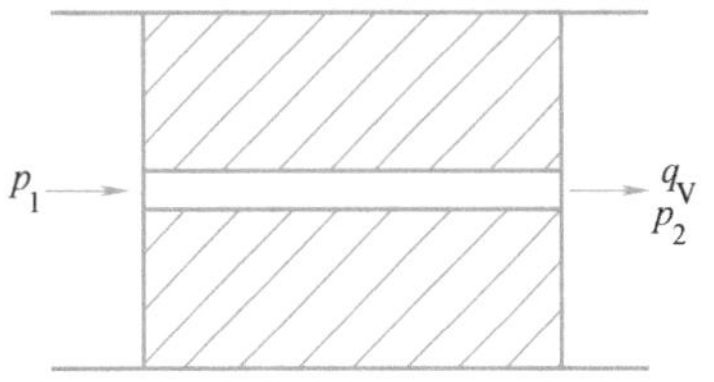

图 6-2　气阻

任何一个气动元件，都可认为是一个气阻。p_1 为进口压力，p_2 为出口压力，p_1-p_2 为压差，q_V 为流量（L/min）。流量增大，压差也增大。当出口压力与进口压力之比小于 0.528 时，则气体的流速达到了音速。音速流的气阻的流量 q_{Va}（L/min）公式如下：

音速流 $(p_2/p_1 \leqslant 0.528)$ 时

$$q_{Va} = 113 S_e (p_1+0.1) \sqrt{\frac{273}{T_1}} \tag{6-5}$$

当气体的流速没有达到音速、出口压力与进口压力之比大于 0.528 时，就称为亚音速流。在亚音速流情况下，气体的进、出口压差同流量的关系如下：

亚音速流 $(p_2/p_1 > 0.528)$ 时

$$q_{Va} = 226 S_e \sqrt{(p_2+0.1)(p_1-p_2)} \sqrt{\frac{273}{T_1}} \tag{6-6}$$

式中，p_1、p_2 是气体的进口和出口压力（MPa）；T_1 是进气口气体的温度（K）；S_e 是该气阻的有效断面积（mm²）。

从式（6-5）可看出，当气体流速达到音速流时，它的流量就不再和出口压力 p_2 有关，而只同入口压力有一定的关系。从式（6-5）、式（6-6）可知，气阻的流量计算公式同液压技术中的有关计算不同，它是气动技术中的一个重要的基本概念和基本计算公式。

2. 管路的等价有效断面积

设计任一气动回路，既要选择各气阻元件的有效断面积，还要计算出连接这些气动元件的管路的压力损失，即管路的等价有效断面积。在工程上，通常是把一段管路的压力损失折合成这段管路的等价有效断面积。具体计算公式为

$$S_p = S_{p0} \frac{1}{\sqrt{L}} \tag{6-7}$$

式中，S_{p0} 为计算管路有效断面积的直径系数；L 为管道的长度（m）；S_p 为有效断面积

（mm^2）。

从式（6-7）可知，一段管路的等价有效断面积同这一段管路的长度成反比，而同管路的直径成正比。例如：在气压回路中常用的尼龙管，S_{p0}的选取见表 6-1。

表 6-1 管路有效断面积直径系数

D/mm	2.5	4	6	7.5	9
S_{p0}	1.8	6.5	18	28	43

当一段管路的直径和长度已知时，可通过查表得到相应的 S_{p0}，运用式（6-7），可求出这段管路的等价有效断面积 S_p。管路的等价有效断面积间接地描述了这段管路的压力损失，因此，我们也可等价地将一段管路看成一个气阻元件。

3. 多个气阻的复合有效断面积

在气动回路中，通常是将多个气动元件串联或者并联起来，而形成具有一定功能的气动回路系统，图 6-3 所示为一个典型的气动回路。

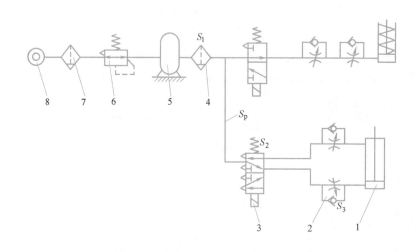

图 6-3 气动回路

1—气缸 2—调速阀 3—方向控制阀 4、7—过滤器 5—储气罐 6—调压阀 8—气源

该系统有两个气缸，一个单作用气缸和一个双作用气缸。为了控制这两个气缸，回路中选用了方向控制阀（换向阀）和调速阀。为了使空气洁净，在回路上游设有过滤器。回路中的调速阀、换向阀和过滤器均可看作气阻元件，而连接这些气阻元件的管路，也可看成一个气阻元件。在工程上常把这种气阻的串联或并联用"复合有效断面积"进行综合评价。如在图 6-3 中，调速阀的有效断面积是 S_3，电磁换向阀的有效断面积为 S_2，从过滤器到气缸间管路的等价有效断面积为 S_p，管路上游过滤器的有效断面积为 S_1。则这条管路上的各有效断面积可分别表示为 S_1、S_p、S_2、S_3。这条管路上串联的气阻元件，如图 6-4 所示。

它的复合有效断面积，可通过下式计算：

$$\frac{1}{S_e^2}=\frac{1}{S_1^2}+\frac{1}{S_2^2}+\frac{1}{S_3^2}+\cdots+\frac{1}{S_n^2} \qquad (6-8)$$

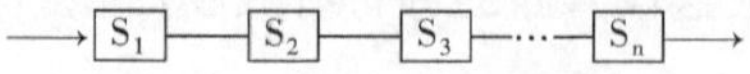

$$\longrightarrow \boxed{S_1}\!-\!\boxed{S_2}\!-\!\boxed{S_3}\!-\!\cdots\!-\!\boxed{S_n}\longrightarrow$$

图 6-4 多个气阻的串联

当气阻并联时，如图 6-5 所示，则它的复合有效断面积可用下式表示：

$$S_e = S_1 + S_2 + S_3 + \cdots + S_n \qquad (6-9)$$

式 (6-9) 说明多个气阻并联时，其复合有效断面积等于每个气阻元件有效断面积之和。

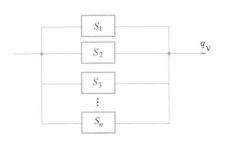

图 6-5 气阻的并联

4. 有效断面积与流量系数（C_V 值）

目前，在亚洲地区气动元件的流通能力常用气阻的有效断面积 S_e 来描述。而欧洲国家则常采用流量系数 C_V 值来表示。C_V 值是指阀门全开时，以 $60°F$（约 $15.6℃$）的清水且流经阀的流量值用加仑/min 表示（1 加仑/min $= 3.875$L/min），在阀压差保持为（约为 1psi $= 0.007$MPa）时的数值，两者可用下式进行换算：

$$S_e = 18C_V \qquad (6-10)$$

三、最大流量与最大耗气量

1. 最大流量

某气动回路的最大流量是指该气动回路所有气缸同时以最大速度运动时，主管路通过的最大自由空气流量。可依据最大流量来选择过滤器（Filter，或称油水分离器）、调压阀（Regulator）和油雾器（Lubrication）（简称为 FRL）。

2. 最大耗气量

某气动回路的最大耗气量是指该气动回路在单位时间内所消耗气体（排到大气中）的多少。显然，最大耗气量与气缸行程（单作用、双作用）、气缸直径、行程动作频度、方向阀到气缸间的管路容积及气缸的数量有关。可根据最大耗气量选择空气压缩机的容量。

四、气体压力

在 ISO 标准中压力的单位为帕斯卡（1Pa $= 1$N/m^2），由于这个单位非常小，为了避免很大的数字，常用 0.1MPa（1bar）为压力单位，这个单位适合在工业中应用：

$$100000\text{Pa} = 100\text{kPa} = 1\text{bar （巴）}$$

在工程上有时也使用 kgf/cm^2 以满足实际需要。

在物理学中压力用绝对压力（ABS）表示，即相对于真空的压力。但应注意：在工程上气体压力都不用绝对压力表示，工程上所指的气动压力为表压（GA），即高于大气压的那部分压力。在真空技术中，也使用低于大气压的压力即真空度（Torr）来表示。在图 6-6 中以标准大气压（1013mbar）作为基准，列出了压力的各种表示方法。注意：标准大气压不是 1bar，但在常规的气动计算时，这个差别也可以忽略。

五、空气的湿度与相对湿度

大气中通常含有水分，其含量取决于大气的湿度和温度。当大气温度降低，使大气中水分达到饱和时的状态称为露点，此时的温度称为露点温度。如果空气继续冷却，那么它不能保留所有的水分，过量的水分则以小液滴的形式凝结出来形成冷凝水。

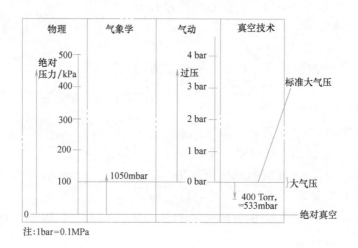

注:1bar=0.1MPa

图 6-6　压力表示的各种系统

空气中水分的含量完全取决于温度，表 6-2 列出了 $-40 \sim +40℃$ 的温度范围内每立方米大气所含有水分的克数。所有大气的含量都用标准体积表示，可以不必要计算。

表 6-2　露点温度时饱和空气的水分含量 W

温度/℃	0	5	10	15	20	25	30	35	40
$W_1/(g \cdot m^{-3})$（标准）	4.98	6.99	9.86	13.76	18.99	25.94	35.12	47.19	63.03
$W_2/(g \cdot m^{-3})$（大气压）	4.98	6.86	9.51	13.04	17.69	23.76	31.64	41.83	54.11
温度/℃	0	-5	-10	-15	-20	-25	-30	-35	-40
$W_1/(g \cdot m^{-3})$（标准）	4.98	3.36	2.28	1.52	1	0.64	0.4	0.25	0.15
$W_2/(g \cdot m^{-3})$（大气压）	4.98	3.42	2.37	1.61	1.08	0.7	0.45	0.29	0.18

除了急剧的恶劣天气情况外（如温度突然下降），一般大气都不会饱和。物理学中将实际水分含量和露点时水分含量的比值叫相对湿度，以百分比表示，即

$$相对湿度 = \frac{实际水含量}{饱和水含量（露点）} \times 100\% \tag{6-11}$$

上述气动技术的几个基本概念在生产自动化技术中都有较广泛的应用。下面仍以图 6-3 为例将气压传动系统做进一步分析。由图 6-3 可知，气压传动回路基本上是由压缩空气的发生装置、净化部分、控制部分以及它的执行部分构成的。由压缩机产生的压缩空气，经净化系统过滤，进入空气管路。其压缩空气的压力通过减压阀来调定，执行机构（气缸）的输出力由减压阀所设定的压力决定，气缸的运动方向（是伸出还是返回）由方向控制阀决定，气缸的移动速度可通过流量控制阀（也称为速度调节阀、调速阀）的开口面积来决定。一个完整的气压传动回路，基本上由上述几部分组成。分析一个气压传动回路，不仅要知道各部分所应选取的气动元件，而且还要知道每一个气动元件在回路中所处的位置。

第三节　压缩空气与净化系统

　　自然界的空气中含有一些固体颗粒、灰尘及水分等，经过压缩时，压缩机中又有部分润滑油会混入到压缩空气中去。因此，经压缩机产生的压缩空气实际上是一种不干净、不干燥、含有固体灰尘、炭粉、水和油等各种杂质的压缩气体。在气动回路中，直接使用这种未经净化处理的气体，会使气动元件的寿命降低或损坏，引起气动回路故障，导致生产效率下降，维修成本增加。因此，净化压缩气体是气压传动系统中必不可少的一个重要环节。对压缩气体进行净化处理，就是要去掉气体中那些影响气压控制系统正常工作的水分、油分、固体尘埃和一些碳化物，满足系统正常工作的需要。

图 6-7　空气压缩机的原理图

一、压缩空气的产生

　　压缩空气是通过空气压缩机产生的。图 6-7 是一个空气压缩机的原理图，图中的曲轴连杆机构在原动机的驱动下做旋转运动。与连杆相连的活塞下移时，把大气抽进来，当活塞上移时，把空气压缩出去。依靠这种动力转换，便可得到具有一定压力的压缩空气。

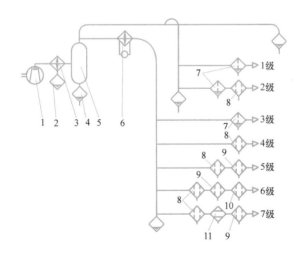

图 6-8　空气洁净管路系统图

1—压缩机　2、4—自动排水器　3—后冷却器　5—储气罐　6—冷冻干燥机　7—普通过滤器　8—微过滤器　9—超微过滤器　10—除臭过滤器　11—吸附式干燥器

二、压缩空气的冷却干燥处理

　　压缩空气如果不进行干燥处理，对气动元件会产生不良影响。由于压缩空气中含有水

分，长时间使用后便会使气动元件产生腐蚀。甚至使气缸或阀有时工作不正常，发生卡死现象。图6-8描述了完成气压回路冷却、干燥处理的净化系统。图中的压缩机可采用活塞式或螺杆式的压缩机。经压缩后的高温、高压空气含水分较多，通过后冷却器（水冷或是风冷）进行冷却，使压缩空气的温度降低，水分析出，而使单位体积的含水量降低。这是第一步干燥处理。之后再通过冷冻式空气干燥机进一步地冷却，温度再次降低，水分进一步减少。经过冷却干燥处理后的压缩空气，其含水量便会降到很低。图6-9所示冷冻式空气干燥机的冷冻原理同电冰箱很相似。被压缩的高温空气从气体入口进来，当热空气流到热交换器2时，由压缩机、蒸发器等组成的冷却系统通过制冷进行热交换，使高温的压缩空气降温，水分析出，通过自动排水器8排出。经过降温、析出水分的压缩空气再通过气体过滤器7、热交换器1排到冷冻干燥机的出口处。需要注意的是，如果经过冷冻干燥处理的压缩空气的温度仍然保持冷却以后的温度，则当冷的压缩空气流经管路时，由于管路外面的空气是热的，

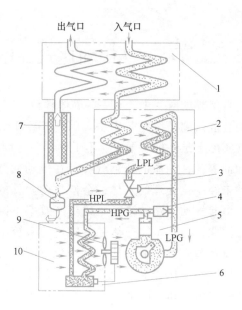

图6-9　冷冻式空气干燥机的原理图

1—热解交换器（输入、输出气体）　2—热交换器（输入气体、氟里昂）　3—恒温阀　4—冷量调节阀　5—氟里昂压缩机　6—压力开关　7—气体过滤器　8—自动排水器　9—散热风扇　10—氟里昂冷却器

于是在管路的周围容易引起结露的现象。因此，对于冷冻式空气干燥机一定要将经冷却干燥处理后的压缩空气，在排出冷冻式空气干燥机以前，利用热交换器1中的进气管路的热量来进行预热处理，使冷却以后的压缩空气的温度升高，恢复到正常温度以后，再排到冷冻式空气干燥机外面。因此，冷冻式空气干燥机实际上具有制冷和预热两个功能。

三、压缩空气的净化处理

经压缩机压缩产生的压缩空气，除含有水分外，还含有油分和粉尘。它们在压缩空气中的形态如图6-10所示。

在一个大气压下，单位体积的空气里所含的粉尘，经压缩后，含尘量并不改变。其结果是压缩空气中单位体积里所含有的粉尘的密度增大。这种含有固体颗粒、粉尘的压缩空气进入气动回路的各元件中，将会破坏元件的运动表面，堵塞一些窄小的阻尼小孔和喷嘴，影响压缩空气的正常流动，导致元件的误动作，使系统难于正常工作。

压缩空气中的油分几乎都是从压缩机里带来的。无论是活塞式还是螺杆式空气压缩机，只要其正常工作，必然会有一套润滑系统为压缩机的主要运动部件进行润滑。这就不可避免地将部分润滑油带入了压缩空气中。通常，对油分的净化处理是在这些含有油分的压缩空气进入到工作系统之前，采用一个油雾分离器把这些油析出来，然后将其送到回收器，由回收器将这些油送到压缩机的润滑系统，这样既可以去掉压缩空气中的油分，又可使析出来的油

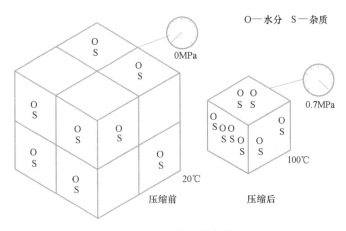

O—水分　S—杂质

0MPa

0.7MPa

100℃

20℃

压缩前　　　　　压缩后

图 6-10　压缩后的粉尘

继续用于压缩机的润滑系统，如图 6-11 所示。

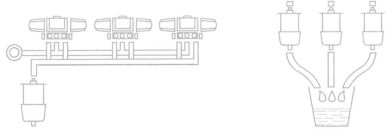

图 6-11　油分的析出与再利用

由压缩机产生的压缩空气经过后冷却器、储气罐或者再经过冷冻式空气干燥机后，水分大多都被冷凝析出，但总还有一些混在压缩空气中。除此之外，碳化的油粒子、管子的锈斑以及其他杂质，如密封件磨耗了的材料，呈胶状的物质，这些物质都会致使气动元件受损，增加橡胶密封件和零件的磨损，使密封件产生膨胀和腐蚀，使系统不能正常工作。对于这些杂质，通常都在压缩空气的使用前予以排除，根据生产的需要，可将这些杂质做不同程度的处理，以获得不同层次级别的压缩空气源来满足气压控制系统的需要。对这些杂质一般采用标准过滤器、微雾过滤器、超微雾过滤器以及它们的不同组合来进行处理，达到不同品质的气源要求。

图 6-12 是日本 SMC 公司的 AFF2B~75B 系列的主管路过滤器。压缩空气从进气口进入，穿过装在过滤器壳体内的滤芯，再从排气孔流出。过滤器的过滤精度，由滤芯的孔隙大小来决定。在过滤器的下部有一个观察窗口，用以观察滤芯是否需要更换。将白色的新滤芯装到过滤器里使用一段时间后，如在观察窗口看到滤芯变污浊，说明一些固体颗粒和灰尘将其堵住，使其改变了颜色，这时需要更换滤芯。

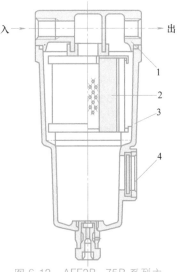

入　　　　　出

1

2

3

4

图 6-12　AFF2B~75B 系列主
管路过滤器

1—主体　2—滤芯组件（棉纸）
3—外壳　4—观察孔

图 6-13 是日本 SMC 公司 AMD150~850 型超精细油水分离器（微雾分离器）的结构图。它的结构同过滤器很相似。但是它选用的滤芯更加精细，对油水的吸附能力更强。压缩空气通过这种滤芯过滤，所得到的空气洁净程度也就更高一些。同样，在微雾分离器的下部也有一个窗口，可以通过窗口观察滤芯的颜色以判断是否需要更换滤芯。

图 6-14 是日本 SMC 公司 AF3000 系列过滤器的实物剖面图。压缩空气从入口进来，经过一个固定叶轮，使气流高速旋转。在这种高速旋转流下产生的离心力将压缩空气中水、油及质量比较大的颗粒甩到了壳体内侧，这些水分、杂质顺着壳体内侧壁流到过滤器的底部，由排水阀将其排出，经过离心分离后的压缩空气，再经过一层滤芯的过滤流到出口。在过滤器的下部有个像倒过来的盘状物，它是过滤器的阻挡板，其作用是防止在过滤器下部的积水和杂质在高速旋转流的作用下又返回到压缩空气中来。随着压缩空气的不断过滤，过滤器下部的水分和杂质不断增多，如不及时排除，会使过滤器失去作用。排水方法通常分为手动排水和自动排水两种。手动排水要求有专门人员定时将过滤器中的水分排出。

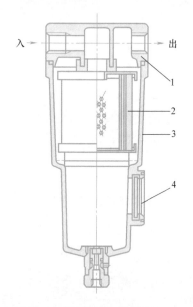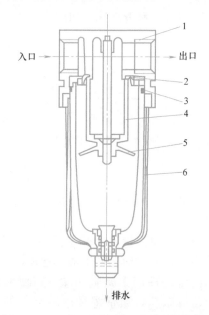

图 6-13 日本 SMC 公司 AMD150~850 型
微雾分离器的结构图

1—主体 2—滤芯组件 3—外壳
4—观察孔（强化玻璃）

图 6-14 日本 SMC 公司 AF3000 系列
过滤器的实物剖面图

1—主体 2—固定叶轮（片转板） 3—O 形密封圈
4—滤芯 5—过滤器挡板 6—外壳（罩杯）

四、空气的品质及处理过程

空气的品质根据其过滤程度不同可分为 7 个等级如图 6-8 所示。在实际使用中，压缩空气的等级要以生产的需求及气动元件对压缩空气的要求等综合确定。例如，有的气源只要求由压缩机产生的压缩空气经过后冷却器处理后，便直接输送到系统中去使用。这种情况通常发生在我国北部大陆性气候下，空气比较干燥，又不在夏、秋两季时，这时压缩空气只经过后冷却器，而不通过冷冻干燥机，压缩空气中所含水分也不算太多，可以满足一些要求不高的气动系统。而对那些温度较高的地区，除了利用后冷却器析出一部分水分外，还要经过冷冻式空气干燥机进行冷冻干燥处理。对油分、固体颗粒与杂质，在进入局部管路以前，还要经过过滤器、油雾分离器等不同的处理，而达到不同级别的净化程度。

在图6-8中，空气的品质被分为7个级别。要求最低的是1级净化处理，它既不使用冷冻式干燥处理，又不使用微过滤器，只用一个普通过滤器。1级净化处理通常用在那些干燥处理及过滤精度要求不高的气动元件中，压缩空气的过滤精度可以达到5μm（5μm以上颗粒被滤掉）。这一级别的压缩空气用于气动工具（如螺钉旋具）、气动夹具等是比较适合的。

当采用微过滤器（油雾分离器）对压缩空气做净化处理时，可以得到压缩空气的固体颗粒直径在0.3μm以下的2级气源。由于没有经过冷冻式空气干燥机进行处理，这种压缩空气中含水量仍然较大。

第3级和第4级压缩空气，其过滤方式分别同第1、2级一样，只是它们都通过了冷冻式空气干燥机的处理。因此，其含水量要比第1、2级少得多，其干燥程度可达露点温度-17℃左右。第3、4级压缩空气通常用于喷涂及一般测试仪器中。

对第5、6、7级空气的处理，都需要通过冷冻式空气干燥机，再经过微过滤器与超微过滤器（油雾分离器）过滤，以达到不同级别的洁净空气。第6级压缩空气的处理，专门增加了除臭过滤器，这种无异味的压缩空气通常用于食品、医药行业。对第7级压缩空气，还要使用一个吸附式空气干燥器。这时压缩空气的露点温度达-50℃以下，含有的杂质非常少，固体粉尘颗粒直径不超过0.01μm，成为相当干燥的、超净化的、高品质压缩空气。

第7级净化处理与第1级净化处理相比，其使用目的和要求有很大的区别。第7级净化处理系统，要求压缩空气在经过后冷却器、冷冻式空气干燥机后，还要经过微过滤器、无热吸附式干燥器及超微过滤器对杂质进行处理。经过这样处理的压缩空气，其干燥程度和洁净程度是最高的。第7级净化处理用在一些特殊要求的情况下，例如集成电路的制造业。

无论是选择第1级还是选择第7级的净化处理，都应根据不同的使用目的，正确地选择压缩空气的干燥与净化级别，而不能一味地追求空气的干燥与洁净而使压缩空气的成本增加。例如当采用折旧年限定为5年的37kW的螺杆式空气压缩机时，空压机使用5年的总工作时间是12000（5×300×8）h，每1m³的空气（ANR），如果用第1级的处理过程，其价格为3.98日元，而如果采用第6级净化干燥处理过程，则价格为4.48日元，这足以说明对空气源的要求不同，采用不同品质的压缩空气，其成本也是不一样的。另外，在更换过滤器的滤芯时，应能够正确地选择过滤精度。

大多数气压传动系统通常在压缩空气经过干燥处理后，在进入气动回路以前安装气动三联件。气动三联件（FRL）的分解图如图6-15所示。

压缩空气首先通过主过滤器进行净化，在进入回路以前，再通过油水分离器F进行过滤。其后，进入调压阀R，根据气缸所需力的大小调节所使用的气体压力。调压阀后面紧跟的是油雾器L。油雾器工作原理图如图6-16所示。

图中左端口是压缩空气的进口。当压缩空气通过一个节流可变的弹性节流器（气阻）时，产生一定的压力损失（压力降），使得进口腔和出口腔间产生一个压力差。在油雾器下部的容器里装有专用的润滑油。当进口腔的压力作用在油面上时，在这个压力的作用下，通过一根吸管把压力油压到另一侧，进入一个针阀。在油雾器的另一侧，通过调节这个针阀的开口大小，使被压上来的油，通过针阀将油提升到滴油的喷嘴上。滴油量的多少可直接由针

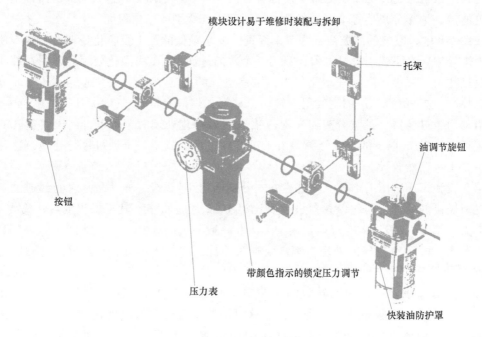

模块设计易于维修时装配与拆卸

托架

油调节旋钮

按钮

压力表

带颜色指示的锁定压力调节

快装油防护罩

图 6-15 FRL 组合套件

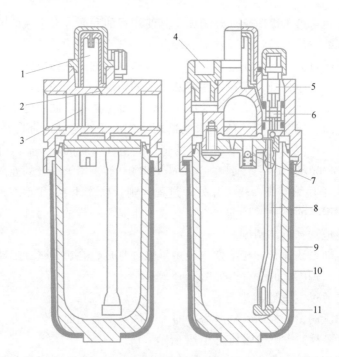

图 6-16 油雾器工作原理图

1—视油器 2—毛细管连接孔 3—阻尼叶片 4—加油孔塞
5—油量调节器 6—油单向阀 7—空气单向阀 8—油管
9—油杯 10—油杯护套 11—青铜烧结铜过滤器

阀的开口大小来调节。滴下来的油在高速气流的作用下被吹成雾状，再供给到气动回路中，使干燥的空气通过这种油雾，变成油雾状态的空气，送到气动系统中去，提供较好的润滑条件。对于气动换向阀及频繁运动的气缸部件来说，这种油雾状的压缩空气改善了它们的润滑条件和环境。油雾器的气阻是一个弹性的、面积可变的截流孔，当进口的压力增大时，截面的开口面积就变得更大一些，使得滴下来的油，无论压缩空气的流量是多少，都可以保证雾化程度是相同的。并非所有的回路都需油雾器，是否使用油雾器可依据执行元件的结构而定，气动执行元件属于给油式的，则压缩空气就应具有一定的给油能力，这时必须采用油雾器，否则会影响气动元件的正常使用。对于相对运动部位含有固体润滑剂的无给油式的气动元件，只使用 FR 就可以了。

第四节　各类控制阀

经净化处理的压缩空气，在到达执行元件之前，一定要有目的地加以控制。例如对于一个气缸，需要控制它的输出力、运动方向、运动速度，才能使气缸满足生产要求。在气动系统中对执行元件的输出力、运动方向和运动速度的控制分别采用压力阀、方向阀和调速阀来完成。

一、压力控制元件

压力控制元件的作用是控制、调整压缩空气的压力，使气动执行元件的输出力保持在一定的范围，保证气动执行元件（如气缸）的输出力大小。压力控制元件主要包括普通调压阀、精密调压阀、电控调压阀（E/P 调压阀）和增压阀四类。顺序阀和安全阀也属于压力控制元件。

图 6-17 是一个溢流式普通调（减）压阀工作原理图。左端是进气口，右端是出气口，

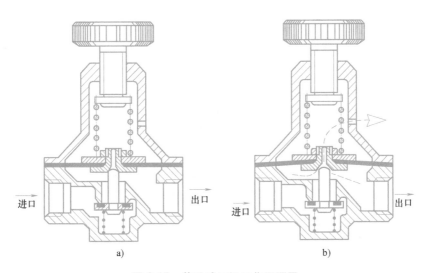

图 6-17　普通减压阀工作原理图

中间有一个主阀板，阀板上方有一个膜片及弹簧。弹簧力的大小靠旋钮来控制，以控制出口压力保持一定。

当将旋钮调整到某一个值的时候，如果这个阀和作用在这个膜片上的弹簧力相平衡时，是处于"关闭"状态。当出口压力低于所设定的压力时，其出口压力将通过膜片下腔的反馈通道作用在膜片下腔。而这个力小于弹簧所设定的力，这时平衡破坏，在弹簧力的作用下，膜片下移，通过喷嘴、阀杆，使下面的阀板打开。阀板打开后，压缩空气通过阀流入到出口。当出口压力逐渐升高时，通过反馈通道，使作用在膜片下的压力也升高。当升高到与设定的弹簧力相平衡时，这个阀就恢复到原来关闭的状态，如图6-17a所示。

当出口压力高于所设定值时，则通过反馈通道，作用在膜片下方的力要大于弹簧所设定的力。这时膜片向上运动产生变形。而阀杆由于受到主阀座的限制，不能随膜片向上方变形而跟随上去，因而就造成了在膜片的中心喷嘴与主阀芯的阀杆之间的间隙，而形成一个通道使膜片下腔与上腔相通。而膜片的上腔本身就是与大气相通的。因此，它就能使出口的压缩空气及时地排到大气外，使比设定值还高的压缩空气压力降低，趋近设定压力，如图6-17b所示。

实际上普通的调压阀并不能精确地调整到设定值。当输入的压力（气源压力）升高时，由于摩擦力及调压阀弹簧刚度等很多参数的影响，输出的压力反而降低。因为当膜片在变形时，弹簧的压力也在改变，那么弹簧作用在膜片上的力也是改变的。因此，没有这个弹簧，它就不能工作。而有了这个弹簧，就对它的特性有一定的影响。如果要得到比较高的调压精度，可采用精密调压阀。

精密调压阀在主膜片上没有弹簧，其结构比普通调压阀稍复杂，如图6-18所示。主膜片上腔的压力是靠其先导膜片上部的弹簧来调定的。上部的小调压阀成了这个主阀的先导阀。由小调压阀的弹簧、膜片来决定主膜片上腔的压力。使出口压力通过反馈作用在主膜片下腔使主膜片上下腔压力达到平衡。这样当主膜片发生变形时，作用在主膜片上腔的力并不是弹簧力，而是一个比较稳定的空气压力。而且这个空气压力受弹簧力的影响很小。这样的调压阀就有一定的调压精度。

采用复合阀是当今气动技术的一大趋势。图6-19是一种

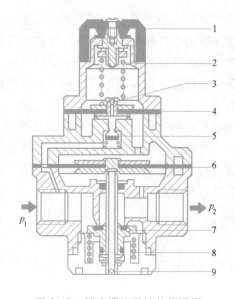

图6-18　精密调压阀结构原理图

1—调节旋钮　2—调节弹簧　3—先导压力溢流孔
4—先导膜片　5—先导阀　6—主膜片　7—主阀
8—主阀弹簧　9—主阀输出侧压力溢流口

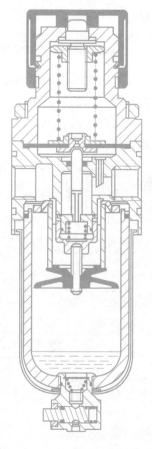

图6-19　过滤减压阀

将过滤器和调压阀复合在一起的过滤减压阀结构。它具有过滤与调压功能，节省安装空间。图6-20是一种叠装设计的方向阀和减压阀。它是在一个板式连接的换向阀中间，插入一个减压阀，在调压阀和换向阀之间没有管路连接，而是直接由阀块连接。这样把两种阀和汇流板复合在一起，使系统既具有调压、换向功能，又便于安装。

当需要用电信号直接控制调压阀输出压力的高低或构成一个气动伺服系统时，需要用图6-21所示的电控调压阀。

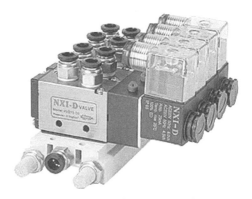

图 6-20 叠装设计的方向阀和减压阀

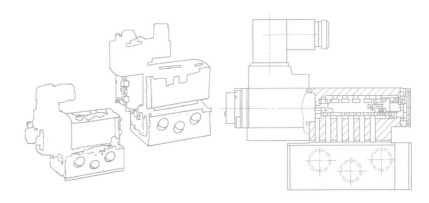

图 6-21 电控调压阀

这种喷嘴挡板式的电控调压阀可分为两部分：一部分是主阀结构，另一部分是作用在膜片上腔、控制膜片上腔的压力喷嘴挡板。这种阀的外形和一般调压阀是一样的。当气阀打开时，气源的压力供给控制口，使控制口的压力上升，当膜片向上变形时，主阀在阀座的限制下，不能随膜片同时上移，而使排气通道打开，被控腔的压缩空气便可以通过排气通道排到大气中。这一过程称为排气降压过程。当压缩空气的主管路和被控口接通时，便形成充气升压过程。

主阀的开闭与膜片的上腔由作用在这个上腔的压力控制。上腔的控制压力是靠喷嘴挡板来保证的。当设定输出压力为4个大气压时，则和4个大气压相应的电信号送到控制器里。出口压力可用一个出口压力传感器来测量，这个压力传感器将测出的信号与输入的信号进行比较。当被控压力低于所设定的4个大气压的压力时，压力传感器检测出来的信号和输入的目标值相比较，产生一个差值电压，经控制电路使挡板向下弯曲变形、喷嘴间隙变小，最终使膜片上腔的压力升高、平衡破坏。上腔的压力大于下腔的压力，膜片向下变形，直到阀杆把主阀推开，使得压缩空气进入被控口。这是一个充气升压的过程。当这个压力升高到通过压力传感器检测出来的信号与预先设定值相平衡时，则驱动挡板的差值电压信号消失。喷嘴挡板又恢复到正常位置，阀这时就又处于一种新的平衡。如果所设定的压力低于被控压力，那么喷嘴挡板就向反方向变形，使得喷嘴挡板之间的间隙变大，上腔的压力变低，使得膜片向上变形，如同普通调压阀一样，在主阀和与膜片相连的空心杆之间产生一个通道，被控口的压缩空气就通过这样一个排气通道进行排气降压，使其恢复到所设定的压力位上。因此，通过这种电控式调压阀就可以达到输入一定的电信号，输出的则是所需的被控压力。

除上述的喷嘴挡板式的电控调压阀外，还有一种比例电磁铁调压阀，如图6-22所示。这种比例电磁铁调压阀同液压技术中的比例阀非常相似。它采用比例电磁铁作先导阀。或者说比例电磁铁直接驱动阀芯。阀的外形与驱动电路同液压的比例阀也非常相似。当输入一个电压信号或电流信号时，便可得到同这个电气信号成比例的输出压力。

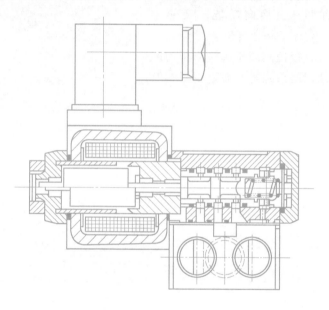

图 6-22　比例电磁铁调压阀

综上所述，应根据不同的使用目的及技术要求来选用压力控制元件。

首先需要确定采用手动还是电控调压。如采用手动调压阀，则可根据回路对压力、调压精度的要求，决定是否采用精密的调压阀。对精度要求不高的压力控制，应选用普通调压阀。无论选择普通调压阀还是选精密调压阀，都需对它的最大流量进行校核。选择不同通径的调压阀，也就确定了回路流过这个阀的流通能力。如果所选择的调压阀太小，则回路的最大流量远远大于调压阀所能通过的流量，在最大流量通过的时候，它要产生一个很大的压力损失，使得执行机构不能得到所需最大压力（推力）。因此，选择调压阀一定要根据回路最大流量的大小来进行校核。

当回路需要电控调压阀时，即需要用电流信号或者是电压信号来控制压力阀的输出力时，可以选用喷嘴挡板调压阀。喷嘴挡板式调压阀在出口处有一个压力传感器，构成了一个小反馈系统。因此可以获得一个比较稳定的调压精度。但是它的响应速度一般，这种调压阀由于用的是喷嘴挡板结构，因此它要求气源的净化程度高一些。

当选用比例电磁铁电磁阀时，通常用在精度高、响应速度快、容量大的气动控制系统中。

二、方向控制阀

方向控制阀通过控制气流方向来控制气动执行元件（如气缸）的移动方向。方向控制阀按其操纵方式进行分类，可分为机械操作（图6-23）、手动操作（图6-24）、气控操作、电磁操作等形式。电磁操作又可分为这种直动型和先导型两大类，直动型方向控制阀通常直接用电磁铁产生的力去推动主阀芯；先导型方向控制阀可根据电磁铁的通断电来控制一小阀（先导阀），通过小阀作用在主阀两端的气压来推动主阀、驱动主阀换向，而不直接用电磁力来换向。对大口径的阀来说，电磁铁所能产生的力是有限的，因此在这种情况下，常采用电磁先导阀，如图 6-25 所示。

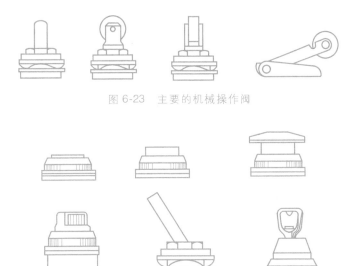

图 6-23　主要的机械操作阀

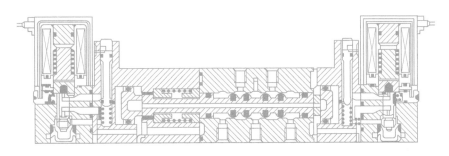

图 6-24　人工操作换向阀操作形式

　　气控式换向阀是利用气压来直接驱动主阀芯换向。这类换向阀通常用在不允许使用电气信号、防爆要求较高的环境下。机械式换向阀通过机械接触来控制换向，如图 6-23 所示。这种换向阀在许多气动系统中都有应用。还有一类换向阀，它是用人的手或脚来控制的，称为人工操作换向阀，如图 6-24 所示。它有手柄驱动方式、按钮方式和脚踏方式。

图 6-25　5/3 中间封闭式弹簧复位先导式电磁阀

　　方向控制阀也可按位置（状态）和通道数来分类，如二位三通阀、二位四通阀和二位五通阀。这些阀的功能可以通过图 6-26 所示的阀的基本符号来描述。图中的二位三通阀有两个位置（状态）、三个通道（A、P、R），三位五通阀有三个位置（左、中、右状态）、五个通道（A、B、P、R1、R2）。二位二通阀和二位三通阀还可以分为常闭与常开两种形式。当无控制信号或外力作用时，P 口处于导通状态，称为常开，反之，则称为常闭（与电路中的常开、常闭称法相反）。

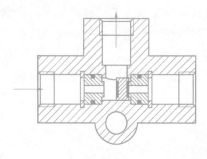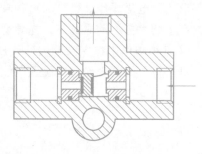

图 6-26　梭阀

二位二通阀，只允许气流朝单一方向流动。因此常用来控制气动马达等只允许气流朝一个方向流过的气动元件。二位三通阀大多都应用在单作用气缸或者一些类似的情况下。它能在气缸依靠弹簧力返回时，将气缸中的压缩空气排到大气中去。其他的阀均用于双作用气动元件及一些特殊场合。方向阀的功能符号见表 6-3。

表 6-3　方向阀的功能符号

图 形 符 号	开 关 功 能	主 要 用 途
A P	2/2ON/OFF 没有排气	气马达和气动工具
A P B	3/2 常闭（NC）	单作用气缸（推出型），气动信号
A R P	3/2 常开（NO）	单作用气缸（拉进型）
A B P R	4/2 输出口 A 和 B 之间的换向带共同排气口	双作用气缸
B A R2PR1	5/2 输出口 A 和 B 之间换向带独立排气口	双作用气缸
B A B2P B1	5/3 中间排气式,如 5/2 中位时输出 AB 均排气	双作用气缸,气缸可能均卸压
B A H2P B1	5/3 中间封闭式,如 5/2 中位时完全密封住气	双作用气缸,气缸可能在任意位置停止
B A B2P B1	5/3 中间加压式	特殊用途

根据阀的控制数量，可以将阀分为单控阀和双控阀。单控阀能在控制力或信号撤消后，在弹簧的作用下复位，具有"单稳"作用。双控阀则在控制力或信号撤消后"保持"原位，具有"记忆"功能。而这种"记忆"功能单控阀是没有的。

单向阀和梭阀也属于方向控制阀。单向阀结构简单，多安装于气源终端以便与用气设备连接。梭阀的结构原理图如图6-26所示。它有一个出气口和两个进气口。无论从哪个进气口进气，都有输出气流。当气流来自左边时，中间的阀芯被推向右侧，把右边的阀口卡死，气流从出口流出；当气流从右边进来时，那么中间的阀芯就被推向左侧，把左边的阀口卡住，气流从流出口流出。梭阀具有逻辑"或"的功能。

在选择方向控制阀时（图6-27），应先确定控制方式。在防爆条件要求苛刻的情况下，只能考虑选用气控式的。当用滚轮、按钮等换向方便时，可直接采用机械方式。但气动系统是一个较复杂的系统，需要采用可编程序控制器进行控制时，应选用电磁控制方式。

当选用电磁控制阀时，还应考虑是否需要记忆功能。如需要记忆功能，则应选用双电磁铁电磁阀。如需复位，则选用单电磁铁电磁阀。之后则需考虑选取什么方式的阀，如需单通道流通，可选二位二通或三通阀。如果气流是双向流通，应选用二位四通或二位五通阀。如考虑分别排气时，要选用五通阀。如果气动执行元件有特殊要求（任意位置停止或保持），则应选用三位阀并确定其中间位置形式。中间位置有封闭式、加压式和排向大气的形式。阀的结构有锥阀、平板阀和滑阀等形式。锥阀和平板阀对压缩空气

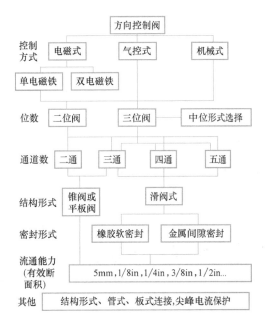

图6-27　方向控制阀的分类与选择

注：1in = 25.4mm

中的灰尘、油雾不太敏感，能在的空气净化程度不高的条件下正常工作。滑阀的阀芯和滑套之间的配合间隙很小，对空气净化程度要求较高。如采用滑阀，还应选择密封形式。如果阀是在空气净化程度比较好的气动回路中工作，而阀的工作频率比较高，应选用金属间隙密封（硬配合）形式，使滑阀的寿命延长。如空气净化程度欠佳，应采用橡胶软密封形式。

阀的流通能力由回路中的最大流量决定，以此参数决定阀的有效断面积（俗称通径）。在许多产品中，只要有效断面积确定下来，气缸的直径、气缸活塞的移动速度也就唯一地确定下来。阀通常有管式连接与板式连接的形式，使用电磁换向阀时，有的需要监护电流表、保护装置或回路等，在选择时也应一一考虑。

三、流量控制阀

流量控制阀常称为调速阀、速度控制阀，用来控制气缸的移动速度。它由一个单向阀和一个节流阀（针阀）组成，其结构原理如图6-28所示。调速阀的节流开口大小由针阀和阀座之间的间隙来决定。针阀所处的位置可依靠旋钮来调节。若针阀离阀座越近、间隙越小，

则它的流通面积就越小。当在这个方向连接一个气缸时，气缸排气腔的压缩空气不能够及时排到大气中去，而会使气缸的速度变低。

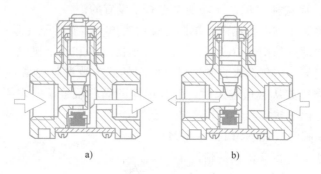

图 6-28 典型的限流阀（速度控制阀）

a）不限流（气流不通过节流阀）　b）限流调速

调速阀分为排气节流型和进气节流型两种。排气节流调速和进气节流调速的调节回路特性并不相同。要得到一个稳定的调速特性，应采用排气节流调速。从调速阀的符号可知气流从哪个方向流动时，节流阀可起作用。从图 6-28 中可以看出，如果气流从左端流向右端，单向阀就自动打开而使针型节流阀不起作用。当气流从右端流向左端时，这个单向阀被关死，气流强制从针型节流阀里流过，这时调速阀才能起到作用。通常气缸的排气端接在调速阀的右端，排出的压缩空气强制进入节流阀，称为排气节流调速。

虽然调速阀可以调节气缸的移动速度，但在工程上经常需要气缸反向运动时能够快速移动。由于调速阀在气流反向时起节流的作用，再加上管道的气阻，使气缸排气腔的压缩空气不能及时排出，压力不能快速下降，气缸也不会马上反向运动。这时就应考虑使用快速排气阀。快速排气阀的结构原理如图 6-29 所示。

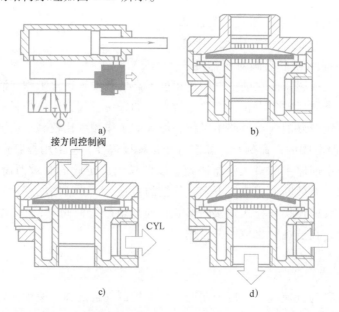

图 6-29 快速排气阀

a）快速排气阀安装图　b）结构图　c）进气状态　d）快速排气状态

使用中应将快速排气阀的 CYL 连接口与气缸相接。快速排气阀的工作原理与前述的梭阀相类似。当气缸向前运动的时候，排气腔的压力如果较高，那么气缸就不会很快地向右移动。当气缸排气腔的压力比较高时，意味着这个腔（右边）的压力较高，使作用在排气阀的阀板上的压力升高，当阀板向上变形时，原来的进气口被封住，气缸的气流通过排气通道直接向没有任何气阻的大气排出，使得排气孔的压力迅速下降，使气缸在反向的时候能够得到很快的响应和很高的速度。

第五节　气缸与摆缸

气缸和摆缸是与生产装置连接的气动执行元件。气缸从最基本的形式派生出各种各样不同的气缸。其中有不同动作特性的复合气缸，也有各种各样特殊性能的特殊气缸。本节主要介绍气缸的基本工作原理和一些特殊气缸的特性及结构。

一、气缸的基本结构形式和工作原理

图 6-30 与图 6-31 分别为双作用气缸和单作用气缸的典型结构图。

双作用气缸是指活塞杆的伸出或缩回都必须依靠方向控制阀控制气流的方向，使得气缸前后腔分别处于充气或排气的状态，从而完成前进或后退的动作。头腔进气，则杆腔排气，活塞杆推出；杆腔进气，则头腔排气，活塞杆缩回。

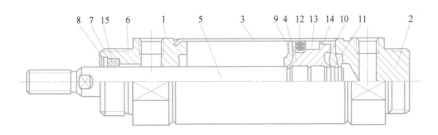

图 6-30　双作用气缸

1—杆端盖　2—头端盖　3—缸管　4—活塞　5—活塞杆　6—导向　7—套密封件保持圈

8—定位圈　9、10—缓冲垫　11—定位圈　12—活塞密封圈

13—活塞垫圈　14—防磨圈　15—活塞杆密封圈

单作用气缸只在一个方向上控制气流，压缩空气只从一端进入气缸，推动活塞前进。活塞复位靠复位弹簧、自重或其他外力完成。双作用气缸的优点是缸体短，作用可靠，应用范围广；缺点是耗气量大于单作用气缸。单作用气缸的优点是耗气量是双作用气缸的一半，但因有复位弹簧，使气缸加长，弹簧折损时，容易在工作中造成事故。

如果气缸只在一个方向上运动行程有严格要求，而在另一个方向上运动行程没有严格要求，而气缸的直径不是太大，行程不是太长，选用单作用气缸就足够了。

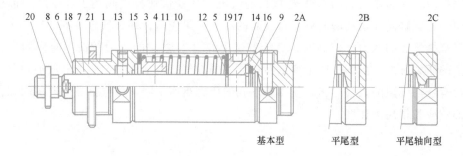

图 6-31 单作用气缸

1—杆端盖 2（A、B、C）—盖头 3—缸管 4—活塞杆 5—活塞 6—平垫圈 7—导向套

8、9—保持圈 10—弹簧 11—弹簧导向套 12—弹簧座 13—螺钉

14—防磨圈 15、16—橡胶垫片 17—活塞垫圈 18—活塞杆

密封圈 19—活塞密封圈 20—杆端螺母 21—螺母

二、气缸的缓冲

当活塞运动的速度快、拖动的负载大时，活塞运动的惯性力也较大。为了防止活塞直接撞击缸盖而损坏活塞，必须采取相应的措施来吸收活塞的冲击能量。一般采用缓冲装置来缓和活塞对缸盖的冲击。

常用的缓冲装置有气垫缓冲装置、橡胶缓冲垫和液压吸震器三种。

1. 气垫缓冲

图 6-32 是一种带气垫缓冲装置的气缸。这种气缸的活塞上伸出一个凸台（缓冲环7）。端盖上有一个 V 形密封圈18。密封圈在正向气流作用下张开，受反向气流作用吹起。当它与凸台配合时，可以发挥单向阀的作用，使气流只在一个方向流通，而形成一个气垫缓冲装置。

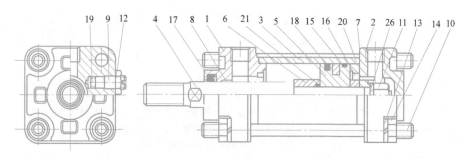

图 6-32 带气垫缓冲装置的气缸结构图

1—杆壳 2—端盖 3—缸管 4—活塞杆 5—活塞 6、7—缓冲环 8—轴 9—缓冲阀

10—拉齐杆 11—活塞螺母 12—锁紧螺母 13—弹簧垫圈 14—拉杆螺母

15—耐磨层 16—V 形密封圈 17—杆密封圈 18—活塞密封圈

19—缓冲阀密封圈 20、21—气缸管密封圈

气缸缓冲装置的工作原理如图 6-33 所示。当活塞杆向右运动，接近终端时，杆端凸台伸进了密封圈内，使排气通道被断开。背压腔里的空气不能从排气通道内自由流出而被封死，

迫使背压腔里的空气从一个可调节的节流小口排出。背压腔里的空气由于气阻很大，流道被阻，压力升高，背压腔的压力作用在活塞右端，阻止活塞继续运动，形成一个具有很大阻碍作用的气垫，吸收了活塞的动能，使活塞的惯性得到缓冲，如图6-33a所示。

当重载高速运动的活塞在缓冲气垫的作用下，缓缓运动落到气缸盖以后，向相反方向运动时，其情况如图6-33b所示。当活塞向相反方向运动时，原来的排气腔成为进气腔。进气腔的高压空气将具有单向阀功能的密封圈向上吹起，打开密封气口，使空气可以自由地进入活塞右腔，从而推动活塞向左运动。当移动速度慢、拖动负载小或缸径较小的情况下，不必选用这种气垫或缓冲机构。例如气缸的直径过小，缓冲凸台的直径相对较大，在起始端，气缸回程速度会过快，产生"突跳"现象。因此不宜选用气垫或缓冲机构。是否选用这种气垫式缓冲装置，应该根据气缸移动速度的快慢，拖动负载的大小来选择。

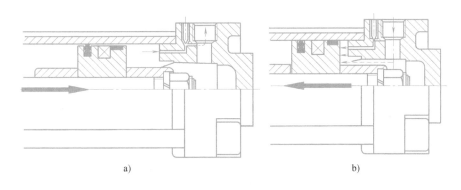

图 6-33 气垫缓冲装置的工作原理

a）气垫缓冲作用 b）反向运动时头端正常进气

2. 橡胶垫缓冲

在没有必要采用气垫缓冲方式的情况，选择用弹性橡胶垫片作为缓冲件的气缸就完全可以满足要求了。图6-34所示的气缸采用了橡胶垫作为缓冲装置。零件8、9是起缓冲作用的聚氨酯橡胶垫。

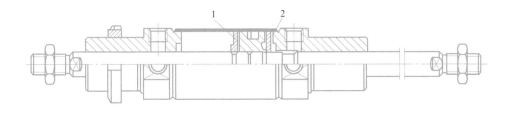

图 6-34 橡胶垫缓冲装置

1—聚氨酯橡胶垫（左端） 2—聚氨酯橡胶垫（右端）

3. 液压吸震器缓冲

如图6-35所示，这种气缸不带气垫或缓冲装置，当滑块运动速度比较高、拖动负载比较大的情况下，滑块容易对端末板造成很大的撞击。这种情况下，可以在滑块内部或端末板上安装油压吸震器来吸收比较大的动能，起到缓冲作用。

图6-36是油压吸震器外形。

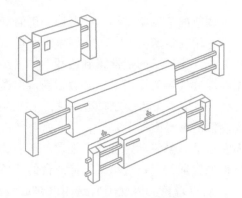

图 6-35　滑块内部及端末板上安装油压吸震器

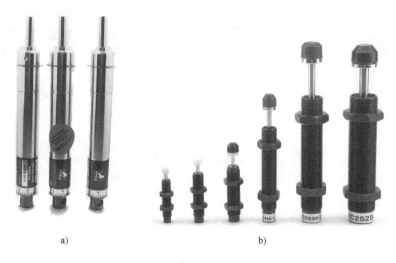

a)　　　　　　　　　　b)

图 6-36　油压吸震器外形

a）基本型　b）带胶垫型

当动能传递到吸震器活塞杆头部时，吸震器在活塞底部建立起油压，如图 6-37 所示。这个油压的压力能通过吸震器内管内的释放小孔逐渐释放，以达到吸收动能、缓冲惯性冲击的目的。

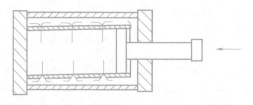

图 6-37　油压吸震器缓冲原理图

三、气缸的分类、原理与特点

目前在工业自动化领域用到的气动执行元件通常可分为直线型和回转型两大类，约有 5 万种以上的型号。按其作用方式及用途细分，直线型可分为单作用气缸、双作用气缸和特殊用途气缸三类；回转型可分为回转气缸与气马达两类。直线型气缸的分类、原理与特点见表 6-4。

表 6-4　直线型气缸的分类、原理与特点

类别	名称	简图	原理和特点	名称	简图	原理和特点
单作用气缸	柱塞式气缸		压缩空气驱动柱塞向一个方向运动,借助外力复位,对负载的稳定性较好,输出力小。主要用于小直径气缸	活塞式气缸		压缩空气驱动活塞向一个方向运动,借助外力或重力复位,较双向作用气缸耗气量小
	薄膜式气缸		以膜片代替活塞的气缸。单向作用,借助弹簧力复位,行程短、结构简单、密封性好,缸体不需加工。仅适用于短行程			压缩空气驱动活塞向一个方向运动,借助弹簧力复位,结构简单,耗气量小,弹簧起背压作用,输出力随行程变化而变化。适用于短行程
双作用气缸	普通气缸		压缩空气驱动活塞向两个方向运动,活塞行程可根据实际需要选定,双向作用的力和速度不同	双杆气缸		压缩空气驱动活塞向两个方向运动,且其速度和行程分别相等。适用于长行程
	不可调缓冲气缸	a) b)	设有缓冲装置以使活塞临近行程终点时减速,防止活塞撞击缸端盖,减速值不可调整。a图为一侧缓冲,b图为两侧缓冲	可调缓冲气缸	a) b)	设有缓冲装置,使活塞接近行程终点时减速,且减速值可根据需要调整。a图为一侧可调缓冲,b图为两侧可调缓冲
特殊气缸	差动气缸		气缸活塞两侧有效面积差较大,利用压力差原理使活塞往复运动,工作时活塞杆侧始终通以压缩空气,其推力和速度均较小	双活塞气缸		两个活塞同时向相反方向运动
	多位气缸		活塞沿行程长度方向可占有四个位置,当气缸的任一空腔接通气源时,活塞杆就占有四个位置中的一个	串联气缸		在一根活塞杆上串联多个活塞,由于各活塞有效面积总和大,所以增加了输出推力
	冲击式气缸		利用突然大量供气和快速排气相结合的方法得到活塞杆的快速冲击运动。用于切断、冲孔、打入工件等	滚动膜片气缸		利用了膜片式优点,克服其缺点,可获得较大行程,但膜片因受气缸和活塞之间不间断的滚压,所以寿命较短,动作灵活,摩擦小
	数字气缸		将若干个活塞沿轴向依次装在一起,每个活塞的行程由小到大按几何级数增加	伺服气缸		将输入的气压信号成比例地转换为活塞杆的机械位移,包括测量环节、比较环节、放大转换环节、执行环节及反馈环节。用于自动调节系统中

（续）

类别	名称	简 图	原理和特点	名称	简 图	原理和特点
特殊气缸	缸体可转缸		进排气导管和气缸本体可相对转动。用于机床夹具和线材卷曲装置上	增压气缸		活塞杆两端面积不相等,利用压力与面积乘积不变原理,可由小活塞端输出高压气体
	气液增压缸		根据液体不可压缩和力的平衡原理,利用两个相连活塞面积不等,压缩空气驱动大活塞,可由小活塞输出高压液体	气液阻尼缸		利用液体不可压缩的性能及液体易于控制的优点,获得活塞杆的稳速运动
	挠性气缸		气缸为挠性管材,左端进气滚轮向右滚动,可带动机构向右移动,反之向左移动,常用于门窗阀开闭	缸索性气缸		活塞杆由钢索构成,当活塞靠气压推动时,钢索跟随移动,并通过该轮牵动托盘,可带动托盘往复移动
	伸缩气缸		伸缩缸由套筒构成,可增大活塞行程。适合做翻斗车气缸。推力和速度随行程而变化	磁性无杆缸		活塞内有磁性环,移动时带动气缸外有磁性的滑台运动。用于行程大、位置小及轻载时

四、气缸的锁紧

有些气缸为了安全的需要，在气缸的前端加了一个气动的或弹簧的机械锁紧装置。通过这一锁紧装置，可让活塞停止在行程两端或行程中的任何一个位置。普通气缸不具备这个功能，只能在行程的末端和终端的两个极限位置间往复运动。加上锁紧装置以后，在需要停止的位置，只要在锁紧装置的控制气口有压缩空气进入控制腔，在压力作用下，控制活塞就会向左移动，通过滚轮连杆机构使闸皮抱住活塞杆，使气缸活塞停止并锁紧。锁紧装置有弹簧锁紧型、气压锁紧型、气压—弹簧并用锁紧型三种不同的类型。

1. 气压锁紧型

图 6-38 所示为气压锁紧装置。只有当压缩空气充气，推动控制活塞前进时，才能通过滚轮连杆机构将活塞杆锁死。

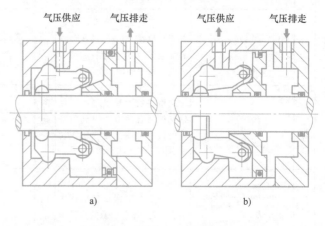

图 6-38 气缸的气压锁紧装置
a）松锁 b）紧锁

2. 弹簧锁紧型

图6-39所示为弹簧锁紧装置。当有压缩空气充气时，压缩空气推动控制活塞克服弹簧力向右移动，使闸皮松开。在断气的情况下，依靠弹簧力将气缸锁紧在所需位置上。依靠弹簧力锁紧的气缸在气动回路发生气管断裂、气压为零等突然事故时，这种垂直负载的气缸不会因为断气而使负载下落。这是因为当压力信号拆除时，气缸可以靠弹簧来锁紧，这种锁紧具有一定的安全与可靠性。

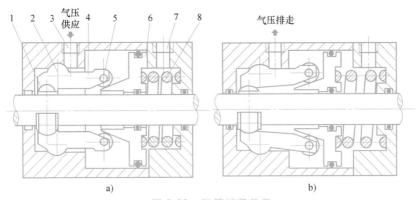

图6-39 弹簧锁紧装置

a）松锁 b）紧锁

1—制动脚 2—支点 3—松锁孔 4—制动臂 5—滚轮 6—锥形制动活塞

7—锁紧孔（用有孔螺栓塞住） 8—制动弹簧

3. 气压—弹簧并用锁紧型

气压锁紧型具有很大的锁紧力，但只能在有压力信号时工作。一旦压力信号消失，其锁紧力也随之消失。弹簧锁紧型具有一定的安全性，但受弹簧力的限制，其锁紧力也有限。气压—弹簧并用锁紧装置如图6-40所示，它结合了两者的优点，既可在有压力信号时获得较大的锁紧力，又可在无压力信号时靠弹簧保持一定的锁紧力。

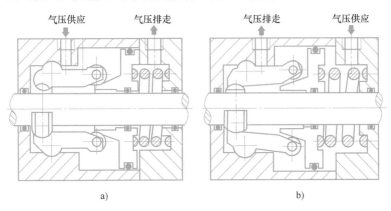

图6-40 气压—弹簧并用锁紧装置

a）松锁 b）锁紧

五、摆缸及应用

图6-41中的摆缸是一个旋转90°的摆缸。它托住传送带的转接部分，使传送带传送过来

的工件改变传送方向。摆缸的控制与一般气缸的控制是完全一样的。调压阀调定回路的压力，决定摆缸输出力矩的大小。方向控制阀控制气缸摆动的方向，调速阀用来控制摆缸摆动的速度。

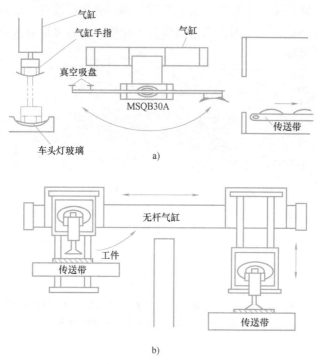

图 6-41　摆缸的应用

第六节　典型气动回路分析

一般气动回路是由气源净化干燥系统、控制部分和执行机构组成的。气动回路的基本控制方式一般有如下三种：

1）电气—气动控制方式（磁性开关、各类继电器、可编程序控制器、电磁网等）。

2）全气动控制方式（各类气动逻辑元件、气控阀、气控传感器等）。

3）机械操作方式（手动、脚控机控阀、机械限位阀等）。

根据自动化生产装置的不同工序要求，实际气动回路的组成千变万化，但是无论多么复杂的回路，它都是由一些典型的气动回路构成的。下面介绍一些简单的气动基本回路。

1. 二位二通阀控制气动马达

图 6-42 所示回路使用一个二位二通阀，可控制气动马达或气动工具等气流只向一个方向流动的气动执行元件。利用二位二通阀，通过手柄控制气流的通

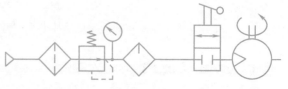

图 6-42　二位二通阀控制气动马达

断来控制气动马达的起动和停止。

2. 二位三通阀控制单作用气缸

图 6-43 所示的单作用气缸的控制回路，是二位三通阀及单作用气缸的典型用法。气源来的压缩空气经过过滤器 1、减压阀 2、油雾器 3 进入气动回路，二位三通阀 7 分别控制单作用气缸 4 的方向，两个调速阀 8、9 串联可在往返行程调速。6、5 分别为消声器和节流阀，可起到消声和排气节流的目的。

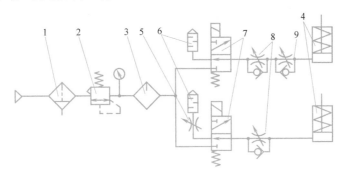

图 6-43 二位三通阀控制单作用气缸

1—过滤器 2—减压阀 3—油雾器 4—单作用气缸 5—节流阀 6—消声器
7—二位三通阀 8—调速阀（进气节流） 9—调速阀（排气节流）

3. 二位五通阀控制双作用气缸

图 6-44 是双作用气缸的气动回路图，Ⅰ的节流调速阀方向与Ⅲ的节流调速阀方向正好相反，Ⅰ是缸端排气节流调速，Ⅲ是缸端进气节流调速。缸端进气节流调速方式通常很少采用，因为这种方式在气缸起动时可有效调速，但在气缸终端时，调速欠稳。缸端排气节流调速方式大量使用。这种方式在进、排气时工作都很稳定。Ⅱ的工作方式采用了阀端排气节流，使用这种方式时应注意，气缸至阀之间的气管不能太长，否则会引起背压过大而导致换向缓慢。

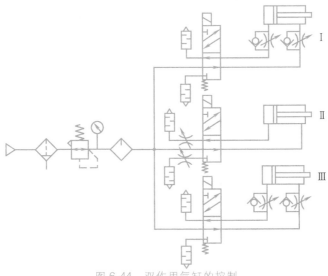

图 6-44 双作用气缸的控制

Ⅰ—缸端排气节流调速 Ⅱ—阀端排气节流 Ⅲ—缸端进气节流调速

第七节 液压传动概论

用液体作为工作介质来实现能量传递的传动方式称为液体传动。液体传动按其工作原理的不同分为两类：主要以液体动能进行工作的称为液力传动（如离心泵、液力变矩器等），主要以液体压力能进行工作的称为液压传动。

一、液压传动的工作原理

图 6-45 所示为液压千斤顶的工作原理示意图，可以用它说明液压传动的工作原理。图中大小两个液压缸 6 和 3 的内部分别装有活塞 7 和 2，活塞和缸体之间保持一种良好的配合关系，不仅能在缸内滑动，而且配合面之间又能实现可靠的密封。当用手向上提起杠杆 1 时，小活塞 2 就被带动上升，于是小缸 3 的下腔密封容积增大，腔内压力下降，形成部分真空，这时钢球 5 将所在的通路关闭，油箱 10 中的油液就在大气压力的作用下推开钢球 4 沿吸油孔道进入小缸的下腔，完成一次吸油动作。接着，压下杠杆 1，小活塞下移，小缸下腔的密封容积减小，腔内压力升高，这时钢球 4 自动关闭了油液回油池的通路，小缸下腔的压力油就推开钢球 5 挤入大缸 6 的下腔，推动大活塞将重物 8（重力为 G）向上顶起一段距离。如此反复地提压杠杆 1，就可以使重物不断升起，达到起重的目的。

若将放油阀 9 旋转 90°，则在重物 8 的自重作用下，大缸中的油液流回油箱，活塞下降到原位。

从此例可以看出，液压千斤顶是一个简单的液压传动装置。分析液压千斤顶的工作过程，可知液压传动是依靠液体在密封容积变化中的压力能实现运动和动力传递的。液压传动装置本质上是一种能量转换装置，它先将机械能转换为便于输送的液压能，后又将液压能转换为机械能做功。

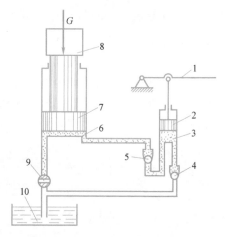

图 6-45　液压千斤顶的工作原理示意图

1—杠杆　2—小活塞　3、6—液压缸
4、5—钢球　7—大活塞　8—重物
9—放油阀　10—油箱

二、液压传动系统的组成及图形符号

图 6-46 所示为一台简化了的机床工作台液压传动系统。下面通过它进一步介绍一般液压传动系统应具备的基本性能和组成情况。

在图 6-46a 中，液压泵 3 由电动机（图中未示出）带动旋转，从油箱 1 中吸油。油液经过滤器 2 过滤后流往液压泵，经泵向系统输送。来自液压泵的压力油经节流阀 5 和换向阀 6 进入液压缸 7 的左腔，推动活塞连同工作台 8 向右移动。这时，液压缸右腔的油通过换向阀经回油管排回油箱。

如果将换向阀手柄扳到左边位置，使换向阀处于图 6-46b 所示的状态，则压力油经换向阀进入液压缸的右腔，推动活塞连同工作台向左移动。这时，液压缸左腔的油亦经换向阀和

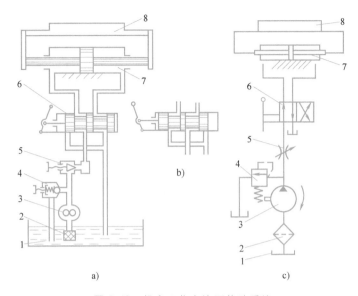

图 6-46　机床工作台液压传动系统

a）原理示意图　b）换向阀　c）原理图

1—油箱　2—过滤器　3—液压泵　4—溢流阀　5—节流阀　6—换向阀　7—液压缸　8—工作台

回油管排回油箱。工作台的移动速度是通过节流阀来调节的。当节流阀开口较大时，进入液压缸的流量较大，工作台的移动速度也较快；反之，当节流阀开口较小时，工作台的移动速度则较慢。

工作台在移动时必须克服阻力，例如克服切削力和相对运动表面的摩擦力等。为适应克服不同大小阻力的需要，泵输出油液的压力应当能够调整；另外，当工作台低速移动时，节流阀开口较小，泵出口多余的压力油亦需排回油箱。这些功能是由溢流阀 4 来实现的，调节溢流阀弹簧的预压力就能调整泵出口的油液压力，并让多余的油在相应压力下打开溢流阀，经回油管流回油箱。

从上述例子可以看出，液压传动系统由以下五个部分组成：

（1）动力元件　动力元件即液压泵，它将原动机输入的机械能转换为液体介质的压力能，其作用是为液压系统提供压力油，是系统的动力源。

（2）执行元件　执行元件是指液压缸或液压马达，它是将液压能转换为机械能的装置，其作用是在压力油的推动下输出力和速度（或力矩和转速），以驱动工作部件。

（3）控制元件　包括各种阀类，如上例中的溢流阀、节流阀、换向阀等。这些元件的作用是用于控制液压系统中油液的压力、流量和流动方向，以保证执行元件完成预期的工作。

（4）辅助元件　包括油箱、油管、过滤器以及各种指示器和控制仪表等。它们的作用是提供必要的条件使系统得以正常工作和便于监测控制。

（5）工作介质　工作介质即传动液体，通常称为液压油。液压系统就是通过工作介质实现运动和动力传递的。

在图 6-46a 中，组成液压系统的各个元件是用半结构式图形画出来的，这种图形直观性强，较易理解，但难绘制，系统中元件数量较多时更是如此。在工程实际中，除某些特殊情况外一般都用简单的图形符号来绘制液压系统原理图。对于图 6-46a 所示的液压系统，若用国家标准 GB/T 786.1—2009 规定的液压图形符号绘制，则其系统原理图如图 6-46c 所示。图中的符号只表示元件的功能，不表示元件的结构和参数。使用这些图形符号，可使液压系统图简单明了、便于绘制。

三、液压传动的优缺点及应用

1. 液压传动的优缺点

液压传动与其他传动方式相比较，有如下主要优点：

1）液压传动能方便地实现无级调速，调速范围大。

2）相同功率情况下，液压传动能量转换元件的体积较小，重量较轻。

3）工作平稳，换向冲击小，便于实现频繁换向。

4）便于实现过载保护，而且工作油液能使传动零件实现自润滑，故使用寿命较长。

5）操纵简单，易于实现复杂的自动工作循环。

6）液压元件易于实现系列化、标准化和通用化。

液压传动的主要缺点如下：

1）液压传动中的泄漏和液体的可压缩性使传动无法保证严格的传动比。

2）液压传动有较多的能量损失（泄漏损失、摩擦损失等），故传动效率不高，不宜做远距离传动。

3）液压传动对油温的变化比较敏感，不宜在很高和很低的温度下工作。

4）液压传动出现故障时不易找出原因。

总的来说，液压传动的优点是十分突出的，它的缺点将随着科学技术的发展而逐渐得到克服。

2. 液压传动的应用和发展

从 1795 年世界上第一台水压机诞生起，液压传动已有 200 多年的历史。然而，液压传动的真正推广使用却是近 60 多年的事。特别是 20 世纪 60 年代以后，随着原子能科学、空间技术、计算机技术的发展，液压技术也得到了很大发展，渗透到国民经济的各个领域之中，在工程机械、冶金、军工、农机、汽车、轻纺、船舶、石油、航空和机床工业中，液压技术得到了普遍的应用。当前，液压技术正向高压、高速、大功率、高效率、低噪声、低能耗、经久耐用、高度集成化等方向发展，同时，新型液压元件的应用，液压系统的计算机辅助设计、计算机仿真、计算机控制等工作也日益取得显著的成果。

我国的液压工业开始于 20 世纪 50 年代，其产品最初应用于机床和锻压设备，后来又用于拖拉机和工程机械。自 1964 年开始从国外引进液压元件生产技术，同时自行设计液压产品以来，我国的液压件生产已形成系列，并在各种机械设备上得到了广泛使用。目前，我国机械工业在认真消化、推广先进液压技术的同时，大力研制开发国产液压件新产品（如中高压齿轮泵、比例阀、叠加阀及新型中高压阀等），加强产品质量可靠性和新技术应用的研究，积极采用国际标准和执行新的国家标准，合理调整产品结构，对一些性能差的、不符合国家标准的液压件产品（如中低压阀等）采取逐步淘汰的措施。

第八节　液压流体力学基础

　　液压传动是以液体（液压油）作为工作介质来进行能量传递的，因此，了解液体的基本性质，掌握液体平衡和运动的主要力学规律，对于正确理解液压传动原理以及合理设计和使用液压系统都是非常必要的。

一、液压油

（一）液压油的主要性质

1. 密度

单位体积液体的质量称为该液体的密度，即

$$\rho = \frac{m}{V} \tag{6-12}$$

式中，V 为液体的体积（m^3）；m 为体积为 V 的液体的质量（kg）；ρ 为液体的密度（kg/m^3）。

　　密度是液体的一个重要的物理参数。随着液体温度或压力的变化，其密度也会发生变化，但这种变化量通常不大，可以忽略不计。一般液压油的密度为 $900kg/m^3$。

2. 可压缩性

液体受压力作用而发生体积减小的性质称为液体的可压缩性。体积为 V 的液体，当压力增大 Δp 时，体积减小 ΔV，则液体在单位压力变化下的体积相对变化量为

$$\kappa = -\frac{1}{\Delta p}\frac{\Delta V}{V} \tag{6-13}$$

式中，κ 称为液体的压缩系数。

　　由于压力增大时液体的体积减小，因此式（6-13）的右边须加一负号，使 κ 为正值。

　　κ 的倒数称为液体的体积模量，以 K 表示，即

$$K = \frac{1}{\kappa} = -\frac{\Delta p}{\Delta V}V \tag{6-14}$$

式中，K 表示产生单位体积相对变化量所需要的压力增量。

　　在实际应用中，常用 K 值说明液体抵抗压缩能力的大小。在常温下，纯净油液的体积模量 $K=(1.4\sim2)\times10^3MPa$，数值很大，故一般可认为油液是不可压缩的。

　　应当指出，当液压油中混有空气时，其抗压缩能力将显著降低，这会严重影响液压系统的工作性能。在有较高要求或压力变化较大的液压系统中，应力求减少油液中混入的气体及其他易挥发物质（如汽油、煤油、乙醇和苯等）的含量。由于油液中的气体难以完全排除，实际计算中常取液压油的体积模量 $K=0.7\times10^3MPa$。

3. 黏性

　　（1）黏性的物理本质　液体在外力作用下流动时，分子间的内聚力要阻止分子间的相对运动，因而产生一种内摩擦力，这一特性称为液体的黏性。黏性是液体的重要物理性质，

也是选择液压用油的主要依据之一。

液体流动时，由于液体的黏性以及液体和固体壁面间的附着力，会使液体内部各层间的速度大小不等。如图 6-47 所示，设两平行平板间充满液体，下平板不动，上平板以速度 u_0 向右平移。由于液体的黏性作用，紧贴下平板的液体层速度为零，紧贴上平板的液体层速度为 u_0，而中间各层液体的速度则根据它与下平板间的距离大小近似呈线性规律分布。

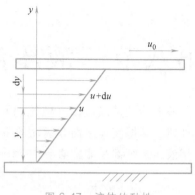

图 6-47　液体的黏性

实验测定结果指出，液体流动时相邻液层间的内摩擦力 F 与液层接触面积 A、液层间的速度梯度 $\mathrm{d}u/\mathrm{d}y$ 成正比，即

$$F = \mu A \frac{\mathrm{d}u}{\mathrm{d}y} \tag{6-15}$$

式中，μ 是比例常数，称为动力黏度。

若以 τ 表示内摩擦切应力，即液层间在单位面积上的内摩擦力，则

$$\tau = \frac{F}{A} = \mu \frac{\mathrm{d}u}{\mathrm{d}y} \tag{6-16}$$

这就是牛顿液体内摩擦定律。

由式（6-16）可知，在静止液体中，因速度梯度 $\mathrm{d}u/\mathrm{d}y = 0$，内摩擦力为零，所以液体在静止状态下是不呈黏性的。

（2）黏度　液体黏性的大小用黏度来表示。常用的黏度有三种，即动力黏度、运动黏度和条件黏度。

1）动力黏度。动力黏度又称绝对黏度，由式（6-15）可得

$$\mu = \frac{F}{A \frac{\mathrm{d}u}{\mathrm{d}y}} \tag{6-17}$$

可知动力黏度的物理意义是：液体在单位速度梯度下流动时，接触液层间单位面积上的内摩擦力。

动力黏度的法定计量单位为 Pa·s，它与以前沿用的非法定计量单位 P（泊，dyne.s/cm²）之间的关系是

$$1\mathrm{Pa \cdot s} = 10\mathrm{P}$$

2）运动黏度。动力黏度和该液体密度的比值称为运动黏度，以 ν 表示，即

$$\nu = \frac{\mu}{\rho} \tag{6-18}$$

比值 ν 无物理意义，但它却是工程实际中经常用到的物理量。

运动黏度的法定计量单位是 m²/s，它与以前沿用的非法定计量单位 cSt（厘斯）之间的关系是

$$1\mathrm{m^2/s} = 10^6 \mathrm{mm^2/s} = 10^6 \mathrm{cSt}$$

国际标准化组织 ISO 规定统一采用运动黏度来表示油的黏度等级。我国生产的全损耗系

统用油和液压油采用 40°C 时的运动黏度值（mm^2/s）为其黏度等级标号，即油的牌号。例如，牌号为 L—HL32 的液压油就是指这种油在 40°C 时的运动黏度平均值为 $32mm^2/s$。

（3）黏度和温度的关系　油液对温度的变化极为敏感，温度升高，油的黏度即降低。油的黏度随温度变化的性质称为油液的黏温特性。不同种类的液压油有不同的黏温特性。图 6-48 所示为几种典型液压油的黏温特性曲线图。

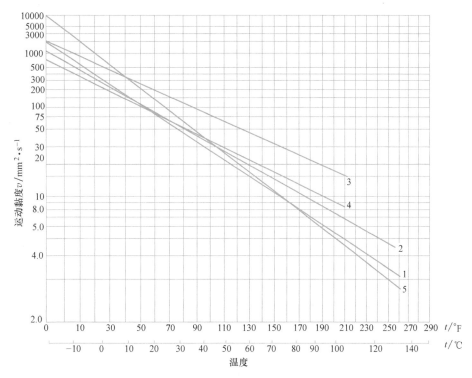

图 6-48　典型液压油的黏温特性曲线
1—矿油型普通液压油　2—矿油型高黏度指数液压油　3—水包油乳化液
4—水—乙二醇液　5—磷酸酯液

黏温特性较好的液压油，黏度随温度的变化较小，因而油温变化对液压系统性能的影响较小。

国际和国内常采用黏度指数 VI 值来衡量油液黏温特性的好坏。黏度指数 VI 值较大，表示油液黏度随温度的变化率较小，即黏温特性较好。一般液压油的 VI 值要求在 90 以上，优异的在 100 以上。

（4）黏度和压力的关系　液体所受的压力增大时，其分子间的距离减小，内聚力增大，黏度亦随之增大。但对于一般的液压系统，当压力在 32MPa 以下时，压力对黏度的影响不大，可以忽略不计。

4. 其他性质

液压油还有其他一些物理化学性质，如抗燃性、抗凝性、抗氧化性、抗泡沫性、抗乳化性、防锈性、润滑性、相容性（主要是指对密封材料不侵蚀、不溶胀的性质）以及纯净性等，都对液压系统工作性能有重要影响。对于不同品种的液压油，这些性质的指标也有不同，具体可见油类产品手册。

（二）液压油的选用

为了正确选用液压油，需要了解对液压油的使用要求，熟悉液压油的品种及性能，掌握液压油的选择方法。

1. 对液压油的使用要求

液压传动用油一般应满足如下要求：

1）黏度适当，黏温特性好。

2）润滑性能好，防锈能力强。

3）质地纯净，杂质少。

4）对金属和密封件有良好的相容性。

5）氧化稳定性好，长期工作不易变质。

6）抗泡沫性和抗乳化性好。

7）体积膨胀系数小，比热容大。

8）燃点高，凝点低。

9）对人体无害，成本低。

对于具体的液压传动系统，需根据情况突出某些方面的使用性能要求。

2. 液压油的品种

液压油的品种很多，主要分为三大类型：矿油型、乳化型和合成型。液压油的主要品种、特性和用途见表6-5。

表 6-5　液压油的主要品种、特性和用途

类型	名　称	ISO 代号	特性和用途
矿油型	普通液压油	L—HL	精制矿油加添加剂，提高抗氧化和防锈性能，适用于室内一般设备的中低压液压系统
	抗磨液压油	L—HM	L—HL 油加添加剂，改善抗磨性能，适用于工程机械、车辆液压系统
	低温液压油	L—HV	L—HM 油加添加剂，改善黏温特性，可用于环境温度为 −20～40°C 的高压系统
	高黏度指数液压油	L—HR	L—HL 油加添加剂，改善黏温特性，VI 值达 175 以上，适用于对黏温特性有特殊要求的低压系统，如数控机床液压系统
	液压导轨油	L—HG	L—HM 油加添加剂，改善黏滑性能，适用于机床中液压和导轨润滑合用的系统
	全损耗系统用油	L—HH	浅度精制矿油，抗氧化性、抗泡沫性较差，主要用于机械润滑，可用液压代用油，用于要求不高的低压系统
	汽轮机油	L—TSA	深度精制矿油添加剂，改善抗氧化、抗泡沫等性能，为汽轮机专用油，可作液压代用油，用于一般液压系统
乳化型	水包油乳化液	L—HFA	又称高水基液，特点是难燃、黏温特性好，有一定的防锈能力，润滑性差，易泄漏。适用于有抗燃要求、油液用量大且泄漏严重的系统
	水包水乳化液	L—HFB	既具有矿油型液压油的抗磨、防锈性能，又具有抗燃性，适用于有抗燃要求的中压系统
	水—乙二醇液	L—HFC	难燃，黏温特性和抗蚀性好，能在 −30～60°C 温度下使用，适用于有抗燃要求的中低压系统
合成型	磷酸酯液	L—HFDR	难燃，润滑抗磨性能和抗氧化性能良好，能在 −54～135°C 温度范围内使用；缺点是有毒。适用于有抗燃要求的高压精密度液压系统

3. 液压油的选择

液压油的选择，首先是油液品种的选择。选择油液品种时，可根据是否液压专用、有无起火危险、工作压力及工作温度范围等因素进行考虑（参照表6-5）。

液压油的品种确定之后，接着就是选择油的黏度等级。黏度等级的选择是十分重要的，因为黏度对液压系统工作的稳定性、可靠性、效率、温升以及磨损都有显著的影响。在选择黏度时应注意液压系统在以下几方面的情况：

（1）工作压力　工作压力较高的系统宜选用黏度较大的液压油，以减少泄漏。

（2）运动速度　当液压系统的工作部件运动速度较高时，宜选用黏度较小的液压油，以减小液流的摩擦损失。

（3）环境温度　环境温度较高时宜选用黏度较大的液压油。

在液压系统的所有元件中，以液压泵对液压油的性能最为敏感。因为泵内零件的运动速度最高，工作压力也最高，且承压时间长，温升高。因此，常根据液压泵的类型及要求来选择液压油的黏度。各类液压泵适用的液压油黏度范围见表6-6。

表 6-6　各种液压泵适用的液压油黏度范围

液压泵类型		黏度/$(mm^2 \cdot s^{-1})$（40℃）		减压泵类型	黏度/$(mm^2 \cdot s^{-1})$（40℃）	
		5~40℃	40~80℃		5~40℃	40~80℃
叶片泵	7MPa 以下	30~50	40~75	齿轮泵	30~70	95~165
	7MPa 以上	50~70	50~90	径向柱塞泵	30~50	65~240
螺杆泵		30~50	40~80	轴向柱塞泵	30~70	70~150

二、液体静力学

液体静力学所研究的是静止液体的力学性质。这里所说的静止，是指液体内部质点之间没有相对运动，至于液体整体完全可以像刚体一样做各种运动。

1. 液体的压力

液体单位面积上所受的法向力称为压力。这一定义在物理学中称为压强，但在液压传动中习惯称为压力。压力通常以 p 表示。

液体的压力有如下特性：

1）液体的压力沿着内法线方向作用于承压面。

2）静止液体内任一点的压力在各个方向上都相等。

由上述性质可知，静止液体总是处于受压状态。并且其内部的任何质点都是受平衡压力作用的。

2. 重力作用下静止液体中的压力分布

如图6-49所示，密度为 ρ 的液体在容器内处于静止状态。为求任意深度 h 处的压力 p，可以假想从液面往下切取一个垂直小液柱作为研究体，设液柱的底面积为 ΔA，高为 h。由于液柱处于平衡状态，于是有

$$p\Delta A = p_0 \Delta A + \rho g h \Delta A$$

因此得

$$p = p_0 + \rho g h \qquad (6\text{-}19)$$

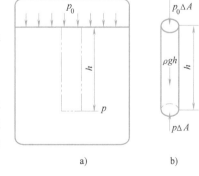

图 6-49　重力作用下的静止液体
a）静止状态的液体　b）静止状态的液柱

式（6-19）称为液体静力学基本方程式。由式（6-19）可知：重力作用下的静止液体，其压力分布有如下特征：

1）静止液体内任一点处的压力都由两部分组成：一部分是液面上的压力 p_0；另一部分是该点以上液体自重所形成的压力，即 ρg 与该点离液面深度 h 的乘积。当液面上只受大气压 p_a 作用时，则液体内任一点处的压力为

$$p = p_a + \rho g h \tag{6-20}$$

2）静止液体内的压力随液体深度呈直线规律分布。

3）离液面深度相同的各点组成了等压面，此等压面为一水平面。

3. 压力的表示方法和单位

根据度量基准的不同，液体压力分为绝对压力和相对压力两种。如式（6-20）表示的压力 p，其值是以绝对真空为基准来度量的，叫作绝对压力；而式中超过大气压力的那部分压力 $p-p_a=\rho g h$，其值是以大气压力来度量的，是相对压力。在地球的表面上，一切受大气笼罩的物体，大气压力的作用都是自相平衡的，因此一般压力仪表在大气中的读数为零，用压力计（亦称压力表）测得的压力数值显然是相对压力。在液压技术中，如不特别指明，压力均指相对压力。

如果液体中某点的绝对压力小于大气压力，这时，比大气压力小的那部分数值叫作真空度。由图6-50可知，以大气压力为基准计算压力时，基准以上的正值是相对压力，基准以下的负值就是真空度。例如，当液体内某点的绝对压力为 0.3×10^5 Pa 时，其相对压力为 $p-p_a=0.3\times10^5\text{Pa}-1\times10^5\text{Pa}=-0.7\times10^5$ Pa，即该点的真空度为 0.7×10^5 Pa（这里取近似值 $p_a=1\times10^5$ Pa）。

压力的单位除法定计量单位 Pa 外，还有以前沿用的一些单位，如 bar、工程大气压 at（即 kgf/cm^2）、标准大气压 atm、水柱高（mmH_2O）或汞柱高（mmHg）等。各种压力单位之间的换算关系见表6-7。

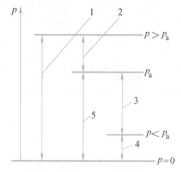

图 6-50 压力的表示方法

1—绝对压力 2—相对压力 3—真空度
4—绝对压力 5—大气压力

表 6-7 各种压力单位的换算关系

Pa	bar	kgf/cm²	at	atm	mmH₂O	mmHg
1×10^5	1	1.01972	1.01972	0.986923	1.01972×10^4	7.50062×10^2

例 6-1 如图6-51所示，容器内盛油液。已知油的密度 $\rho=900\text{kg/m}^3$，活塞上的作用力 $F=1000$N，活塞的面积 $A=1\times10^{-3}$ m^2，假设活塞的重量忽略不计。问活塞下方深度为 $h=0.5$m 处的压力等于多少？

解 活塞与液体接触面上的压力

$$p_0 = \frac{F}{A} = \frac{1000\text{N}}{1\times10^{-3}\text{m}^2} = 10^6\,\text{N/m}^2$$

根据式（6-20），深度为 h 处的液体压力

$$p = p_a + \rho g h = 10^6\,\text{N/m}^2 + 900\times9.8\times0.5\,\text{N/m}^2$$

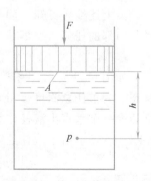

图 6-51 静止液体内的压力

$$= 1.0044 \times 10^6 \, \text{N/m}^2$$
$$\approx 10^6 \, \text{N/m}^2 = 10^6 \, \text{Pa}$$

从本例可以看出，液体在受外界压力作用的情况下，由液体自重所形成的那部分压力 $\rho g h$ 相对其小，在液压系统中常可忽略不计，因而可近似认为整个液体内部的压力是相等的。以后在分析液压系统的压力时，一般都采用这种结论。

4. 静止液体内压力的传递

如图 6-51 所示密闭容器内的液体，当外加压力 p_0 发生变化时，只要液体仍保持原来的静止状态不变，则液体内任一点的压力将发生同样大小的变化。这就是说，在密闭容器内，施加于静止液体的压力可以等值地传递到液体各点。这就是帕斯卡原理，或称静压传递原理。

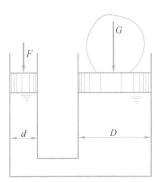

在图 6-51 中，活塞上的作用力为外加负载，A 为横截面的面积，根据帕斯卡原理，容器内液体的压力 p 与负载 F 之间总是保持着正比关系，即

$$p = \frac{F}{A} \tag{6-21}$$

可见，液体内的压力是由外界负载作用所形成的，即压力决定于负载，这是液压传动一个重要的基本概念。

图 6-52 帕斯卡原理应用实例

例 6-2 图 6-52 所示为相互连通的两个液压缸，已知大缸内径 $D = 100\text{mm}$，小缸内径 $d = 20\text{mm}$，大活塞上放上质量为 5000kg 的物体。问在小活塞上所加的力 F 有多大才能使大活塞顶起重物？

解 物体的重力为

$$G = mg = 5000\text{kg} \times 9.8\text{m/s}^2$$
$$= 49000\text{kg} \cdot \text{m/s}^2$$
$$= 49000\text{N}$$

根据帕斯卡原理，由外力产生的压力在两缸中相等，即

$$\frac{F}{\frac{\pi d^2}{4}} = \frac{G}{\frac{\pi D^2}{4}}$$

故为了顶起重物应在小活塞上加力为

$$F = \frac{d^2}{D^2} G = \frac{20^2 \, \text{mm}^2}{100^2 \, \text{mm}^2} \times 49000\text{N} = 1960\text{N}$$

本例说明了液压千斤顶等液压起重机械的工作原理，体现了液压装置的力放大作用。

5. 液体对固体壁面的作用力

液体和固体壁面相接触时，固体壁面将受到总液压力的作用。

当固体壁面为一平面时，液体压力在该平面上的总作用力 F 等于液体压力 p 与该平面面积 A 的乘积，其作用方向与该平面垂直，即

$$F = pA \tag{6-22}$$

当固体壁面为一曲面时，液体压力在该曲面某 x 方向上的总作用力 F_x 等于 p 与曲面在

该方向投影面积 A_x 的乘积，其作用方向与该平面垂直，即

$$F_x = pA_x \qquad (6-23)$$

上述结论可以通过液压缸缸筒的受力情况加以证明。

例 6-3 液压缸缸筒如图 6-53 所示，试求压力为 p 的液压油对缸筒内壁面的作用力。

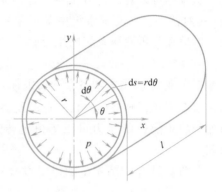

解 为求压力油对右半部缸筒内壁在 x 方向上的作用力，可在内壁上取一微小面积 $\mathrm{d}A = l\mathrm{d}s = lr\mathrm{d}\theta$（这里 l 和 r 分别为缸筒的长度和半径），则液压油作用在这块面积上的 $\mathrm{d}F$ 的水平分量 $\mathrm{d}F_x$ 为

$$\mathrm{d}F_x = \mathrm{d}F\cos\theta = p\mathrm{d}A\cos\theta = plr\cos\theta\mathrm{d}\theta$$

由此得液压油对缸筒内壁在 x 方向上的作用力为

$$F_x = \int_{-\frac{\pi}{2}}^{\frac{\pi}{2}} \mathrm{d}F_x = \int_{-\frac{\pi}{2}}^{\frac{\pi}{2}} plr\cos\theta\mathrm{d}\theta = 2plr = pA_x$$

图 6-53 液压油作用在缸筒
内壁面上的作用力

式中，A_x 为缸筒右半部内壁在 x 方向上的投影面积，$A_x = 2rl$。

三、液体动力学基础

本节主要讨论液体的流动状态、运动规律、能量转换以及流动液体与固体壁面的相互作用力等问题，这些内容不仅构成了液体动力学基础，而且还是液压技术中分析问题和设计计算的理论依据。

（一）基本概念

1. 理想液体和恒定流动

研究液体流动时必须考虑黏性的影响，但由于这个问题非常复杂，所以在开始分析时可以假设液体没有黏性，然后再考虑黏性的作用，并通过实验验证的办法对理想结论进行补充或修正。这种办法同样可以用来处理液体的可压缩性问题。一般把既无黏性又不可压缩的假想液体称为理想液体。

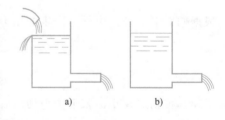

液体流动时，若液体中任一点处的压力、速度和密度都不随时间而变化，则这种流动称为恒定流动（亦称为稳定流动或定常流动）。反之，只要压力、速度或密度中有一个随时间变化，就称非恒定流动。如图 6-54 所示，图 6-54a 的水平管内液流为恒定流动，图 6-54b 为非恒定流动。

图 6-54 理想液体在直管中的流动
a）恒定流动 b）非恒定流动

2. 过流断面、流量和平均流速

液体在管道中流动时，其垂直于流动方向的截面称为过流断面。

单位时间内流过某一过流断面的液体体积称为体积流量。该流量以 q_V 表示，单位为 $\mathrm{m^3/s}$ 或 $\mathrm{L/min}$。

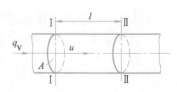

图 6-55 理想液体在直管中恒定流动

设理想液体在一直管内做恒定流动，如图 6-55 所示。液流的过流断面面积即为管道截面积 A。液流在过流面上各点的流速皆相等，以 u 表示。流过截面 I—I 的液体经时间 t 后到达截面 II—II 处，所流过的距离为 l，则流过的液体为 $V=Al$，因此流量即为

$$q_{\mathrm{V}} = \frac{V}{t} = \frac{Al}{t} = Au \tag{6-24}$$

式（6-24）表明，液体的流量可以用过流断面面积与流速的乘积来计算。

对于实际液体，当液流通过微小的过流断面 $\mathrm{d}A$ 时（图 6-56a），液体在该断面各点的流速可以认为是相等的，所以流过该微小断面的流量为

$$\mathrm{d}q_{\mathrm{V}} = u\mathrm{d}A \tag{6-25}$$

则流过整个过流断面 A 的流量为

$$q_{\mathrm{V}} = \int_A u\mathrm{d}A \tag{6-26}$$

实际液体在流动时，由于黏性力的作用，整个过流断面上各点的速度 u 一般是不等的，其分布规律亦难知道（图 6-56），积分计算流量是不便的。因此，提出一个平均流速概念，即假设过流断面上各点的流速均匀分布，液体以此均布流速 v 流过此断面的流量等于实际流速流过的流量，即

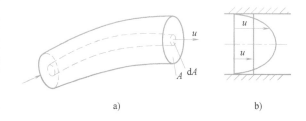

图 6-56　流量和平均流速

$$q_{\mathrm{V}} = \int_A u\mathrm{d}A = vA \tag{6-27}$$

由此得出过流断面上的平均流速为

$$v = \frac{q_{\mathrm{V}}}{A} \tag{6-28}$$

在工程实际中，平均流速 v 才具有应用价值。液压缸工作时，活塞运动的速度就等于缸内液体的平均流速，因而可以式（6-28）建立起活塞运动速度 v 与液压缸有效面积 A 和流量 q_{V} 之间的关系，当液压缸有效面积一定时，活塞运动速度决定于输入液压缸的流量。

3. 层流、紊流和雷诺数

液体的流动有两种状态，即层流和紊流。两种流动状态的物理现象可以通过一个实验观察出来，这就是雷诺实验。

实验装置如图 6-57a 所示。水箱 6 由进水管 2 不断供水，并由溢流管 1 保持水箱水面高度恒定。水杯 3 内盛有红色水，将开关 4 打开后，红色水即经细导管 5 流入水平玻璃管 7 中。当调节阀门 8 的开口使玻璃管中流速较小时，红色水在管 7 中呈一条明显的直线，这条红线和清水不相混杂，如图 6-57b 所示，这表明管中的水流是分层的，层与层之间互不干扰，液体的这种流动状态称为层流。当调节阀门 8 使玻璃管中的流速逐渐增大至某一值时，可看到红线开始抖动而呈波纹状，如图 6-57c 所示，这表明层流状态受到破坏，液流开始紊乱。若使管中流速进一步加大，红色水流便和清水完全混和，红线便完全消失，如图 6-57d 所示，表明管中液流完全紊乱，这时的流动状态称为紊流。如果将阀门 8 逐渐关小，就会看

到相反的过程。

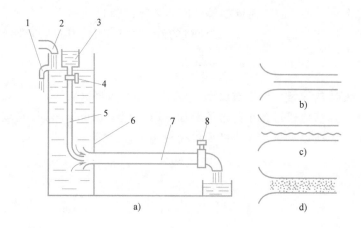

图 6-57 雷诺实验装置

a) 实验装置 b) 层流 c) 液流开始紊乱 d) 紊流

1—溢流管 2—进水管 3—水杯 4—开关 5—细导管 6—水箱 7—玻璃管 8—阀门

实验还可证明，液体在圆管中的流动状态不仅与管内的平均流速 v 有关，还与管道内径 d、液体的运动黏度 ν 有关。实际上，判定液流状态的是上述三个参数所组成的一个称为雷诺数 Re 的无量纲数，即

$$Re = \frac{vd}{\nu} \tag{6-29}$$

这就是说，液流的雷诺数如果相同，它的流动状态也就相同。液流由层流转变为紊流时的雷诺数和由紊流转变为层流时的雷诺数是不相同的，后者的数值小，所以一般都用后者作为判断液流状态的依据，称为临界雷诺数，记作 Re_c。当液流的实际雷诺数 Re 小于临界雷诺数 Re_c 时，为层流；反之，为紊流。

（二）连续性方程

连续性方程是质量守恒定律在液体力学中的一种表达形式。

设液体中图 6-58 所示的管道中做恒定流动。若任取的 1、2 两个过流断面的面积分别为 A_1 和 A_2，并且在该两断面处的液体密度和平均流速分别为 ρ_1、v_1 和 ρ_2、v_2，则根据质量守恒定律，在单位时间内流过两个断面的液体质量相等，即

$$\rho_1 v_1 A_1 = \rho_2 v_2 A_2 \tag{6-30}$$

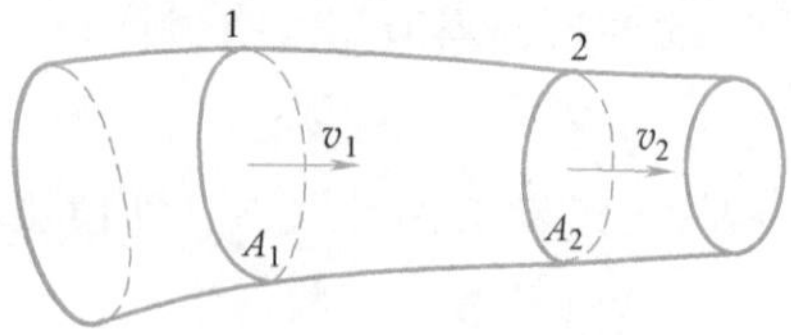

图 6-58 液流的连续性原理

当忽略液体的可压缩性时，$\rho_1 = \rho_2$，则得

$$v_1 A_1 = v_2 A_2 \tag{6-31}$$

或写成 $q_V = vA = $ 常数，这就是液流的连续性方程。它说明液体在管道中流动时，流过各断面的流量是相等的（即流量是连续的），因而流速和过流断面积成反比。

（三）伯努利方程

伯努利方程是能量守恒定律在流体力学中的一种表达形式。

1. 理想液体伯努利方程

设理想液体在如图 6-59 所示的管道内做恒定流动。任取一段液流 ab 两断面中心到基准面 $O—O$ 的高度分别为 h_1 和 h_2，过流断面面积分别为 A_1 和 A_2，压力分别为 p_1 和 p_2；由于是理想液体，断面上的流速可以认为是均匀分布的，故设 a、b 断面的流速分别为 v_1 和 v_2。假设经过很短时间 Δt 以后，ab 段液体移动到 $a'b'$ 位置。现分析该段液体的动能变化。

（1）外力所做的功　作用在该段液体上的外力有侧面和两断面的压力，因理想液体无黏性，侧面压力不能产生摩擦力做功，故外力的功仅是两断面压力所做功的代数和，即

$$W = p_1 A_1 v_1 \Delta t - p_2 A_2 v_2 \Delta t \tag{6-32}$$

由连续性方程知 $A_1 v_1 = A_2 v_2 = q_V$，或

$$A_1 v_1 \Delta t = A_2 v_2 \Delta t = q_V \Delta t = \Delta V \tag{6-33}$$

式中，ΔV 为 aa' 或 bb' 微小段液体的体积。

故有　　　　　$W = (p_1 - p_2) \Delta V$

（2）液体机械能的变化　因是理想液体做恒定流动，经过时间 Δt 后，中间 $a'b$ 段液体的所有力学参数均未发生变化，故这段液体的能

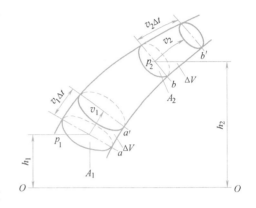

图 6-59　理想液体伯努利方程的推导

量没有增减。液体机械能的变化仅表现在 bb' 和 aa' 两小段液体的能量差别上。由于前后两段液体有相同的质量，则

$$\Delta m = \rho_1 v_1 A_1 \Delta t = \rho_2 v_2 A_2 \Delta t = \rho q_V \Delta t = \rho \Delta V$$

所以两段液体的位能差 ΔE_p 和 ΔE_k 分别为

$$\Delta E_p = \rho g q_V \Delta t (h_2 - h_1) = \rho g \Delta V (h_2 - h_1) \tag{6-34}$$

$$\Delta E_k = \frac{1}{2} \rho q_V \Delta t (v_2^2 - v_1^2) = \frac{1}{2} \rho \Delta V (v_2^2 - v_1^2) \tag{6-35}$$

根据能量守恒定律，外力对液体所做的功等于该液体能量的变化量，$W = \Delta E_p + \Delta E_k$，即

$$(p_1 - p_2) \Delta V = \rho g \Delta V (h_2 - h_1) + \frac{1}{2} \rho \Delta V (v_2^2 - v_1^2) \tag{6-36}$$

将式（6-36）各项分别除以微小段液体的体积 ΔV，整理后得理想液体伯努利方程为

$$p_1 + \rho g h_1 + \frac{1}{2} \rho v_1^2 = p_2 + \rho g h_2 + \frac{1}{2} \rho v_2^2 \tag{6-37}$$

或写成　　　　　$$p + \rho g h + \frac{1}{2} \rho v^2 = 常数 \tag{6-38}$$

式（6-38）各项分别是单位体积液体的压力能、位能和动能。

因此，上述伯努利方程的物理意义是：在密闭管道内做恒定流动的理想液体具有三种形式的能量，即压力能、位能和动能。在流动过程中，三种能量可以相互转化，但各个过流断面上三种能量之和恒为定值。

2. 实际液体伯努利方程

实际液体在管道内流动时，由于液体存在黏性，会产生内摩擦力，消耗能量；同时，管道局部形状和尺寸的骤然变化，使液流产生扰动，亦消耗能量。因此，实际液体流动有能量

损失存在，设单位体积液体在两断面间流动的能量损失为 ΔP_W。

另外，由于实际液体在管道过流断面上的流速分布是不均匀的，在用平均流速代替实际流速计算动能时，必然会产生误差。为了修正这个误差，需引入动能修正系数 α。

因此，实际液体的伯努利方程为

$$p_1+\rho gh_1+\frac{1}{2}\rho\alpha_1 v_1^2=p_2+\rho gh_2+\frac{1}{2}\rho\alpha_2 v_2^2+\Delta P_W \tag{6-39}$$

式中，α_1、α_2 为动能修正系数，当紊流时取 1，层流时取 2。

伯努利方程揭示了液体流动过程中的能量变化规律，因此它是液体力学中的一个特别重要的基本方程。伯努利方程不仅是进行液压系统分析的理论基础，而且还可用来对多种液压问题进行研究和计算。

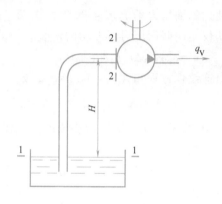

例 6-4 液压泵装置如图 6-60 所示，油箱和大气相通。试分析吸油高度 H 对泵工作性能的影响。

解 设以油箱液面为基准面，对此截面 1-1 和泵的进口处管道截面 2-2 之间列伯努利方程得

$$p_1+\rho gh_1+\frac{1}{2}\rho\alpha_1 v_1^2=p_2+\rho gh_2+\frac{1}{2}\rho\alpha_2 v_2^2+\Delta P_W$$

图 6-60　液压泵装置

式中　$p_1=0$，$h_1=0$，$v_1\approx0$，$h_2=H$，代入后可写成

$$p_2=-\left(\rho gH+\frac{1}{2}\rho\alpha_2 v_2^2+\Delta P_W\right)$$

当泵安装于液面之上时，$H>0$，则有 $\rho gH+\frac{1}{2}\rho\alpha_2 v_2^2+\Delta P_W>0$，故 $p_2<0$。此时，泵进口处的绝对压力小于大气压力，形成真空，油靠大气压力压入泵内。

当泵安装于液面以下时，$H<0$，而当 $|\rho gH|>(\rho\alpha_2 v_2^2)/2+\Delta P_W$ 情况下，$p_2>0$，泵进口处不形成真空，油自行灌入泵内。

由上述情况分析可知，泵内吸油 H 值越小，泵越易吸油。在一般情况下，为便于安装维修，泵应安装在油箱液面以上，依靠进口处形成的真空度来吸油。但工作时的真空度也不能太大，当 p_2 的绝对压力值小于油液的空气分离压时，油中的气体就要析出；当 p_2 小于油液的饱和蒸气压时，油还会汽化。油中有气体析出，或油液发生汽化，油流动的连续性就受到破坏，并产生噪声和振动，影响泵和系统的正常工作。为使真空度不致过大，需要限制泵的安装高度，一般泵的 H 值不大于 0.5mm。

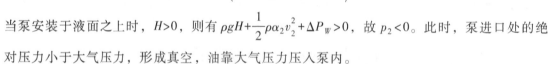

第九节　液压泵和液压马达

液压泵是液压系统的动力元件，其功用是供给系统液压油。从能量观点看，它把原动机输入的机械能转换为输出油液的压力能。液压马达则是液压系统的执行元件，它把输入油液

的压力能转换为输出轴转动的机械能，用来拖动负载做功。图 6-61 所示为用符号表示泵和马达的能量转换关系。

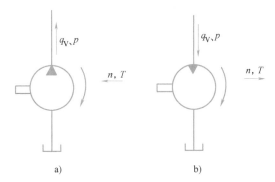

图 6-61 泵和马达的能量转换关系
a）液压泵 b）液压马达

一、液压泵概述

（一）液压泵的基本原理及分类

图 6-62 所示为一单柱塞液压泵的工作原理。当偏心轮 1 由原动机带动旋转时，柱塞 2 便在泵体 3 内往复移动，使密封腔 6 的容积发生变化。密封容积增大时造成真空，油箱中的油便在大气压力作用下通过单向阀 4 流入泵体内，实现吸油。此时，单向阀 5 关闭，防止系统油液回流。密封容积减小时，油受挤压，便经单向阀 5 压入系统，实现压油。此时，单向阀 4 关闭，避免油液流回油箱。若偏心轮不停地转动，泵就不断地吸油和压油。

由此可见，液压泵是靠密封容积的变化来实现吸油和压油的，其排油量的大小取决于密封腔的容积变化，故这种泵又称为容积式泵。构成容积式泵的两个必要条件是：

1）有周期性的密封容积变化。密封容积由小变大时吸油，由大变小时压油。

2）有配流装置。它保证密封容积由小变大时只与吸油管连通；密封容积由大变

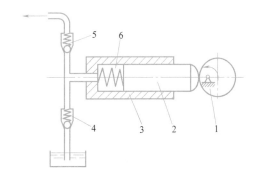

图 6-62 单柱塞液压泵的工作原理
1—偏心轮 2—柱塞 3—泵体
4、5—单向阀 6—密封腔

小时只与压油管连通。上述单柱塞泵中的两个单向阀 4 和 5 就是起配流作用的，是配流装置的一种类型。

按照结构形式的不同，液压泵分为齿轮式、叶片式、柱塞式和螺杆式等类型；按照输出油液的流量可否调节，液压泵又有定量式和变量式之分。

（二）液压泵的性能参数

1. 液压泵的压力

（1）工作压力 液压泵的工作压力是指泵工作时输出油液的实际压力。泵的工作压力决定于外界负载，外负载增大，泵的工作压力也随之升高。

（2）额定压力 泵在正常工作条件下，按试验标准规定能连续运转的最高压力称为泵的额定压力。泵的额定压力大小受泵本身的泄漏和结构强度所制约。当泵的工作压力超过额定压力时，泵就会过载。

由于液压传动的用途不同，系统所需要的压力也不相同，为了便于液压元件的设计、生产和使用，将压力分为几个等级，列于表 6-8 中。

表 6-8 压力分级

压力等级	低压	中压	中高压	高压	超高压
压力/MPa	≤2.5	>2.5~8	>8~16	>16~32	>32

2. 液压泵的排量和流量

（1）排量 由泵的密封容腔几何尺寸变化计算而得的泵的每转排油体积称为泵的排量。排量用 V 表示，其常用单位为 mL/r。

（2）理论流量 由泵的密封容腔几何尺寸变化计算而得的泵在单位时间内的排油体积称为泵的理论流量。泵的理论流量等于排量和转速的乘积，即

$$q_{Vt} = Vn \tag{6-40}$$

泵的排量和理论流量是在不考虑泄漏的情况下由计算所得到的，其值与泵的工作压力无关。

（3）实际流量 泵的实际流量是指泵工作时的实际输出流量。

（4）额定流量 泵的额定流量是指泵在正常工作条件下，按试验标准规定必须保证的输出流量。由于泵存在泄漏，所以泵的实际流量或额定流量都小于理论流量。

3. 液压泵的功率

（1）输出功率 泵的输出为液压能，表现为压力 p 和流量 q_V。以图 6-63 所示的泵-缸系统为例，当忽略输送管路及液压缸中的能量损失时，液压泵的输出功率应等于液压缸的输入或输出功率，即泵的输出功率 P_o，表达式为

$$P_o = Fv = pAv = pA\frac{q_V}{A} = pq_V \tag{6-41}$$

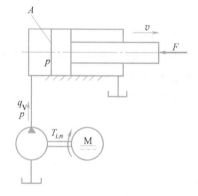

图 6-63 液压功率的计算

式（6-41）表明，在液压传动系统中，液体所具有的功率，即液压功率等于压力和流量的乘积。

（2）输入功率 液压泵的输入功率为泵轴的驱动功率，其值为

$$P_i = 2\pi n T_i \tag{6-42}$$

式中，T_i 为液压泵的输入转矩；n 为泵轴的转速。

液压泵在工作中，由于有泄漏和机械摩擦，就有能量损失，故其输出功率 P_o 小于输入功率 P_i，即 $P_o < P_i$。

4. 液压泵的效率

（1）容积效率 液压泵实际流量与理论流量的比值称为容积效率，以 η_V 表示，即

$$\eta_V = \frac{q_V}{q_{Vt}} = \frac{q_{Vt} - \Delta q_V}{q_{Vt}} = 1 - \frac{\Delta q_V}{q_{ft}} \tag{6-43}$$

式中，Δq_V 为液压泵的泄漏量，它是实际流量与理论流量之间的差值，即

$$\Delta q_V = q_{Vt} - q_V \tag{6-44}$$

Δq_V 与泵的工作压力 p 有关。因泵内机件间的间隙很小，泄漏油液可视为层流，故 Δq_V 与 p 成正比，即

$$\Delta q_{\mathrm{V}} = k_1 p \tag{6-45}$$

式中，k_1 为液压泵的泄漏系数。

Δq_{V} 随 p 增大而增大，导致 q_{V} 随 p 增大而减小，它们的变化曲线示于图 6-64 中。

（2）机械效率 液压泵在工作时存在机械摩擦（相对运动零件之间的摩擦及液体黏性摩擦），因此驱动泵所需的实际输入转矩 T_{i} 必然大于理论转矩 T_{th}。理论转矩与实际输入转矩的比值称为机械效率，以 η_{m} 表示为

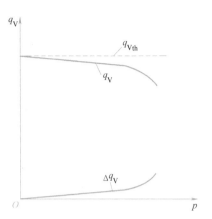

$$\eta_{\mathrm{m}} = \frac{T_{\mathrm{th}}}{T_{\mathrm{i}}} \tag{6-46}$$

因泵的理论功率（当忽略能量损失时）表达式为

$$P_{\mathrm{th}} = p q_{\mathrm{Vth}} = pVn = 2\pi n T_{\mathrm{th}} \tag{6-47}$$

则有

$$T_{\mathrm{th}} = \frac{pV}{2\pi} \tag{6-48}$$

图 6-64　泵的泄漏、流量与压力的关系

将此代入式（6-46），得

$$\eta_{\mathrm{m}} = \frac{pV}{2\pi T_{\mathrm{i}}} \tag{6-49}$$

（3）总效率 泵的输出功率与输入功率的比值称为泵的总效率，以 η 表示，有

$$\eta = \frac{P_{\mathrm{o}}}{P_{\mathrm{i}}} = \frac{p q_{\mathrm{V}}}{2\pi n T_{\mathrm{i}}} = \frac{q_{\mathrm{V}}}{Vn} \frac{pV}{2\pi T_{\mathrm{i}}} = \eta_{\mathrm{V}} \eta_{\mathrm{m}} \tag{6-50}$$

式（6-50）说明：液压泵的总效率等于容积效率和机械效率的乘积。

例 6-5 某液压泵的输出油压 $p = 10\mathrm{MPa}$，转速 $n = 1450\mathrm{r/min}$，排量 $V = 46.2\mathrm{mL/r}$，容积效率 $\eta_{\mathrm{V}} = 0.95$，总效率 $\eta = 0.9$。求液压泵的输出功率和驱动泵的电动机功率。

解 （1）求液压泵的输出功率

液压泵输出的实际流量为

$$q_{\mathrm{V}} = q_{\mathrm{Vth}} \eta_{\mathrm{V}} = Vn \eta_{\mathrm{V}} = 46.2 \times 10^{-3} \times 1450 \times 0.95 \mathrm{L/min} = 63.64 \mathrm{L/min}$$

液压泵的输出功率为

$$P_{\mathrm{o}} = p q_{\mathrm{V}} = \frac{10 \times 10^6 \times 63.64 \times 10^{-3}}{60} \mathrm{W} = 10.6 \times 10^3 \mathrm{W} = 10.6 \mathrm{kW}$$

（2）求电动机的功率

电动机功率即泵的输入功率

$$P_{\mathrm{i}} = \frac{P_{\mathrm{o}}}{\eta} = \frac{10.6}{0.9} \mathrm{kW} = 11.78 \mathrm{kW}$$

二、常用液压泵简介

1. 齿轮泵

齿轮泵是一种常用的液压泵。它的主要优点是结构简单，制造方便，价格低廉，体积

小，重量轻，自吸性能好，对油的污染不敏感，工作可靠，便于维护修理。又因齿传输线是对称的旋转体，故允许转速较高。其缺点是流量脉动大，噪声大，排量不可调（定量泵）。

齿轮泵有外啮合和内啮合两种结构形式。这里只介绍外啮合齿轮泵的工作原理。

如图 6-65 所示，在泵体内有一对齿数相同的外啮合渐开线齿轮。齿轮的两端皆由端盖罩住（图中未示出）。泵体、端盖和齿轮之间形成了密封容腔，并由两个齿轮的齿面接触线将左右两腔隔开，形成了吸、压油腔。当齿轮按图示方向旋转时，左侧吸油腔内的轮齿相继脱开啮合，使密封容积增大，形成局部真空，油箱中的油在大气压力作用下进入吸油腔，并被旋转的轮齿带入右侧。右侧压油腔的轮齿则不断进入啮合，使密封容积减小，油液被挤出，通过压油口排油。

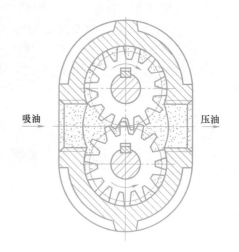

图 6-65　齿轮泵的工作原理

2. 叶片泵

叶片泵在机床、工程机械、船舶、压铸及冶金设备中应用十分广泛。叶片泵具有流量均匀、运转平稳、噪声低、体积小、重量轻等优点；其缺点是对油液污染较敏感，转速不能太高。

按照工作原理，叶片泵可分为单作用式和双作用式两类。双作用式与单作用式相比，其流量均匀性好，所受的径向力基本平衡，应用较广。双作用叶片泵常做成定量泵，而单作用叶片泵可以做成多种变量形式。这里只介绍单作用叶片泵的工作原理。

图 6-66 所示为单作用叶片泵的工作原理示意图。与双作用叶片泵的显著不同之处是，单作用叶片泵的定子内表面是一个圆形，转子与定子间有一偏心量 e，两端的配流盘上只开有一个吸油窗口和一个压油窗口。当转子旋转一周时，每一叶片在转子槽内往复滑动一次，每相邻两叶片间的密封腔容积发生一次增大和缩小的变化，容积增大时通过吸油窗口吸油，容积缩小时则通过压油窗口将油压出。由于这种泵在转子每转一转过程中，吸油压油各一次，故称单作用叶片泵。又因这种泵的转子受有不平衡的径向液压力，故又称非平衡式叶片泵。由于轴和轴承上的不平衡负荷较大，因而使这种泵工作压力的提高受到了限制。

改变定子和转子间的偏心距 e 值，就可以改变泵的排量，故单作用叶片泵常做成变量泵。

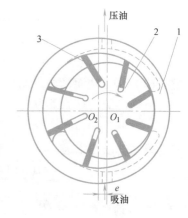

图 6-66　单作用叶片泵的
工作原理示意图
1—定子　2—转子　3—叶片

3. 柱塞泵

柱塞泵是依靠柱塞在缸体内往复运动，使密封工作腔容积产生变化来实现吸油、压油的。由于柱塞与缸体内孔均为圆柱表面，因此加工方便，配合精度高，密封性能好。同时，柱塞泵主要零件处于受压状态，使材料强度性能得到充分利用，故柱塞泵常做成高压泵。此外，只要改变柱塞的工作行程就能改变泵的排量，易于实现单向或双向变量。所以，柱塞泵具有压力高、结构紧凑、效率高及流量调节方便等优点；其缺点是结构较为复杂，有些零件对材料及加工工艺的要求较高，因而在各类容积式泵中，柱塞泵的价格最高。柱塞泵常用于需要高压大流量和流量需要调节的液压系统，如龙门刨床、拉床、液压机、起重机械等设备的液压系统。

柱塞泵按柱塞排列方向的不同，分为轴向柱塞泵和径向柱塞泵。轴向柱塞泵按其结构特点又分为斜盘式和斜轴式两类。这里主要分析斜盘式轴向柱塞泵的工作原理。

轴向柱塞泵的柱塞都平行于缸体的中心线，并均匀分布在缸体的圆周上。

斜盘式轴向柱塞泵的工作原理如图6-67所示。泵的传动轴中心线与缸体中心线重合，故又称为直轴式轴向柱塞泵。它主要由斜盘 1、柱塞 2、缸体 3、配流盘 4 等所组成。斜盘与缸体间倾斜了一个 γ 角。缸体由轴带动旋转，斜盘和配流盘固定不动，在底部弹簧的作用下，柱塞头部始终紧贴斜盘。当缸体按图示方向旋转时，由于斜盘和弹簧的共同作用，使柱塞产生往复运动，各柱塞与缸体间的密封腔容积便发生增大或缩小的变化，通过配流盘上的窗口 a 吸油，通过窗口 b 压油。

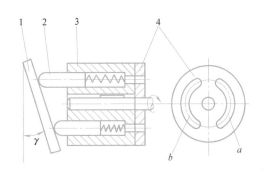

图 6-67　斜盘式轴向柱塞泵的工作原理
1—斜盘　2—柱塞　3—缸体　4—配流盘

如果改变斜盘倾角 γ 的大小，就能改变柱塞的行程长度，也就改变了泵的排量。如果改变斜盘倾角的方向，就能改变吸、压油方向，这时就成为双向变量轴向柱塞泵。

4. 螺杆泵

螺杆泵是利用螺杆转动将液体沿轴向压送而进行工作的。螺杆泵内的螺杆可以有两根，也可以有三根。在液压传动中，使用最广泛的是具有良好密封性能的三螺杆泵。图6-68所示为三螺杆泵的结构图。在泵体内安装三根螺杆，中间的主动螺杆是右旋凸螺杆，两侧的从动螺杆是左旋凹螺杆。三根螺杆的外圆与泵体的对应弧面保持着良好的配合，螺杆的啮合线

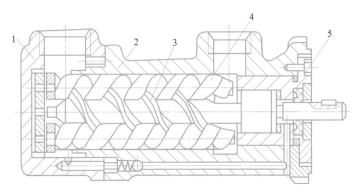

图 6-68　螺杆泵
1—后盖　2—泵体　3—主动螺杆　4—从动螺杆　5—前盖

把主动螺杆和从动螺杆的螺旋槽分割成多个相互隔离的密封工作腔。随着螺杆的旋转，密封工作腔可以一个接一个地在左端形成，不断从左向右移动。主动螺杆每转一周，每个密封工作腔便移动一个导程。最左面的一个密封工作腔容积逐渐增大，因而吸油；最右面的容积逐渐缩小，则将油压出。螺杆直径越大，螺旋槽越深，泵的排量就越大；螺杆越长，吸油口和压油口之间的密封层次越多，泵的额定压力就越高。

螺杆泵结构简单紧凑，体积小，重量轻，运转平稳，输油量均匀，噪声小，寿命长，自吸能力强，允许采用高转速，容积效率较高（可达0.95），对油液的污染不敏感。因此，螺杆泵在精密机床及设备中应用日趋广泛。螺杆泵的主要缺点是螺杆齿形复杂，加工较困难，不易保证精度。

三、各类液压泵的性能比较及应用

为比较前述各类液压泵的性能，有利于选用，将它们的主要性能及应用场合列于表6-9中。

表6-9 各类液压泵的性能比较及应用

类　型	齿轮泵	双作用叶片泵	限压式变量叶片泵	轴向柱塞泵	径向柱塞泵	螺杆泵
输出压力	低、中压	中、高压	中压	高压	中、高压	低、中压
容积效率	0.70~0.95	0.80~0.95	0.80~0.90	0.90~0.98	0.85~0.95	0.75~0.95
总效率	0.60~0.85	0.75~0.85	0.70~0.85	0.85~0.95	0.75~0.92	0.70~0.85
流量调节	不能	不能	能	能	能	能
流量脉动率	大	小	中等	中等	中等	很小
自吸特性	好	较差	较差	较差	差	好
对油的污染敏感性	不敏感	敏感	敏感	敏感	敏感	不敏感
噪声	大	小	较大	大	大	很小
单位功率造价	低	中等	较高	高	高	较高
应用范围	机床、工程机械、农机、航空、船舶、一般机械	机床、注塑机、液压机、起重运输机械、工程机械、飞机	机床、注塑机	工程机械、锻压机械、起重运输机械、矿山机械、冶金机械、船舶、飞机	机床、液压机、船舶机械	精密机床、精密机械、食品、化工、石油、纺织等机械

四、液压马达

（一）液压马达的作用和分类

液压马达是执行元件，它将液体的压力能转换为机械能，输出转矩和转速。

从原理上讲，液压马达可以当作液压泵用，液压泵也可以当作液压马达用。事实上，同类型的泵和马达虽然在结构上相似，但由于两者的使用目的不一样，导致了它们在结构上的某些差异。例如，液压马达需要正、反转，所以在内部结构上应具有对称性，其进、出油口大小相等；而液压泵一般是单方向旋转，因而没有这一要求，为了改善吸油性能，其吸油口往往大于压油口，故只有少数泵能当作马达使用。

按照转速的不同，液压马达可分为高速和低速两大类。一般认为额定转速高于 500r/min 的属于高速马达，额定转速低于 500r/min 的属于低速马达。

按照排量可否调节，液压马达可分为定量马达和变量马达两大类。变量马达又可分为单向变量马达和双向变量马达。

另外，还有一种马达，其输出不是连续的转动，而是往复摆动，这种马达称为摆动液压马达。

（二）液压马达的主要性能参数

在液压马达的各项性能参数中，压力、排量、流量等参数与液压泵同类参数有相似的涵义，其原则差别在于：在泵中它们是输出参数，在马达中则是输入参数。

下面对液压马达的输出转速、转矩和效率参数做必要的介绍。

1. 液压马达的容积效率和转速

因为液压马达存在泄漏，输入马达的实际流量 q_V 必然大于理论流量 q_{Vt}，故液压马达的容积效率为

$$\eta_V = \frac{q_{Vt}}{q_V} \tag{6-51}$$

将 $q_{Vt} = Vn$ 代入式（6-51），可得液压马达的转速公式为

$$n = \frac{q_V}{V}\eta_V \tag{6-52}$$

衡量液压马达转速性能的一个重要指标是最低稳定转速，它是指液压马达在额定负载下不出现爬行（抖动或时转时停）现象的最低转速。液压马达的结构形式不同，最低稳定转速也不同。实际工作中，一般都希望最低稳定转速越小越好，以扩大马达的变速范围。

2. 液压马达的机械效率和转矩

因为液压马达工作时存在摩擦，它的实际输出转矩 T 必然小于理论转矩 T_t，故液压马达的机械效率为

$$\eta_m = \frac{T}{T_t} \tag{6-53}$$

设马达进、出口间的工作压差为 Δp，则马达的理论功率（当忽略能量损失时）表达式为

$$p_t = 2\pi n T_t = \Delta p q_{Vt} = \Delta p V n \tag{6-54}$$

因而有

$$T_t = \frac{\Delta p V}{2\pi} \tag{6-55}$$

将式（6-55）代入式（6-53），可得液压马达的输出转矩公式为

$$T = \frac{\Delta p V}{2\pi}\eta_m \tag{6-56}$$

3. 液压马达的总效率

马达的输入功率为 $P_i = pq_V$，输出功率为 $P_o = 2\pi n T$。马达的总效率 η 为输出功率 P_o 与

输入功率 P_i 的比值，即

$$\eta = \frac{P_o}{P_i} = \frac{2\pi nT}{\Delta p q_V} = \frac{2\pi nT}{\Delta p \frac{Vn}{\eta_V}} = \frac{T}{\frac{\Delta p V}{2\pi}} \eta_V = \eta_m \eta_V \qquad (6\text{-}57)$$

由式（6-57）可见，液压马达的总效率亦同于液压泵的总效率，等于机械效率与容积效率的乘积。

（三）高速小转矩液压马达

高速液压马达的基本形式有齿轮式、叶片式、轴向柱塞式和螺杆式等，其结构与同类型的液压泵基本相同。它们的主要特点是转速高，转动惯量小，便于起动、制动、调速和换向。通常高速马达的输出转矩不大（仅数十至数百牛·米），故又称高速小转矩液压马达。下面介绍常用的轴向柱塞式液压马达的工作原理。

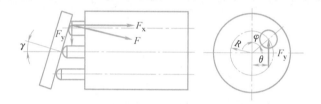

图 6-69 轴向柱塞式液压马达的工作原理

如图 6-69 所示，当压力油输入马达时，处于压力腔（进油腔）的柱塞被顶出，压在斜盘上。设斜盘作用在某一柱塞上的反力为 F，F 可分解为两个方向的分力 F_x 和 F_y。其中，轴向分力 F_x 和作用在柱塞后端的液压力相平衡，其值为 $F_x = \frac{\pi}{4} d^2 p$；垂直于轴向的分力 F_y 使缸体产生转矩，其值为 $F_y = F_x \tan\gamma = \frac{\pi}{4} d^2 p \tan\gamma$。

由图可知，此柱塞产生的瞬时转矩为

$$T' = F_y a = F_y R \sin\varphi = \frac{\pi}{4} d^2 R p \tan\gamma \sin\varphi \qquad (6\text{-}58)$$

式中，d 为柱塞直径；R 为柱塞在缸体中的分布圆半径；p 为马达的工作压力；γ 为斜盘倾角；φ 为柱塞的瞬时方位角。

液压马达的输出转矩，等于处在马达压力腔半周内各柱塞瞬时转矩 T' 的总和。由于柱塞的瞬时方位角 φ 是变量，T' 值则按正弦规律变化，所以液压马达输出的转矩是脉动的。液压马达实际输出的平均转矩 T 可按式（6-56）计算。

当马达的进、回油口互换时，马达将反向转动。

如果改变斜盘倾角 γ 的大小，就改变了马达的排量；如果改变斜盘倾角的方向，就改变了马达的旋转方向，这时就成为双向变量马达。

（四）低速大转矩液压马达

低速液压马达的基本形式是径向柱塞式，通常分为两种类型，即单作用曲轴型和多作用内曲线型。低速马达的主要特点是排量大、低速稳定性好（一般可在 10r/min 以下平稳运转，有的可达 0.5r/min 以下），因此，可以直接与工作机构连接，不需要减速装置，使传动机构大为简化。通常，低速马达的输出转矩较大（可达数千至数万牛·米），所以又称为低速大转矩液压马达。这种马达广泛用于工程、运输、建筑、矿山和船舶等机械上。

多作用内曲线径向柱塞式液压马达，简称内曲线马达，它具有尺寸较小、径向受力平衡、转矩脉动小、转动效率高、能在很低转速下稳定工作等优点，因此获得了广泛的应用。图 6-70 所示为内曲线马达的工作原理示意图。

（五）摆动液压马达

摆动液压马达又称摆动液压缸，它是实现往复摆动的执行元件，输入为压力和流量，输出为转矩和角速度。摆动液压马达的结构比连续旋转的液压马达结构简单，以叶片式摆动液压马达应用较多。

叶片式摆动液压马达有单叶片式和双叶片式两种。图 6-71a 所示为单叶片式摆动液压马达的结构原理，图 6-71b 所示为摆动液压马达的图形符号。

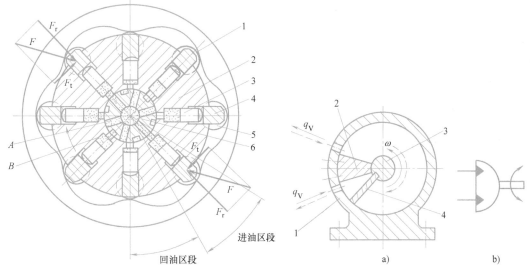

图 6-70　多作用内曲线马达的工作原理示意图
1—定子　2—缸体　3—柱塞
4—横梁　5—滚轮　6—配流轴

图 6-71　摆动液压马达的结构原理和图形符号
a）结构原理　b）图形符号
1—缸体　2—隔板　3—轴　4—叶片

摆动液压马达结构紧凑，输出转矩大，但密封较困难，一般只用于中低压系统。随着结构和工艺的改进，密封材料的改善，其应用范围已扩大到中高压系统。

第十节　液压回路

液压系统不论多复杂，都可分解为单个的基本液压回路。所谓基本液压回路是指由若干液压元件组成的且能完成某一特定功能的简单油路结构。掌握典型基本液压回路的组成、工作原理和性能，便为设计新的液压系统和分析已有的液压系统打下了基础。

为了确切地说明某种基本液压回路的功能，常常有必要让它和另一些有关回路或切换元件一起出现，这些回路实际上已是一种"回路组合"或系统的一部分，不是严格意义上的基本回路了。但是要真正确切地了解一个回路的功用，就必须从该回路所在的总体中去对它进行考察，就像要真正确切地了解一个元件的作用，必须在它所在的回路中对它进行考察一样。

基本液压回路按功用可分为方向控制、压力控制、速度控制和多缸工作四类回路。下面仅介绍液压系统中常见的方向控制回路及压力控制回路中的调压控制回路。

一、方向控制回路

在液压系统中，工作机构的起动、停止或变换运动方向等都是利用控制进入元件液流的通、断及改变流动方向来实现的。实现这些功能的回路称为方向控制回路。

1. 换向回路

各种操纵方式的换向阀都可组成换向回路，只是性能和适用场合不同。手动阀换向精度和平稳性不高，常用于换向不频繁且无需自动化的场合，如一般机床夹具、工程机械等。对速度和惯性较大的液压系统，采用机动阀较为合理，只需使运动部件上的挡块有合适的迎角或轮廓曲线，即可减小液压冲击，并有较高的换向位置精度。电磁阀使用方便，易于实现自动化，但换向时间短，故换向冲击大，尤以交流电磁阀更甚，只适用于小流量、平稳性要求不高处。流量超过63L/min、对换向精度与平稳性有一定要求的液压系统，常采用液动阀或电液动阀。换向有特殊要求处，如磨床液压系统，需采用特别设计的组合阀——操纵箱。

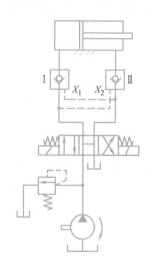

图 6-72　锁紧回路

2. 锁紧回路

锁紧回路是使液压缸能在任意位置上停留后不会在外力作用下移动位置的回路。在图 6-72 中，当换向阀处于左位或右位工作时，液控单向阀控制口 X_1 或 X_2 通入压力油，缸的回油便可反向流过单向阀口，故此时活塞可向右或向左移动。到了该停留的位置时，只要令换向阀处于中位，因阀的中位机能为 H 型，控制油直通油箱，故控制压力立即消失，液控单向阀不再双向导通，液压缸因两腔油液被封死便被锁紧。由于液控单向阀中的单向阀采用座阀式结构，密封性好，极少泄漏，故有液压锁之称。锁紧精度只受缸本身的泄漏影响。

当换向阀的中位机能为 O 或 M 等型时，似乎无需液控单向阀也能使液压缸锁紧。其实由于换向阀存在较大的泄漏，锁紧功能较差，只能用于锁紧时间短且要求不高的场合。

二、压力控制回路

压力控制回路是对系统整体或系统某一部分的压力进行控制的回路。这类回路包括调压、卸荷、释压、保压、增压、减压、平衡等多种回路。下面仅简单介绍调压回路。

为使系统的压力与负载相适应并保持稳定，或为了安全而限定系统的最高压力，都要用到调压回路。下面是常用的两种调压回路。

1. 双向调压回路

双向调压回路执行元件正反行程需不同的供油压力时，可采用双向调压回路，如图 6-73 所示。图 6-73a 中，当换向阀在左位工作时，活塞为工作行程，泵出口由溢流阀 1 调定为较高压力，缸右腔油液通过换向阀回油箱，溢流阀 2 此时不起作用，当换向阀如图示在右位工作时，缸作空行程返回，泵出口由溢流阀 2 调定为较低压力，阀 1 起作用。缸退抵终点后，泵在低压下回油，功率损耗小。图 6-73b 所示回路在图示位置时，阀 2 的出口为高压油封闭，即阀 1 的远控口被堵塞，故泵压由阀 1 调定为较高压力。当换向阀在右位工作时，液压缸左腔通油箱，压力为零，阀 2 相当于是阀 1 的远程调压阀，泵压被调定为较低压力。图 6-73b 所示回路的优点是：阀 2 工作中仅通过少量泄油，故可选用小规格的远程调压阀。

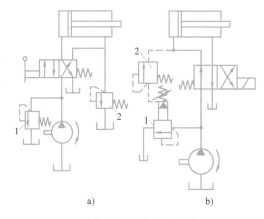

图 6-73 双向调压回路

a) 双向调压回路一 b) 双向调压回路二

2. 多级调压回路

注塑机、液压机在不同的工作阶段，液压系统需要不同的压力。图 6-74a 所示为二级调压回路。在图示状态，泵出口由溢流阀调定为较高压力；电磁阀通电后，则由远程调压阀 2 调定为较低压力。图 6-74b 所示为三级调压回路。图示状态时，泵出口由阀 1 调定为最高压力（若阀 4 采用 H 型中位机能的电磁阀，则此时泵卸荷，即为最低压力）；当换向阀 4 的左、右电磁铁分别通电时，泵压由远程调压阀 2 或 3 调定。

需要强调：在图 6-74a 或 b 中，为了获得多级压力，阀 2 或阀 3 的调定压力必须小于本

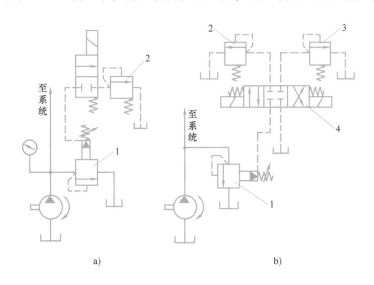

图 6-74 多级调压回路

a) 二级调压回路 b) 三级调压回路

回路中阀 1 的调定压力值。

思考题与习题

6-1 简述气动执行元件的特点。

6-2 根据执行元件的功能，执行元件可分为哪几类？

6-3 根据压缩空气对气缸活塞端面作用力的方向，气缸可分为哪几类？

6-4 根据气缸的结构特征，执行元件可分为哪几类？

6-5 简述单作用气缸、双作用气缸的特征、基本工作原理及使用场合。

6-6 简述叶片式气动马达的工作原理。

6-7 简述摆动气缸和旋转马达的工作特性。

6-8 单作用气缸内径 $D = 63mm$，复位弹簧最大反力 $F = 150N$，工作压力 $p = 0.5MPa$，负载效率为 $\xi = 0.4$，求该气缸的推力为多少？

6-9 单杆双作用气缸内径 $D = 125mm$，活塞杆直径 $d = 36mm$，工作压力 $p = 0.5MPa$，气缸负载效率为 $\xi = 0.5$，求该气缸的拉力和推力各为多少？

6-10 单杆双作用气缸内径 $D = 100mm$，活塞杆直径 $d = 40m$，行程 $L = 450mm$，进退压力均为 $p = 0.5MPa$，在运动周期 $T = 5s$ 下连续运转，$\eta = 0.9$，求每分钟所消耗的自由空气量为多少？

6-11 液压系统通常由哪些部分组成？各部分的主要作用是什么？

6-12 请写出在重力作用下理想流体稳定流动时的伯努利方程式，并简要阐明其物理意义。

6-13 在液体中某处表压为 21MPa，其绝对压力为多少 MPa？某处绝对压力为 0.03MPa，其真空度为多少？

6-14 什么是液体的黏性？可以采用哪些方法来量度液体的黏性？

6-15 液压油的性能指标是什么？并说明各性能指标的含义。

6-16 选用液压油主要应考虑哪些因素？

6-17 什么是液压基本回路？常见的液压基本回路有哪几种？

6-18 什么是压力控制回路？常用的压力控制回路有哪几种？

6-19 减压回路的功用是什么？举例说明二级减压回路的基本组成及工作原理。

6-20 请举例、绘图说明二级调压、三级调压及连续无级调压的方法。

6-21 泄压回路的功用是什么？举例说明泄压回路的工作原理。

第七章 机电传动控制系统

CHAPTER 7

第一节 机电传动控制系统的组成和分类

机电传动控制系统是以电动机为控制对象，对生产机械按工艺要求进行控制的系统。机电传动控制系统从硬件上讲可以包括电动机、控制电器、检测元件、功率半导体器件和微电子器件等，还可能包含微型计算机。一个大型的机电传动控制系统可能需要控制多台电动机，往往采用多层微型计算机进行控制。

机电传动控制系统是以实现一种预定的自动控制功能为目的，以满足生产工艺和过程的要求，并达到最优的技术经济指标。因此，这类系统总是整个生产设备中的重要组成部分之一，它的性能和质量将在很大程度上影响产品的质量、产量、生产成本和工人劳动条件。

机电传动控制系统从组成原理上可以分为开环系统和闭环系统。在一般的开环控制的传动系统中，尽管系统输入的控制信号保持不变，但在某种扰动作用下，会使输出量偏离给定值。图 7-1 所示为一个由晶闸管变流器、电动机和工作机械组成的机电传动开环控制系统，其中工作机械包含传动机构和执行机构。通常情况下，这种系统的输出量是工作机械中执行机构的速度或位移，当电动机与工作机械刚性连接时，它们分别对应于电动机转子的转速和转角。根据工作机械的需要，在一些系统中除了控制输出量以外，可能还需要控制系统内部的其他变量，如直流电动机的电枢电流或交流电动机的定子电流、变流器电压或频率等。图 7-1 所示的系统中晶闸管变流器向电动机供电并控制它的运行状态，从而可以控制工作机械和相应的工艺过程。当电网电压波动、负载转矩变化等扰动作用于变流器、电动机和工作机械时，会导致系统输出量偏离给定值。该系统在扰动作用下的静态和动态特性将由变流器、电动机和工作机械的特性决定。

图 7-1 机电传动开环控制系统框图

图 7-2 所示的闭环系统，当输出量的反馈值偏离给定输入值时，由于系统输出量信息反馈到系统输入端，使得作用到调节器的输入量发生变化，调节器根据这一信息产生控制信号，作用到变流器，确保系统输出量变化具有预期的特性。图 7-2 所示的系统采用检测转换装置测量系统的输出量和其他变量，并将其转换成与被检测量成正比的电信号，像测速发电机、电流检测器、位置传感器、数-模转换器或模-数转换器等均是机电传动控制系统中常用的检测转换装置的部件。通，检测转换装置和调节器构成系统的控制部分，其功能是采集和处理系统中有关变量的信息，并按预定的控制规律和算法产生控制信号。而把系统中的变流器、电动机和工作机械统称为功率部分，其功能是进行能量转换和控制。

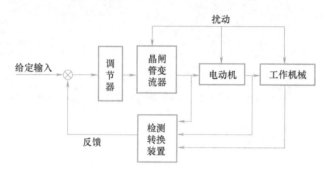

图 7-2　机电传动闭环控制系统框图

如果将机电传动控制系统按控制目的来分，有以下三种方式。其一是定值控制，目的在于保持受控量恒定。最常见的机电传动定值控制系统是稳速系统。当然定位系统也可以是生产过程其他工艺参数的控制，例如各种带形物料卷取时的张力定值控制，就是一个多电动机的传动系统。其二是位置随动控制，需要控制工作机构的位移，即电动机的转角按事先规定的或者未知的规律变化。雷达天线的方位控制系统就是这种系统的一个典型例子，它的功能是将天线对准所跟踪的目标。其三是程序控制，目的在于使受控量按事先确定的规律变化，如机床上刀具位移控制系统就属于这一种系统，它的功能是要实现切削刀具和工件之间的复杂运动轨迹。将系统按控制目的分类，与系统构成原理无关，主要决定于给定量的变化特性。在实践中，尽管系统控制目的相同，但其结构和作用仍会有本质上的区别。

机电传动控制系统还有其他分类方法。之所以要将机电传动控制系统分类，只是便于分别研究各类系统的一些共性。

第二节　继电器-接触器控制系统

一、 电气控制系统图及有关规定

电气控制系统是由许多电气元件按照一定要求连接而成的，电气控制系统中各电气元件及其连接关系的图称为电气控制系统图。电气控制系统图包括电气原理图、电气安装图和电气接线图三类。以下只介绍绘制电气原理图的原则与要求。

1. 绘制电气原理图的规则

电气原理图只表示电气线路工作原理以及电气元件间的相互作用和关系，并不按照电气元件的实际位置来绘制，也不反映电气元件的大小。绘制电气原理图时，一般应遵循以下规则：

1）原理图一般分主电路和辅助电路两部分画出：从电源到电动机等大电流通过的电路称为主电路；辅助电路包括控制电路、信号电路、照明电路及保护电路等。一般主电路画在左侧，辅助电路画在右侧。

2）原理图中，不画各电气元件的实际外形图，而采用国家规定的统一图形和文字符号标准。

3）原理图中，各电气元件在电气控制线路中的位置应根据便于阅读的原则安排。同一电气元件的各部分可以不画在一起。

4）图中所有电器触点，都按没有通电和不受外力作用时的开闭状态画出。对接触器、继电器的触点按吸引线圈未通电状态画，对按钮、行程开关的触点按没有外力作用时的状态画，对控制器按手柄处于零位时的状态画。

5）无论是主电路还是辅助电路，各电气元件一般应按动作顺序从上到下、从左到右依次排列。

图 7-3 所示为 CW6132 车床电气原理图。

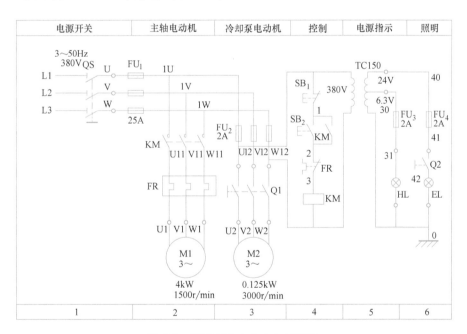

图 7-3　CW6132 车床电气原理图

为了便于检索电气线路和阅图，通常将电气原理图划分成若干图区，图区的编号在图的下部。图的上方设有用途栏，标明相应图区电路的用途和作用。

三相交流电源用字符 L1、L2、L3 标记，经电源开关之后分别用 U、V、W 和数字表示。控制电路采用阿拉伯数字按由上而下、由左到右顺序编号，凡是被线圈、绕组、触点或电阻、电容等元件所间隔的电路，都应标以不同的标号。

2. 电气安装和接线图

电气安装图表示电气设备或元件在机械设备和电气控制柜中的安装位置。各电气元件的安装位置由电气元件的功能和机械设备的工作要求所决定，如电动机与被拖动的机械部件连在一起，行程开关应放在能取得信号的位置，操作元件放在操作方便的位置，非执行和检测的电气元件一般放在电气柜内。图 7-4 所示为 CW6132 车床电气柜内的电气元件安装位置图。

电气接线图表示各电气设备间的实际接线关系。绘制接线图时应把各电气元件的各部分（如触点和线圈）画在一起；文字符号、元件连接关系、线路编号都必须与电气原理图一致。图 7-5 所示为 CW6132 车床电气接线图。

电气安装图和电气接线图是电气安装接线、检修和施工用图。

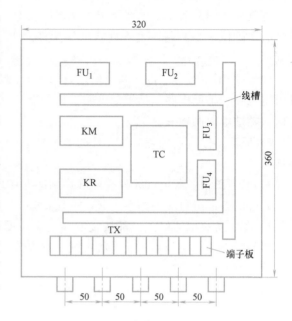

图 7-4 CW6132 车床电气元件安装位置图

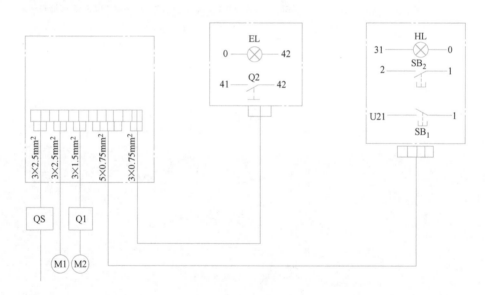

图 7-5 CW6132 车床电气接线图

3. 电气系统图中的图形和文字符号

为了表达电气控制系统的设计意图，便于系统的安装、调试、使用和检修，必须采用统一的图形符号和文字符号来表达。目前，我国已颁布实施的电气图形和文字符号的有关国家标准如下：

1）GB/T 4728—2005～2008《电气图常用图形符号》。

2）GB/T 7159—1987《电气技术中的文字符号制定通则》，已废止，目前无替代标准。

参见附录 B 电气图形符号。

二、三相异步电动机全压起停控制

1. 直接起动控制

电动机从静止状态加速到稳定运行状态的过程称为电动机的起动。对异步电动机来说，若直接施加额定电压给定子绕组起动，称为直接起动。由于这种方法所用电器少，线路简单，广泛用于中、小型异步电动机的起动控制。

图 7-3 中 CW6132 车床主轴电动机和冷却泵电动机都采用了直接起动控制。其中，冷却泵电动机用开关直接起动，主轴电动机则采用接触器直接起动。一般小容量电动机（如小型台钻和砂轮机等）可直接用开关起动，如图 7-6 所示；而许多中型设备（如卧式车床、铣床等）的主轴电动机都采用接触器直接起动方式，如图 7-7 所示。

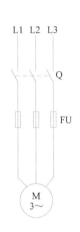

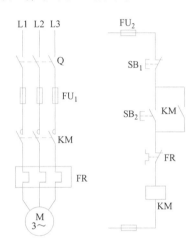

图 7-6　用开关直接起动电路　　　　图 7-7　用接触器直接起动电路

用接触器直接起动（图 7-7）工作过程如下：合上电源开关 Q，按下起动按钮 SB$_2$，接触器 KM 线圈通电，其常开主触点闭合，电动机 M 起动运转。由于常开辅助触点闭合，使 SB$_2$ 松开后 KM 仍然保持得电。这种将 KM 的常开辅助触点并联在起动按钮 SB$_2$ 两端，使 KM 继续得电的功能，称为自锁或自保。按下停止按钮 SB$_1$，KM 线圈失电，常开主触点复位（断开），M 断电后渐停；与此同时，常开辅助触点也复位（断开），使 SB$_1$ 松开后 KM 也不能得电。

图 7-7 中的熔断器 FU 作短路保护，热继电器 FR 作过载保护，KM 自锁触点作欠电压或失电压保护。欠电压或失电压保护是指当电源电压由于某种原因严重不足或失去时，KM 电磁吸力急剧下降或消失，衔铁释放，其常开主触点和自锁触点断开，M 断电后渐停；而当电源电压恢复正常时，M 不会自行起动运转，避免人身或设备事故发生。

2. 点动控制

图 7-7 中的 KM 自锁触点使电动机在起动后保持连续运转，即所谓长动，从而满足机械设备连续运行的要求。但在许多场合下，机械设备还需要点动控制。图 7-7 中取消 KM 自锁触点而按动 SB$_2$ 就构成点动控制：按动按钮时，电动机运转；松开按钮时，电动机停转。图 7-8b 所示为点动控制电路，其工作过程是：合上 Q，按下 SB，KM 线圈通电，电动机 M 起

动；松开 SB，KM 线圈失电，M 停转。

在实际生产中，许多机械设备既需要点动调整，也需要长动工作。图 7-8c 所示为既能点动也能长动的控制电路。当点动控制时，合上 Q，按下复合按钮 SB₃，其常闭触点断开，防止自锁，常开触点闭合，KM 线圈得电，电动机 M 起动；当松开 SB₃ 时，KM 线圈失电，M 停转。正常工作时，用长动按钮 SB₂ 起动。长动和点动控制的本质区别是控制电路能否自锁。

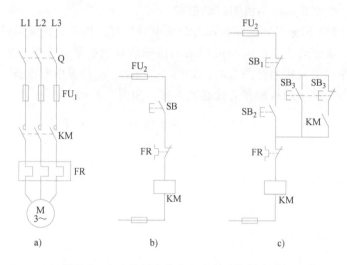

图 7-8　点动控制电路与点动长动控制电路

3. 多处起停控制

在大型生产设备上，为了操作方便，要求能在多处进行起停控制。其方法是将分散在各处的起动按钮并联起来，停止按钮串联起来。图 7-9 所示为两处起停控制电路。

4. 顺序起停控制

对于多电动机驱动的生产设备，对电动机经常有顺序起停的要求。如某些机床主轴电动机必须在液压泵电动机先起动工作后才能起动。图7-10所示为液压泵电动机 M2 和主轴电动机 M1 的顺序起停控制电路。控制要求是 M2 起动后 M1 才能起动，M1 停止后 M2 才能停止。

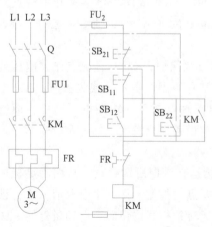

图 7-9　两处起停控制电路

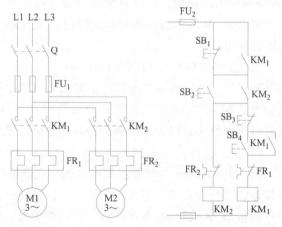

图 7-10　两台电动机顺序起停控制电路

起动时，合上 Q，须先按下 SB_2，KM_2 线圈得电并自锁，M2 起动运行；再按下 SB_4，KM_1 线圈才能得电并自锁，M1 起动运行，且将 SB_1 锁住，使其不起作用。停止时，只有先按下 SB_3，KM_1 线圈失电，M1 停转；由于与 SB_1 并联的 KM_1 常开触点已复位，再按下 SB_1 时，才能使 KM_2 线圈失电，M2 停转。

三、三相异步电动机正反转控制

机械设备往往要求实现正反两个方向的运动，如主轴正反转、进给机构往复运行，这就要求电动机能够正反转。由三相异步电动机原理可知，只要将通往电动机定子三相绕组电源中的任意两相调换，就可改变电动机三相电源相序，从而改变电动机的转向。

1. 手动按钮控制

图 7-11 所示为用两个按钮分别控制两个接触器以改变电动机电源相序，实现电动机正反转控制电路。由图 7-11b 可知，当按下 SB_2 时，正转接触器 KM_1 线圈得电并自锁，电动机 M 正转。当按下 SB_3 时，反转接触器 KM_2 线圈得电并自锁，M 反转。图 7-11b 所示控制电路的主要缺陷是：当 M 正在运转时，若直接按下令其反向的控制按钮，如 M 正转时，直接按下反转按钮 SB_3 时，将使得 KM_1、KM_2 线圈同时得电，造成主电路短路。所以，只能先按下停止按钮 SB_1，才能按下反转按钮 SB_3。

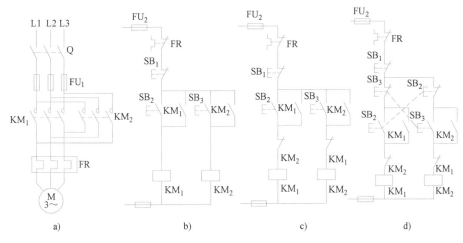

图 7-11 按钮控制的正反转控制电路

图 7-11c 将 KM_1、KM_2 常闭辅助触点相互串联在对方接触器线圈中，形成互锁控制：当 KM_1 线圈得电时，由于 KM_1 常闭辅助触点断开，此时，即使按下 SB_3，KM_2 线圈也不能得电；同理，当 KM_2 线圈得电时，由于 KM_2 常闭辅助触点断开，使 KM_1 线圈也不能得电，从而避免短路现象发生。

图 7-11d 是在图 7-11c 的基础上，将复合按钮 SB_2、SB_3 的常闭触点互相串联在对方接触器线圈电路中，这就不需要先按动停止按钮 SB_1，只要按下 SB_2 或 SB_3，即可实现电动机正反转切换。

2. 自动循环控制

生产设备中如机床的工作台、自动输料机构等均需要自动往返运动。通常情况下，自动往返是利用行程开关检测运动部件的相对位置，并发出正反向运动切换信号。这种控制称为行程控制。

图 7-12 所示为机床工作台往返运动的示意图。行程开关均固定在床身上，其中 SQ_1 为反向转正向行程开关并反映加工起点位置，SQ_2 为正向转反向行程开关并反映加工终点位置，SQ_3、SQ_4 为正反向限位保护开关。挡块固定在工作台上，随运动部件移动，当分别压动行程开关 SQ_1 或 SQ_2 时，其相应触点动作，发出使电动机正反向运转的切换信号。

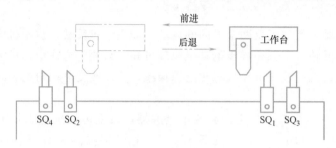

图 7-12　工作台往返运动示意图

图 7-13 所示为自动循环的正反向控制电路，其工作过程是：合上 Q，按下 SB_2，接触器线圈 KM_1 得电并自锁，电动机 M 正转，工作台前进。当前进到挡块压动 SQ_2 时，其常闭触点断开，KM_1 线圈失电；同时，其常开触点闭合，使接触器线圈 KM_2 得电，M 反转，工作台后退。当后退到挡块压动 SQ_1，其常闭触点断开，KM_2 线圈失电；同时，其常开触点闭合，又使 KM_1 线圈得电，M 正转，如此周而复始地自动往返工作。图 7-13 中 SB_1 是总停按钮。若换向行程开关 SQ_1 或 SQ_2 失灵，则由限位开关 SQ_3 或 SQ_4 的常闭触点断开相应接触器线圈，从而切断电动机电源，防止工作台因超出极限位而发生事故。

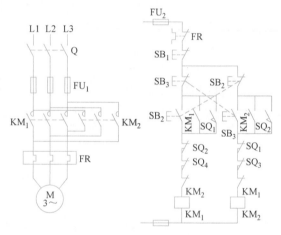

图 7-13　自动循环控制电路

四、三相异步电动机减压起动控制

三相异步电动机直接起动电流达到额定电流的 4~7 倍，过大的起动电流会引起电网电压显著下降，直接影响同一电网的其他设备正常工作，降低电压可以减小起动电流，因此对于容量较大的电动机应采用减压起动。由于三相异步电动机的起动转矩与加在定子绕组上的电压二次方成正比，减压起动导致起动转矩严重下降，所以减压起动只适用于空载或轻载场合。

常用的减压起动有丫-△减压起动、定子绕组串电阻减压起动、自耦变压器减压起动。

1. 丫-△减压起动控制电路

正常运行时，定子绕组接成△的笼型异步电动机，常用丫-△减压起动。电动机起动时，定子绕组先按丫联结起动，待转速升到接近额定转速，再将定子绕组恢复为△联结，使电动机进入全压运行。图 7-14 所示为用时间继电器自动切换的丫-△减压起动控制电路，起动过程是：合上 Q，按 SB$_2$，KM 线圈得电并自锁，同时 KM$_1$ 线圈得电，电动机 M 按丫联结起动；时间继电器 KT 线圈也同时得电，经延时后，其常闭延时触点断开，KM$_1$ 断电，而常开延时触点闭合，使 KM$_2$ 得电并自锁，定子绕组由丫联结变换成△联结正常运行。

图中 KM$_1$、KM$_2$ 常闭辅助触点构成电气互锁，防止主电路电源短路。

2. 定子串电阻减压起动控制电路

定子绕组串电阻减压起动不受电动机接线形式的限制，电动机起动时在三相定子电路中串接电阻，降低定子绕组电压，起动结束后再将电阻短接，使电动机进入全压运行。图 7-15 所示为定子串电阻减压起动控制电路。起动过程是：合上 Q，按 SB$_2$，KM$_1$ 线圈和 KT 时间继电器得电，电动机 M 定子串电阻起动。当时间继电器 KT 延时时间到，其常开延时触点闭合，KM$_2$ 线圈得电并自锁，KM$_2$ 常闭辅助触点断开使 KM$_1$ 线圈断电，电阻被短接，电动机 M 全压正常运行。

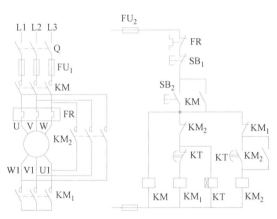

图 7-14　丫-△减压起动控制电路

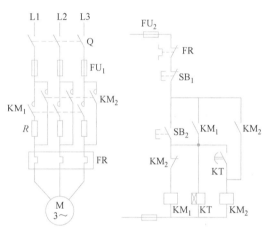

图 7-15　定子串电阻减压起动控制电路

3. 自耦变压器减压起动控制电路

自耦变压器减压起动也不受电动机接线形式的限制。电动机起动时，定子绕组得到的电压是自耦变压器的二次电压，随后，自耦变压器便被断开，定子绕组加上额定电压，电动机全压正常运行。

图 7-16 所示为自耦变压器减压起动控制电路。起动过程是：合上 Q，按 SB$_2$，KM$_1$ 线圈得电，同时 KM$_2$ 得电并自锁，将电动机定子绕组经自耦变压器 T 接至电源，电动机 M 减压起动；KT 线圈得电并自锁。当 M 运行达到 KT 延时时间后，其常闭延时触点断开，KM$_1$、KM$_2$ 失电，T 被断开，KT 的常开延时触点闭合，KM$_3$ 得电并自锁，M 全压正常运行。

图中 KM$_1$、KM$_3$ 常闭辅助触点构成电气互锁保护，防止 KM$_1$、KM$_2$、

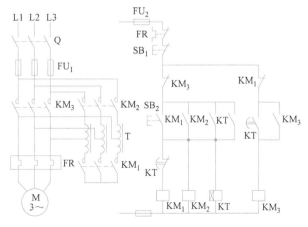

图 7-16　自耦变压器减压起动控制电路

KM_3 同时得电造成短路。

4. 绕线转子异步电动机起动控制电路

三相绕线转子异步电动机转子中绕有三相绕组，除了能用前述的笼型异步电动机起动方法外，还可通过集电环串接电阻，以达到降低起动电流、提高起动转矩的目的。

图 7-17 所示为电流继电器控制的绕线转子异步电动机转子回路串电阻起动电路，它根据电动机在起动时转子回路中电流的大小来逐步切除电阻。图中 KM_2 和 KM_3 为短接电阻用接触器，R_1 和 R_2 为转子起动电阻，KA_1 和 KA_2 为电流继电器，其复位电流的设置不同。

起动过程是：合上 Q，按 SB_2，KM_1 得电并自锁，电动机 M 转子串入全部电阻起动，同时 KA 得电。由于 M 刚起动时电流很大，大于 KA_1 和 KA_2 的动作电流，故 KA_2 和 KA_2 同时动作，其常闭触点均断开，使 KM_1 和 KM_2 处于失电状态，全部起动电阻串入转子电路。随着 M 的转速升高，转子电流减小，当小到 KA_1 复位电流时，其常闭触点复位，接通 KM_2 线圈，短接电阻 R_1。短接 R_1 后，转子电流有所增大，M 转速上升，但转速上升又使转子电流减小，当电流小到 KA_2 的复位电流值时，KA_2 常闭触点闭合，接通 KM_3 线圈，短接电阻 R_2，转子电流又增大，电动机 M 转速继续上升到额定值，完成整个起动过程。

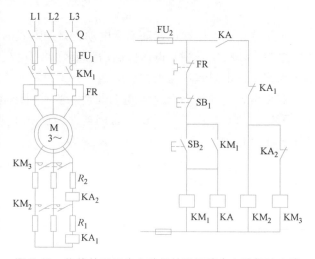

图 7-17　绕线转子异步电动机转子回路串电阻起动电路

图中 KA 的作用是：若无 KA，当转子电流由零上升到尚未达到电流继电器吸合值时，KA_1、KA_2 未吸合，使 KM_2、KM_3 同时通电，将转子全部起动电阻短接，导致电动机 M 直接起动。有了 KA，在 KM 通电动作后才使 KA 得电，在 KA 常闭触点闭合之前，转子电流已超出 KA_1、KA_2 吸合值并已动作，其常闭触点已将 KM_2、KM_3 电路断开，确保转子串电阻起动。

五、三相异步电动机制动控制

三相异步电动机从切断电源到完全停转，由于惯性的作用，总要经过一段时间。许多生产机械，如卧式车床、升降机械、加工中心等都要求能迅速停车或准确定位，这就要求对电动机进行强迫停车，即制动。制动的方式一般有两类：机械制动和电气制动。机械制动是利用电磁铁或液压操纵机械抱闸机构，使电动机快速停转的方法。电气制动实质上是使电动机产生一个与转子的转动方向相反的制动转矩。常用的电气制动有能耗制动和反接制动。

1. 电磁抱闸制动控制

图 7-18a 所示为电磁抱闸制动原理图。图中电动机转子与制动轮同轴安装。当电动机断电时，电磁制动闸便紧紧地抱住制动轮，从而使电动机迅速停转。由图看出，若选用受压弹簧，则制动闸平时处于抱闸状态，这种制动称为断电制动；若选用受拉弹簧，则制动闸平时

处于松开状态，这种制动称为通电制动。

（1）断电制动控制　像电梯、卷扬机等升降机械，为了避免因电源中断或电气线路故障影响制动的安全性和可靠性，一般采用断电制动控制方式。

图7-18b所示为断电制动控制电路。工作过程是：合上Q，按下SB_2，KM_1得电并自锁，使电磁铁线圈得电，制动闸松开；同时KM_2得电，电动机M起动运行。当按下SB_1时，电动机电源被切断，压簧复位，制动闸抱紧，电动机迅速制动。

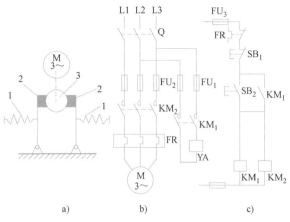

图7-18　电磁抱闸断电制动控制电路
1—弹簧　2—制动闸　3—制动轮

（2）通电制动控制　为减少制动电磁线圈通电时间，对于像机床一类经常需要调整加工件位置的机械设备，一般采用通电制动控制方式。

图7-19所示的通电制动控制电路的工作过程是：合上Q，按下SB_2，线圈KM_1得电并自锁，电动机起动运行。当按下SB_1时，KM_1先断电，电动机被切断电源，而后KM_2得电并自锁，制动电磁铁线圈通电，制动闸抱紧制动；同时时间继电器KT得电，待延时整定时间到，延时动断触点断开，使KM_2和KT线圈先后断电，制动电磁铁线圈失电，制动闸恢复松开状态。

2. 能耗制动控制

能耗制动是指电动机脱离电源后，定子绕组通入直流电源，利用转子感应电流与静

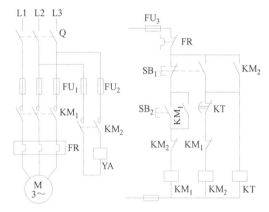

图7-19　电磁抱闸通电制动控制电路

止磁场的作用，待转子转速接近零时再切除直流电源的制动方法。能耗制动实质上是把转子储存的机械能转化成电能，再将电能用于转子的制动。

图7-20a所示为手动复合按钮控制的能耗制动电路。图中变压器TC和整流元件VC组成整流装置，并提供制动直流源；KM_2为制动用接触器。需电动机停车时，按下复合按钮SB_1，直到制动结束后才放开按钮。这种控制的制动时间需靠人工干预，操作不方便。

图7-20b所示为时间继电器控制的能耗制动电路。图中KT为时间继电器，延时整定值按制动时间确定。控制电路工作过程是：合上Q，按下SB_2，KM_1得电自锁，电动机M起动运行。当停车时，按下SB_1，KM_1失电，KM_2得电并自锁，同时KT也得电，电动机处于制动状态，待KT延时时间到，KM_2和KT失电，制动结束。

能耗制动作用的效果与通入直流电流的大小和电动机转速有关，在同样的转速下，电流越大，其制动时间越短。一般取直流电流为电动机空载电流的3~4倍，过大的电流会使定子过热。直流电源中串接的可调电阻R用于调节制动电流的大小。

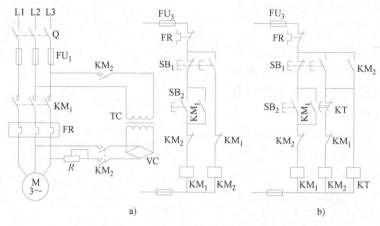

图 7-20　能耗制动控制电路

能耗制动具有制动准确、平稳、能量消耗小等优点，故适用于要求制动准确、平稳的设备，如磨床、龙门刨床及组合机床的主轴制动。

3. 反接制动控制

反接制动是通过改变电动机三相电源的相序，利用定子绕组的旋转磁场与转子惯性旋转方向相反，产生反方向的转矩，从而达到制动效果。

反接制动时，由于转子与定子旋转磁场的相对转速接近于两倍的同步转速，定子绕组中流过的制动电流相当于直接起动时的两倍，为此对 10kW 以上的电动机进行反接制动时，必须在电动机定子绕组中串接一定的限流电阻，以避免绕组过热和机械冲击。

反接制动的另一个要求是在电动机转速接近零时，及时切断交流电源，防止反向又起动。为此常用与电动机的转子轴连接在一起的速度继电器检测电动机的速度变化。

图 7-21 所示为速度继电器控制的反接制动控制电路。工作过程是：合上 Q，按下 SB_2，接触器 KM_1 得电并自锁，电动机 M 起动运行，当转速升高后，速度继电器的常开触点 KV

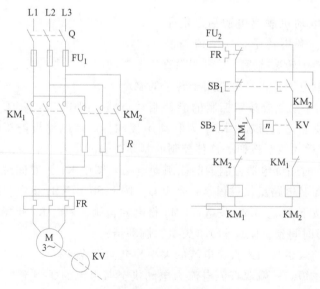

图 7-21　反接制动控制电路

闭合，为反接制动做好了准备。停车时，按下复合按钮 SB_1，KM_1 断电，同时 KM_2 得电并自锁，电动机进行反接制动，当电动机转速迅速降低到接近零时，速度继电器 KV 的常开触点断开，KM_2 断电，制动结束。

反接制动时，由于制动电流很大，因此制动效果显著。但在制动过程中有机械冲击，对传动部件有害且能量消耗较大，还需要安装速度继电器，故适用于不太经常制动、电动机容量不大的设备，如铣床、镗床、中型车床的主轴制动。

六、三相异步电动机变极调速控制

1. 变极调速原理

三相异步电动机同步转速表达式为

$$n_0 = \frac{60f}{p}$$

如果电动机的极对数 p 减少一半，则同步转速 n_0 便提高一倍，转子的额定转速 n 也接近提高一倍。下面以最常用的双速电动机为例，说明变极调速原理。

图 7-22 所示为变极调速原理图，每相定子绕组分成 A1X1 和 A2X2 两个线圈。其中图 7-22a 所示为两个线圈串联，则可获得四个（$p=2$）磁极；图 7-22b 所示为两个线圈反向并联，获得两个（$p=1$）磁极。

图 7-23 所示为双速电动机定子绕组接线图。其中图 7-23a 所示为 △ 联结，U1、V1、W1 三端与电源连接，U2、V2、W2 三端悬空，电流方向如箭头所示，此时电动机磁极对数 $p=2$，同步转速为 1500r/min，低速运行。图 7-23b 所示为双星形联结，U2、V2、W2 三端连接电源，U1、V1、W1 三端相连，箭头表示电流方向，此时磁极对数 $p=1$，电动机同步转速为 3000r/min，故双速电动机的高转速约等于低转速的两倍。

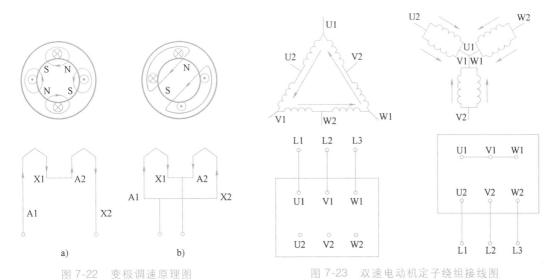

图 7-22　变极调速原理图　　　　　　　图 7-23　双速电动机定子绕组接线图

2. 双速电动机变速控制

图 7-24 所示为时间继电器控制的双速电动机变速控制电路。其工作过程是：合上 Q，按下 SB_2，接触器 KM_1 得电并自锁，电动机 M 低速运行，同时时间继电器 KT 得电。当 KT

延时整定时间到，KT 的延时常闭触点断开，KM_1 失电，同时 KT 的延时常开触点闭合，接触器 KM_2、KM_3 得电并自锁，M 由低速升到高速。

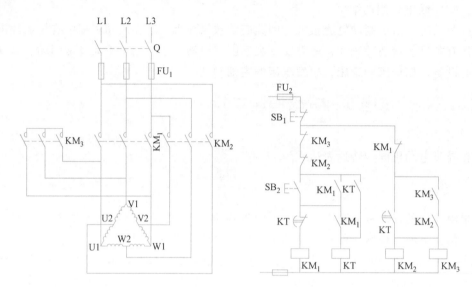

图 7-24 双速电动机变速控制电路

双星形联结的电动机额定功率约为△联结额定功率的 1.15 倍，近似于恒功率调速，主要适用于恒功率传动负载，如车床、铣床主轴调速。

七、卧式车床的机电传动控制系统

卧式车床是一种应用最为广泛的金属切削机床，主要用来车削外圆、端面、内圆和螺纹，还可以进行钻孔、扩孔、铰孔等。这里介绍常用的 CA6140 卧式车床的电气控制系统。

1. 主要结构及运动情况

如图 7-25 所示，卧式车床主要由床身、主轴变速箱、挂轮箱、进给箱、溜板箱、刀架、尾座、光杆和丝杠等部分组成。

车床的主运动为工件的旋转运动，由主轴通过卡盘或顶尖带动工件旋转。由于工件的材料、工件尺寸、车刀、加工方式及冷却条件等不同，要求的切削速度也不同，这就要求主轴要有相当大的调速范围，卧式车床的调速范围 D 一般大于 70。为适应加工螺纹的需要，要求主轴能实现正反转运行。

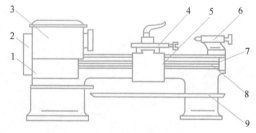

图 7-25 卧式车床的结构示意图

1—进给箱　2—挂轮箱　3—主轴变速箱　4—溜板与刀架

5—溜板箱　6—尾座　7—丝杠　8—光杆　9—床身

车床的进给运动为刀架的纵向与横向直线运动。纵向与横向进给运动可由主轴变速箱的输出轴，经挂轮箱、进给箱、光杆传入溜板箱获得，也可手动实现。加工螺纹时，工件的旋转速度与刀具的进给速度应有严格的比例关系。

车床的辅助运动为溜板箱的快速移动、尾座的移动和工件的夹紧与松开等。

2. 机电传动与电气控制要求

根据车床的加工工艺要求，机电传动与电气控制应满足以下要求：

1）为保证主运动与进给运动的严格比例关系，两者采用一台电动机拖动，而且从经济性、可靠性出发，主拖动电动机选用笼型异步电动机。

2）为满足调速的要求，采用机械变速，主拖动电动机与主轴之间用齿轮箱连接。有的车床采用机电联合调速，即采用多速笼型异步电动机与变速箱结合进行调速。对于重型或超重型车床，为实现无级变速，主轴往往采用直流电动机拖动。

3）为车削螺纹，主轴要求能正反转。有的车床采用机械方法实现，有的小型车床采用主电动机正反转来实现。

4）主拖动电动机一般采用直接起动。当电动机容量较大时，常采用丫-△减压起动。

5）车削加工时，刀具与工件都可能产生高温，应设一台冷却泵。冷却泵电动机只需要单向旋转，但冷却泵电动机应在主拖动电动机起动后方可起动，当主拖动电动机停止时，冷却泵电动机应自动停止。

6）为了提高生产效率，减少工人劳动强度，车床刀架的快速移动由一台电动机单独拖动。有些小型车床采用手动。

7）应有必要的保护环节及信号电路。

8）需有安全电压供电的局部照明电路。

3. CA6140 卧式车床的电气控制系统

图 7-26 所示为 CA6140 卧式车床的电气控制电路。电源经断路器 QF 引入机床。M1 为主拖动电动机，M2 为冷却泵电动机，M3 为刀架快速移动电动机。

（1）主拖动电动机的控制　先用钥匙旋转电源开关锁 SQ_2，再合上 QF 接通电源，按下按钮 SB_1，接触器 KM_1 得电吸合并自锁，主轴电动机 M1 起动；按下按钮 SB_2，KM_1 断电，主轴电动机 M1 停止，此按钮按下后即行锁住，右旋后方能复位。

（2）快速电动机的控制　如果要快速移动溜板，可将操作手柄扳到需要的方向，按下快速移动按钮 SB_3，KM_3 得电，其主触点闭合，M3 旋转。该电动机靠按钮 SB_3 点动操作，放开 SB_3，M3 停止。

（3）冷却泵电动机的控制　当主拖动电动机 M1 开始运行后，接触器 KM_1 的辅助触点闭合，此时合上 SA_1 方可让 KM_2 得电，使冷却泵电动机 M2 起动。

（4）照明及指示电路　照明电路由控制变压器供给交流 24V 安全电压，经照明开关 Q 控制照明灯 EL。指示电路由变压器供给 6V 电压，指示灯 HL 作为电源指示，当机床引入电源后 HL 亮。

（5）保护环节　熔断器 FU_1、FU_2 分别作为冷却泵电动机和快速电动机的短路保护；热继电器 FR_1、FR_2 分别为电动机 M1、M2 的过载保护；断路器 QF 对机床供电回路实现总的保护。

为了保护人身安全，通过行程开关 SQ_1、SQ_2 进行断电保护。当 SA_2 左旋打开电器控制壁龛时，SQ_2 行程开关闭合，QF 自动断开；当打开主轴箱后，SQ_1 断开，使主拖动电动机停止，以确保人身安全。

当需要打开控制壁龛门进行带电维修时，只要将 SQ_2 的传动杆拉出，QF 仍可合上。关上壁龛门后，SQ_2 复原，保护作用正常。

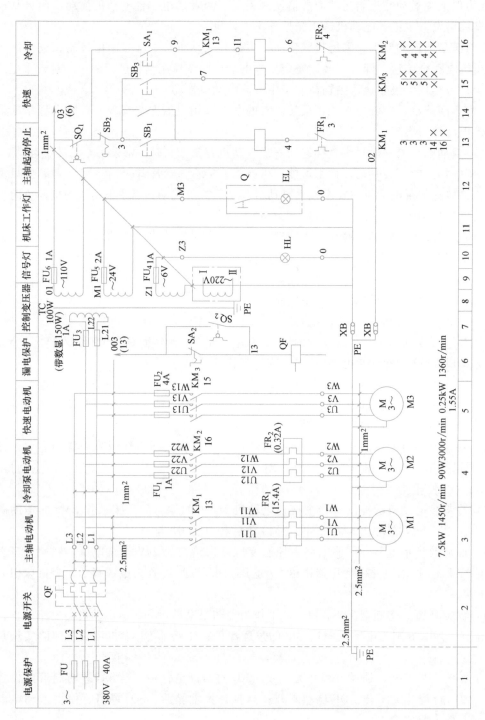

图 7-26 CA6140 卧式车床的电气控制电路

八、液压动力滑台控制电路

用于组合机床上的液压动力滑台是完成刀具进给运动的部件，它利用液压传动系统实现滑台向前或向后的运动。液压动力滑台主要由滑台、滑座及液压缸三部分组成。液压缸拖动滑台在滑座上移动，由电气控制液压传动系统，实现滑台的自动工作循环。

1. 一次工作进给的控制电路

图 7-27a 所示为液压动力滑台一次工作进给的液压回路及行程开关位置示意图，图 7-27b 所示为自动工作循环示意图，图 7-27d 所示为电磁铁动作状态表。其工作过程如下：

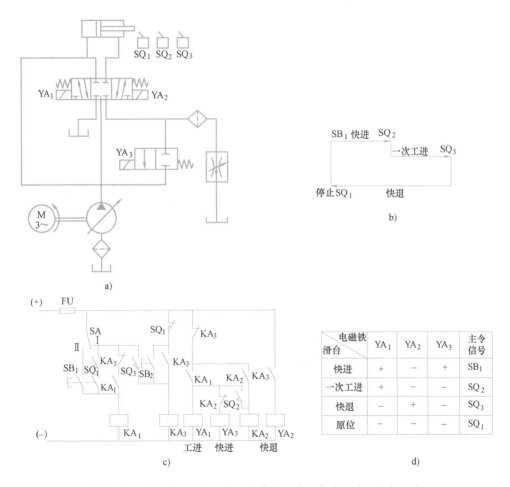

图 7-27 液压动力滑台一次工作进给的液压传动回路及控制电路

电磁铁\滑台	YA$_1$	YA$_2$	YA$_3$	主令信号
快进	+	−	+	SB$_1$
一次工进	+	−	−	SQ$_2$
快退	−	+	−	SQ$_3$
原位	−	−	−	SQ$_1$

滑台处于原位（SQ$_1$ 被压下）→按压按钮 SB$_1$，滑台快进→压下 SQ$_2$，滑台转入工作进给→压下 SQ$_3$，滑台快退→压下 SQ$_1$，滑台在原位停止。

图 7-27c 所示为一次工作进给的控制电路。

（1）滑台处于原位　由挡铁压下行程开关 SQ$_1$，使其常开触点闭合，电磁铁 YA$_1$、YA$_2$、YA$_3$ 均为断点状态，三位五通电磁阀处于中位，二位二通电磁阀处于右位。

（2）滑台快进　将转换开关 SA 扳到 I 位，按下按钮 SB$_1$，中间继电器 KA$_1$ 得电动作并自锁，其常开触点闭合，使电磁铁 YA_1、YA_3 得电。YA_1 得电使三位五通电磁阀左位工作，由于 YA_1、YA_3 同时得电，液压缸左腔不仅接通工进油路，还通过二位二通电磁阀左位实现差动连接，使液压缸右腔内的回油也排入左腔，加大了左腔的进油量，因此滑台快进。

（3）滑台工作进给　当滑台快进到使挡铁压下 SQ_2 时，其常开触点闭合，使中间继电器 KA_2 得电动作并自锁，KA_2 的常闭触点使 YA_3 断电，二位二通电磁阀右位切断差动回路，使滑台自动转成工作进给状态。

（4）滑台快退　当滑台工进到终点时，挡铁压下行程开关 SQ_3，其常开触点闭合，使 KA_3 得电动作并自锁。KA_3 常闭触点断开，使 YA_1 断电，滑台停止工进；其常开触点闭合，使 YA_2 得电，使三位五通电磁阀右位工作，滑台快退。当退到原位时，挡铁压下 SQ_1，其常闭触点断开，使 KA_3 断电，YA_2 也断电，滑台原位停止。

（5）滑台调整　将转换开关 SA 扳到 II 位，按下按钮 SB_1，KA_1 得电，使电磁铁 YA_1、YA_3 得电，滑台可快速向前调整。此时 KA_1 不能自锁，因此松开 SB_1 后，滑台立即停止。当滑台不在原位需要快退回去时，可按动 SB_2 按钮，使 KA_3 得电动作并自锁，YA_2 得电，使三位五通电磁阀右位工作，滑台快退。直到退回原位压下 SQ_1，滑台停止。

2. 二次工作进给的控制电路

二次工作进给自动工作循环与一次工作进给有所不同：

滑台处于原位（SQ_1 被压下）→按下按钮 SB_1，滑台快进→压下 SQ_2，滑台转入一次工作进给→压下 SQ_3，滑台转入二次工作进给→压下 SQ_4，滑台快退→压下 SQ_1，滑台在原位停止。

图 7-28 所示为二次工作进给的液压传动回路及控制电路，它的工作原理与一次工作进给的工作原理相似。在液压传动系统中增加一个调速阀 L2 和一个二位二通电磁阀，以实现二次工作进给调速。二次工作进给的速度比一次工作进给时低。在此控制电路中，SQ_2 接通继电器 KA_2，控制第一次工作进给，这时只有电磁铁 YA_1 通电。由 SQ_3 接通继电器 KA_3，控制第二次工作进给，这时电磁铁 YA_1、YA_4 同时得电。SQ_4 接通继电器 KA_4 控制快退，此时 YA_2 得电，滑台后退直到挡铁压下 SQ_1 停止。

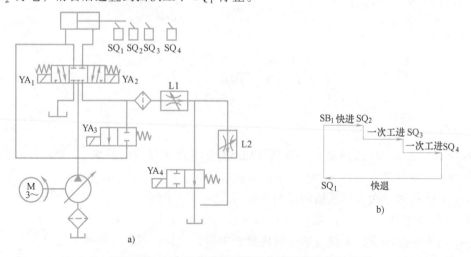

图 7-28　二次工作进给的液压传动回路及控制电路

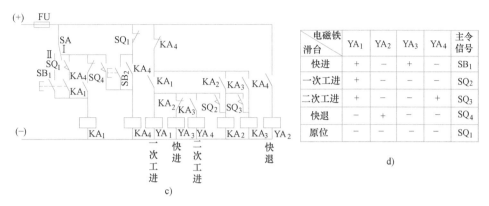

电磁铁 滑台	YA_1	YA_2	YA_3	YA_4	主令 信号
快进	+	−	+	−	SB_1
一次工进	+	−	−	−	SQ_2
二次工进	+	−	−	+	SQ_3
快退	−	+	−	−	SQ_4
原位	−	−	−	−	SQ_1

d)

c)

图 7-28　二次工作进给的液压传动回路及控制电路（续）

第三节　直流传动控制系统

一、概述

（一）调速的定义

直流电动机具有良好的起、制动性能，宜于在较大范围内平滑调速，所以由晶闸管-直流电动机（V-M）组成的直流调速系统是目前应用较普遍的一种机电传动自动控制系统。它在理论上和实践上都比较成熟，而且从闭环控制理论的角度看，它又是交流调速系统的基础。

所谓调速，是指在某一具体负载情况下，通过改变电动机或电源参数的方法，使机械特性曲线得以改变，从而使电动机转速发生变化或保持不变。调速具有两个方面的含义：一是能在一定范围内"变速"。如图 7-29 所示，电动机负载不变时，转速由 n_0 变到 n_c 或 n_e，这就是"变速"调速。二是"恒速"。当生产机械在某一速度下运行时，总要受到外界的干扰（如负载变化），为了保证生产机械速度不受干扰的影响，也要进行调速。例如由于负载的增加，电动机的转速就要降低，为维持转速恒定，就得调整电动机转速，使其回升，并等于或接近原来的转速。如图 7-29 中的 n_0 随转矩 M 的变化而维持不变就属于"恒速"调速。

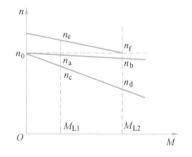

图 7-29　调速与机械特性的关系

（二）直流调速的方案

直流电动机的转速和其他参量的关系为

$$n = \frac{U - IR}{K_e \Phi} \tag{7-1}$$

式中，n 为电动机转速；U 为电枢供电电压；I 为电枢电流；R 为电枢回路总电阻；K_e 为由电动机结构决定的电动势系数；Φ 为电动机励磁磁通。

由式（7-1）可以看出，直流电动机的转速调节（即调速）方法有三种：

1）改变电枢回路总电阻 R。

2）减弱电动机励磁磁通 Φ。

3）调节电枢供电电压 U。

对于要求在一定范围内无级平滑调速的系统来说，以调节电枢供电电压的方式为最好。改变电阻只能有级调速；减弱磁通虽然能够平滑调速，但调速范围不大，往往只是配合调压方案，在基速（即电动机额定转速）以上做小范围的升速。因此，机电传动自动控制系统中的直流调速系统都是以变压调速为主的。

在调压调速方案中，从供电电源种类上看又有两种情况：

1）在交流供电系统中，采用可控交流装置，以获得可调的直流电压。

2）在具有恒定直流供电电源的地方，采用晶闸管斩波器，实现脉冲调压调速。现代工业企业中，都具有低压交流供电系统，因此前一类调压方式应用广泛。

（三）调速指标

根据各类典型生产机械对调速系统提出的要求，一般可以概括为静态和动态调速指标。静态调速指标要求机电传动自动控制系统能在最高转速和最低转速范围内调节转速，并且要求在不同转速下工作时，速度稳定；动态调速指标要求系统起动、制动快而平稳，并具有良好的抗扰动性能。抗扰动性是指系统稳定在某一转速上运行时，应尽量不受负载变化以及电源电压波动等因素的影响。

1. 静态调速指标

（1）调速范围　生产机械要求电动机在额定负载运行时，提供的最高转速 $n_{\max}$ 与最低转速 $n_{\min}$ 之比，称为调速范围，用符号 D 表示，即

$$D = \frac{n_{\max}}{n_{\min}} \tag{7-2}$$

（2）静差率　静差率是用来表示负载转矩变化时，转速变化的程度，用 s 来表示。具体是指电动机稳定工作时，在一条机械特性曲线上，电动机的负载由理想空载增加到额定值时，对应的转速降落 Δn_{ed} 与理想空载转速 n_0 之比，用百分数表示为

$$s = \frac{\Delta n_{\mathrm{ed}}}{n_0} \times 100\% = \frac{n_0 - n_{\mathrm{ed}}}{n_0} \times 100\% \tag{7-3}$$

显然，机械特性硬度越大，Δn_{ed} 越小，静差率就越小，转速的稳定度就越高。

然而静差率和机械特性硬度又是有区别的。两条相互平行的直线性机械特性的静差率是不同的。对于图 7-30 中的线 1 和线 2，它们有相同的转速降落 $\Delta n_{\mathrm{ed}1} = \Delta n_{\mathrm{ed}2}$，但由于 $\Delta n_{02} < \Delta n_{01}$，因此 $s_2 > s_1$。这表明在相同机械特性硬度条件下，低速时静差率较大，转速的相对稳定性较差。在1000r/min 时降落 10r/min，只占 1%；在 100r/min 时也降落 10r/min，就占 10%；如果 n_0 只有 10r/min，再降落10r/min 时，电动机就停止转动，转速全都降落完了。

由图 7-30 可见，对一个调速系统来说，如果能满足最

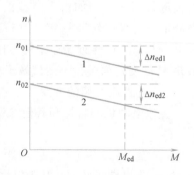

图 7-30　不同转速下的静差率

低转速运行的静差率 s，那么其他转速的静差率也必然都能满足。

事实上，调速范围和静差率这两项指标并不是彼此孤立的，必须同时提才有意义。一个调速系统的调速范围，是指在最低速时还能满足所提静差率要求的转速可调范围。脱离了对静差率的要求，任何调速系统都可以得到极高的调速范围；反过来，脱离了调速范围，要满足给定的静差率也就容易得多了。

（3）调压调速系统中调速范围、静差率和额定速降之间的关系　在直流调速系统中，当机械特性硬度一定时，最高转速 n_{max} 就是电动机的额定转速 n_{ed}。若带额定负载时的转速降落为 Δn_{ed}，则最低转速时的静差率是 $s=\Delta n_{ed}/n_{0min}\times100\%$。于是，最低转速为

$$n_{min}=n_{0min}-\Delta n_{ed}=\frac{\Delta n_{ed}}{s}-\Delta n_{ed}=\frac{(1-s)\Delta n_{ed}}{s}$$

而调速范围为

$$D=\frac{n_{max}}{n_{min}}=\frac{n_{ed}s}{\Delta n_{ed}(1-s)} \tag{7-4}$$

式（7-4）表示调速范围、静差率和额定速降之间所应满足的关系。可见，当机械特性硬度一定时，Δn_{ed} 一定时，对静差率要求越严，s 越小，允许的调速范围便越小。例如，某调速系统额定转速 $n_{ed}=1430r/min$，额定速降 $\Delta n_{ed}=115r/min$，当要求静差率 $s\leqslant30\%$ 时，允许的调速范围是

$$D=\frac{1430\times0.3}{115\times(1-0.3)}=5.3$$

如果要求 $s\leqslant20\%$，则调速范围只有

$$D=\frac{1430\times0.2}{115\times(1-0.2)}=3.1$$

2. 动态调速指标

在给定信号的作用下，系统输出量的变化情况可用动态性能指标来描述。当给定信号变化方式不同时，输出响应也不一样。通常以输出量的初始值为零、给出单位阶跃输入信号 $x(t)$ 作用下的系统输出 $y(t)$ 过渡过程（图7-31）的要求。这时的动态响应又称作阶跃响应。一般希望在阶跃响应中输出量 $y(t)$ 与其稳态值 $y(\infty)$ 的偏差越小越好，达到 $y(\infty)$ 的时间越短越好。表示动态性能的指标是：

p_0 为超调量，表示输出量超出稳态值的最大偏离量。它也可用相对值表示输出量超出稳态值的最大偏离量与稳态值之比，用百分数表示为：$\sigma=[p_0/y(\infty)]\times100\%$。超调量反映系统的相对稳定性。超调量越小，则相对稳定性越好，即动态响应比较平稳；t_d 为延迟时间，它对应于

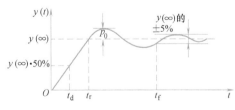

图7-31　系统输出过渡过程图

$y(t)$ 上升到稳态值的50%时的时间；t_f 为调节时间，它等于 $y(t)$ 进入稳态值的5%误差带（不再出来）的时间；n 为振荡次数。

二、直流电动机闭环调速系统

直流调速系统中，目前用得最多的是晶闸管-电动机（V-M）调速系统。晶闸管-电动机

直流传动控制系统常用的有单闭环直流调速系统、双闭环直流调速系统和可逆系统。

（一）单闭环直流调速系统

常见的单闭环直流调速系统框图如图
7-32 所示，单闭环直流调速系统常分为有
静差调速系统和无静差调速系统两类：单纯
由被调量负反馈组成的按比例控制的单闭
环系统属有静差的自动调节系统，简称有
静差调速系统；而按积分（或比例积分）
控制的系统，则属无静差调速系统。

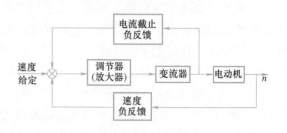

图 7-32　单闭环直流调速系统框图

1. 有静差调速系统

（1）有静差调速系统的基本组成和工作原理　图 7-33 所示为一典型的晶闸管-直流电动
机有静差调速系统的原理图，其中，放大器为比例放大器（或比例调节器），直流电动机 M
由晶闸管可控整流器经过平波电抗器 L 供电。整流器整流电压 U_d 可由触发延迟角 α 来改
变，在这里整流器的交流电源省略未画出。触发器的输入控制电压为 U_k。为使速度调节灵
敏，使用放大器来把输入信号 ΔU 加以扩大，ΔU 为给定电压 U_g 与速度反馈信号 U_f 的差
值，即

$$\Delta U = U_g - U_f$$

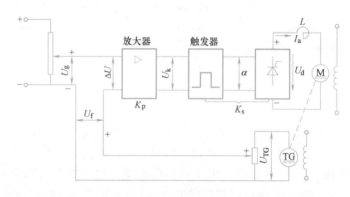

图 7-33　晶闸管直流调速系统原理图

ΔU 又称偏差信号。速度反馈信号电压 U_f 与转速 n 成正比，即

$$U_f = \gamma n$$

式中，γ 为转速反馈系数。

放大器的输出为

$$U_k = K_p \Delta U = K_p (U_g - U_f) = K_p (U_g - \gamma n)$$

式中，K_p 为放大器的电压放大倍数。

把触发器和可控整流器看成一个整体，设其等效放大倍数为 K_s，则空载时，可控整流
器的输出电压为

$$U_d = K_s U_k = K_s K_p (U_g - \gamma n) \tag{7-5}$$

对于电动机电枢回路，若忽略晶闸管的管压降，则有

$$U_d = K_e \Phi n + I_a R_\Sigma = C_e n + I_a R_\Sigma \tag{7-6}$$

式中，R_Σ 为电枢回路的总电阻，其中包括可控整流电源的等效电阻（整流变压器和平波电抗器等的电阻）及电动机的电枢电阻。

联立求解式（7-5）和式（7-6），可得带转速负反馈的晶闸管–电动机有静差调速系统的机械特性方程为

$$n = \frac{K_0 U_g}{C_e(1+K)} - \frac{R_\Sigma}{C_e(1+K)} I_a = n_{0f} - \Delta n_f \tag{7-7}$$

式中，$K_0 = K_p K_s$ 为从放大器输入端到可控整流电路输出端的电压放大倍数；$K = (\gamma/C_e) K_p K_s$ 为闭环系统的开环放大倍数。

由图 7-33 可看出，如果系统没有转速负反馈（即开环系统），则整流器的输出电压为

$$U_d = K_s K_p U_g = K_0 U_g = C_e n + I_a R_\Sigma$$

由此可得开环系统的机械特性方程为

$$n = \frac{K_0 U_g}{C_e} - \frac{R_\Sigma}{C_e} I_a = n_0 - \Delta n \tag{7-8}$$

比较式（7-7）与式（7-8），不难看出：

1）在给定电压一定时，有

$$n_{0f} = \frac{K_0 U_g}{C_e(1+K)} = \frac{n_0}{1+K} \tag{7-9}$$

即闭环系统的理想空载转速降低到开环时的 $1/(1+K)$，为了使闭环系统获得与开环系统相同的理想空载转速，闭环系统所需要的给定电压 U_g 是开环系统的 $(1+K)$ 倍，因此，仅有转速负反馈的单闭环系统在运行中，若突然失去转速负反馈，就可能造成严重的事故。

2）如果将系统闭环与开环的理想空载转速调得一样，即 $n_{0f} = n_0$，则

$$\Delta n_f = \frac{R_\Sigma}{C_e(1+K)} I_a = \frac{\Delta n}{1+K} \tag{7-10}$$

即在同样负载电流下，闭环系统的转速降仅为开环系统转速降的 $1/(1+K)$，从而大大提高了机械特性的硬度，使系统的静差度减少。

3）由式（7-4）可知，开环系统和闭环系统的调速范围分别为

开环：

$$D = \frac{n_{ed}s}{\Delta n_{ed}(1-s)}$$

闭环：

$$D_f = \frac{n_{ed}s}{\Delta n_{edf}(1-s)} = \frac{n_{ed}s}{\dfrac{\Delta n_{ed}}{1+K}(1-s)} = (1+K)D \tag{7-11}$$

即闭环系统的调速范围为开环系统的 $(1+K)$ 倍。

由此可见，提高系统的开环放大倍数 K 是减小转速降落、扩大调速范围的有效措施。但是放大倍数也不能过分增大，否则系统容易产生不稳定现象。

以下分析这种系统转速自动调节的过程。在某一个规定的转速下，给定电压 U_g 是固定不变的。假设电动机空载运行（$I_a \approx 0$）时，空载转速为 n_0，测速发电机有相应的电压 U_{TG}，经过分压器分压后，得到反馈电压 U_f，给定量 U_g 与反馈量 U_f 的差值 ΔU 加进比例调节器（放大器）的输入端，其输出电压 U_k 加入触发器的输入电路，可控整流装置输出整流电压

U_d 供电给电动机，产生空载转速 n_0。当负载增加时，I_a 加大，由于 I_aR_Σ 的作用，使电动机转速下降，测速发电机的电压 U_{TG} 下降，使反馈电压 U_f 下降到 U_f'，但这时给定电压 U_g 并没有改变，于是偏差信号增加到 $\Delta U' = U_g - U_f'$，使放大器输出电压上升到 U_k'，它使晶闸管整流器的触发延迟角 α 减小，整流电压上升到 U_d'，电动机转速又回升到近似等于 n_0，但绝不可能等于 n_0，因为，如果回升到 n_0，那么，反馈电压也将回升到原来的数值 U_f，而偏差信号又将下降到原来的数值 ΔU，也就是放大器输出的控制电压 U_k 没有增加，因而晶闸管整流装置的输出电压 U_d 也不可能增加，也就无法补偿负载电流 I_a 在电阻 R_Σ 上的电压降落，电动机转速又将下降到原来的数值。这种维持被调量（转速）近于恒值不变，但又具有偏差的反馈控制系统通常称为有差调节系统（即有差调速系统）。系统的放大倍数越大，准确度就越高，静差度就越小，调速范围就越大。

转速负反馈调速系统能克服扰动作用（如负载的变化、电动机励磁的变化、晶闸管交流电源电压的变化等）对电动机转速的影响。只要扰动引起电动机转速的变化能为测量元件——测速发电机等所测出，调速系统就能产生作用来克服它，换句话来说，只要扰动是作用在被负反馈所包围的环内，就可以通过负反馈的作用来减少扰动对被调量的影响，但是必须指出，测量元件本身的误差是不能补偿的。例如，当测速发电机的磁场发生变化时，则 U_{TG} 就要变化，通过系统的作用，会使电动机的转速发生变化。因此，正确选择与使用测速发电机是很重要的。如用他励式测速发电机时，应使其磁场工作在饱和状态或者用稳压电源供电，也可选用永磁式的测速发电机（当安装环境不是高温，没有剧烈振动的场合），以提高系统的准确性。在安装测速发电机时还应注意轴的对中不偏心，否则也会给系统带来干扰。

（2）直流调速系统的其他反馈控制　速度（转速）负反馈是抑制转速变化的最直接而有效的方法，它是自动调速系统最基本的反馈形式。但速度负反馈需要有反映转速的测速发电机，它的安装和维修都不太方便，因此，在调速系统中还常采用其他的反馈形式。常用的有电压负反馈、电流正反馈、电流截止负反馈等反馈形式。

1）电压负反馈系统。具有电压负反馈环节的调速系统如图7-34所示。

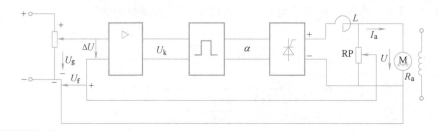

图 7-34　电压负反馈系统

直流电动机的转速随电枢端电压的大小而变，电枢电压高，电动机转速高；电枢电压的大小，可以近似地反映电动机转速的高低。电压负反馈系统就是把电动机电枢电压作为反馈量，以调整转速。图中 U_g 是给定电压，U_f 是电压负反馈的反馈量，它是从并联在电动机电枢两端的电位计 RP 上取出来的，所以，电位计 RP 是检测电动机端电压大小的检测元件，U_f 与电动机端电压 U 成正比，U_f 与 U 的比例系数用 λ 表示，称为电压反馈系数。

在给定电压 U_g 一定时，其调整过程如下：

$$负载 \uparrow \rightarrow n \downarrow \rightarrow I_d \uparrow \rightarrow U_f(\lambda U) \downarrow \rightarrow \Delta U(U_g - U_f) \uparrow$$
$$\rightarrow U_k \uparrow \rightarrow \alpha \downarrow \rightarrow U_d \uparrow \rightarrow U \uparrow \rightarrow n \uparrow$$

同理，负载减小时，其 n 上升，通过电压负反馈调节可使 n 下降，趋于稳定。

电压负反馈系统的特点是线路简单，可是稳定速度的效果并不大，因为即使电动机端电压由于电压负反馈的作用而维持不变，但是负载增加时，电动机电枢内阻 R_a 所引起的内阻压降仍然要增大，电动机速度还是要降低。一般线路中采用电压负反馈，主要不是用它来稳速，而是用它来防止过电压、改善动态特性和加快过渡过程。

2）电流正反馈与电压负反馈组合的综合反馈系统。由于电压负反馈系统对电动机电枢电阻压降引起的转速降落不能予以补偿，因而转速降落较大，静特性不够理想，使允许的调速范围减小。为了补偿电枢电阻压降 $I_a R_a$，一般在电压负反馈的基础上再增加一个电流正反馈环节，如图 7-35 所示。

电流正反馈，是把反映电动机电枢电流大小的量 $I_a R_a$ 取出，与电压负反馈一起加到放大器输入端。由于是正反馈，当负载电流增加时，放大器输入信号也增加，使晶闸管整流输出电压 U_d 增加，以此来补偿电动机电枢电阻所产生的压降。由于这种反馈方式的转速降落比仅有电压负反馈时小了许多，因而扩大了调速范围。

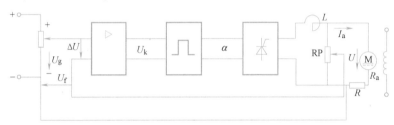

图 7-35 电压负反馈和电流正反馈系统

为了保证效果，电流正反馈的强度与电压负反馈的强度应按一定比例组成，如果比例选择恰当，综合反馈将具有转速反馈的性质。

为了说明这种组合，请参看简化的图 7-36。图中，从 a、o 两点取出的是电压负反馈信号，从 b、o 两点取出的是电流正反馈信号，从 a、b 两点取出的则代表综合反馈信号。

图 7-36 中，a、b 两点之间电压 U_{ab} 可看作是电压 U_{ao} 与电压 U_{ob} 之和，即

$$U_{ab}(U_f) = U_{ao} + U_{ob}$$

U_{ob} 与 U_{bo} 极性相反，所以

$$U_{ab}(U_f) = U_{ao} - U_{bo}$$

这里，U_{ao} 随端电压 U 而变，如果令

$$\lambda = \frac{R_2}{R_1 + R_2}$$

则有

$$U_{ao} = \lambda U$$

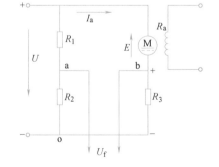

图 7-36 高电阻电桥

式中，U_{ao} 为电压负反馈信号；U 为电动机电枢端电压；λ 为电压反馈系数。

U_{bo} 随电流 I_a 而变，它代表 I_a 在电阻 R_3 上引起的压降即电流正反馈信号 $U_{bo} = I_a R_3$，将 U_{ao} 与 U_{bo} 的表达式代入 U_{ab} 的表达式中，得

$$U_{ab} = U_{ao} - U_{bo} = \lambda U - I_a R_3 = \frac{UR_2}{R_1+R_2} - I_a R_3$$

从电动机电枢回路电动势平衡关系知

$$U = E + I_a(R_a + R_3)$$
$$I_a = (U-E)/(R_3+R_a)$$

将 I_a 的表达式代入 U_{ab} 中可得

$$U_{ab} = \frac{UR_2}{R_1+R_2} - \frac{U-E}{R_3+R_a}R_3 = \frac{UR_2}{R_1+R_2} - \frac{UR_3}{R_3+R_a} + \frac{ER_3}{R_3+R_a}$$

上式如果满足下列条件

$$\frac{UR_2}{R_1+R_2} - \frac{UR_3}{R_3+R_a} = 0 \quad 即 \quad \frac{R_2}{R_1+R_2} = \frac{R_3}{R_3+R_a}$$

化简后可以得到电桥的平衡条件

$$\frac{R_2}{R_1} = \frac{R_3}{R_a} \tag{7-12}$$

则有

$$U_{ab} = \frac{R_3}{R_3+R_a}E$$

这就是说，满足式（7-12）所示的条件，则从 a、b 两点取出的反馈信号形成的反馈，将转化为电动机反电动势的反馈。因为，反电动势与转速成正比，$E = C_e n$，所以 U_{ab} 也可以表示为

$$U_{ab} = \frac{R_3}{R_3+R_a}C_e n \tag{7-13}$$

因此，这种反馈也可以称为转速反馈。

因为满足式（7-12）后，电动机电枢电阻 R_a 与附加电阻 R_3、R_2、R_1 组成电桥的四个臂，a、b 两点代表电桥的中点，所以，这种线路称为高电阻电桥线路，式（7-12）为高电阻电桥的平衡条件。高电阻电桥线路实质上是电动势反馈线路，或者说是电动机的转速反馈线路。

3）电流截止负反馈系统。图 7-33 所示的单闭环调速系统解决了转速的调节问题，大大提高了静特性的硬度。但是直流电动机在全电压起动时，如果没有专门的限流措施，会产生很大的冲击电流。这不仅对电动机换向不利，对过载能力低的晶闸管来说，更是不能允许的。采用转速负反馈的单闭环调速系统突然加上给定电压 U_g 时，由于系统的惯性较大，电动机转速不可能立即建立起来，因而在起动初期转速反馈电压 $U_f = 0$，相当于偏差电压 $\Delta U = U_g$。这时，整流电压 U_d 一下子就达到它的最高值。这对电动机来说，相当于全电压起动，其起动电流高达额定电流的几十倍，当然是不允许的。

此外，有些生产机械的电动机可能会遇到堵转的情况。例如，由于故障，机械装置被卡住，或挖土机运行时碰到坚硬的石块等。由于闭环系统的特性很硬，此时，若无限流环节，电流将远远超过允许值。如果只依靠过电流断电器或熔断器保护，一过载就跳闸，也会给正

常工作带来不便。

为了解决单闭环调速系统的起动和堵转时电流过大的问题，系统中必须有自动限制电枢电流过大的装置。根据反馈控制原理，要维持哪一个物理量基本不变，就应该引入那个物理量的负反馈。因此，引入电流负反馈应该能够保持电流基本不变，使它不超过允许值。但是，这种作用只应在起动和堵转时存在，在正常运行时又得取消，使静特性保持较好的硬度，让电流自由地随着负载增减。因此，一旦电流超过某一规定值，电流负反馈即投入运行，使静特性急剧地"软化"。随着电流的增加，电动机转速不断下降，当电流增加到某一数值（即堵转电流）时，电动机停止转动（即堵转）。这种当电流大到一定程度时才出现的电流负反馈，叫作电流截止负反馈。

如图 7-37 所示，电流截止负反馈的信号，由串联在回路中的电阻 R 上取出（电阻 R 上的压降 I_aR 与电流 I_a 成正比）。在电流较小时，$I_aR<U_b$，二极管不导通，电流负反馈不起作用，只有转速负反馈，故能得到稳态运行所需要的比较硬的特性。当主回路电流增加到一定值使 $I_aR>U_b$ 时，二极管 VD 导通，电流负反馈信号 I_aR 经过二极管与比较电压 U_b 比较后送到放大器，其极性与 U_g 极性相反，经放大后控制触发延迟角 α，使 α 增大，输出电压 U_d 减小，电动机转速下降。如果负载电流一直增加下去，则电动机速度最后将降到零。电动机速度降到零后，电流不再增大，这样就起到了"限流"的作用。加有电流截止负反馈的速度特性如图 7-38 所示（这种特性常被称为"挖土机特性"）。

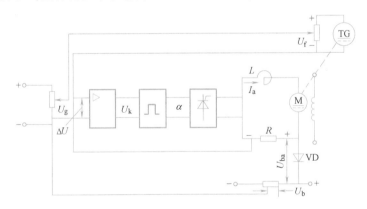

图 7-37 电流截止负反馈作为调速系统限流保护

图 7-38 中，速度等于零时，电流为 I_{ao}，I_{ao} 称为堵转电流，一般 $I_{ao}=(2\sim2.5)I_{aN}$。电流负反馈开始起作用的电流称为转折点电流 I_o，转折点电流 I_o 一般为额定电流 I_{aN} 的 1.35 倍。且比较电压越大，则电流截止负反馈的转折点电流越大，比较电压小，则转折点电流小。所以，比较电压的大小如何选择是很重要的。一般按照转折点电流 $I_o=KI_{aN}$ 选取比较电压 U_b。当负载没有超出规定值时，起截止作用的二极管不应该导通，也就是比较电压 U_b 应满足

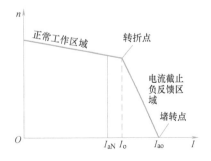

图 7-38 电流截止负反馈速度特性

$$U_b+U_{bo}\leqslant KI_{aN}R$$

式中，U_b 为比较电压；U_{bo} 为截止元件二极管的导通电压；I_{aN} 为电动机额定电流；K 为转折

点电流的比例系数，即 $K=I_{o}/I_{aN}$；R 为电动机电枢回路中所串电流反馈电阻。

电流正反馈可以改善电动机运行特性，而电流负反馈会使 ΔU 随着负载电流的增加而减少，使电动机的速度迅速降低，可是这种反馈却可以人为地造成"堵转"，防止电枢电流过大而烧坏电动机。加有电流负反馈的系统，当负载电流超过一定数值，电流负反馈足够强时，它足以将给定信号的绝大部分抵消掉，使电动机速度降到零，电动机停止运转，从而起到保护作用。本来采用过电流保护继电器也可以保护这种严重过载，但是过电流保护继电器，要触点断开，电动机断电方能保护，而采用电流负反馈作为保护手段，则不必切断电动机的电路，只是使它的速度暂时降下来，一旦过载去掉后，它的速度又会自动升起来，这样有利于生产。

上述各种反馈信号都是直接反映某一参量的大小的，即反馈信号的强弱与其反映的参量大小成正比。另外，还有其他形式的反馈，如电压微分负反馈，这种反馈与某一参量的一次导数或二次导数成正比，而且它只在动态时起作用，在静态时不起作用。

2. 无静差调速系统

在前面所述的单闭环调速系统中，如若仅采用比例调节器，则这时的单闭环调速系统是有静差的。也就是说，在稳态时，转速只能接近给定值，而不可能完全等于给定值。提高开环放大倍数或引入电流正反馈只能减小静差而不能消除静差。为了完全消除静差，实现转速无静差调节，根据自动控制理论，可以在调速系统中引入积分控制规律，用比例积分调节器代替比例调节器。因为积分控制不仅靠偏差本身，还能靠偏差的积累。只要在历史上有过偏差，其积分就存在，仍能产生控制电压。因此，积分控制的系统只是在调节过程中有偏差（动态偏差），而在稳态时就可以没有偏差了，所以积分控制的系统是无静差系统。

图 7-39 所示为一常用的具有比例积分调节器的无静差调速系统。这种系统的特点是：静态时系统的反馈量总等于给定量，即偏差等于零。要实现这一点，系统中必须接入无差元件，它在系统出现偏差时起作用以消除偏差，当偏差为零时停止作用。图中，PI 调节器是一个典型的无差元件。下面先介绍 PI 调节器，然后再分析系统工作原理。

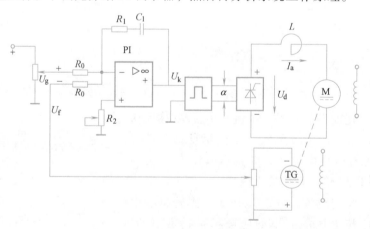

图 7-39　具有比例积分调节器的无静差调速系统

（1）比例积分（PI）调节器　把比例运算电路和积分运算电路组合起来就构成了比例积分调节器，简称 PI 调节器，由图 7-40a 可知

$$U_{o}=-I_{1}R_{1}-\frac{1}{C_{1}}\int I_{1}\mathrm{d}t$$

而 $$I_1 = I_0 = U_i / R_0$$

所以 $$U_o = -\frac{R_1}{R_0}U_i - \frac{1}{R_0 C_1}\int U_i \mathrm{d}t$$

由此可见，PI 调节器的输出由两部分组成；第一部分是比例部分；第二部分是积分部分。在零初始状态和阶跃信号输入下，输出电压的时间特性如图 7-40b 所示，这里 U_o 用绝对值表示，当突加输入信号 U_i 时，开始瞬间电容 C_1 相当于短路，反馈回路中只有电阻 R_1，此时相当于比例调节器，它可以毫无延迟地起调节作用，故调节速度快；而后随着电容 C_1 被充电而开始积分，U_o 线性增长，直到稳态。在稳态时，C_1 相当于开路，极大的开环放大倍数使系统基本上达到无静差。

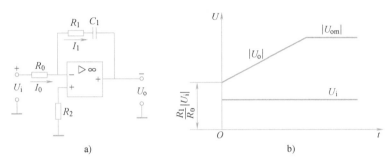

图 7-40　比例积分（PI）调节器
a）电路　b）时间特性

采用比例积分调节器的自动调速系统，综合了比例和积分调节器的特点。既能获得较高的静态精度，又能具有较快的动态响应，因而得到了广泛的应用。

（2）采用 PI 调节器的无静差调速系统　在图 7-39 中，由于有比例积分调节器的存在，只要偏差 $\Delta U = U_g - U_f$ 不等于零，系统就会起调节作用，当 $\Delta U = 0$ 时，$U_g = U_f$，则调节作用停止，调节器的输出电压 U_k 由于积分作用保持在某一数值，以维持电动机在给定转速下运转，系统可以消除静态误差，故该系统是一个无静差调速系统。

系统的调节作用是：当电动机负载增加时，如图 7-41a 中的 t_1 瞬间，负载突然由 T_{L1} 增加到 T_{L2}，则电动机的转速将由 n_1 开始下降而产生转速偏差 Δn（图 7-41b），它通过测速发电机反馈到 PI 调节器的输入端产生偏差电压 $\Delta U = U_g - U_f > 0$，于是开始了消除偏差的调节过程。首先，比例部分调节作用显著，其输出电压等于 $\Delta U R_1 / R_0$，使触发延迟角 α 减小，可控整流电压增加 ΔU_{d1}（图 7-41c），由于比例输出没有惯性，故这个电压使电动机转速迅速回升。偏差 Δn 越大，ΔU_{d1} 也越大，它的调节作用也就越强，电动机转速回升也就越快。而当转速回升到原给定值 n_1 时，$\Delta n = 0$，$\Delta U = 0$，故 ΔU_{d1} 也等于零。

积分部分的调节作用是：积分输出部分的电压等于偏差电压 ΔU 的积分，它使可控整流电压增加的 $\Delta U_{d2} \propto \int \Delta U \mathrm{d}t$，或 $\dfrac{\mathrm{d}(\Delta U_{d2})}{\mathrm{d}t} \propto \Delta U$，即 ΔU_{d2} 的增长率与偏差电压 ΔU（或偏差 Δn）成正比。开始时 Δn 很小，ΔU_{d2} 增加很慢，当 Δn 最大时，ΔU_{d2} 增加得最快，在调节过程中的后期 Δn 逐渐减少了，ΔU_{d2} 的增加也逐渐减慢了，一直到电动机转速回升到 n_1，$\Delta n = 0$ 时，ΔU_{d2} 就不再增加了，且在以后就一直保持这个数值不变（图 7-41c）。

把比例作用与积分作用合起来考虑，其调节的综合效果如图 7-41c 可知，不管负载如何变化，系统一定会自动调节，在调节过程的开始和中间阶段，比例调节起主要作用，它首先阻止 Δn 的继续增大，而后使转速迅速回升，在调节过程的末期，Δn 很小了，比例调节的作用不明显了，而积分调节作用就上升到主要地位，依靠它来最后消除转速偏差 Δn，使转速回升到原值。这就是无静差调速系统的调节过程。

可控整流电压 U_d 等于原静态时的数值 U_{d1} 加上调节过程进行后的增量（$\Delta U_{d1}+\Delta U_{d2}$），如图 7-41d 所示。可见，在调节过程结束时，可控整流电压 U_d 稳定在一个大于 U_{d1} 的新的数值 U_{d2} 上。增加的那一部分电压（即 ΔU_d）正好补偿由于负载增加引起的那部分主回路压降 $(I_{a2}-I_{a1})R_\Sigma$。

无静差调速系统在调节过程结束以后，转速偏差 $\Delta n = 0$（PI 调节器的输入电压 ΔU 也等于零），这只是在静态（稳定工作状态）上无差，而动态（如当负载变化时，系统从一个稳态变到另一个稳态的过渡过程）上却是有差的。在动态过程中最大的转速降落 Δn_{max} 叫作动态速降（如果是突卸负载，则有动态速升），它是一个重要的动态指标。因为有些生产机械不仅有静态精度的要求，而且有动态精度的要求，例如，热连轧机一般要求静差率小于 0.2%~0.5%，动态速降小于 1%~3%，动态恢复时间小于 0.2~0.3s（图 7-41 中的 t_2-t_1），如果

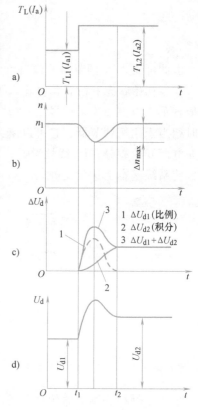

图 7-41　负载变化时 PI 调节器
对系统的调节作用

超过这些指标，就会造成两个机架间的堆钢和拉钢现象，影响产品质量，严重的还会造成事故。

这个调速系统在理论上讲是无静差调速系统，但是由于调节放大器不是理想的，且放大倍数也不是无限大，测速发电机也还存在误差，因此实际上这样的系统仍然是有一点静差的。

这个系统中的 PI 调节器是用来调节电动机转速的，因此，常把它称为速度调节器（ST）。

在晶闸管—电动机调速系统中，还常用电压负反馈及电流正反馈来代替由测速发电机构成的速度负反馈，组成电压负反馈及电流正反馈的自动调速系统。为了在电动机堵转时不会使电动机和晶闸管烧坏，也常采用具有转速负反馈带电流截止负反馈的调速系统，获得所谓"挖土机特性"。但必须注意，为了提高保护的可靠性，在这种系统的主回路中还必须接入快速熔断器或过电流继电器，以防止在电流截止环节出故障时把晶闸管烧坏。在允许堵转的生产机械中，快速熔断器或过电流继电器的电流整定值一般应大于电动机的堵转电流，使电动机在正常堵转时，快速熔断器或过电流继电器不动作。

（二）双闭环直流调速系统

1. 转速、电流双闭环调速系统的组成

采用 PI 调节器组成速度调节器 ST 的单闭环调速系统，既能得到转速的无静差调节，又

能获得较快的动态响应。从扩大调速范围的角度来看，它已基本上满足一般生产机械对调速的要求。但有些生产机械经常处于正反转工作状态（如龙门刨床、可逆轧钢机等），为了提高生产率，要求尽量缩短起动、制动和反转过渡过程的时间，当然可用加大过渡过程中的电流即加大动态转矩来实现，但电流不能超过晶闸管和电动机的允许值。为了解决这个矛盾，可以采用电流截止负反馈，而得到如图 7-42 中实线所示的起动电流波形，波形的峰值 I_{am} 为晶闸管和电动机所允许的最大冲击电流，起动时间为 t_1。为了进一步加快过渡过程，而又不增加电流的最大值，若使起动电流的波形变成图中虚线所示，使波形的充满系数接近 1，这样整个起动过程中就有最大的加速度，起动过程的时间可最短，只要 t_2 就可以了。为此把电流作为被调量，使系统在起动过程时间内维持电流为最大值不变。这样，在起动过程中电流、转速、可控整流器的输出电压波形就可以出现接近于图 7-43 所示的理想起动过程的波形，以做到在充分利用电动机过载能力的条件下获得最快的动态响应。它的特点是在电动机起动时，起动电流很快地加大到允许过载能力值 I_{am}，并且保持不变，在这个条件下，转速 n 得到线性增长，当升到需要的大小时，电动机的电流急剧下降到克服负载所需的电流 I_a 值。对应这种要求，可控整流器的电压开始应为 $I_{am}R_\Sigma$，随着转速 n 的上升，$U_d = I_{am}R_\Sigma + C_e n$ 也上升，到达稳定转速时，$U_d = I_a R_\Sigma + C_e n$。这就要求在起动过程中，把电动机的电流当作被调节量，使之维持为电动机允许的最大值 I_{am}，并保持不变。要求有一个电流调节器来完成这个任务。

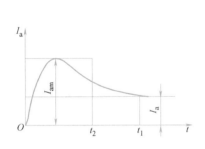

图 7-42　起动时的电流波形

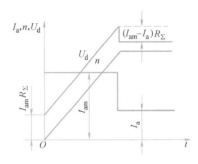

图 7-43　理想的起动过程曲线

具有速度调节器 ST 和电流调节器 LT 的双闭环调速系统就是在这种要求下产生的，如图 7-44 所示。来自速度给定电位器的信号 U_{gn} 与速度反馈信号 U_{fn} 比较后，偏差为 $\Delta U_n = U_{gn} - U_{fn}$，送到速度调节器 ST 的输入端。速度调节器的输出 U_{gi} 作为电流调节器 LT 的给定信号，与电流反馈信号 U_{fi} 比较后，偏差为 $\Delta U_i = U_{gi} - U_{fi}$，送到电流调节器 LT 的输入端，电流调节器的输出 U_k 送到触发器，以控制可控整流器，整流器为电动机提供直流电压 U_d。系统中由于用了两个调节器（一般采用 PI 调节器）分别对速度和电流两个参量进行调节，这样，一方面使系统的参数便于调整，另一方面更能实现接近理想的过渡过程。从闭环反馈的结构上看，电流调节环在里面，是内环；转速调节环在外面，为外环。

2. 转速、电流双闭环调速系统的分析

从静特性上看，维持电动机转速不变是由速度调节器 ST 来实现的。在电流调节器 LT 上，使用的是电流负反馈，它有使静特性变软的趋势，但是在系统中还有转速负反馈环包在外面，电流负反馈对于转速环来说相当于一个扰动作用，只要转速调节器 ST 的放大倍数足

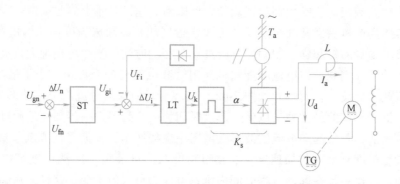

图 7-44 转速与电流双闭环调速系统框图

够大，而且没有饱和，则电流负反馈的扰动作用就受到抑制。整个系统的本质由外环速度调节器来决定，它仍然是一个无静差的调速系统。也就是说，当转速调节器不饱和时，电流负反馈使静特性可能产生的速降完全被转速调节器的积分作用所抵消了，一旦 ST 饱和，当负载电流过大，系统实现保护作用使转速下降很大时，转速环即失去作用，只剩下电流环起作用，这时系统表现为恒流调节系统，静特性便会呈现出很陡的下垂段特性。

从动态上看，以电动机起动为例，在突加给定电压 U_{gn} 的起动过程中，转速调节器输出电压 U_{gi}、电流调节器输出电压 U_k、可控整流器输出电压 U_d、电动机电枢电流 I_a 和转速 n 的动态响应波形如图 7-45 所示。整个过渡过程可以分成三个阶段，在图中分别标以 Ⅰ、Ⅱ 和 Ⅲ。

第 Ⅰ 阶段是电流上升阶段。当突加给定电压 U_{gn} 时，由于电动机的机电惯性较大，电动机还来不及转动（$n=0$），转速负反馈电压 $U_{fn}=0$，这时，$\Delta U_n = U_{gn} - U_{fn}$ 很大，使 ST 的输出突增为 U_{gio}，LT 的输出为 U_{ko}，可控整流器的输出为 U_{do}，使电枢电流 I_a 迅速增加。当增加到 $I_a \geqslant I_L$（负载电流）时，电动机开始转动，以后转速调节器 ST 的输出很快达到限幅值 U_{gim}，从而使电枢电流达到所对应的最大值 I_{am}（在这过程中 U_k、U_d 的下降是由于电流负反馈所引起的），到这时电流负反馈电压与 LT 的给定电压基本上是相等的，即

$$U_{gim} \approx U_{fi} = \beta I_{am}$$

式中，β 为电流反馈系数。

速度调节器 ST 的输出限幅值正是按这个要求来整定的。

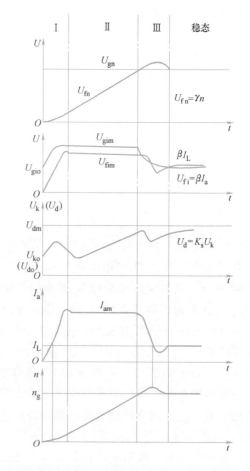

图 7-45 双闭环调速系统起动过程动态波形
（图中各参量为绝对值）

第Ⅱ阶段是恒流升速阶段。从电流升到最大值 I_{am} 开始，到转速升到给定值为止，这是起动过程的主要阶段，在这个阶段中，ST 一直是饱和的，转速负反馈不起调节作用，转速环相当于开环状态，系统表现为恒电流调节。由于电流 I_a 保持恒值 I_{am}，即系统的加速度 dn/dt 为恒值，所以转速 n 按线性规律上升，由 $U_d = I_{am}R_\Sigma + C_e n$ 知，U_d 也线性增加，这就要求 U_k 也要线性增加，故在起动过程中电流调节器是不应该饱和的，晶闸管可控整流环节也不应该饱和。

第Ⅲ阶段是转速调节阶段。转速调节器在这个阶段中起作用。开始时转速已经上升到给定值，ST 的给定电压 U_{gn} 与转速负反馈电压 U_{fn} 相平衡，输入偏差 ΔU_n 等于零。但其输出却由于积分作用还维持在限幅值 U_{gim}，所以电动机仍在以最大电流 I_{am} 加速，使转速超调。超调后，$U_{fn} > U_{gn}$，$\Delta U_n < 0$，使 ST 退出饱和，其输出电压（也就是 LT 的给定电压）U_{gi} 才从限幅值降下来，U_k 与 U_d 也随之降了下来，使电枢电流 I_a 也降下来，但是，由于 I_a 仍大于负载电流 I_L，在开始一段时间内转速仍继续上升。到 $I_a \leq I_L$ 时，电动机才开始在负载的阻力下减速，直到稳定（如果系统的动态品质不够好，可能振荡几次以后才能稳定）。在这个阶段中 ST 与 LT 同时发挥作用，由于转速调节在外环，ST 处于主导地位，而 LT 的作用则力图使 I_a 尽快地跟随 ST 输出 U_{gi} 的变化。

稳态时，转速等于给定值 n_g，电枢电流 I_a 等于负载电流 I_L，ST 和 LT 的输入偏差电压都为零，但由于积分作用，它们都有恒定的输出电压。ST 的输出电压为

$$U_{gi} = U_{fi} = \beta I_L$$

LT 的输出电压为

$$U_k = \frac{C_e n_g + I_L R_\Sigma}{K_s}$$

由上述可知，双闭环调速系统在起动过程的大部分时间内，ST 处于饱和限幅状态，转速环相当于开路，系统表现为恒电流调节，从而可基本上实现如图 7-43 所示的理想起动过程曲线。双闭环调速系统的转速响应一定有超调，只有在超调后，转速调节器才能退出饱和，使在稳定运行时 ST 发挥调节作用，从而使在稳态和接近稳态运行中表现为无静差调速。故双闭环调速系统具有良好的静态和动态品质。

转速、电流双闭环调速系统的主要优点是：系统的调整性能好，有很硬的静特性，基本上无静差；动态响应快，起动时间短；系统的抗干扰能力强；两个调节器可分别设计，调整方便（先调电流环，再调速度环）。所以，它在自动调速系统中得到了广泛的应用。

为了进一步改善调速系统的性能和提高系统的可靠性，还可以采用三闭环（在双闭环基础上再加一个电流变化率调节器或电压调节器）调速系统。

三、直流电动机脉宽调速系统

（一）晶体管脉宽调速系统的基本工作原理

目前，应用较广的一种直流电动机脉宽调速系统的基本电路如图 7-46 所示。三相交流电源经整流滤波变成电压恒定的直流电压，$VT_1 \sim VT_4$ 为四只大功率晶体管，工作在开关状态，其中，处于对角线上的一对晶体管的基极，因接受同一控制信号而同时导通或截止。若 VT_1 和 VT_4 导通，则电动机电枢上加正向电压；若 VT_2 和 VT_3 导通，则电动机电枢上加反向电压。当它们以较高的频率（一般为 2000Hz）交替导通时，电枢两端的电压波形如

图 7-47所示，由于机械惯性的作用，决定电动机转向和转速的仅为此电压的平均值。

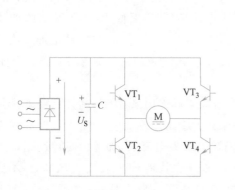

图 7-46 直流脉宽调速系统

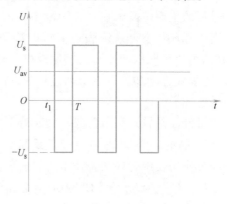

图 7-47 电动机电枢电压的波形

设矩形波的周期为 T，正向脉冲宽度为 t_1，并设 $\gamma = t_1/T$ 为占空比。由图 7-47 可求出电枢电压的平均值为

$$U_{av} = \frac{U_s}{T}[t_1 - (T - t_1)] = \frac{U_s}{T}(2t_1 - T) = \frac{U_s}{T}(2\gamma T - T) = (2\gamma - 1)U_s \qquad (7\text{-}14)$$

由式（7-14）可知在 T = 常数时，人为地改变正脉冲的宽度以改变占空比 γ，即可改变 U_{av}，达到调速的目的。当 $\gamma = 0.5$ 时，$U_{av} = 0$，电动机转速为零；当 $\gamma > 0.5$ 时，U_{av} 为正，电动机正转，且在 $\gamma = 1$ 时，$U_{av} = U_s$，正向转速最高；当 $\gamma < 0.5$ 时，U_{av} 为负，电动机反转，且在 $\gamma = 0$ 时，$U_{av} = -U_s$，反向转速最高。连续地改变脉冲宽度，即可实现直流电动机的无级调速。

（二）晶体管脉宽调速系统的组成

图 7-48 所示的系统是采用典型的双闭环原理组成的晶体管脉宽调速系统。下面分别对几个主要组成部分进行分析。

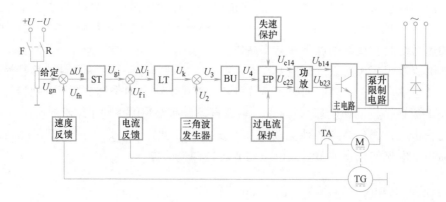

图 7-48 晶体管脉宽调速系统框图

1. 主电路（功率开关放大器）

晶体管脉宽调速系统主电路的结构形式有多种，按输出极性有单极性输出和双极性输出之分，而双极性输出的主电路又分 H 型和 T 型两类，H 型脉宽放大器又可分为单极式和双极式两种，这里仅介绍一种技术性能较好、经常采用的双极性双极式脉宽放大器，如图 7-49 所示，它与图 7-46 相似。图中，四只晶体管分为两组，VT_1 和 VT_4 为一组，VT_2 和 VT_3 为

另一组。同一组中的两只晶体管同时导通，同时关断，且两组晶体管之间可以是交替地导通和关断。

欲使电动机 M 向正方向旋转，则要求控制电压 U_k（见图 7-48）为正，各晶体管基极电压的波形如图 7-49 与图 7-50a、b 所示。

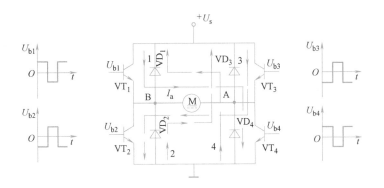

图 7-49　脉宽调制放大器（双极性双极式）

当电源电压 U_s 大于电动机的反电动势时，在 $0 \leqslant t \leqslant t_1$ 期间，U_{b1} 和 U_{b4} 为正，晶体管 VT_1 和 VT_4 导通，U_{b2} 和 U_{b3} 为负，VT_2 和 VT_3 关断。电枢电流 I_a 沿回路 1（经 VT_1 和 VT_4）从 B 流向 A，电动机工作在电动状态。

在 $t_1 \leqslant t \leqslant T$ 期间，U_{b1} 和 U_{b4} 和为负，VT_1 和 VT_4 关断，U_{b2} 和 U_{b3} 为正，在电枢电感 L_a 中产生的自感电动势 $L_a dI_a/dt$ 的作用下，电枢电流 I_a 沿回路 2（经 VT_2 和 VT_3 继续从 B 流向 A，电动机仍然工作在电动状态。此时虽然 U_{b2} 和 U_{b3} 为正，但受 VD_1 和 VD_3 正向压降的限制，VT_2 和 VT_3 仍不能导通。假若在 $t = t_2$ 时正向电流 I_a 衰减到零，如图 7-50d 所示，那么，在 $t_2 \leqslant t \leqslant T$ 期间。VT_2 和 VT_3 在电源电压 U_s 和反电动势 E 的作用下即可导通，电枢电流 I_a 将沿回路 3（经 VT_3 和 VT_2）从 A 流向 B，电动机工作在反接制动状态。在 $T < t \leqslant t_4$（$T + t_1$）期间，晶体管的基极电压又改变了极性，VT_2 和 VT_3 关断，电枢电感 L_a 所生自感电动势维持电流 I_a 沿回路 4（经 VT_4 和 VT_1）继续从 A 流向 B，电动机工作在发电制动状态。此时，虽 U_{b1} 和 U_{b4} 为正，但受 VD_1 和 VD_4 正向压降限制，VT_1 和 VT_4 也不能导通。假若在 $t = t_3$ 时，反向电流（$-I_a$）衰减到零，那么在 $t_3 < t \leqslant t_4$ 期间，在电源电压 U_s 作用下，VT_1 和 VT_4 就可以导

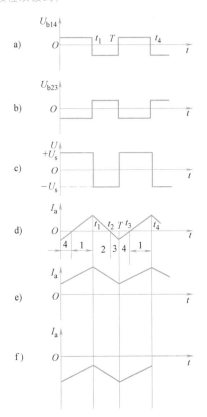

图 7-50　功率开关放大器的电压电流波形

a）、b）晶体管基极电压波形　c）电枢电压波形
d）电枢电流波形　e）重负载时电枢电流
波形　f）$E > U_s$ 时电枢电流波形

通，电枢电流 I_a 又沿回路 1（经 VT_1 和 VT_4）从 B 流向 A，电动机工作在电动状态，如图 7-50d 所示。

若电动机的负载重，电枢电流 I_a 大，在工作过程中 I_a 不会改变方向的话，则尽管基极电压 U_{b1}、U_{b4} 与 U_{b2}、U_{b3} 的极性在交替地改变方向，而 VT_2 和 VT_3 总不会导通，仅是 VT_1 和 VT_4 的导通或截止，此时，电动机始终都工作在电动状态。电流 I_a 的变化曲线如图 7-50e 所示。

当 $E>U_s$（如位能转矩负载）时，在 $0 \leqslant t<t_1$ 期间，电流 I_a 沿回路 4（经 VD_4 和 VD_1）从 A 流向 B，电动机工作在再生制动状态；在 $t_1 \leqslant t<T$ 期间，电流 I_a 沿回路 3（经 VT_3 和 VT_2）从 A 流向 B，电动机工作在反接制动状态。电流 I_a 的变化曲线如图 7-50f 所示。

从上面分析可知，电动机不论工作在什么状态，在 $0 \leqslant t<t_1$ 期间电压 U 总是等于 $+U_s$，而在 $t_1 \leqslant t<T$ 期间电压总是等于 $-U_s$，如图 7-50c 所示。由式（7-14）可知，电枢电压 U 的平均值 $U_{av}=(2\gamma-1)U_s=(2t_1/T-1)U_s$，若定义双极性双极式脉宽放大器的负载电压系数为

$$\rho=\frac{U_{av}}{U_s}=2\frac{t_1}{T}-1 \tag{7-15}$$

即

$$U_{av}=\rho U_s \tag{7-16}$$

可见，ρ 可在 $-1 \sim +1$ 之间变化。

以上两式表明，当 $t_1=T/2$ 时，$\rho=0$，$U_{av}=0$，电动机停止不动，但电枢电压 U 的瞬时值不等于零，而是正、负电枢电压的宽度相等，即电枢电路中流过一个交变的电流 I_a，相似于图 7-50d 的电流波形。这个电流一方面增大了电动机的空载损耗，但另一方面它使电动机发生高频微动，可以减小静摩擦，起着动力润滑作用。

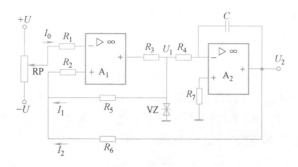

图 7-51　三角波发生器

欲使电动机反转，则使控制电压 U_k 为负即可。

2. 控制电路

（1）速度调节器 ST 和电流调节器 LT　ST 和 LT 均采用比例积分调节器。

（2）三角波发生器　三角波发生器如图 7-51 所示，由运算放大器 A_1 和 A_2 组成，在开环状态下工作，它的输出电压不是正饱和值就是负饱和值，电阻 R_3 和稳压管 VZ 组成一个限幅值，限制 A_1 输出电压的幅值。A_2 为一个积分器，当输入电压 U_1 为正时，其输出电压 U_2 向负方向变化；当输入电压 U_1 为负时，其输出电压 U_2 向正方向变化。当输入电压 U_1 正负交替变化时，其输出电压 U_2 就变成了一个三角波。U_1 和 U_2 的变化曲线如图 7-52a、b 所示。

具体分析如下：电阻 R_5 构成正反馈电路，R_6 构成负反馈电路，相应的反馈电流 I_1 和 I_2

在 A_1 的同相输入端叠加。设在 $t = 0$ 时，I_0 为正，U_1 为负限幅值，I_1 为负，U_2 从负值向正方向增加，I_2 亦从负值向正方向增加；当 U_2（I_2）增加到使 $I_1 + I_2 > I_0$，即在 $t = t_7$ 时刻，U_1 为正限幅值，I_1 为正，则 U_2（I_2）从正值向负方向减少；当 U_2（I_2）减少到使 $I_1 + I_2 < I_0$，即在 $t = t_8$ 时刻，U_1（I_1）为负，U_2（I_2）从负值向正方向增加。以后重复上述过程，这就产生了一连串的三角波。改变积分时间常数 R_4C 的数值可以改变三角波电压 U_2 的频率 f，改变电阻 R_5、R_6 的比值，可以改变三角波电压 U_2 的幅值，调节电位器 RP 滑点的位置可以获得一个对称的三角波电压 U_2。

（3）电压-脉冲变换器　电压-脉冲变换器 BU 如图 7-53 所示，运算放大器 A 工作在开环状态。当它的输入电压极性改变时，其输出电压总是在正饱和值和负饱和值之间变化，它就可实现把连续的控制电压 U_k 转换成脉冲电压，再经限幅器（由电阻 R_4 和二极管 VD 组成）削去脉冲电压的负半波，在 BU 的输出端形成一串正脉冲电压 U_4。

具体分析如下：在运算放大器 A 的反相输入端加入两个输入电压，一是三角波电压 U_2，另一个是由系统输入给定电压 U_{gn} 经速度调节器 ST 和电流调节器 LT 后而输出的直流控制电压 U_k。当 U_{gn} 为正时，U_k 为正，由图 7-52b、c 可见，在 $t < t_1$ 区间，因 U_2 为负，且 $U_k + U_2 < 0$，故 U_4 为正的限幅值，在 $t_1 < t < t_4$ 区间，因 $U_k + U_2 > 0$，故 U_4 为零（因负脉冲已削去）。依此类推，将重复上述过程，随着三角波电压 U_2 的变化，在 BU 的输出端就形成了一串正的矩形脉冲，BU 的输出电压 U_4 如图 7-52c 所示。当 U_{gn} 为负时，U_k 为负，则在 $t < t_2$ 区间，$U_k + U_2 < 0$，U_4 为正；而在 $t_2 < t < t_3$ 区间，$U_k + U_2 > 0$，$U_4 = 0$，所得 U_4 的波形如图 7-52d 所示。当 $U_{gn} = 0$ 时，$U_k = 0$，则 U_4 的波形如图 7-52e 所示，它为一正、负脉宽相等的矩形波电压。

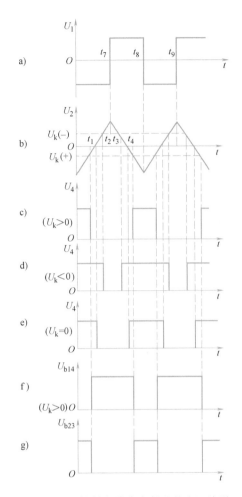

图 7-52　控制电路中各部分的电压波形
a)、b) 三角波发生器中的有关电压波形　c)、d)、e) 分别为 $U_k > 0$、$U_k < 0$、$U_k = 0$ 时电压—脉冲变换器的输出电压波形　f)、g) 主电路晶体管的基极电压波形

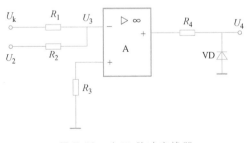

图 7-53　电压-脉冲变换器

（4）脉冲分配器及功率放大　脉冲分配器如图 7-54 所示，其作用是把 BU 产生的矩形脉冲电压 U_4（经光电隔离器和功率放大）分配到主电路被控晶体管的基极。

由图 7-54 可知，当 U_4 为高电平时，门 1 输出低电平，一方面它使门 5 的输出 U_{c14} 为高电平，VD_1 截止，光敏管 VB_1 也截止，经功率放大电路，其输出 U_{b14} 为低电平，使晶体管 VT_1、VT_4（见图7-49）截止；另一方面门2输出高电平。其后使门6的输出 U_{c23} 为低电平，VD_2 导通发光，使光敏管 VB_2 导通，经功率放大后，其输出 U_{c23} 为高电平，使晶体管 VT_2、VT_3（见图7-49）可以导通。反之，当 U_4 为低电平时，U_{c23} 为高电平，VB_2 截止，U_{c23} 为低电平，使 VT_2、VT_3 截止；而 U_{c14} 为低电平，VB_1 导通，U_{c14} 为高电平，使 VT_1、VT_4 可以导通。U_{c14} 和 U_{c23} 的波形如图7-52f和g所示。

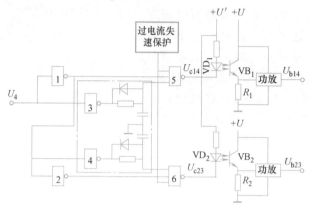

图7-54 脉冲分配器及功率放大

可知，随着电压 U_4 的周期性变化，电压 U_{c14} 与 U_{c23} 正、负交替变化，从而控制晶体管 VT_1、VT_4 与 VT_2、VT_3 的交替导通与截止。

图7-54中点画线框内的环节是个延时环节，它的作用是保证晶体管 VT_1 和 VT_4、VT_2 和 VT_3 两对晶体管中，一对先截止而后另一对再导通，以防止在交替工作时发生电源短路。

功率放大电路的作用是把控制信号放大，使其能驱动大功率晶体管。

（5）其他控制电路 过电流、失速保护环节。当电枢电流过大和电动机失速时，该环节输出低电平，封锁门5和门6，其输出 U_{c14} 和 U_{c23} 均为高电平，使 U_{b14} 和 U_{b23} 均为低电平，从而关断晶体管 $VT_1 \sim VT_4$，使电动机停转。

泵升限制电路是限制电源电压的。在由整流电源供电的电动机脉宽调速系统中，电动机转速由高到低，存储在转子和负载中的动能会变成电能反馈到电源的蓄能电容器中，从而使电源电压 U_s 升高 ΔU_p（即所谓泵升电压值）。电源电压升高会使晶体管承受的电压、电流峰值相应也升高，超过一定限度时就会使晶体管损坏，泵升限制电路就是为限制泵升电压而设置的控制回路。

（三）晶体管脉宽调速系统的分析

如图7-48所示，整个装置由速度调节器 ST 和电流调节器 LT 组成双闭环无差调节系统，由 LT 输出的电压 U_k（可正可负且连续可调）和正负对称的三角波电压 U_2 在 BU 中进行叠加，产生频率固定而占空比可调的方波电压 U_4，然后，此方波电压由脉冲分配器产生两路相位相差180°的脉冲信号，经功放后由这两路脉冲信号去驱动桥式功率开关主电路，使其负载（电动机）两端得到极性可变、平均值可调的直流电压，该电压控制直流电动机正反转或制动。

下面具体分析该系统在静态、起动、稳态运转、稳态运转时突加负载、制动及降速时的工作过程。

（1）静态 系统处于静态时电动机停转（说电动机完全停转是不现实的，由于运算放大器的高放大倍数，系统总存在一定的零漂，所以，电动机总有一定的爬行，不过这种爬行非常缓慢，一般 1h 左右才爬行一圈，因此，可以忽略），由于速度给定 $U_{gn}=0$，此时，速度调节器 ST、电流调节器 LT 的输出均为零，脉冲变换器 BU 在三角波的作用下，输出端输出一个频率同三角波频率、负载电压系数 $\rho=0$ 的正、负等宽的方波电压 U_4，经脉冲分配器和功放电路产生的 U_{b14} 和 U_{b23} 加在桥式功率开关管 $VT_1 \sim VT_4$ 的基极，使桥式功率晶体管轮流导通或截止，此时，电动机电枢两端的平均电压等于零；电动机停止不动。必须说明的是，此时，电动机电枢两端的平均电压及平均电流虽然为零，但电动机电枢的瞬时电压及电流并不为零，在 ST 及 LT 的作用下，系统实际上处于动态平衡状态。

（2）起动 由于系统是可逆的，现以正转起动为例（反转起动类同）。在起动时，速度给定信号 U_{gn} 送入速度调节器的输入端之后，由于速度调节器的放大倍数很大，使得即使在极微弱的输入信号作用下也能使速度调节器的输出达到其最大限幅值。由于电动机的惯性作用，电动机的转速升到所给定的转速需要一定的时间，因此，在起动开始的一段时间内 $\Delta U_n = U_{gn} - U_{fn} > 0$，速度调节器的输出 U_{gi} 便一直处于最大限幅值，相当于速度调节器处于开环状态。

因为速度调节器的输出就是电流调节器的给定值，在速度调节器输出电压限幅值的作用下，使得电枢两端的平均电压迅速上升，电动机迅速起动，电动机电枢平均电流亦迅速增加。由于电流调节器的电流负反馈作用，主回路电流的变化反馈到电流调节器的输入端与速度调节器的输出进行比较，因为 LT 是 PI 调节器，只要输入端有偏差存在，LT 的输出就要积分，使电动机的主回路电流迅速上升，一直升到所规定的最大电流值为止。此后，电动机就在这最大给定电流下加速。电动机在最大电流作用下，产生加速动态转矩，以最大加速度升速，转速迅速上升，随着电动机转速的增长，速度给定电压与速度反馈电压的差值 $\Delta U_n = U_{gn} - U_{fn}$ 跟着减少，但由于速度调节器的高放大倍数积分作用，使得 U_{gi} 始终保持在限幅值。因此电动机在最大电枢电流下加速，转速继续上升，当上升到使 $\Delta U_n = U_{gn} - U_{fn} < 0$ 时，速度调节器才退出饱和区使其输出 U_{gi} 下降，在电流闭环的作用下，电枢电流也跟着下降，当电流降到电动机的外加负载所对应的电流以下时，电动机便减速，直到 $\Delta U_n = U_{gn} - U_{fn} = 0$ 为止，这时电动机便进入稳定运行状态。简而言之，在整个起动过程中，速度调节器处于开环状态，不起调节作用，系统的调节作用主要由电流调节器来完成。

（3）稳态运转 在稳态运行时，电动机的转速等于给定转速，速度调节器的输入 $\Delta U_n = U_{gn} - U_{fn} = 0$，但由于速度调节器的积分作用，其输出不为零，而是由外加负载所决定的某一数值，此值也就是电流给定值。电流调节器的输入值 $\Delta U_i = U_{gi} - U_{fi} = 0$，同样，由于电流调节器的积分作用，其输出稳定在某一个值，这个值是由功率开关主电路输出的电压平均值所决定的。电动机的转速不变。

（4）稳态运转时突加负载的调节过程 当负载突然增加时，电动机的转速就要下降，速度调节器的输入 $\Delta U_n = U_{gn} - U_{fn} > 0$，速度调节器的输出（即电流调节器的给定）便增加，电流调节器的输出也增加，使得 BU 输出的脉冲占空比发生变化，于是功率开关放大器电路输出的电压平均值也增加，迫使电动机的转速回升，直到 $\Delta U_n = U_{gn} - U_{fn} = 0$ 为止，这时的电流给定（即速度调节器的输出）对应于新的负载电流，系统处于新的稳定运行状态。

（5）制动 当电动机处于某种速度的稳态运行时，若突然使速度给定降为零；即 $U_{gn} =$

0，此时由于速度反馈信号 $U_{fn}>0$，所以，速度调节器的输入 $\Delta U_n = U_{gn} - U_{fn} < 0$，速度调节器的输出将立即处于正的限幅值，速度调节器的输出 U_{gi} 和电流反馈的输出 U_{fi} 一起使得电流调节器的输出立即处于负的限幅值，电动机即进行制动，直到速度降为零。以后的过程同静态。

（6）降速　当电动机处于某种速度的稳态运行时，若使速度给定 U_{gn} 降低，此时，速度调节器的输入 $\Delta U_n = U_{gn} - U_{fn} < 0$，电动机立即进行制动降速，当电动机的转速降低到所给定的转速时，又使速度调节器的输入 $\Delta U_n = U_{gn} - U_{fn} = 0$，系统又在新的转速下稳定运行。以后的过程同稳态运转。

四、闭环调速系统实例分析

为了对晶闸管-电动机调速系统有一个比较全面、具体、深入的了解，下面以晶闸管控制的龙门铣床为例加以分析。龙门铣床的主运动为铣刀的旋转运动，进给运动为工作台的往复运动，进给运动属于恒转矩负载。

X2010A 型龙门铣床是一种性能很好的通用机床，主要用作较大零件的平面铣削，也可兼作其他工艺加工，运行可靠，操作方便。

机床的主运动为两个水平主轴箱及一个垂直主轴箱的主轴旋转，主轴传动采用交流异步电动机，机械有级变速。

进给运动有工作台的前后移动，左、右主轴箱沿立柱上下移动，垂直主轴箱沿横梁左右移动（均共用一个电动机，用选择开关控制电磁离合器来进行选择），传动电机为直流电动机，采用晶闸管整流供电，无级调节直流电动机的电枢电压进行调速，调速范围 $D = 50$，即工作台进给速度为 $20\sim1000mm/min$（电动机转速为 $20\sim1000r/min$），主轴箱进给速度为 $10\sim500mm/min$（电动机转速为 $20\sim1000r/min$），静差率 $s < 15\%$。

工作台和主轴箱的快速移动，仍用进给电动机传动，当电动机电枢电压达到额定值后，电压继电器 KU 动作，减弱一半磁场，使电动机转速达到快速 2000r/min。

下面着重分析进给运动的传动系统，即晶闸管直流调速系统。

（1）进给运动传动系统框图　如图 7-55 所示，系统由给定电压、前置放大、移相触发器、晶闸管整流器、直流电动机及各种反馈环节组成。

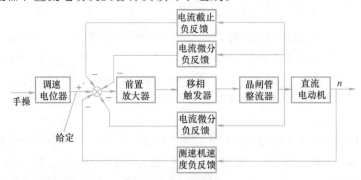

图 7-55　进给运动传动系统框图

当给定电压增大时，经前置放大器放大，使移相触发脉冲向前移，晶闸管被触发的时间也向前移，于是晶闸管的输出电压增大，电动机的转速上升；反之，当给定电压减小时，电动机的转速下降；当给定电压为零时，电动机停转。

（2）晶闸管整流器—直流电动机主回路　如图7-56所示，由于进给电动机正反向工作不频繁，容量也不大（4kW，1000r/min，200V），因此采用单相半控桥式整流线路，电动机的正、反转由接触器FKM、RKM控制，主回路用整流元件均设有阻容保护元件，电动机的制动采用能耗制动，制动时接触器KM动作，将电阻R并接在电枢两端。电流继电器KA_2作过电流保护，在50A左右动作。

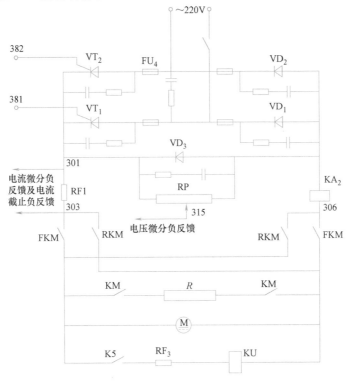

图7-56　晶闸管整流主回路

单相半控桥式整流电路带电阻负载情况下，晶闸管整流电压的平均值为

$$U_d = 0.9 U_c \frac{1+\cos\alpha}{2}$$

式中，U_c为交流电压u_c的有效值；α为触发延迟角。

可见，U_d是随α改变而改变的，α的大小是由移相触发电路来控制的。所以，通过移相器控制α，使得晶闸管整流输出直流电压U_d改变，就可实现电动机转速从20~1000r/min的调节。不过这里的负载是电动机，它是一个反电动势负载，具有一定的电感，当主回路中没有另加滤波电抗器时，主回路电流总是断续的（图7-57），特别是在轻负载情况下，断续得更厉害些，晶闸管整流电压要升高，使得电动机的转速比有滤波电抗器情况下的转速要高，这时电动机反电动势E使得在交流电压瞬时值u_c较小时，主回路电流$I_a = 0$。

续流二极管VD_3在低速、大负载情况下，有续流作用，以保证晶闸管整流器的正常工作。

快速移动时，继电器K_5得电动作，整流电压平均值为最大，使继电器KU动作，电动机磁场Φ减小一半，因$n = E/(K_e\Phi)$，故电动机转速升高一倍。

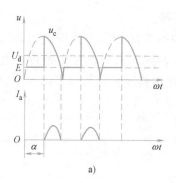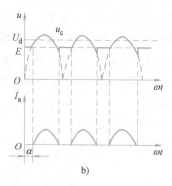

图 7-57　主回路电压电流波形

a) $u_{\text{cmax}}\sin\alpha \geqslant U_{\text{d}}$　　b) $u_{\text{cmax}}\sin\alpha < U_{\text{d}}$

第四节　交流传动控制系统

一、概述

交流调速系统，就是以交流电动机作为电能-机械能的转换装置，并通过对电能的控制以产生所需的转矩与转速。它与直流电动机调速系统最大的不同之处，主要是它没有电动机电流流向变化的机械换向器。

在 19 世纪 80 年代以前，在工业生产中，直流电力传动是唯一的一种电力传动方式。19 世纪末，由于发明了交流电，解决了三相制交流电的输送与分配问题，加之又制成经济实用的交流笼型异步电动机，这就使交流电力传动在工业中逐步得到了广泛的应用。但是随着生产技术的发展，对机电传动在起制动、正反转以及调速精度、调速范围等静态特性与动态响应方面提出了新的、更高的要求。而交流传动比直流传动在技术上难以实现这些要求，所以 20 世纪前半叶，在可逆、可调速与高精度的传动技术领域中，几乎都是采用直流传动系统。

但是，由于直流电动机具有电刷与换向器，必须经常对电刷与换向器进行维修检查，电动机安装的环境受到限制（如不能安装在有易爆气体及尘埃多的场合）以及转速不够高、容量小等缺点，而且，直流电动机的体积、重量与价格比同等容量的交流电动机要大，所以 20 世纪 30 年代后，不少国家就开始进行无换向器调速传动装置的研究，但进展很慢。在 60 年代以后，随着电力电子学与电子技术的发展，使得采用半导体交流技术的交流调速系统得以实现。特别是 70 年代以来，大规模集成电路和计算机控制技术的发展，以及现代控制理论的应用，为交流机电传动的开发创造了有利条件，如交流电动机的串级调速，各种类型的变频调速、无换向器电动机调速，使得交流机电传动逐步具备了宽的调速范围、高的稳速精度、快的动态响应以及在四象限做可逆运行等良好的技术性能。

最近几年，交流调速在各个工业领域中的应用所占的比重正在逐渐增大。世界各国的设计研究工作也已将重点转向交流调速技术。交流调速在机电传动自动化领域中的地位也日趋重要。

1. 交流调速的重要作用

交流调速传动在节约能源方面起着重要作用。一方面，交流传动负荷在各国的总用电量中都占有很大的比重，对这类负荷实现节能，可以获得很好的节能效益；另一方面，交流传动本身又存在着很大的可以挖掘的节电潜力。因为在许多交流传动装置中，交流电动机及其所传动的机械在选用时，往往都留有一定的富余容量，而且也不总是在最大负荷情况下运行。在轻载时，如果利用电力电子技术降低电动机的外加电压，或者通过对电动机的速度控制改变某些工作机械的工况，就可达到节电的目的。例如工业上大量使用的风机、水泵、压缩机等，都是采用交流电动机拖动，其用电量约占工业用电的 50%，过去大都靠调节风门、闸阀来改变流量，使得大量电能被白白浪费，若采用电动机调速来改变流量，则其效率可以大大提高。

目前，国内外都在计划广泛合理地使用交流调速技术，或进行技术改造，以获得更大的能源利益。

2. 交流调速的基本类型

交流电动机分为同步电动机和异步电动机两大类。

同步电动机的调速靠改变供电电压的频率而改变其同步转速，因此，同步电动机的调速有两种方法：

（1）不改变同步转速的调速方法　它们有：转子串电阻；转子斩波调速；改变定子电压；改变转子附加电动势；应用电磁转差离合器等方法。

（2）改变同步转速的调速方法　它们有：改变定子极对数；改变定子电压频率；应用无换向器电动机等方法。

异步电动机的调速方法较多，由现有文献中介绍出来且常见的有：①降电压调速；②电磁转差离合器调速；③绕线转子异步电动机转子串电阻调速；④绕线转子异步电动机串级调速；⑤变极对数调速；⑥变频调速等。在开发交流调速系统的时候，人们从多方面进行探索，其种类繁多是很自然的。现在交流调速的发展已接近成熟，为了深入地掌握其基本原理，就不能满足于这种表面形式的罗列，而要进一步探讨其内在规律，从更高的角度上认识交流调速的本质。

按照交流异步电动机的基本原理，从定子传入转子的电磁功率 P_m 可分为两部分：一部分 $P_2 = (1-s)P_m$ 是拖动负载的有效功率；另一部分是转差功率 $P_s = sP_m$，与转差率 s 成正比。从能量转换的角度上看，转差功率是否增大，是消耗掉还是得到回收，显然是评价调速系统效率高低的一种标志。从这点出发，可以把异步电动机的调速系统分成三大类：

（1）转差功率消耗型调速系统　该系统的全部转差功率都被转换成热能的形式而消耗掉。上述的第①、②、③三种调速方法都属于这一类。在三大调速系统类中，这类调速系统的效率最低。而且它以增加转差功率的消耗来换取转速的降低（恒转矩负载时），越向下调速效率越低。但这类系统结构简单，所以还有一定的应用场合。

（2）转差功率回馈型调速系统　该系统转差功率的一部分被消耗掉，大部分则通过变流装置回馈电网或者转化为机械能予以利用，转速越低时回收的功率也越多，上述第④种调速方法——串级调速属于这一类。这类调速系统的效率显然比第一类要高，但增设的交流装置总要多消耗一部分功率，因此还不及下一类。

（3）转差功率不变型调速系统　该系统的转差功率中转子铜损部分的消耗是不可避

的，但在这类系统中，无论转速高低，转差功率的消耗基本不变，因此效率最高。上述的第⑤、⑥两种调速方法属于此类。其中变极对数只能有级调速，应用场合有限。只有变频调速应用最广，可以构成高动态性能的交流调速系统，取代直流调速，最有发展前途。

异步电动机变频调速得到很大发展后，同步电动机的变频调速也就提到日程上来了。无论是异步电动机还是同步电动机，变频的结果都是改变旋转磁场的转速，对二者的效果是一样的。

二、异步电动机的调压调速系统

当异步电动机定子与转子回路的参数为恒定时，在定转差率下，电动机的电磁转矩 M 与加在其定子绕组上电压 U 的二次方成正比，即 $M \propto U^2$。因此，改变电动机的定子电压就可改变其机械特性的函数关系，从而改变电动机在一定输出转矩下的转速。图 7-58 所示为异步电动机在调压调速时的机械特性。

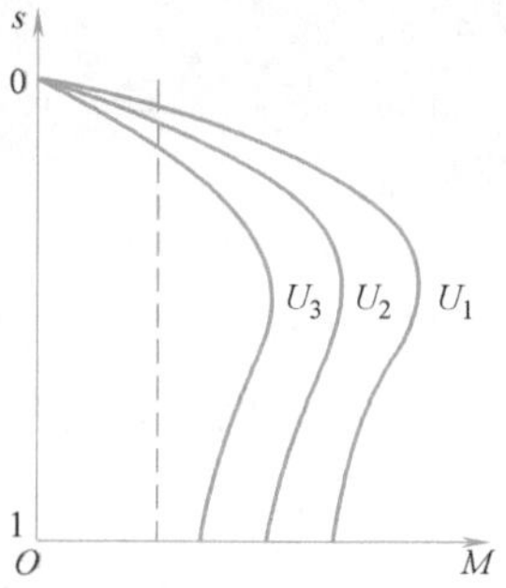

交流调压调速是一种比较简便的调速方法。可以在异步电动机定子回路中串入饱和电抗器以及在定子侧加调压变压器来实现调压调速。当今可使用双向晶闸管来实现交流调压调速。

1. 控制方式

晶闸管交流调压就是在恒定交流电源与负载（如电阻、交流电动机等）之间接入晶闸管作为交流电压控制器。其控制方式有两种：

（1）相位控制 晶闸管单相调压电路如图 7-59 所示。作为相位控制时，晶闸管在每个电源电压波形周期的选定时刻将负载与电源接通，如图 7-60 所示。不同的触发延迟角，可得到不同的输出负载电压波形 $u = f(t)$，从而起到调压作用。为使输出电压正、负半波对称，反并联的两个晶闸管的触发延迟角应相等。

图 7-58 异步电动机在改变定子电压时的机械特性（$U_1 > U_2 > U_3$）

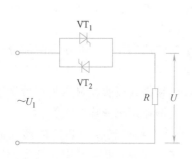

图 7-59 晶闸管单相调压电路

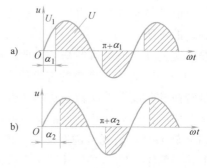

图 7-60 晶闸管单相调压电路在相位控制时的负载电压波形

（2）通断控制 此时调压电路仍如图 7-59 所示。但晶闸管起着快速开关作用，它把负载与电源按一定的频率断通关系接通与断开，晶闸管的触发延迟角 α 一般为 $0°$，可连续导通几个周期，晶闸管在控制脉冲消失时自然关断。电动机作为

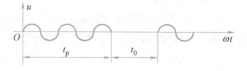

图 7-61 晶闸管单相调压电路在通断的负载电压波形

负载时，它相当于工作在脉冲调速状态，负载电压波形如图 7-61 所示。

2. 异步电动机调压时的机械特性

根据电机学原理，在 ①忽略空间和时间谐波；②忽略磁饱和；③忽略铁损耗的情况下，可画出异步电动机的稳态等效电路，如图 7-62 所示。图中各参量的定义如下：

R_1、R_2' 为定子每相电阻和折合到定子侧的转子每相电阻；L_{11}、L_{12}' 为定子每相漏感和折合到定子侧的转子每相漏感；L_m 为定子每相绕组产生气隙主磁通的等效电感，即励磁电感；U_1、ω_1 为电动机定子相电压和供电角频率。

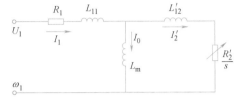

图 7-62 异步电动机稳态等效电路

由图 7-62 可以导出

$$I_2' = \frac{U_1}{\sqrt{\left(R_1 + C_1 \dfrac{R_2'}{s}\right)^2 + \omega_1^2 (L_{11} + C_1 L_{12}')^2}} \tag{7-17}$$

式中

$$C_1 = 1 + \frac{R_1 + j\omega_1 L_{11}}{j\omega_1 L_m} \approx 1 + \frac{L_{11}}{L_m}$$

在一般情况下，$L_m \gg L_{11}$，则 $C_1 \approx 1$，这相当于将上述假设条件的第③条改为忽略铁损耗和励磁电流。这样电流公式可简化为

$$I_1 = I_2' = \frac{U_1}{\sqrt{\left(R_1 + \dfrac{R_2'}{s}\right) + \omega_1^2 (L_{11} + L_{12}')^2}} \tag{7-18}$$

令电磁功率 $P_m = 3(I_2')^2 R_2'/s$，同步机械角转速 $\Omega_1 = \omega_1/p$，p 为极对数，则异步电动机的电磁转矩为

$$M_e = \frac{P_m}{\Omega_1} = \frac{3p}{\omega_1} I_2'^2 \frac{R_2'}{s} = \frac{\dfrac{3pU_1^2 R_2'}{s}}{\omega_1 \left[\left(R_1 + \dfrac{R_2'}{s}\right)^2 + \omega_1^2 (L_{11} + L_{12}')^2\right]} \tag{7-19}$$

式（7-19）就是异步电动机的机械特性方程。它表明，当转速或转差率一定时，电磁转矩与电压的二次方成正比。不同电压下的机械特性便如图 7-63 所示，图中 U_{ed} 表示额定电压。

将式（7-19）对 s 求导，并令 $dM_e/ds = 0$，可求出产生最大转矩时的转差率 s_m

$$s_m = \frac{R_2'}{\sqrt{R_1^2 + \omega_1^2 (L_{11} + L_{12}')^2}} \tag{7-20}$$

和最大转矩 M_{emax}

$$M_{emax} = \frac{3pU_1^2}{2\omega_1 \left[R_1 + \sqrt{R_1^2 + \omega_1^2 (L_{11} + L_{12}')^2}\right]} \tag{7-21}$$

由图 7-63 可见，带恒转矩负载时，普通的笼型异步电动机变电压时的稳定工作点为 A、B、C，转差率的变化范围不会超过 $s = 0 \sim s_m$，调速范围很小。如果带风机类负载运行，则工作点为 D、E、F，调速范围可以大一些。为了能在恒转矩负载下扩大变压调速范围，需使电动机在较低速下稳定运行又不致过热，就要求电动机转子绕组有较高的电阻值。图 7-64 给出了高转子电阻电动机变电压时的机械特性，显然在恒转矩负载下的变压调速范围增大了，而且在堵转力矩下工作也不致烧坏电动机，因此这种电动机又称作交流力矩电动机。

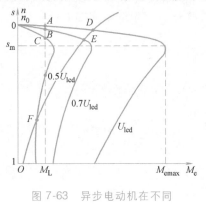

图 7-63　异步电动机在不同
电压下的机械特性

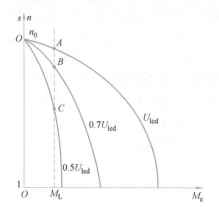

图 7-64　高转子电阻电动机在不
同电压下的机械特性

3. 闭环控制的变压调速系统及其特性

异步电动机变电压调速时，采用普通电动机时调速范围很窄，采用高转子电阻的力矩电动机时，调速范围虽然可以大一些，但机械特性变软，负载变化时的静差率又太大（图 7-64）。开环控制很难解决这个矛盾。对于恒转矩性质的负载，调速范围要求 $D = 2$ 以上时，往往采用带转速负反馈的闭环系统，如图 7-65 所示。

图 7-65b 所示为该闭环系统的静特性。如果该系统带负载 M_L 在 A 点运行，当负载增大引起转速下降时，反馈控制作用能提高定子电压，从而在新的一条机械特性上找到工作点 A'。同理，当负载降低时，也会得到定子电压低一些的新工作点 A''。按照反馈控制规律，将工作点 A''、A、A'

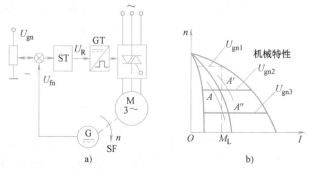

图 7-65　转速负反馈闭环控制的交流调压调速系统

连接起来便是闭环系统的静特性。尽管异步电动机的开环机械特性和直流电动机的开环特性差别很大，但在不同开环机械特性上各取一相应的工作点，连接起来便得到闭环系统静特性。虽然交流异步力矩电动机的机械特性很软，但由系统放大系数决定的闭环系统静特性却可以很硬。如果采用 PI 调节器，照样可以做到无静差。改变给定信号 U_{gn}，则静特性平行地上下移动，达到调速的目的。

和直流调压调速系统不同的地方是：在额定电压 U_{1ed} 下的机械特性和最小输出电压 U_{1min} 下的机械特性，是闭环系统静特性左右两边的极限，当负载变化达到两侧的极限时，闭环系统便失去控制能力，回到开环机械特性上工作。

根据图 7-65a 所示的系统，可以画出静态结构图如图 7-66 所示。图中：$K_s = U_1 / U_k$，为晶闸管交流调压器和触发装置的放大系数；$\alpha = U_f / n$，为转速反馈系数；ST 采用 PI 调节器。

$n = f(U_1 、 M_e)$ 是式（7-19）表达的异步电动机机械特性方程式，是一个非线性函数。

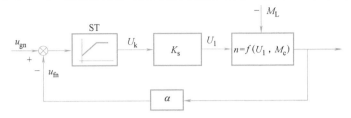

图 7-66　异步电动机变压调速系统静态结构图

稳态时，$U_{gn} = U_f = \alpha n$，$M_e = M_L$，根据 U_{gn}/α 和 M_L，可由式（7-19）计算或用机械特性图解求出所需的 U_1 以及相应的 U_k。

三、异步电动机变频调速系统

异步电动机的变频调速系统是异步电动机的变压变频调速系统的简称。由于其在调速时转差功率不变，在各种异步电动机调速系统中效率最高，同时性能也最好，因此成为交流调速的主要发展方向。

由交流电动机的转速公式

$$n = \frac{60f_1}{p}(1-s) \tag{7-22}$$

可以看出，若均匀地改变定子供电频率 f_1，则可以平滑地改变电动机的同步转速。在许多场合，为了保持在调速时电动机的最大转矩不变，需要维持磁通恒定，这就要求定子供电电压也要做相应调节。因此对电动机供电的变频器，一般都要求兼有调压和调频这两种功能，即通常所说的 VVVF 型变频器。

随着电力半导体器件制造技术的发展和电子技术的发展，使变频调速装置获得了迅速的发展。多年来，制造厂家不断推出性能更好、质量更优的一代又一代变频器的新产品。现今的变频器由于使用了计算机控制技术，不仅能调压、调频，还具有电流调节、转矩调节、加速度调节、起动制动时间调节等多达几十种函数运算与调节功能，因而在工农业生产和人民日常生活中获得了广泛的应用。

（一）变频调速的基本控制方式

异步电动机改变定子频率 f_1 可以平滑地调节转速。在电机学中，异步电动机的电动势方程为

$$E_1 = 4.44f_1 W_1 K_1 \Phi \tag{7-23}$$

如果忽略定子阻抗压降，则

$$U_1 \approx E_1 = 4.44f_1 W_1 K_1 \Phi \tag{7-24}$$

可见，当 U_1 不变时，随着 f_1 的升高，Φ 将减小。又从转矩公式

$$M = C_M \Phi I_2' \cos\varphi_2' \tag{7-25}$$

可以看出，Φ 减小势必导致电动机输出转矩 M 下降，使电动机的利用率变差。同时电动机的最大转矩也将降低，严重时，会使电动机堵转。

若维持端电压 U_1 不变而减小 f_1，Φ 将增加，这会使磁路饱和，励磁电流 I_m 上升，导致铁损急剧增加。

因此在许多场合，要求在调频的同时，改变定子电压 U_1，以维持 Φ 近似不变。根据 U_1

和 f_1 的不同比例关系，将有不同的变频调速方式。

1. 基频以下调速

$$\frac{U_1}{f_1} = 常数 \qquad (7-26)$$

这是恒压频比的控制方式。

低频时，$U_1(E_g)$ 较小，定子阻抗压降所占的分量就比较显著，不再能忽略。这时，可以人为地把电压 U_1 抬高一些，以便近似地补偿定子压降。带定子压降补偿的恒压频比控制特性示于图7-67中的线2，无补偿的控制特性则为线1。

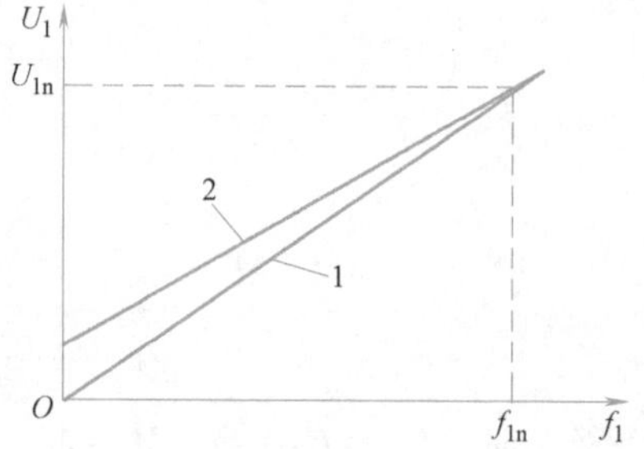

2. 基频以上调速

在基频以上调速时，频率可以从 f_{1n} 往上增，但电压却不能增加得比额定电压还要大，最多只能保持 $U_1 = U_{1n}$，这将迫使磁通与频率成反比地降低，相当于直流电动机弱磁升速的情况。

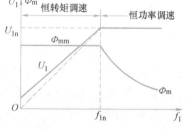

图7-67 恒压频比控制特性
1—不带定子压降补偿 2—带定子压降补偿

把基频以下和基频以上两种情况结合起来，可得图7-68所示的异步电动机的变频调速控制特性。如果电动机在不同转速下都具有额定电流，则电动机都能在温升允许条件下长期运行。这时转矩基本上随磁通变化，按照机电传动原理，在基频以下，属于"恒转矩调速"的性质；而在基频以上，基本上属于"恒功率调速"。

（二）变频装置

上节讨论的控制方式表明，必须同时改变电源的电压和频率，才能满足变频调速的要求。现有的交流供电电源都是恒压恒频的，必须通过变频装置，以获得变压变频的电源。

变频装置是变频调速系统的主要设备，在这里扼要地介绍静止式变频装置的要点和特殊问题，并对目前发展最快受到普遍重视的正弦波脉宽调制（SPWM）变频装置进行专门介绍。

1. 变频装置的分类

从结构上看，静止变频装置可分为间接变频和直接变频两类。间接变频装置先将工频交流电源通过整流器变成直流，然后再经过逆变器将直流变换为可控频率的交流，因此又称有中间直流环节的变频装置。直接变频装置则将工频交流一次变换成可控频率的交流，没有中间直流环节。目前应用较多的还是间接变频装置。

图7-68 异步电动机的变频
调速控制特性

2. 间接变频装置（即交-直-交变频装置）

间接变频装置的结构如图7-69所示。按照控制方式的不同，它又可以分成三种，如图7-70a、b、c所示。

图7-69 间接变频装置（交-直-交变频装置）

（1）用可控整流器变压、逆变器变频的交-直-交变频装置（图7-70a） 调压和调频分别在两个环节上进行，两者要在控制电路上协调配合。这种装置结构简单、控制方便。但是，由于输入环节采用可控整流器，当电压和频率调得较低时，电网端的功率因数较小；输出环节多用由晶闸管组成的三相六拍逆变器，输出的谐波较大。这是这类变频装置的主要缺点。

（2）用不控整流器整流、斩波器变压、逆变器变频的交-直-交变频装置（图7-70b） 整流环节采用二极管不控整流器，再增设斩波器，用脉宽调压。这样虽然多了一个环节，但输入功率因数高，克服了图7-70a所示装置的第一个缺点。输出逆变环节不变，仍有谐波较大的问题。

（3）用不控整流器整流、PWM逆变器同时变压变频的交-直-交变频装置（图7-70c） 用不控整流，则功率因数高；用脉宽调制（PWM）逆变，则谐波可以减少。这样，图7-70a所示装置的两个缺点都

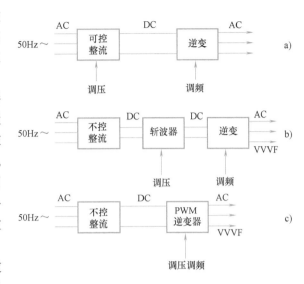

图 7-70　间接变频装置的三种结构形式

解决了。谐波可以减少的程度取决于开关频率，而开关频率则受器件开关时间的限制。如果仍采用普通晶闸管，开关频率比六拍逆变器也高不了多少。只有采用可控关断的全控式器件以后，开关频率才得以大大提高，输出波形几乎可以得到非常逼真的正弦波，因而又称正弦波脉宽调制（SPWM）逆变器。它是当前最有前途的一种结构形式，将做专门介绍。

3. 直接变频装置（即交-交变频装置）

直接变频装置的结构如图7-71所示。它只用一个变换环节就可以把恒压恒频的交流电源变换成 VVVF 电源，因此又称周波变换器。

图 7-71　直接（交-交）变频装置

直接变频装置输出的每一相，都是一个两组晶闸管整流装置反并联的可逆线路，如图7-72a所示。正、反两组按一定周期相互切换，在负载上获得交变的输出电压 u_0。u_0 的幅值决定于各组整流装置的触发延迟角 α，u_0 的频率决定于两级整流装置的切换频率。

直接变频装置根据其输出电压波形，可以分为方波型和正弦波型两种。

（1）方波型　如果触发延迟角 α 一直不变，则输出平均电压是方波，如图7-72b所示。

（2）正弦波型　如果在每一组整流器导通期间不断改变 α，则整流的平均输出电压 u_0 就由零变到最大值，再

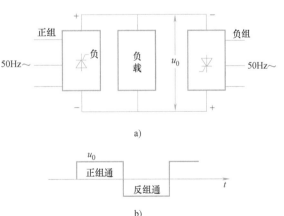

图 7-72　直接（交-交）变频装置——相电路及波形

a）原理电路图　b）输出电压波形（方波图）

变到零，呈正弦规律变化。例如，在正导通的半个周期中，使 α 由 $\pi/2$（对应于平均电压 $u_0 = 0$）逐渐减小到 0（对应于平均电压 u_0 最大），然后再逐渐增加到 $\pi/2$，也就是使 α 在 $\pi/2 \sim 0 \sim \pi/2$ 之间变化，则整流的平均输出电压 u_0 就由零变到最大值再变到零，呈正弦规律变化，如图 7-73 所示。图中，在 A 点 $\alpha = 0$，平均整流电压最大，然后在 B、C、D、E 点 α 逐渐增大，平均电压减小，直到 F 点 $\alpha = \pi/2$，平均电压为零。半周中平均输出电压为图中虚线所示的正弦波。对负半周的控制也是同样。

上述只说明了交-交变频的单相输出，对于三相负载，其他两相也各有一套反并联可逆线路，输出平均电压相位依次相差 $120°$。

由图 7-73 可知，电压反向时最快也只能沿着电源电压的正弦波形变化，所以最高输出频率不超过电网频率的 $1/3 \sim 1/2$（由整流相数而定），否则输出波形畸变太大，将影

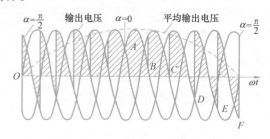

图 7-73　正弦波交-交变频装置的输出电压波形

响变频调速系统的正常工作。鉴于此原因，交-交变频一般只用于低转速、大容量的调速系统，如轧钢机、球磨机、水泥回转窑等。这类机械用交-交变频装置供电的低速电动机直接传动，可以省去庞大的齿轮减速箱。

把交-直-交变频装置和交-交变频装置做一比较，主要特点列于表 7-1。

表 7-1　交-交变频器与交-直-交变频器主要特点比较

	交-交变频器	交-直-交变频器
换能方式	一次换能,效率较高	二次换能,效率略低
换流方式	电网电压换流	强迫换流或负载换流
装置元器件数量	较多	较少
元器件利用率	较低	较高
调频范围	输出最高频率为电网的 $1/3 \sim 1/2$	频率调节范围宽
电网功率因数	较低	可控整流调压,低频低压时功率因数低,用斩波器或 PWM 方式调压,功率因数较高
适用场合	低速大功率拖动	可用于各种拖动装置:稳频稳压电源,不停电电源

注：交-交变频器如采用强迫换流，则调速范围可以扩大，最高输出频率可以超过电网频率，同时还可提高功率因数，线路复杂。

4. 电压源和电流源变频器

无论是直接变频还是间接变频，根据变频电源的性质，又可分为电压源和电流源变频器两类。

（1）电压源变频器　对于间接变频器的中间直流环节采用大电容滤波时，直流电压波形比较平直，在理想情况是一种内阻抗为零的恒压源，输出交流电压是矩形波或阶梯波，这叫作电压源变频器（图 7-74a）或称电压型变频器。一般的直流变频器虽然没有滤波电容，但供电电源的低阻抗使它具有电压源的性质，也属于电压源变频器。

（2）电流源变频器　当间接变频器的中间直流环节采用大电感滤波时，直流回路中的

电流波形比较平直，对负载来说基本上是一个恒流源，输出交流电流是矩形波或阶梯波，这叫作电流源变频器（图7-74b），或称电流型变频器。有的交-交变频器用电抗器将输出电流强制成矩形波或阶梯波，具有电流源的性质，也是电流源变频器。

图 7-74　间接变频装置

a）电压源变频器　b）电流源变频器

对于变频调速系统来说，由于异步电动机属感性负载，不论它处于电动还是发电状态，功率因数都不会等于 1.0，故在中间直流环节与电动机之间总存在无功功率的交换。由于逆变器中的电力电子开关无法储能，所以无功能量只能靠直流环节中的储能元件（电压源变频中的电容器或电流源变频中的电抗器）来缓冲。因此也可以说，电压源和电流源变频器的主要区别在于用什么储能元件来缓冲无功功率。

（三）正弦波脉宽调制（SPWM）逆变器

1964 年，德国的 A. Schönung 等提出了脉宽调制变频的思想，并推广应用于交流变频，为交流调速系统开辟了新的发展领域，图7-75 所示为 SPWM 间接变频器的原理图。由图可知，这仍是一个间接变频装置，只是整流器 UR 是不可控的，它的输出电压经电容滤波（附加小电感限流）后形成恒定幅值的直流电压，加在逆变器 UI 上，控制逆变器中的功率开关器件导通或断开。其输

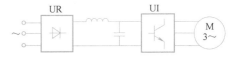

图 7-75　SPWM 间接变频器原理图

出端即获得一系列宽度不等的矩形脉冲波形，而决定开关器件动作顺序和时间分配规律的控制方法就称为脉宽调制方法。通过改变矩形脉冲的宽度，可以控制逆变器输出交流基波电压的幅值，通过改变调制周期，可以控制其输出频率，从而在逆变器上可同时进行输出电压幅值与频率的控制，满足变频调速对电压与频率协调控制的要求。

图7-75 所示的电路主要有下列特点：

1）主电路只有一个可控的功率环节，简化了结构。

2）使用了不可控整流器，使电网功率因数与逆变器输出电压的大小无关而接近于1。

3）逆变器在调频的同时实现调压，而与中间直流环节的元件参数无关，加快了系统的动态响应。

4）输出波形好，能抑制或消除低次谐波，使负载电动机可在近似正弦波的交变电压下运行；转矩脉动小，大大扩展了传动系统的调速范围，并提高了系统的性能。

1. SPWM 逆变器的工作原理

期望 SPWM 逆变器的输出电压是纯粹的正弦波形。为此，可以把一个正弦半波分作 N 等份，如图7-76a 所示，图中 $N=12$；然后把每一等份的正弦曲线与横轴所包围的面积都用一个与此面积相等的等高矩形脉冲代替，矩形脉冲的中点与正弦波每一等份的中点重合，如图7-76b 所示。因

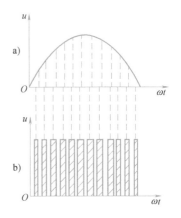

图 7-76　等效于正弦波的等幅矩形脉冲序列波

a）正弦波　b）等效的 SPWM 波形

此，由 N 个等幅而不等宽的矩形脉冲所组成的波形就与正弦的半周等效。因此，正弦波的负半周也可用相同的方法来等效。

由图 7-76b 可以看到，等效的 SPWM 各脉冲的幅值相等，所以逆变器可由恒定的直流电源供电。采用不可控的二极管整流器就可以达到此目的。

图 7-77a 所示为 SPWM 变频器的主电路。图中 $VT_1 \sim VT_6$ 是逆变器的六个功率开关器件，各由一个续流二极管反并联相接，整个逆变器由三相整流器提供的恒值直流电压 U_s 供电。图 7-77b 所示为它的控制电路，一组三相对称的正弦参考电压信号 u_{ra}、u_{rb}、u_{rc} 由参考信号发生器提供，其频率决定逆变器输出的基波频率，应在所要求的输出频率范围内可调。参考信号的幅值也可以在一定范围内变化，以决定输出电压的大小。

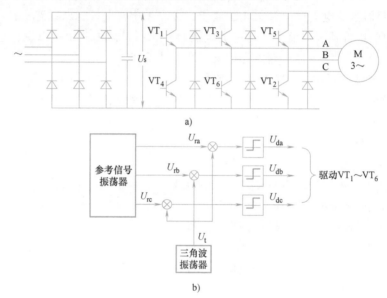

图 7-77 SPWM 变频器电路原理图

a）主电路 b）控制电路

三角波载波信号 u_t 是共用的，分别与每相参考电压比较后，给出"正"或"零"的饱和输出，产生 SPWM 脉冲序列波 u_{da}、u_{db}、u_{dc}，作为逆变器功率开关器件的驱动控制信号。

控制方式可以是单极式，也可以是双极式。采用单极式控制时，在正弦波的半个周期内，每相只有一个开关器件开通或关断。采用双极式控制时，在同一桥臂上下两个开关器件交替通断，处于互补的工作方式。其输出波形如图 7-78 所示。

由图 7-78 可见，输出相电压波形是等幅不等宽而且两侧窄中间宽的脉冲，输出基

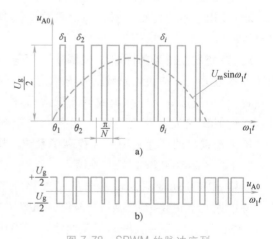

图 7-78 SPWM 的脉冲序列

a）单极式 SPWM 输出相电压 b）双极式 SPWM 输出相电压

波电压的大小和频率，是通过改变正弦参考信号的幅值和频率而改变的。

2. 脉宽调制的制约条件

根据脉宽调制的特点，逆变器主电路的开关器件在其输出电压半周内要开关 N 次，而器件本身的开关能力与主电路的结构及其换流能力有关。所以，把脉宽调制技术应用于交流调速系统，必然受到一定条件的制约，主要有下列两点：

（1）开关频率　逆变器各功率开关器件的开关损耗，限制了脉宽调制逆变器的每秒脉冲数。适合 SPWM 逆变器使用的电力开关器件列于表 7-2，供选用。

表 7-2　电力开关器件

名　　称	符　　号	开关频率/kHz
电力晶体管	GTR	1~5
门极关断晶闸管	GTO	1~2
功率场效应晶体管	P—MOSFET	>20

（2）调制度　为保证主电路开关器件的安全工作，必须使所调制的脉冲波有个最小脉宽与最小间隙的限制，以保证脉冲宽度大于开关器件的导通时间与关断时间。这就要求参考信号的幅值不能超过三角载波峰值的某一百分数（称为临界百分数）。一般定义调制度为

$$M = \frac{U_{\mathrm{rm}}}{U_{\mathrm{tm}}} \tag{7-27}$$

式中，U_{rm} 和 U_{tm} 分别为正弦调制波参考信号与三角载波的峰值。

在理想情况下 M 可在 $0 \sim 1$ 之间变化，以调节输出电压的幅值，实际上 M 总是小于 1 的。当调制度超过最小脉宽的限制时，可以改为按固定的最小脉宽工作，而不再遵守正常的脉宽调制规律。但这会使逆变器输出电压的幅值不再是调制电压幅值的线性函数，而是偏低，并引起输出电压谐波的增大。

3. SPWM 逆变器的调制方式

定义载波的频率 f_{t} 与调制波频率 f_{r} 之比为载波比 N，即 $N = f_{\mathrm{t}}/f_{\mathrm{r}}$。视载波比的变化与否有同步调制与异步调制之分。

（1）同步调制　在同步调制方式中，$N =$ 常数，变频时三角载波的频率与正弦调制波的频率同步变化，因而逆变器输出电压半波内的矩形脉冲数是固定不变的，如果取 N 等于 3 的倍数，则同步调制能保证逆变器输出波形的正、负半波始终保持对称，并能严格保证三相输出波形间具有互差 $120°$ 的对称关系。但是，当输出频率很低时，由于相邻两脉冲间的间距增大，谐波会显著增加，使负载电动机产生较大的脉动转矩和较强的噪声。这是同步调制方式的主要缺点。

（2）异步调制　为了消除同步调制的缺点，可以采用异步调制方式。顾名思义，在异步调制中，在逆变器的整个变频范围内，载波比 N 是不等于常数的。一般在改变参考信号频率 f_{r} 时保持三角载波频率 f_{t} 不变，因而提高了低频时的载波比。这样逆变器输出电压半波内的矩形脉冲数可随输出频率的降低而增加。相应地可减少负载电动机的转矩脉动与噪声，改善了低频工作的特性。

有利必有弊，异步调制在改善低频工作的同时，又会失去同步调制的优点。当载波比随着输出频率的降低而连续变化时，势必使逆变器输出电压的波形及其相位都发生变化，很难

保持三相输出间的对称关系，因而引起电动机工作的不平稳。为了扬长避短，可将同步和异步两种调制方式结合起来，成为分段同步的调制方式。

（3）分段同步调制　在一定频率范围内，采用同步调制，保持输出波形对称的优点；当频率降低较多时，使载波比分段有级地增加，又采纳了异步调制的长处。这就是分段同步调制方式。具体地说，把逆变器整个变频范围划分成若干个频段，在每个频段内都维持载波比 N 恒定，对不同频段取不同的 N 值，频率低时取 N 值大些，一般按等比级数安排。

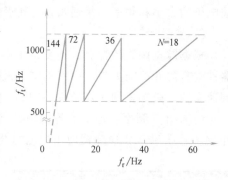

图 7-79　分段同步调制时 f_t 与 f_r 的关系曲线

图 7-79 所示为相应的 f_t 与 f_r 的关系曲线。由图可见，在逆变器输出频率 f_r 的不同频段内，用不同的 N 值进行同步调制，而各频段载波频率的变化范围基本一致，以满足功率开关器件对开关频率的限制。图中最高开关频率为 1080~1116Hz，在 GTR 允许范围之内。

载波比 N 值的选定与逆变器的输出频率、功率开关器件的允许工作频率以及所用的控制手段都有关系。为了使逆变器的输出尽量接近正弦波，应尽可能增大载波比。但若从逆变器本身看，载波比又不能太大，应受到下述关系式的限制，即

$$N \leqslant \frac{\text{逆变器功率开关器件的允许开关频率}}{\text{频段内最高的正弦参考信号频率}}$$

分段同步调制虽然比较麻烦，但在微电子技术迅速发展的今天，这种调制方式是很容易实现的。

四、变频调速控制系统分析

变频调速系统类型有多种，下面分析转速开环、电压闭环的变频调速系统和锁相控制的变频调速系统。

1. 转速开环、电压闭环的变频调速系统

转速开环、电压闭环的变频调速系统常用于多同步电动机传动系统，如化纤纺丝机中，同步电动机的速度完全由电源频率决定，只要电源频率稳定度高，就能实现高精度的速度调节。转速开环、电压闭环的变频调速系统也可用于对调速系统的静、动态性能要求不高的场合，如风机、水泵的调速控制。为满足生产机械要求，调速系统常采用带低频电压补偿的恒最大转矩控制方式。

由于逆变器有电流源型和电压源型之分，故转速开环、电压闭环的变频调速系统也分为电流源型变频调速系统和电压源型变频调速系统，两类系统基本相同，都采用电压与频率的协调控制，但是滤波环节不同。下面以电流源型为例进行分析。

转速开环交-直-交电流源变频调速系统的原理图如图 7-80 所示。图中 GI 是给定积分器，其作用是将阶跃信号 U_ω^* 变成按设定的斜率变化的斜坡信号 U_{gi}，从而使电动机电压和转速都能平缓地升高或降低，GAB 是绝对值变换器，将可正可负的 U_{gi} 变换成只输出其绝对值的信号 U_{abc}，该信号分两路进行控制，一路控制电压，另一路控制频率，实现电压和频率的协调控制。电动机的正反转控制是通过极性鉴别器 DPI 控制可逆环形计数器 DRC 的加、减运

算来实现的。当 U_{gi} 为正时，极性鉴别器 DPI 的输出为正，使环形计数器 DRC 做加 1 运算，输出脉冲按 1→6 的顺序触发晶闸管，逆变器 CSI 输出正相序电压，电动机正转；当 U_{gi} 为负时，DPI 的输出为负，DRC 做减 1 运算，按 6→1 的顺序触发晶闸管，得到负相序电压，电动机反转。

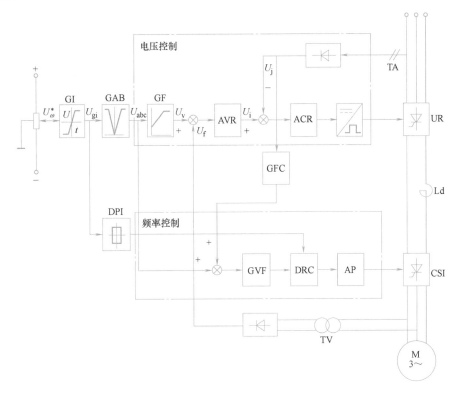

图 7-80　转速开环交-直-交电流源变频调速系统

GI—给定积分器　GAB—绝对值变换器　GF—函数发生器　AVR—电压调节器

ACR—电流调节器　GVF—压频变换器　DRC—环形计数器　AP—脉冲放大器

UR—可控整流器　TV—电压互感器　DPI—极性鉴别器

GFC—频率给定动态校正器

GF 为函数发生器，其作用是在低频时进行电压补偿，以实现恒最大转矩控制，改善低速时的机械特性。

电压控制环节采用电压、电流双闭环的结构。内环设电流调节器 ACR，用以限制动态电流，兼起保护作用。外环设电压调节器 AVR，用以控制输出电压。简单的小容量系统也可用单电压环结构。

UR 是可控整流器，电压控制环节控制其输出电压，从而控制逆变器输出电压。

频率控制环节中，GVF 为压频变换器，其作用是将电压信号 U_{abc} 转换为脉冲信号，而脉冲信号的频率与 U_{abc} 成正比。DRC 是具有六分频作用的环形计数器，采用可逆计数器，根据极性鉴别器的极性，或做加 1 运算，或做减 1 运算，从而改变逆变器 CSI 输出电压的相序，实现对电动机的正、反转控制。

GFC 是频率给定动态校正器，其作用是使逆变器频率的变化能跟上电压的变化，这是因为直流主回路中不用电容滤波，实际电压的变化可能太快，用 GFC 来加快频率控制，使之与电压变化一致起来。GFC 一般采用微分校正，对于简单的调速系统，也可以只调整调节器的参数而不加动态校正环节。

CSI 是电流源逆变器，与电压源逆变器 VSI 的主要区别在于滤波环节的不同，前者是用大电感滤波，后者是用电容器滤波。

2. 锁相控制的变频调速系统

锁相技术最初应用在通信、电视、雷达、遥控等方面，20 世纪 70 年代末应用到电动机速度控制领域。

电动机锁相环速度控制是一种数字反馈控制系统，与一般模拟式控制系统相比，具有精度高，易于实现程序控制和计算机控制等优点。目前锁相调速已广泛应用于造纸机、光纤拉丝机、化纤纺丝机等传动系统中，并在一些系统中实现了微型计算机控制和自适应控制。

下面以用于化纤纺丝机的锁相环异步电动机变频调速系统为例加以分析，其原理框图如图 7-81 所示。这是一个由电压内环和频率外环组成的双闭环调速系统。逆变器为 PWM 控制的晶体管逆变器。

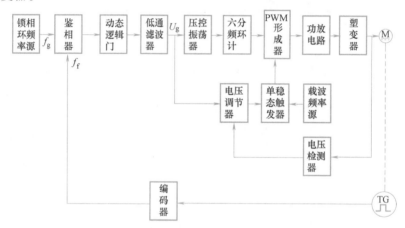

图 7-81　锁相环变频调速系统原理框图

系统中的频率给定信号 f_g 由高稳定度的数字锁相环频率源提供，反馈信号 f_f 由编码器提供。编码器是一种转速-脉冲变换器，能将转速转换成频率与之成比例的脉冲信号，常采用感应式转速-脉冲变换器，它由带有六个齿的锯齿圆盘和接近开关构成。锯齿圆盘与电动机同轴旋转，圆盘旋转时，圆盘上的齿一个接一个地靠近和离开接近开关，在接近开关中感应出一系列脉冲信号，然后经过比较器和整形电路整形后，作为频率反馈信号 f_f 送入鉴相器。

f_g 与 f_f 都送入鉴相器，其输出信号经低通滤波器后得到直流电压信号 U_g。为了防止开车（或升速）过程出现过电流和停车（或降速）过程出现过电压，在低通滤波器前设置了动态逻辑门。在开车和停车过程中，通过动态逻辑门改变低通滤波器的输入网络，可避免升速时出现过电流，降速时出现过电压，以保护晶体管安全运行。

直流电压信号 U_g 一路送入压控振荡器转换成频率与之成比例的脉冲，经六分频环计后，得到在相位上互差 120° 的三列脉冲信号，这三列脉冲信号在 PWM 形成器中经单稳态触发器来的宽度可调的脉冲调制后，形成了逆变器六个桥臂的控制信号，经功放电路放大后作为六个桥臂上晶体管的驱动信号。U_g 的另一路是作为主令电压送往电压调节器，其输出信号用来控制单稳态触发器输出脉冲的宽度，单稳态触发器同时受载波频率源和电压调节器输出信号所控制，这使单稳态触发器输出的脉冲频率与载波频率源的脉冲频率相等，而脉冲宽度与电压调节器的输出电压成比例。单稳态触发器输出宽度可调的脉冲送往 PWM 形成器中去调制 PWM 的脉冲宽度，实现电压和频率的协调控制。例如，若 U_g 增大，压控振荡器输出脉冲频率上升，而电压调节器输出电压也上升，单稳态触发器输出的脉冲宽度变宽，这样使逆变器输出电压和频率成比例上升，实现电压和频率的统调。

第五节　单片机脉宽调制（PWM）控制直流电动机

一、PWM 调速控制原理

直流电动机的转速 n 由下式决定：

$$n = \frac{U - IR}{K\varPhi} \tag{7-28}$$

由式（7-28）可看出，调节直流电动机的电枢电压 U，可改变转速 n，即为调压调速法。在对直流电动机的电枢电压控制调节时，常用的有 3 种方法：发电机-电动机调速、晶闸管调速和直流斩波调速（PWM 调速）。

PWM 调速法的基本原理是：加在电动机电枢两端的电压是脉动的方波，使此脉冲的幅值和周期不变，而改变脉冲高电平所占的宽度，即改变脉冲的占空比，就可以改变加在电动机电枢两端的电压平均值，从而达到调速的目的。脉宽调速波形如图 7-82 所示。图中，脉冲的周期为 T，电枢两端高电平时电压为 U_d，所用的时间为 t_1，占空比 $\alpha = t_1/T$。因此，电枢两端电压的平均值 $U_S =$

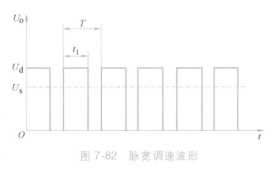

图 7-82　脉宽调速波形

αU_d。例如，若电压幅值 $U_d = 5\text{V}$，周期 $T = 10\text{ms}$，脉宽 $t_1 = 6\text{ms}$，则占空比 $\alpha = 6/10 = 60\%$，电枢两端的平均电压 $U_s = 5\text{V} \times 60\% = 3\text{V}$。现在有许多新品种单片机能输出 PWM 波，如 STC12C5410、ATmega16、ATmega128 等。下面介绍一种用 AT89S51 实现 PWM 的编程方法。

1. DMOS 场效应晶体管调速

图 7-83 所示为一种实现 PWM 调宽调速的电路，其工作原理如下：由单片机的 P1.0 输出 PWM 信号，控制直流电动机的转速；由 P1.1 输出控制正反转的方向信号，控制直流电动机的正反转。当 P1.1 = 1 时，与门 Y_1 打开，由 P1.0 输出的 PWM 信号加在 DMOS 场效应晶体管 VF_1 的栅极上。同时 P1.1 = 1，使 VF_4 导通，而经反相器 F_1 反相为低电平，使 VF_2 截止，并关闭与门 Y_2，使 P1.0 输出的 PWM 不能通过 Y_2 加到 VF_3 上，因而 VF_2 与 VF_3 均截止。此时电流由电动机电源 U_d 经 VF_1 直流电动机、VF_4，接到地，使直流电动机正转。

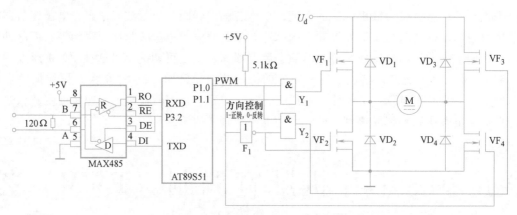

图 7-83　实现 PWM 调宽调速的电路

当 P1.1=0 时，情况与上述正好相反，电路使 VF$_1$ 与 VF$_4$ 截止，VF$_2$ 与 VF$_3$ 导通。此时电流由电动机电源 U_d 经 VF$_3$、直流电动机、VF$_2$，接到地。流经直流电动机的电流方向与正转时相反，使电动机反转。此种电路又称受限单极性可逆 PWM 调速系统。

用此电路编程时应注意，在电动机转向时，由于场效应晶体管（开关管）本身在开关时有一定的延时时间，如果上管 VF$_1$ 还未关断就打开了下管 VF$_2$，将会使电路直通，造成电动机电源短路。因此在电动机转向前（即 P1.1 取反翻转前），要将 VF$_1$ ~ VF$_4$ 全关断一段时间，使 P1.0 输出的 PWM 信号变为一段低电平延时（死区），延时时间一般为 5~20μs。

2. 专用集成电路调速

直流电动机调速也可采用专用集成电路芯片，如 SG1731、UC3637、LMD182000。LMD182000 内含 DMOS 驱动开关管，并具有转向时自动加入死区防电动机电源短路的功能。用 LMD182000 构成的单极性可逆 PWM 调速电路如图 7-84 所示。

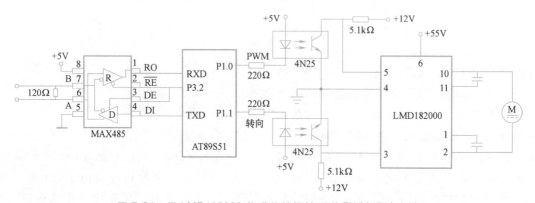

图 7-84　用 LMD182000 构成的单极性可逆 PWM 调速电路

二、PWM 调速的波形时间计算

由于在单片机与 PC 通信时要用到定时器 T1 作为波特率发生器，所以只剩下 T0 可以用来产生 PWM 脉冲。在程序中先将 P1.0 置为高电平"1"，用定时器 T0 定时 t_1（ms）中断控制 PWM 的脉冲宽度。t_1 时间到时，在定时器 T0 定时 t_1 中断子程序中将 P1.0 置为低电平"0"，同时重置 T0 的计数初值，使 T0 定时 $(T-t_1)$ 中断。当定时 $(T-t_1)$ 时间到时，在定时器 T0 中断子程序中将 P1.0 置为高电平 "1"，同时重置 T0 的计数初值，使 T0 定时 t_1 中断。如此循环，产生 PWM 波。

程序中，PWM 的脉冲周期 $T = 10\text{ms}$，控制了 PWM 的脉冲宽度 t_1，就控制了占空比 α，改变了 t_1，就改变了电动机的转速。设电动机在占空比为 100%（即全周期加直流额定电压 U_d）时的转速为 $n_0 = 100\text{r/s}$，则在占空比为 α 时的转速

$$n = \alpha n_0 = (t_1/T)n_0 = (t_1/10\text{ms}) \times 100(\text{r/s}) = 10t_1 \quad (\text{r/s}) \tag{7-29}$$

所以
$$t_1 = n/10 \quad (\text{ms}) \quad (0 \le t_1 \le 10\text{ms}) \tag{7-30}$$

若 t_1 的单位用 μs，则 $t_1 = 100n$。从式（7-30）可看出，定时器 T0 计时时间 t_1 与电动机的转速仍成正比。对应一个 t_1，可算出一个计数初值，列出一个定时器 T0 的计数初值表，用查表法编程。也可采用另一种方法编程：由计数初值 T_x 的计算式 $T_x = 65536 - (f_{osc} \times t_1/12)$，两边取差分，得

$$\Delta T_x = -(f_{osc}/12)\Delta t_1 \tag{7-31}$$

而由 $t_1 = 100n$，有 $\Delta t_1 = 100\Delta n$，故 $\Delta T_x = -(100f_{osc}/12)\Delta n$。

如图 7-85 所示，在 P2 口上接速度加减速按钮，每按 1 次加速按钮使电动机转速增加 1r/s。则 $\Delta n = 1$（r/s），所以

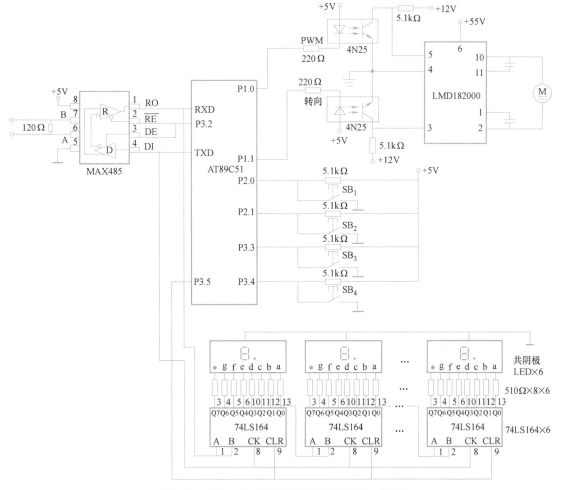

图 7-85　PC 与单片机的通信程序所用的电路图

$$\Delta T_x = -100 f_{osc}/12 = -100 \times 11.0592/12 = -92.16 \approx -92 = -5CH$$

由于采用 AT89S51 单片机，上式中 $f_{osc} = 11.0592MHz$。上式说明，转速每增加 1r/s，定时器 T0 的计数初值就减小 92.16。在程序中设置转速范围为 20～99r/s，转速梯度为 1r/s。对应于转速 $n = 20r/s$，由 $n = (t_1/T) n_0$，按照 $T = 10ms$、$n_0 = 100r/s$，可算出 $t_1 = 2ms$，由此可得转速 $n = 20r/s$ 时的 T0 计数初值 T_x 为 $63692.8 \approx F8CDH$。以此为基数，每按 1 次加速按钮，使 T0 的计数初值 T_x 减小 92.16。程序中用 n 作为转速变量（单位为 r/s），则 T0 的计数初值 TX_1 计算式为

$$TX_1 = (int)(63692.8 - (n-20) \times 92.16) \tag{7-32}$$

由此有 P1.0 高电平时的计数初值：$TH0 = TX_1/256$、$TL0 = TX_1\%256$。

当 T1 时间到，P1.0 被置成低电平时，要重置 T0 的计数初值，设此时计数初值为 TX_2，当经过 $(T-t_1)$ 时间后，T0 产生中断，使 P1.0 重置高电平。可以算出脉冲周期 $T = 10ms$ 所对应的计数初值为

$$T_x = 65536 - f_{osc} \times 10000/12 = 56320 = DC00H$$

因而定时 $(T-t_1)$ 时间所对应的计数初值 TX_2 为

$$TX_2 = 65536 - (TX_1 - 56320) \tag{7-33}$$

由此有 P1.0 低电平时的计数初值：

$$TH0 = TX_2/256, TL0 = TX_2\%256$$

用式（7-32）算出 TX_1 后，再用式（7-33）算出 TX_2，这样计算所耗的单片机运行时间较少。

三、PC 与单片机通信编程

PC 与单片机的通信程序所用的电路图如图 7-85 所示，采用 C 语言编程。PC 经 MAX485 接单片机控制电路板，显示电路通过串行口，经 74LSl64 驱动 6 个数码管。PC 与单片机通信程序如下：

```
#include<reg52.h>
#define uchar unsigned char
uchar LED[10]={0x3f,0x06,0x5b,0x4f,0x66,0x6d,0x7d,0x07,0x7f,0x6f};
uchar LED1[64];
unsigned int i,j,t,k;
sbit P32=P3^2;
void scjs(void) interrupt 4    /*定义一个中断服务函数"scjs",用串行口中断*/
{ ES=0;
  k=1;
  while(1)
  { RI=0;
  LED1[k-1]=SBUF;    /*将接收到的数据送段码表*/
  k++;
  TH0=0x3C;    /*T0定时50ms内若收不到数据就跳出接收状态*/
```

```
TL0 = 0xB0;
TR0 = 1;
while(! RI)
  ｛ if(TF0) goto FH;
  ｝
｝
FH:TF0 = 0;    ／＊TF0 不清 0 就不能重新接收＊／
    TR0 = 0;
    P32 = 1;    ／＊置发送状态＊／
    for(j = 1;j<k;j++)
    ｛ SBUF = LED1[j-1];   ／＊将接收到的数据回送给 PC＊／
    while(! TI);
    TI = 0;
    ｝
    P32 = 0;    ／＊置接收状态＊／
｝
delay(t)
｛ ES = 1;    ／＊开串行口中断＊／
  SCON = 0x50;    ／＊置串行口方式 1 才能接收由 PC 发来的数据＊／
  for(i = 0;i<t;i++);／＊在此约延时 0.5s,并捕捉由 PC 新发来的数据＊／
  ES = 0;    ／＊延时过后关串行口中断＊／
  SCON = 0x00;    ／＊并回到串行口方式 0 传送段码＊／
｝
void main(void)
｛int a,c;
  TMOD = 0x21;    ／＊定时器 T1 工作于方式 2＊／
  TH1 = 0xFD;    ／＊波特率取 9600bit/s＊／
  TL1 = 0xFD;
  SCON = 0x50;    ／＊串行口方式 1,数据位为 8 位,停止位为 2 位＊／
  PCON = 0x00;
  IE = 0x90;    ／＊开中断＊／
  TR1 = 1;    ／＊启动波特率发生器定时器 T1＊／
  k = 1;
  P32 = 0;    ／＊置接收状态＊／
  while(1)
    ｛ ES = 0;    ／＊串行口方式 0 时要关中断＊／
    SCON = 0X00;／＊方式 0 波特率约为 1Mbit/s,每位约需 1μs,每帧约需 8μs＊／
      for(a = 0;a<=k+1/k＊8;a++)    ／＊每次循环显示 l0 帧(幅)数据＊／
        ｛ for(c = 5;c>=0;c--)    ／＊每帧(幅)数据显示 6 位数码管＊／
```

```
  { if(a+c<k+1/k*8+1)/*帧号加位号小于10或k+1,取数范围在LED[]内*/
  { if(k==1) SBUF=LED[a+C];/*每帧(幅)数据使帧号a加1产生移动效果*/
    else SBUF=LED1[a+c];/*接收PC数据后从LED1[]中取数*/
  }
    else SBUF=0x00;/*取数范围不在数组LED[]内则显示黑码*/
    while(! TI);
    TI=0;
  }
  delay(39000);/*延时约0.5s,在此期间等待捕捉PC新发来的数据*/
  }
 }
}
```

四、PWM 控制直流电动机的编程一

1. 硬件功能分析

用 AT89S51 单片机控制一台直流电动机（假设电动机额定电压 $U_d=5V$ 时的转速为 $n_0=100r/s$）。按正转按钮（转动状态参数为 0AH）时，电动机正转；按反转按钮（转动状态参数为 0BH）时，电动机反转；按停止按钮（转动状态参数为 0CH）时，电动机停转；按加速按钮时，电动机转速增加，按一下加速按钮，转速增加 $1r/s$；按减速按钮时，电动机转速减少，按一下减速按钮，转速减少 $1r/s$。

单片机程序显示要求：左边的一个数码管显示转向（转动状态），正转显示"A"，反转显示"B"，停止显示"C"。左边第 2~3 个数码管显示转速，转速范围为 20~99r/s。右边的 3 个数码管显示已转的圈数，圈数范围为 0~999。电路板上的 4 个按钮：左下为 SB_1（P2.0）正转按钮；右下为 SB_3（P3.3）反转按钮；左上为 SB_4（P3.4）加速按钮，每按一次转速增加 $1r/s$；右上为 SB_2（P2.1）减转按钮，每按一次转速减少 $1r/s$。

2. 程序参数设置

C 语言源程序：L7-5A. C

```c
#include<re952. h>
#define uchar unsigned char
sbit P10=P1^0;   /*PWM 脉冲输出*/
sbit P11=P1^1;   /*正反转方向控制,P11=1正转,P11=0反转*/
sbit P32=P3^2;   /*MAX485 接发控制,P32=1单片机发送,P32=0单片机接收*/
uchar zdzt=0x0C;  /*定义转动状态变量zdzt,初始状态为停转0CH*/
uchar sda=0x0A;   /*定义原转动状态变量sda,初始值为正转0AH*/
uchar zsgw=0x02;  /*定义转速高位(非压缩BCD码)变量zsgw,初始值为2*/
uchar zsdw=0x00;  /*定义转速低位(非压缩BCD码)变量zsdw,初始值为0*/
uchar bs=0;     /*定义步数变量bs,初始值为0,每一个PWM周期bs加1*/
uchar zqsbw=0;   /*定义总圈数百位(非压缩BCD码)变量zqsbw,初始值为0*/
uchar zqssw=0;   /*定义总圈数十位(非压缩BCD码)变量zqssw,初始值为0*/
```

```
uchar zqsgw = 0；    /∗定义总圈数个位(非压缩 BCD 码)变量 zqsgw,初始值为 0∗/
uchar n = 20；       /∗定义转速(二进制数,r/s)变量 n,初始值为 20r/s ∗/
unsigned int TX1；   /∗T0 在 P1.0 为高电平时的计数初值 ∗/
unsigned int TX2；   /∗T0 在 P1.0 为低电平时的计数初值 ∗/
unsigned int zqs = 0；/∗定义总圈数(二进制数)变量 zqs,初始值为 0,PWM 周期 T = 10ms
时,每 100 个 PWM 周期即每 1s 总圈数 zqs 增加转 zs 圈 ∗/
uchar zqsgzj = 0x00；/∗定义总圈数(二进制数)高字节变量 zqsgzj,初始值为 00H ∗/
uchar zqsdzj = 0x00；/∗定义总圈数(二进制数)低字节变量 zqsdzj,初始值为 00H ∗/
uchar   bzsj；  /∗定义由 PC 发来的标志数据 bzsj 变量,"0"(30H)表示下一个字符(ztsj)
是转动状态数据;"1"(31H)表示下一个字符(ztsi)是加减状态数据 ∗/
uchar ztsj；  /∗定义由 PC 发来的状态数据 ztsj 变量:"A"(41H)表示正转,"B"(42H)表
示反转,"C"(43H)表示停转,"I"(49H)表示加速,"D"(44H)表示减速 ∗/
void Key(void)；
void Keyprc()；
void BINBCD()；
void Disp()；
void Delay(int t)；
code uchar TAB[13] = {0x3F,0x06,0x58,0x4F,0x66,0x6D,
                      0x7D,0x07,0x7F,0x6F,0x77,0x7C,0x39}；
```

3. 键盘扫描子程序

```
/∗ 键盘扫描子程序  功能:判断何键按下并显示 ∗/
void Key(void)
{ if(!(P2&0x01))
    { Delay(1200)；
     while(!(P2&0x01))；
        zdzt = 0x0A；
        Keyprc()；
        Disp()；}
else if(!(P3&0x08))
    { Delay(1200)；
     while(!(P3&0x08))；
        zdzt = 0x08；
        Keypre()；
        Disp()；}
else if(!(P3&0x10))
    { Delay(1200)；
      while(!(P3&0x10))；
        n = n+1；
        Keyprc()；
```

```
        Disp();}
    else if(!(P2&0x02))
        { Delay(1200);
        while(!(P2&0x02);
        n=n-1;
        Keyprc();
        Disp();}
    }
```

4. 键盘处理子程序

/* 键盘处理子程序，将转速变量 n 中的二进制数转换为非压缩 BCD 码，存储至转速高位（非压缩 BCD 码）变量 zsgw 和转速低位（非压缩 BCD 码）变量 zsdw 中 */

```
void Keyprc()
    { if(n<20)   n=20;
    if(n>99)   n=99;
        sgw=n/10;   /*转速高位*/
        zsdw=n%10;   /*转速低位*/
        TX1=(unsigned int)(63692.8-(n-20)*92.16);
            /*计算 T0 在 P1.0 为高电平时的计数初值*/
        TX2=65536-(TX1-56320);/*计算 T0 在 P1.0 为低电平时的计数初值*/
    }
```

5. 定时器 T0 中断子程序

/*定时器 T0 中断子程序，产生 PWM 脉冲*/

```
Void PWM (void) interrupt 1
    { if (P10==1)     /*若 P1.0 为高电平状态*/
    { P10=0;       /* 使 P1.0 变为低电平*/
        TH0=TX2/256; /*重置 T0 在 P1.0 为低电平时的计数初值*/
        TL0=TX2%256;}
    else if (P10==0)   /*若 P1.0 为低电平状态*/
        {P10=1;       /*使 P1.0 为高电平*/
        TH0=TX1/256; /*重置 T0 在 P1.0 为高电平时的计数初值*/
        TL0=TX1%256;
        if (zdzt==0x0C) goto LP; /*若为停止状态，圈数不增加*/
        bs++;       /*每 1 个周期 T，bs 加 1*/
    if (bs==100)   /*每 100 个周期 T，即每 1s 转 n 圈*/
    { bs=0;
        zqs=zqs+n;
        BINBCD ();
        Disp ();}   /*每 1s 显示刷新 1 次，这样不会闪烁*/
    }
```

```
        LP：；
    ｝
```

6. 二进制数转换为 BCD 码子程序

/＊将 zqs 中的总圈数（二进制数）转换为非压缩 BCD 码，存储在 zqsbw、zqssw、zqsgw 中的子程序＊/

```
void BINBCD( )
｛ zqsbw = zqs/100；
  zqssw = zqs%100/10；
  zqsgw = zqs%10；｝
```

7. 显示子程序

/＊显示子程序，每秒显示 1 次，大部分时间可等待与 PC 进行通信＊/

```
void Disp( )
｛ TR1 = 0；
  ES = 0；
  SCON = 0x00；
  TMOD = 0x01；
  SBUF = TAB［zqsgw］；while（！ TI）；TI = 0；
  SBUF = TAB［zqssw］；while（！ TI）；TI = 0；
  SBuF = TAB［zqsbw］；while（！ TI）；TI = 0；
  SBUF = TAB［zsdw］；while（！ TI）；TI = 0；
  SBUF = TAB［zsgw］；while（！ TI）；TI = 0；
  SBUF = TAB［zdzt］；while（！ TI）；TI = 0；
  TMOD = 0x21；
  TH1 = 0xFD；
TL1 = 0xFD；
SCON = 0xS0；
TR1 = 1；
ES = 1；
｝
```

8. 消抖子程序

/＊消抖延时子程序＊/

```
void Delay( int t)
｛ int k；
  for( k = 0；k < t；k++)；
｝
```

9. 串行口中断与 PC 通信子程序

/＊　串行口中断与 PC 通信子程序　＊/

void Sin( ) interrupt 4 /＊定义一个中断子函数 Sin 接收由 PC 发来的命令,用串行口中断＊/

```
{
    ES = 0;
    bzsj = SBUF;
    RI = 0;
    while( ! RI );
    RI = 0;
    ztsj = SBUF;
    if( bzsj = = 0x30 )
        zdzt = ztsj-0x37;
    if( bzsj = = 0x31 )
        { if( ztsj = = 0x49 )
            n++;
    else n--;}
    ES = 1;
    P32 = 0;
    Keyprc( );
    zqs = 0;
    Disp( );
}
```

10. 主程序

```
/*   主程序  */
main( )
    { TMOD = 0x21;   /* 与 PC 通信时定时器 T1 工作为方式 2,T0 工作为方式 1 */
    TH1 = 0xFD;   /* 波特率为 9600bit/s */
    TL1 = 0xFD;
    SCON = 0xS0;   /* 串行口方式 1 */
    PCON = 0x00;   /* SMOD = 0 */
    IE = 0x92;    /* 开串行口及 T0 中断 */
    PS = 1;     /* 串行口中断为高优先级 */
    TR1 = 1;     /* 启动波特率发生器 */
    P32 = 0;     /* 接收由 PC 发来的数据 */
    SP = 0x60;
    Disp( );
    TH0 = 0xF8;   /* 转速 n = 20r/s 时 T0 在 P1.0 为高电平时的计数初值 */
    TL0 = 0xCD;
    P10 = 0;     /* 置电动机转停状态为停 */
    P11 = 1;     /* 置电动机转向为正转 */
    while(1)
        {  Key( );
```

```
        if( zdzt = = 0x0C)
          ｛  TR0 = 0;
            P10 = 0;        /＊关电动机＊/
            goto LP0;｝
        if( zdzt = = yzdzt)    /＊如果电动机转向与原转向相同＊/
            P11 = P11;        /＊电动机转向不变＊/
        else if( zdzt！ = yzdzt)    /＊如果电动机转向与原转向相反＊/
          ｛  TR0 = 0;        /＊关 T0＊/
            if( P10 = = 1)
            ｛    P10 = 0;
            Delay( 20);        /＊延时 20μs 再翻转＊/
            yzdzt = zdzt;        /＊重置原转动状态＊/
            P11 = ！ P11;        /＊电动机转向翻转＊/
            P10 = 1;｝
        else ｛    yzdzt = zdzt;        /＊重置原转动状态＊/
                P11 = ！ P11;｝        /＊电动机转向翻转＊/
          ｝
        TR0 = 1;        /＊启动 PWM 脉冲定时器 T0＊/
        LP0：；
      ｝
  ｝
```

五、PWM 控制直流电动机的编程二

为提高对按钮的反应速度，可将按钮查询法改为中断法，将正转、反转、加速、减速及停止按钮分别接 P2.0、P2.1、P2.2、P2.3 及 P2.4，同时将这些按钮接到一个 5 输入端的与门（可由一片 74LS30 的 8 输入端与非门加一片 74LS14 反相施密特触发器组成），与门输出端接外部中断 1（P3.3）引脚。在程序中将串行口及外部中断 1 置为优先级中断。电路如图 7-86 所示，重新编程如下。

1. 程序参数设置

PWM 脉宽为 1ms，频率为 1kHz，PC 与单片机通信同上，此处略。单片机程序的 C 语言源程序：L7-5C. C

```
# include<reg52. h>
# define uchar unsigned char
sbit P10 = P1^0;/＊PWM 脉冲输出＊/
sbit P11 = P1^1;/＊正、反转方向控制,P11 = 1 正转,P11 = 0 反转＊/
sbit P32 = P3^2;/＊MAX485 接发控制,P32 = 1 单片机发送,P32 = 0 单片机接收＊/
sbit P20 = P2^0;/＊正转控制键＊/
sbit P21 = P2^1;/＊反转控制键＊/
sbit P22 = P2^2;/＊加速控制键＊/
```

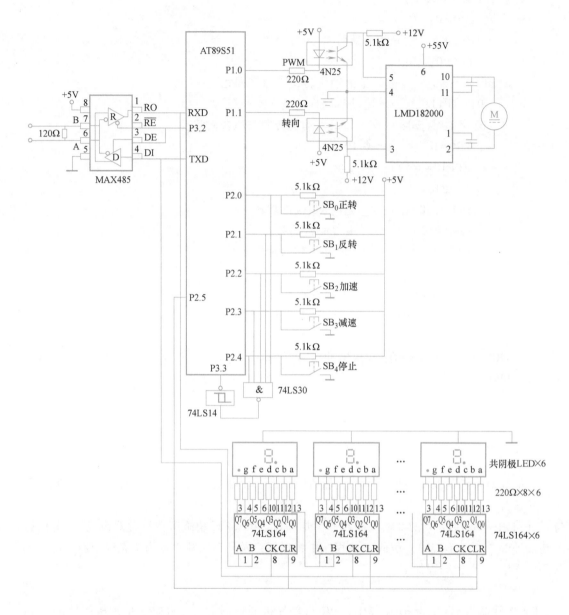

图 7-86 PC 控制脉宽调速直流电动机（按钮用中断法）电路

sbit P23 = P2^3;/*减速控制键*/
sbit P24 = P2^4;/*停止控制键*/
uchar zdzt = 0x0C;/*定义转动状态变量 zdzt,初始状态为停转 0CH　*/
uchar yzdzt = 0x0A;/*定义原转动状态变量 yzdzt,初始值为正转 0AH*/
uchar zsgw = 0x02;/*定义转速高位(非压缩 BCD 码)变量 zsgw,初始值为 2*/
uchar zsdw = 0x00;/*定义转速低位(非压缩 BCD 码)变量 zsdw,初始值为 0*/
unsigned int bs = 0;/*定义步数变量 bs,初始值为 0,每一个 PWM 周期 bs 加 1*/
uchar zqsbw = 0;/*定义总圈数百位(非压缩 BCD 码)变量 zqsbw,初始值为 0*/

uchar zqssw = 0;/* 定义总圈数十位(非压缩 BCD 码)变量 zqssw,初始值为 0 */

uchar zqsgw = 0;/* 定义总圈数个位(非压缩 BCD 码)变量 zqsgw,初始值为 0 */

uchar n = 20; /* 定义转速(二进制数,r/s)变量 n,初始值为 20r/s */

unsigned int TX1; /* T0 在 P1.0 为高电平时的计数初值 */

unsigned int TX2; /* T0 在 P1.0 为低电平时的计数初值 */

unsigned int zqs = 0; /* 定义总圈数(二进制数)变量 zqs,初始值为 0,PWM 周期 T = 10ms 时,每 100 个 PWM 周期即每 1s 总圈数 zqs 增加转 zs 圈 */

uchar zqsgzj = 0x00;/* 定义总圈数(二进制数)高字节变量 zqsgzj,初始值为 00H */

uchar zqsdzj = 0x00;/* 定义总圈数(二进制数)低字节变量 zqsdzj,初始值为 00H */

uchar bzsj; /* 定义由 PC 发来的标志数据 bzsj 变量,"0"(30H)表示下一个字符(ztsj)是转动状态数据;"1"(31H)表示下一个字符(ztsj)是加减状态数据 */

uchar ztsj; /* 定义由 PC 发来的状态数据 ztsj 变量:"A"(41H)表示正转,"B"(42H)表示反转,"C"(438)表示停转,"I"(49H)表示加速,"D"(44H)表示减速 */

void Key(void);

void Keyprc();

void BINBCD();

void Disp();

void Delay(int t);

code uchar TAB[13] = {0x3F,0x06,0x58,0x4F,0x66,0x6D,0x7D,0x07,0x7F,0x6F,0x77,0x7C,0x39};

2. 键盘扫描子程序

/*键盘扫描子程序,功能:判断何键按下并显示 */

```
void Key(void) interrupt 2
  { if((P20 == 0)
    { Delay(1200);
      while(P20 == 0);
        zdzt = 0x0A;}
    else if(P21 == 0)
      { Delay(1200);
        while(P21 == 0);
        zdzt = 0x08;}
    else if(P22 == 0)
      { Delay(1200);
        while(P22 == 0);
        n = n+1;}
    else if(P23 == 0)
      { Delay(1200);
        while(P23 == 0);
        n = n-1;}
```

```
        else if( P24 = = 0)
          { Delay(1200);
            while( P24 = = 0);
            zdzt = 0x0C;}
            Keyprc( );
            Disp( );
            if( zdzt = = 0x0C)
              { TR0 = 0;
              P10 = 0;        /* 关电动机 */
              goto LP0;}
            if( zdzt = = yzdzt)    /* 如果电动机转向与原转向相同 */
                P11 = P11;       /* 电动机转向不变 */
            else if( zdzt! = yzdzt)   /* 如果电动机转向与原转向相反 */
          {
           if( P10 = = 1)
             { P10 = 0;
             Delay(20);        /* 延时 20ps 再翻转 */
             yzdzt = zdzt;      /* 重置原转动状态 */
             P11 = ! P11;}      /* 电动机转向翻转 */P10 = 1;}
           else { yzdzt = zdzt;    /* 重置原转动状态 */
                  P11 = ! P11;}     /* 电动机转向翻转 */
          }
        TR0 = 1;        /* 启动 PWM 脉冲定时器 T0 */
        LP0:;
  }
```

3. 键盘处理子程序

/* 键盘处理子程序,将转速变量 rl 中的二进制数转换为非压缩 BCD 码存储至转速高位

(非压缩 BCD 码)变量 zsgw 和转速低位(非压缩 BCD 码)变量 zsdw 中 */

```
void Keyprc( )
{ if( n<20)
    n = 20;
  if( n>99)
    n = 99;
  zsgw = n/10;    /* 转速高位 */
  zsdw = n%10;    /* 转速低位 */
  TX1 = ( unsigned int) (65351. 68-( n-20) * 9. 22);
                  /* 计算 T0 在 P1.0 为高电平时的计数初值 */
  TX2 = 65536-( TX1-64614);/* 计算 T0 在 P1.0 为低电平时的计数初值 */
```

```
}
```

4. 定时器 T0 中断子程序

```c
/*定时器 T0 中断子程序，产生 PWM 脉冲*/
void PWM (void) interrupt 1
{ if (P10 = = 1)      /*若 P1.0 为高电平状态*/
    { P10 = 0;        /*使 P1.0 变为低电平*/
    TH0 = TX2/256;   /*重置 T0 在 P1.0 为低电平时的计数初值*/
    TL0 = TX2%256;}
  else if (P10 = = 0) /*若 P1.0 为低电平为状态*/
      { P10 = 1;        /*使 P1.0 为高电平*/
      TH0 = TX1/256;   /*重置 T0 在 P1.0 为高电平时的计数初值*/
      TL0 = TX1%256;
      if (zdzt = = 0x0C) goto LP; /*若为停止状态，圈数不增加*/
      bs++;           /*每 1 个周期 T (1ms)，bs 加 1*/

      }
    LP:;}
```

5. 二进制数转换为 BCD 码子程序

/*   将 zqs 中的总圈数(二进制数)转换为非压缩 BCD 码,存储在 zqsbw、zqssw、zqsgw 中的子程序。BINBCD( )子程序与 L7-5A.C 同,略*/

/*   显示子程序 Disp( )与 L7-5A.C 同,略*/

/*   消抖延时子程序 Delay(int t)与 L7-5A.C 同,略*/

/*   串行口中断与 PC 通信子程序 Sin( )interrupt 4 与 L7-5A.C 同,略*/

6. 主程序

```c
/*    主程序   */
main()
  { TMOD = 0x21;  /*与 PC 通信时定时器 T1 工作为方式 2,T0 工作为方式 1*/
    TH1 = 0xFD;   /*波特率为 9600bit/s   */
    TL1 = 0xFD;
    SCON = 0x50;  /*串行口方式 1*/
    PEON = 0x00;  /*SMOD = 0   */
    IE = 0x96;    /*开串行口、外部中断 1 及 T0 中断   */
    IP = 0x14;    /*串行口中断和外部中断 1 为高优先级   */
    TR1 = 1;      /*启动波特率发生器*/
    P32 = 0;      /*接收由 PC 发来的数据   */SP = 0x60;
    Disp();
    TH0 = 0xFF;   /*转速 n = 20r/s 时 T0 在 P1.0 为高电平时的计数初值   */
    TL0 = 0x47;
    P10 = 0;      /*置电动机转停状态为停*/
    P11 = 1;      /*置电动机转向为正转状态
```

```
*/while(1)
    | if(bs==1000)    /*每1000个周期T,即每1s转n圈*/
    | bs=0;
      zqs=zqs+n;
      BINBCD();
      Disp();/*每1s显示刷新1次,这样不会闪烁*/
    |
    |
|
```

第六节　单片机控制变频调速交流电动机

一、设计要求

用 PC 向单片机发出控制交流电动机转速的指令,单片机输出数字信号经 D-A 转换及 LM324 放大后,输出如图 7-87 中实线所示的 0~10V 模拟电压送三菱变频器(FR-A540)的频率设定模拟电压输入端(端子 2)。变频器的 U、V、W 端输出 PWM 电压接三相交流电动机,频率设定模拟电压输入端的电压在 0~10V 范围内变化时,对应于变频器输出的等效三相交流电压的频率在 0~50Hz 范围内变化,从而改变了交流电动机的转速。

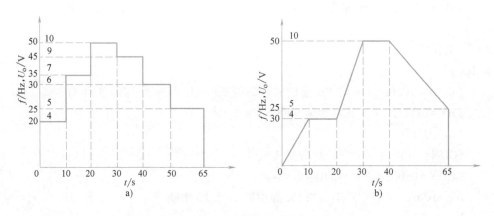

图 7-87　交流电动机转速与时间关系

a) 多段阶梯形速度　b) 多段梯形速度

二、硬件设计

控制电路如图 7-88 所示,其中用 6 个数码管显示各阶梯段的频率与该段的运行时间。最左边第 1 个数码管显示"F",意为频率;左边数起第 2、3 个数码管显示该段的频率值(两位十进制数,单位为 Hz);左边数起第 4 个数码管显示"r",意为时间;最右边两个数

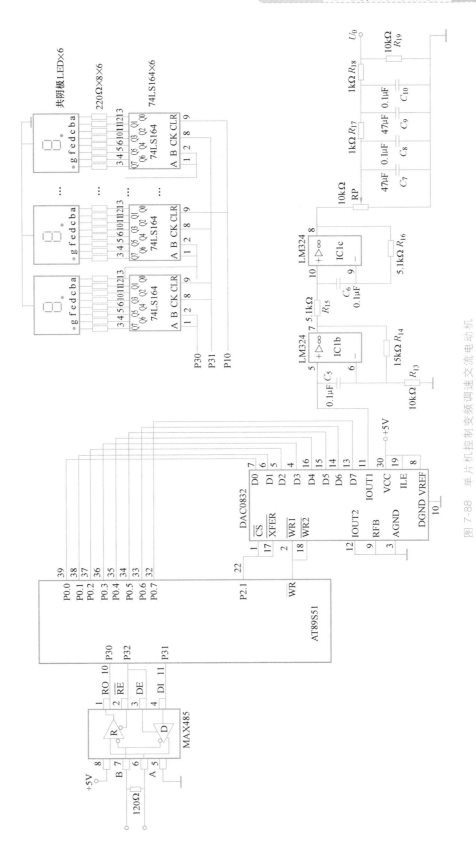

图 7-88 单片机控制变频调速交流电动机

码管显示该段已运行的时间（两位十进制数，单位为 s）。单片机输出的数字信号经 DAC0832 进行 D-A 转换及 LM324 放大后，输出如图 7-87 所示的实线所示的 0~10V 模拟电压，经抗干扰 RC 滤波网络送变频器的输入端。

三、软件设计原理

图 7-87a 所示为多段阶梯形速度，每一段可用两个参数表示：代表速度大小的频率（Hz）及该速度下运行时间（s）。PC 与单片机串行通信传送字符与汉字可采用 VB 或 C 语言程序，选字符发送方式（不选 HEX 方式），在发送数据显示窗口中输入每一段的两个参数。

按照图 7-87a 所示的多段阶梯形速度，可输入 "201035105010451030102515"。单片机收到的数据实际是它们的 ASCII 码："32H 30H20H 31H 30H 20H 33H 35H 20H……"。每 3 个数据一组，将头两个组合成两位十进制数，如第 1 组的 32H 与 30H，组合成两位十进制数为 20，它表示第 1 段的频率为 20Hz。每一组的第 3 个数据 20H 为空格键，去掉不用。第 2 组的 31H 与 30H，组合成两位十进制数为 10，它表示第 1 段的运行时间为 10s。时间控制用定时器 T0 定时 50ms，加软件循环延时到 10s 或 15s。软件循环用变量口计数，计满 200 次为 10s（计满 300 次为 15s）。程序中，首先将 PC 发来的数据接收到片内 RAM 以 30H 单元 TAB1 开始的单元中，然后用子函数 jbh () 将其中的数据处理后，送到片内 RAM 以 60H 单元 TAB2 开始的单元中，其中数据每两个为一组：头一个为该段十进制频率值，后一个为代表该段运行的时间。编出的程序为 L7-6A. C。因 D-A 转换数值为 255 时相当于 50Hz，每 1Hz 相当于数值 5.1。为了便于计算，取标度变换为 50Hz/250，即每 1Hz 相当于数值 5。将该段频率乘以 5，即得 D-A 转换数值。程序第 1 次运行时，应先调整输出电位器 RP，使在频率为 50Hz 时输出端电压 U_0 = 10V，之后即可运行程序。程序 L7-6A. C0 单片机晶振为 11.0592MHz，波特率取 9600bit/s，SMOD = 0。定时器 T1 工作为方式 2，计数初值为 FDH，串行口工作为方式 1。

四、软件编程

1. 程序参数设置

```
# include<reg52. h>
# include<absacc. h># define P0832 XⅡ Y,IE[ox0000]
# define TAB1   DBYTE[0x30]/* 片内 RAM 数组,存储由 PC 发来的数据 */
# define TAB2 DBYTE[0x60]   /* 片内 RAM 数组,存储转换好的频率与时间值 */
# define uchar unsigned char
sbit P30 = P3^0；  /* P3.0 发送数据 */
sbit P31 = P3^1；  /* P3.1 提供同步移位脉冲 */
sbit P32 = P3^2；
code uchar TAB[13] = {0x3F,0x06,0xSB,0x4F,0x66,0x6D,
0x7D,0x07,0x7F,0x6F,0x77,0x7C,0x39}；
int a = 0；  /* 定义延时所需循环次数,延时 10s 时需循环 200 次 */
uchar b,c,j,k；
```

```
uchar    * TAB1P = &TAB1;
uchar    * TAB2P = &TAB2;
void Disp( );
void sjbh( );
```

2. T0 中断子函数

```
/* T0 中断子函数,定时 50ms 中断,进行 a 次中断就延时设定时间 */
void Delay( void) interrupt 1
  { TH0 = 0x4C;/* 重置 T0 定时 50ms 初始值 */
    TL0 = 0x00;
    a = a+1;        /* 循环次数加 1 */
    if( a%20 = = 0)  /* 每秒刷新显示一次 */
    Disp( );
}
```

3. 串行口中断子函数

```
/* 串行口中断子函数"scjs",接收由 PC 发来的数据 */
void scjs( void) interrupt 4
{ ES = 0;
  k = 0;
  while( 1)
    { RI = 0;
     * ( TAB1P+k) = SBUF;/* 将接收到的数据送段码表 */
      k++;
      TH0 = 0x3C;   /* T0 定时 40ms 内若收不到数据就跳出接收状态 */
      TL0 = 0xB0;
      TR0 = 1;
      while(! RI)
        { if( TF0) goto FH;
        }
    }
  FH:TF0 = 0;   /* TF0 不清 0 就不能重新接收 */
    TR0 = 0;
    P32 = 1;     /* 置发送状态 */
    for( c = 0;c<k;C++)
      { SBUF = * ( TAB1P+c);  /* 将接收到的数据回送给 PC */
      while(! TI);TI = 0;}
      sjbh( );              /* 调用数据变换子函数 */
    }
```

4. 数据变换子函数

```
/*  数据变换子函数,将接收到的 ASCII 码转换为十进制频率与时间 */
```

```
void sjbh( )
  { b = 0;
    for( c = 0; c < k; c + = 3 )
      { * ( TAB2P+b ) = * ( TAB1P+c )%8 * 10+ * ( TAB1P+c+1 )%8;
        b = b+1;
      }
      * ( TAB2P+b ) = 0;        /* TAB2 最后添加一个停止码"0" */
  }
```

5. 显示子程序

```
/* 显示子程序 */
void Disp( )
  { SCON = 0x00;
    TMOD = 0x01;
    TR1 = 0;
    ES = 0;
    SBUF = TAB[ a/20%10 ]; while( ! TI ); TI = 0;      /* 显示时间秒值的个位 */
    SBUF = TAB[ a/20/10 ]; while( ! TI ); TI = 0;       /* 显示时间秒值的十位 */
    SBUF = 0x31; while( ! TI ); TI = 0;                  /* 显示"r"(代表时间) */
    SBUF = TAB[ * ( TAB2P+j )%10 ]; while( ! TI ); TI = 0; /* 显示频率值的个位 */
    SBUF = TAB[ * ( TAB2P+j )/10 ]; while( ! TI ); TI = 0; /* 显示频率值的十位 */
    SBUF = 0x71; while( ! TI ); TI = 0;      /* 显示"F"(代表频率) */
    SCON = 0x50
    TMOD = 0x21;
    TR1 = 1;
    ES = 1;
  }
void main( void )
  { SCON = 0xS0;
    PCON = 0x00;
    TMOD = 0x21;
    TH1 = 0xFD;
    TL1 = 0xFD;
    TR1 = 1;
    IE = 0x90;     /* 开串行口及 T0 中断 */
    k = 0;
    P32 = 0;    /* 置接收 PC 数据状态 */
    while( k = = 0 );     /* 等待接收 PC 数据 */
      Disp( );
      TH0 = 0x4C;    /* 置 T0 定时 50ms 初始值 */
```

```
TL0 = 0x00;
a = 0;          /* T0 定时 50ms 循环次数初始值为 0 */
for(j = 0;j<b;j+=2)     /* b/2 段速度输出频率及延时 */
{ P0832 = 5 * ( * (TAB2P+j));/* 向 DAC0832 输出该段频率所需的数值 */
TR0 = 1;
ET0 = 1;        /* 启动 T0 定时 */
a = 0;          /* 该段延时完重置循环次数为 0 */
while( a! = 20 * ( * (TAB2P+j+1)));   /* 等待 T0 中断延时 */}
P0832 = 0;      /* 停止 */TR0 = 0;
while(1);
}
```

图 7-87b 所示为多段梯形速度，每一段可用 3 个参数表示：代表该段初速度大小的初频率 f_0（Hz）、该段的斜率（频率的变化量与时间差之比 $\Delta f/\Delta t$，单位为 Hz/s）及该段运行时间 Δt（s）。程序中，根据初频率 f 和该段的斜率，可以算出某时刻的频率 $f=f_0+(\Delta f/\Delta t)\times t$。此处不再赘述。

思考题与习题

7-1　何谓开环控制系统？何谓闭环控制系统？两者各具有什么优缺点？

7-2　点动控制电路与连续（长动）控制电路的本质区别是什么？试画出可从两处控制一台电动机实现连续和点动控制的原理图。

7-3　画出按钮和接触器双重互锁的正反转控制电路。

7-4　为了限制点动调整时电动机的冲击电流，试设计它的电气控制电路。要求正常运行时为直接起动，而点动调整时需串入限流电阻。

7-5　试设计一台电动机的控制电路，要求能正反转，并能实现能耗制动。

7-6　容量较大的笼型异步电动机反接制动时电流较大，应在反接制动时在定子回路中串入电阻，试按转速原则设计其控制电路。

7-7　试设计一台异步电动机的控制电路。要求：①能实现起、停的两地控制；②能实现点动调整；③能实现单方向的行程保护；④要有短路和过载保护。

7-8　试设计一条自动运输线，有两台电动机，M1 拖动运输机，M2 拖动卸料机。要求：①M1 先起动后，M2 才允许起动；②M2 先停止，经一段时间后 M1 才自动停止，且 M2 可单独停止；③两台电动机均有短路、过载保护。

7-9　试设计 M1 和 M2 两台电动机顺序起、停的控制电路。要求：①M1 起动后，M2 立即自动起动；②M1 停止后，延时一段时间，M2 才自动停止；③M2 能点动调整工作；④两台电动机均有短路、过载保护。

7-10　试设计某机床主轴电动机控制电路。要求：①可正反转，且可反接制动；②正转可点动，可在两处控制起、停；③有短路、过载保护；④有安全工作照明及电源信号灯。

7-11　试设计一个工作台前进—退回的控制电路。工作台由电动机 M 拖动，行程开关 SQ_1、SQ_2 分别装在工作台的原位和终点。要求：①能自动实现前进—后退—停止到原位；②工作台前进到达终点后停一下再后退；③工作台在前进中可以人为地立即后退到原位；④有终端保护。

7-12　生产机械对调速系统提出的静、动态技术指标主要有哪些？为什么要提出这些技术指标？

7-13　什么叫调速范围？什么叫静差率？调速范围与静态速降和最小静差率有什么关系？如何扩大调

速范围？为什么？

7-14 有一直流调速系统，其高速时的理想空载转速 $n_{01} = 1480\text{r/min}$，低速时的理想空载转速 $n_{02} = 157\text{r/min}$，额定负载时的转速降 $\Delta n_N = 10\text{r/min}$。试画出该系统的静特性（即电动机的机械特性），求出调速范围和静差率。

7-15 为什么调速系统中加负载后转速会降低，闭环调速系统为什么可以减少转速降？

7-16 为什么电压负反馈顶多只能补偿可控整流电源的等效内阻所引起的速度降？

7-17 在电压负反馈单闭环有静差调速系统中，当下列参数变化时，系统是否有调节作用，为什么？（1）放大器的放大系数 K_p；（2）供电电网电压；（3）电枢电阻 R_a；（4）电动机励磁电流；（5）电压反馈系数。

7-18 电流截止负反馈的作用是什么？转折点电流如何选？堵转电流如何选？比较电压如何选？

7-19 某调速系统的调速范围是 $150 \sim 1500\text{r/min}$，即 $D = 10$，要求静率 $s = 2\%$，此时系统允许的静态速降是多少？如果开环系统的静态速降是 100r/min，此时闭环系统的开环放大系数应有多大？

7-20 某一直流调速系统的速度调节范围 $D = 10$，最高定额转速 $n_{max} = 1000\text{r/min}$，开环系统的静态速降是 100r/min。试问该系统的静差率为多少？若把该系统组成闭环系统，保持 n_{02} 不变的情况下，使新系统的静差率为 5%，试问闭环系统的开环放大倍数为多少？

7-21 在带电流截止环节的转速负反馈调速系统中，如果截止比较电压发生变化，对系统的静特性有什么影响？如果电流反馈电阻的大小发生变化，对静特性又有什么影响？

7-22 为什么用积分器控制的调速系统是无静差的？积分调节器的输入偏差电压 $\Delta U = 0$ 时，输出电压是多少？决定于哪些因素？

7-23 无静差调速系统的稳态精度是否还受给定电源和测速发电机精度的影响？

7-24 在无静差调速系统中，为什么要引入 PI 调节器？比例积分两部分各起什么作用？

7-25 由 PI 调节器组成的单闭环无静差调速系统的调速性能已相当理想，为什么有的场合还要采用转速、电流双闭环调速系统呢？

7-26 在转速、电流双闭环调速系统中，转速调节器有哪些作用？其输出限幅值应按什么要求来整定？电流调节器有哪些作用？其限幅值应如何来整定？

7-27 在转速、电流双闭环调速系统中，出现电网电压波动与负载扰动时，哪个调节器起主要调节作用？

7-28 试简述直流脉宽调速系统的基本工作原理和主要特点。

7-29 双极性双级式脉宽调制放大器是怎么工作的？

7-30 在直流脉宽调速系统中，当电动机停止不动时，电枢两端是否还有电压，电枢电路中是否还有电流？为什么？

7-31 试论述脉宽调速系统中控制电路各部分的作用和工作原理。

7-32 交流调速技术引起人们广泛重视的原因是什么？

7-33 什么是转差功率？这部分功率消耗到哪里去了？

7-34 交流调速有哪些方法？怎样分类？

7-35 交流调速的缺点是什么？用哪些措施可以克服它？

7-36 简述交流调压调速系统的特点与适用场合。

7-37 简述调压调速必须采用闭环控制才能获得较好调速特性的原因。

7-38 为什么用变频调压电源对异步电动机供电是较好的交流调速方案？

7-39 脉宽调制逆变器中各开关元件的控制信号如何获取？试画出波形图。

7-40 何谓交—交变频器？有什么作用？

7-41 何谓交—直—交变频器？有什么作用？

7-42 SPWM 逆变器的工作原理是什么？

7-43 SPWM 逆变器的调制方式有哪些？

7-44 步进电动机的运行特性与输入脉冲频率有什么关系？

7-45 试比较步进电动机开环控制与闭环控制的优缺点。

7-46 试修改环形分配器子程序，以实现步进电动机的反向运转。

7-47 步进电动机对驱动电路有何要求？常用驱动电路有什么类型？各有什么特点？

7-48 步进电动机的步距角的含义是什么？一台步进电动机可以有两个步距角，例如，3°/1.5°,这是什么意思？什么是单三拍、单双六拍和双三拍？

7-49 一台五相反应式步进电动机，采用五相十拍运行方式时，步距角为 1.5°，若脉冲电源的频率为 3000Hz，试问转速是多少？

7-50 负载转矩和转动惯量对步进电动机的起动频率和运行频率有什么影响？

7-51 用 PC 与单片机串行通信控制步进电动机或直流电动机的转速，从而控制机床刀具的行程 $x(t)$，分别满足下列关系式：①匀速直线运动：$x(t) = vt$。v 为速度（常量）；②匀加速直线运动：$x(t) = v_0 t + (1/2) at^2$。$v_0$ 为初速度，a 为加速度；③$x(t) = R\sin\omega t$。R 为半径，ω 为匀速圆周运动的角速度。

7-52 用 PC 与单片机串行通信控制两台步进电动机或直流电动机，从而控制机床刀具的运动轨迹做二维平面运动：①在平面上画出一个长为 a，宽为 b 的矩形；②在平面上画出一个半径为 R 的圆周；③在平面上画出一个半长轴为 a、半短轴为 b 的椭圆。

7-53 用 PC 向单片机发出控制直流电动机转速的指令，用旋转编码器取出直流电动机的转速后反馈到单片机的输入端组成闭环调速系统。

附 录

附录 A　本书采用的机电设备的文字符号

文字符号	中 文 名 称	文字符号	中 文 名 称
A	放大器	KV	电压继电器
ACR	电流调节器	L	电感、电抗器,三相线路
AE	电动势运算器	M	电动机
AER	电动势调节器	N	中性线
AF	函数发生器	PE	保护接地线
AFR	励磁电流调节器	PEN	保护中性线
AG	给定积分器	PWM	脉冲宽度调制变换器
AI	脉冲功率放大器	Q	电力开关
ASR	速度调节器	QF	断路器
AUR	电压调节器	QK	刀开关
AT	脉冲触发装置	QLC	逻辑无环流控制器
BAB	绝对值变换器	QS	隔离开关,负荷开关
BVF	电压频率变换器	R	电阻,电阻器
BU	直流电压隔离变换器	RF	频敏变阻器
C	电容器	S	转换开关,电力系统
CD	电流微分器	SA	控制开关
DLD	逻辑延时单元	SB	按钮
DN	反相器(反号器)	SQ	限位开关,终端开关
DPI	正反转极性鉴别器	T	变压器,转矩
D_1	转矩极性检测器	TA	电流互感器
D_2	零电流检测器	TAN	零序电流互感器
DRC	环形分配器	TG	测速发电机
FA	限流保护单元	TV	电压互感器
FR(KR)	热继电器	TU	自耦变压器
FU	熔断器	UI	逆变器
G	发电机	UIC	电流源逆变器
GD	电力晶体管基极驱动器	UIV	电压源逆变器
GFC	频率给定动态校正器	UPW	脉宽调制单元
GM	调制波产生器	UR	整流器
HL	指示灯	VD	二极管
K	继电器,接触器	VS	稳压二极管
KA	电流继电器	VT	晶体管,晶闸管,晶闸管调压装置
KG	气体继电器	YA	电磁铁
KM	中间继电器,接触器	YO	合闸线圈
KS	信号继电器,速度继电器	YR	跳闸线圈,脱扣器
KT	时间继电器		

附录 B　电气图形符号

本附录是根据国家标准 GB/T 4728—2005~2008 而编写的，但它只是本书所用到的常用图形符号，为了使读者阅读和使用方便，本表中还特将 GB312—1964 所规定的旧符号列出。

名　称	新符号	旧符号	名　称	新符号	旧符号
导线的连接	●	同新符号	可变电容器		同新符号
端子	○	同新符号	电感器		同新符号
可拆卸的端子	∅	同新符号			
导线的连接	或	同新符号	带磁心的电感器		同新符号
导线的多线连接	或	同新符号	有两个抽头的电感器		同新符号
导线的不连接		同新符号	原电池或蓄电池		同新符号
直流		—	加热元件		
交流	~	同新符号	直流发电机	G	F
交直流		同新符号	直流电动机	M	D
接地		同新符号	交流电动机	M	D
接机壳或接底板		同新符号	直线电动机	M	同新符号
电阻器		同新符号	步进电动机	M	同新符号
可变电阻器		同新符号	电机的换向绕组或补偿绕组		同新符号
压敏电阻器	U	同新符号	串励绕组		同新符号
滑动触点电位器		同新符号	并励或他励绕组		同新符号
电容器		同新符号	三相笼型异步电动机	M	
极性电容器					

（续）

名　称	新符号	旧符号	名　称	新符号	旧符号
三相线绕转子异步电动机			动合（常开）触点	或	
自耦变压器		同新符号	动断（常闭）触点		
电抗器			先断后合的转换触点		
双绕组变压器			中间断开的双向触点		
电流互感器		同新符号	多极开关（单线表示）		
三相变压器（星形-三角形联结）		同新符号	多极开关（多线表示）		
三相自耦变压器		同新符号	自动空气断路器（自动开关）		
整流器			接触器（常开主触点）		
桥式全波整流器			接触器（常闭主触点）		
逆变器			延时闭合的动合触点		

（续）

名　称	新符号	旧符号	名　称	新符号	旧符号
延时断开的动合触点			复合行程开关	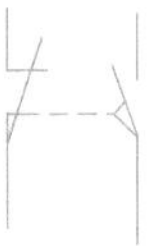	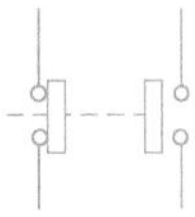
延时闭合的动断触点			热继电器的驱动器件	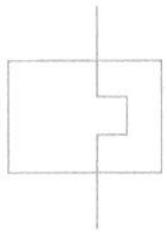	
延时断开的动断触点			热继电器的触点		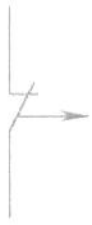
手动开关			速度继电器的动合触点	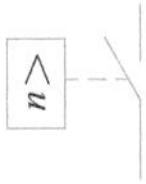	
起动按钮			控制器或操作开关（图中表示操作手柄有五个位置）	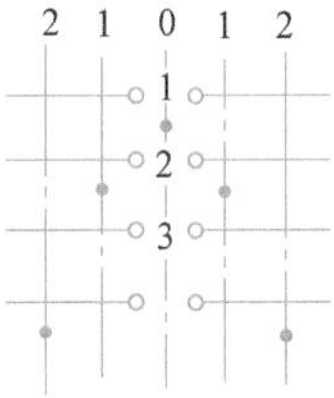	同新符号
停止按钮					
复合按钮			接近开关的动合触点		同新符号
旋钮（转）开关		或	接近开关的动断触点		同新符号
行程开关、限位开关的动合触点		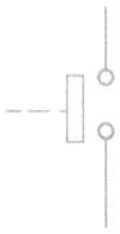			
行程开关、限位开关的动断触点		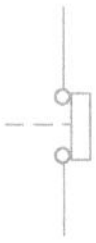	接触器、继电器线圈		同新符号

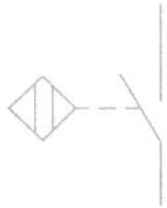

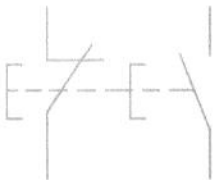

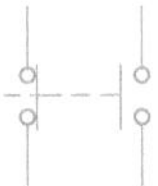

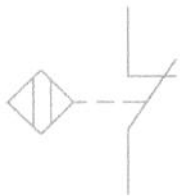

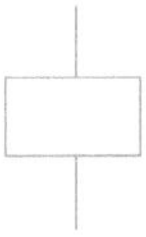

（续）

名　称	新符号	旧符号	名　称	新符号	旧符号
失电延时（延时释放）继电器线圈		同新符号	光敏半导体管（PNP 型）		同新符号
得电延时（延时吸合）继电器线圈		同新符号	PNP 型半导体管		
过电流继电器线圈	$I>$	同新符号	NPN 型半导体管		
欠电压继电器线圈	$U<$	同新符号	单结晶体管		
电磁铁线圈		同新符号	与门	&	
熔断器		同新符号	或门	≥1	+
半导体二极管			非门	1	
稳压管（肖特基效应）					
晶闸管（反向阻断、阴极侧受控）			与非门	&	
门极关断晶闸管			或非门	≥1	+
发光二极管					
光敏二极管			高增益差分放大器（运算放大器）	∞	

附录 C 阀的控制机构和控制方法符号

名称及说明	符 号	名称及说明	符 号	名称及说明	符 号
直线运动的杆	（箭头可省）	旋转运动的轴	（箭头可省）	定位装置	
弹跳机构		锁定装置	（＊为开锁的控制方法符号）	人力控制的一般符号	
按钮式		拉钮式		按-拉式	
手柄式		单向踏板式		双向踏板式	
顶杆式		可变行程控制式		弹簧式	
滚轮式		单向滚轮式	（只能一个方向操纵，箭头可省略）	差动控制	（如有必要，可将面积比表示在相应的矩形框中）
加压或卸压控制		外部压力控制		内部压力控制	45°
气压先导加压控制（内部压力控制）		液压先导加压控制（外部压力控制）		二级液压先导加压控制（内部压力控制，内部泄油）	
气、液先导加压控制（气压外部压力控制，液压内部压力控制，外部泄油）		电、液先导加压控制（单作用电磁铁一次控制，液压外部压力控制，内部泄油）		电-气先导加压控制（单作用电磁铁一次控制，气压外部压力控制）	
液压先导卸压控制（内部压力控制）	（内部泄油，带遥控泄油油口）	电、液先导卸压控制（单作用电磁铁一次控制，外部压力控制，外部泄油）		先导式压力卸压控制阀（带压力调节弹簧，外部泄油，带遥控泄油口）	
单作用电磁铁		单作用可调电磁操作器（比例电磁铁、力马达等）		双作用电磁铁	
双作用可调电磁操作器（力矩马达）		旋转运动电气控制装置	Ⓜ	电反馈（电位器、差动变压器等位置检测）	

附录 D 方向控制阀的通路数与切换位置

机能	二位	三位		
		中间封闭	中间卸压	中间加压
二通	A P 常断　　A P 常通	—	—	—
三通	A P O 常断　　A P O 常通	A P O	—	—
四通	A B P O	A B P O	A B P O	A B P O
五通	A B O_1 P O_2	A B O_1 P O_2	A B O_1 P O_2	A B O_1 P O_2

附录 E 液压缸与气缸图形符号

	名称及说明	详细符号	简化符号
单作用缸	①单活塞杆缸(液压)		
	②单活塞杆缸(气动)		
	③单作用伸缩缸 (无简化符号)	液压	气动

（续）

名称及说明		详细符号	简化符号
双作用缸	①单活塞杆缸		
	②双活塞杆缸		
	③不可调单向缓冲缸		
	④不可调双向缓冲缸		
	⑤可调单向缓冲缸		
	⑥可调双向缓冲缸		
	⑦伸缩缸（双作用）		

附录 F 常用控制阀符号

名称及说明		符　号	名称及说明		符　号
溢流阀	①直动型溢流阀（内部压力控制）		溢流阀	③先导式溢流阀	
	②直动式溢流阀（外部压力控制）			④先导式电磁溢流阀	

（续）

名称及说明	符　号	名称及说明	符　号
溢流阀 ⑤卸荷溢流阀		调速阀 旁通型调速阀	
⑥先导式比例电磁溢流阀		单向调速阀	
截止阀		单向阀	
顺序阀 ①直动式顺序阀一般符号		与阀	
②液压先导式顺序阀		直动式卸荷阀	
③平衡阀（单向顺序阀）		减压阀 ①直动式减压阀	
调速阀 一般符号		②先导式减压阀	
		③溢流减压阀	
带温度补偿的调速阀		④先导式比例电磁式溢流减压阀	

（续）

名称及说明	符　　号	名称及说明	符　　号
减压阀 ⑤定比减压阀	减压比:1/3	分流阀	
⑥定差减压阀		集流阀	
节流阀 ①不可调节流阀		分流集流阀	
②可调节流阀		液控单向阀（弹簧可省略）	
③可调单向节流阀		快速排气阀	
④带消声器的节流阀		或阀	
⑤滚轮控制可调节流阀(减速阀)		制动阀	

参 考 文 献

［1］ 程宪平. 机电传动与控制 ［M］. 4 版. 武汉：华中科技大学出版社，2016.

［2］ 陈隆昌，阎治安，刘新正. 控制电机 ［M］. 4 版. 西安：西安电子科技大学出版社，2017.

［3］ 陈圣林，王东霞. 图解传感器技术及应用电路 ［M］. 2 版. 北京：中国电力出版社，2016.

［4］ 董霞，陈康宁，李天石，机械控制理论基础 ［M］. 西安：西安交通大学出版社，2017.

［5］ 姜培刚，盖玉先. 机电一体化系统设计 ［M］. 北京：机械工业出版社，2017.

［6］ 张毅刚. 单片机原理及接口技术 （C51 编程）［M］. 2 版. 北京：人民邮电出版社，2016.

［7］ 王本轶. 机电设备控制基础 ［M］. 2 版. 北京：机械工业出版社，2015.

［8］ 钱晓龙，闫士杰. 电气传动控制技术 ［M］. 北京：冶金工业出版社，2013.